CW01668794

Liebe Jaime,

ich hoffe Du hattest Spaß in Deutschland....
Ich hoffe wir sehen uns bald wieder.

Viel Spaß beim Lesen + Deutsch üben...

Anna + Frank

Das Buch

Die Pharao-Ameise hat einen ganz besonders paradiesischen Lebensraum für sich entdeckt – das Innere von Computern. Dort labt sie sich an den süßen Schutzgelen der Stromkabel und genießt die Wärme und Ungestörtheit. Die wirtschaftlichen Konsequenzen sind nicht abzusehen, es drohen Kabelbrände, Systemabstürze und Datenverluste ungeahnten Ausmaßes.
Solche und ähnliche Fälle sind Forschungsobjekte für die Invasionsbiologie, einen Zweig der Biologie, der in den letzten Jahren stark an Bedeutung gewonnen hat. Dass Tiere und Pflanzen in neue – ob künstliche oder natürliche – Lebensräume auswandern, gibt es in der modernen Zeit immer häufiger. Denn es reisen nicht nur immer mehr Menschen mit Autos, Schiffen, Eisenbahnen und Flugzeugen in alle Gebiete dieser Erde, sondern auch Tiere und Pflanzen bedienen sich der modernen Transportmittel. Als »blinde Passagiere«, Schmuggelware oder auch als legales Exportgut gelangen sie in Regionen, die bis dahin nur von heimischen Arten besiedelt waren. Vielerorts haben eingeschleppte Tier- oder Pflanzenarten bereits zum Aussterben von ursprünglicher Flora und Fauna geführt. Das bekannteste Beispiel dafür ist wohl die rasante und unaufhaltsame Ausbreitung der Kaninchen auf dem australischen Kontinent, die 1788 mit einem Siedlerschiff dort ankamen.
Der Biologe und Schriftsteller Bernhard Kegel bietet hier einen Überblick über die Invasionsbiologie, der nicht nur reichhaltige Informationen über ein lange vernachlässigtes Forschungsgebiet gibt, sondern auch äußerst vergnüglich zu lesen ist.

»Selten verbindet sich fundierte Sachkenntnis so erfreulich mit erzählerischen Qualitäten.«

Frankfurter Allgemeine Zeitung

»... ein höchst lesenswertes Buch.« *Die Zeit*

Der Autor

Bernhard Kegel, Jahrgang 1953, ist promovierter Biologe und lebt als Schriftsteller in Berlin. Für seine Romane *Das Ölschieferskelett* und *Wenzels Pilz* erhielt er zahlreiche Preise.

Bernhard Kegel

Die Ameise als Tramp

Von biologischen Invasionen

Wilhelm Heyne Verlag
München

HEYNE ALLGEMEINE REIHE
Nr. 01/13 282

Zur Terminologie

Wenn im Folgenden von *Ökologie* die Rede ist, sind weder Atom- oder sonstige Kraftwerke noch Acryllacke, Kaseinwandfarben, chemiefreie Unterhosen, phosphatfreie Waschmittel, unlackierte Bleistifte oder die wünschenswerte Benutzung eines Fahrrades gemeint. Ökologie war und ist eine Teildisziplin der Biologie, die sich mit der Wechselwirkung der Lebewesen untereinander und mit ihrer Umwelt beschäftigt, und genauso wird der Begriff in diesem Buch auch verwendet.

Umwelthinweis:

Das Buch wurde auf chlor- und säurefreiem
Papier gedruckt.

2. Auflage

Taschenbucherstausgabe: 1/2001

Wilhelm Heyne Verlag GmbH & Co. KG, München
Printed in Germany 2002
Umschlagillustration: Mark Harrison/Agentur Schlück
Umschlaggestaltung: Nele Schütz Design, München
Satz: Schaber Satz- und Datentechnik, Wels
Druck und Bindung: Ebner & Spiegel, Ulm

ISBN: 3-453-18439-4

http://www.heyne.de

Inhalt

III Die Folgen

IV Die Mechanismen

V Die Antwort

VI Die Zukunft

Anhang

Lob der schlechten Selbsteinschätzung

Der Mäusefalke findet sich wohlgeraten,
Den schwarzen Panther lassen Skrupel kalt,
Piranhas zweifeln nicht am Sinn ihrer Taten,
Die Klapperschlange akzeptiert
  sich ohne Vorbehalt.

Einen selbstkritischen Schakal gibt es nicht.
Heuschrecke, Alligator, Trichine, alles,
  was fleucht und schleicht,
Lebt, wie es lebt, und ist zufrieden.

Hundert Kilo wiegt das Herz des Wals,
in anderer Hinsicht aber ist es leicht.

Es gibt hienieden
auf dem dritten Sonnenplaneten
nichts was tierischer wäre als das reine Gewissen.

Wisława Szymborska
(übersetzt von Karl Dedecius)

Frankreich, August 1993

Der Angler im südfranzösischen Departement Lot-de-Garonne staunte nicht schlecht. Im Laufe der Zeit hatte er, abgesehen von ein paar Winzlingen, so ziemlich jede hier vorkommende Fischart zu Gesicht bekommen, aber was jetzt an seinem Haken zappelte, hatte er noch nie zuvor gesehen: dreißig Zentimeter lang, ein flacher, scheibenförmiger Körper, silbrig metallisch glänzend, an Bauch und Kiemen blutrot. Am auffälligsten waren die Zähne, unglaubliche Zähne, Zähne, die dem erfahrenen Angler sofort signalisierten, dass ein solches Tier normalerweise nicht hier lebte und hoffentlich auch nie hier leben würde. Als der zuständige Fischwart von dem Fang hörte, glaubte er zunächst an einen Scherz. Einige Tage später wurde ein zweites Tier gefangen. Es gab tatsächlich Piranhas in der Garonne! Die Behörden vermuten, dass sich ein Aquariumbesitzer im Fluss seiner heiklen Zöglinge entledigte.

Einleitung

»Damit uns kein Fehler unterläuft: Wir erleben eine der großen historischen Umwälzungen von Fauna und Flora dieser Welt.«

Charles Elton[1]

Expansion ist ein Merkmal des Lebens. Überall und zu jeder Zeit versuchen sich Pflanzen und Tiere in neuen Lebensumständen. Sie tasten sich über die Grenzen ihrer bisherigen Existenz hinaus, scheitern und beginnen wieder von neuem. Die Vielfalt der Anpassungen, die sich die Lebewesen zu diesem Zweck haben einfallen lassen, ist unüberschaubar. Sie laufen, schwimmen, fliegen, segeln, lassen sich treiben oder nutzen die Körper anderer Lebewesen als Taxiservice. Viele haben in ihrem Lebenszyklus spezielle Verbreitungsstadien entwickelt, Samen mit Fallschirmen oder Hafteinrichtungen, federleichte Sporen, mobile Larven. Sie gewährleisten, dass die zahlreichen Nachkommen über ein möglichst großes Gebiet verteilt werden. Verluste sind einkalkuliert. Die Entdeckung und Besiedlung neuer Lebensräume war und ist für Tiere und Pflanzen eine Überlebensfrage. Stillstand kann den Tod bedeuten. Tümpel trocknen aus, Seen verlanden, Wälder brennen ab, ganze Kontinente vereisen.

Lange Zeit gab es Hindernisse, die sich auch der ausgeprägtesten Reiselust widersetzten. Für einen Planktonkrebs der Karibik war es unmöglich, aus eigener Kraft in den tropischen Pazifik zu gelangen, genauso aussichtslos war der Versuch einer europäischen Maus, sich ins entlegene Tasmanien abzusetzen. Gebirge, Ozeane, Kontinente, Wüsten bildeten ein unüberwindbares Bis-hierher-und-nicht-weiter. Hätte es diese natürlichen Barrieren nicht gegeben, eine Fauna wie die Madagaskars, Australiens, Neuseelands, Hawaiis oder der Galapagos-Inseln mit ihren vielen Absonderlichkeiten hätte sich niemals entwickeln und erhalten können. Gerade ozeanische Inseln, von vielen tausend Kilometern Wasser abgeschirmt, waren der ideale Nährboden für spektakuläre biologische Sonderwege, seien es die Beuteltiere in Australien oder die Riesenschildkröten auf Galapagos.

Mit dem Erscheinen des modernen Menschen hat sich die Situation grundlegend verändert. Vor dem Hintergrund einer Tier- und Pflanzenwelt, die darauf programmiert ist, sich zu vermehren und nach neuen Chancen und Lebensräumen zu suchen, beginnen wir die bestehenden Barrieren abzubauen, Kontinente zu durchstoßen und Ozeane zu verbinden. Ein immer dichter werdendes Netz von Verkehrswegen, von Kanälen, Straßen und Brücken verknüpft, was über Jahrtausende und Jahrmillionen getrennt war. Schiffe und Flugzeuge transportieren unermessliche Warenmengen von einem Kontinent zum anderen.

Und die Natur reist mit, in Säcken, Ritzen und Kisten, verborgen im tonnenschweren Ballast aus Steinen, Erde und Wasser, versteckt hinter Rohren, Verkleidungen und Verstrebungen. Eine ganze Armada von Organismen lässt sich als blinde Passagiere mit verschiffen und landet so irgendwann an neuen Ufern. Andere reisen ganz offiziell, in Aktenkoffern, Spezialbehältern und Sammlungen, in Käfigen und schwimmenden Stallungen, sind Teil des explodierenden globalen Warenverkehrs. Manche werden in fernen Parks und Gärten gepflegt, brechen dann aus in die Freiheit, entkommen aus Umzäunungen, Gehegen und Zuchtfarmen oder werden ganz einfach in die Landschaft gekippt. Im Schlepptau der Menschen ergießt sich eine Welle von ökologischen Siegertypen selbst über die abgelegensten Gegenden der Erde. Eine Welt der unterscheidbaren Floren und Faunen wird so über kurz oder lang zum großen »Durcheinander«.

Die Biogeographie, die sich mit der Verbreitung von Tier- und Pflanzenarten beschäftigt, droht den Boden unter den Füßen zu verlieren. Ihr geht es wie einem Kommissar, der am Tatort eines Verbrechens entscheidende Beweismittel verschoben, vertauscht und verändert vorfindet und daraus noch den Hergang der Tat rekonstruieren soll. In einem Fachbuch beklagte jüngst ein Tiergeograph, »dass es unmöglich geworden ist, sich einen befriedigenden Überblick über Ablauf und Ergebnis der durch Einschleppung oder absichtliche Einbürgerung bewirkten Faunenveränderungen zu verschaffen«. Überall auf der Erde werden der tiergeographischen Forschung und verwandten Disziplinen »Grundlagen entzogen und Quellen verschüttet«.[2] Eine neue Wissenschaft erhält Aufwind, die Invasionsbiologie.

Da die Welt immer enger zusammenrückt und die vielgerühmte menschliche Lernfähigkeit in diesem Fall offenbar blockiert ist, wächst sich die organismische Reisefreudigkeit – ob als blinder Passagier oder als gehätschelter Pflegling – zu einem riesengroßen Problem aus. Prominente Wissenschaftler halten es neben der immer weiter fortschreitenden Biotopzerstörung für die größte Gefahr, die den verbliebenen Naturräumen dieser Erde heute droht. Für einige ist es schlicht *das* Umweltproblem seit der Entdeckung Amerikas.[3] Die öffentliche Aufmerksamkeit ist minimal, zumindest bei uns in Europa. Die globalen wirtschaftlichen und ökologischen Schäden sind dafür umso größer.

Eine vom amerikanischen Kongress in Auftrag gegebene Studie[4] (des Office of Technology Assessment) kalkulierte den bis 1991 durch nicht einheimische Arten verursachten volkswirtschaftlichen Schaden auf fast 100 Milliarden Dollar, allein in den USA. Dabei stiegen die Kosten von Jahr zu Jahr an und liegen heute bei über einer Milliarde Dollar jährlich. Die tatsächlichen Verluste sind damit weit unterschätzt, denn aus Mangel an Informationen wurde nur ein Bruchteil der mindestens 4500 eingeschleppten Tier- und Pflanzenarten berücksichtigt. Umweltschäden, etwa der Verlust einheimischer Pflanzen- und Tierarten, sind in dieser Summe nicht enthalten.

Nicht berücksichtigt sind die überaus kostspieligen Auswirkungen eingeschleppter Unkrautarten.[5] Sie verursachen in der Landwirtschaft jährliche Verluste von 2 bis 3 Milliarden Dollar, dazu kommen Aufwendungen für Herbizide in Höhe von weiteren 1,5 bis 2,3 Milliarden Dollar. Da die Zahl in der Natur etablierter Eindringlinge überall auf der Welt wächst und sie nur in Ausnahmefällen wieder zu beseitigen sind, werden die von ihnen verursachten Schäden weiter zunehmen. In einem Szenario, das nur 15 der fremden Problemarten berücksichtigt, prognostiziert die US-Studie weitere Verluste bis zu 134 Milliarden Dollar.[6]

Der Historiker Edward Tenner sieht darin einen typischen Racheeffekt, die offenbar unvermeidliche Konsequenz technologischer Innovation und allzu optimistischen Fortschrittsglaubens.[7] Immer wieder und trotz aller einschlägigen Erfahrungen setzen die Menschen fatale Ereignisketten in Gang, deren Konsequenzen nie wieder zu beseitigen sind. Oft sind handfeste ökonomische Interessen im Spiel, vielfach nur Ignoranz, Nostalgie oder romantisches Fernweh.

Freisetzungen fremder Pflanzen- und Tierarten geschahen in den besten Absichten. Als Jagdwild, Pelzlieferant, Schädlingsvertilger oder Erosionsschutz wurden sie geholt, als Waldzerstörer, Killer oder Verdränger einheimischen Lebens blieben sie. Die Namen, die man ihnen in ihren neuen Heimatländern gegeben hat, lassen erahnen, dass sie den Gastgebern nicht nur Freude bereiten: Von grünem Krebs ist die Rede, von Monstern, Killeralgen, apokalyptischen Pflanzen und ökologischen Bomben, vom Albtraum, geboren im Wasser, von Killerbienen, Mörder- und Unkrautbäumen, von schöner oder blühender Pest, von grüner Hölle und roter Flut... oder einfach von Mistzeug.

Die Wellen schlagen hoch. Die einen sprechen von ökologisch minderwertig, von Überfremdung, Unterwanderung und Verfälschung, die anderen warnen vor »Gehölzrassismus« und einer »Hexenjagd auf Neophyten«.

Ausgerüstet mit Fallen, Gewehren und Giften, mit Spaten, Bulldozern und Kettensägen rücken überall in der Welt Arbeitskommandos aus, um unerwünschte Eindringlinge mit Stumpf und Stiel auszurotten. Ein meist vergebliches Unterfangen. Ob Wasserhyazinthen in Florida oder im Viktoriasee, Staudenknöterich und Spätblühende Traubenkirsche in Europa, Ginster in Kalifornien und Kaninchen in Australien und Neuseeland, eine Rückkehr zum Status ante ist ausgeschlossen.

Nur wenige der Eindringlinge können sich in ihrer neuen Heimat auf Dauer halten. Andere überleben nur deshalb, weil die Menschen sie hegen und pflegen und immer wieder für Nachschub sorgen. Manche Invasoren überrollen das neue Territorium mit explosionsartiger Vermehrung und versinken plötzlich in der Bedeutungslosigkeit. Andere führen über Jahrzehnte ein kümmerliches Schattendasein und setzen dann plötzlich zum unaufhaltsamen Siegeszug an. Das Ganze mutet an wie ein weltumspannendes populationsdynamisches Experiment und wird von manchem Forscher auch so wahrgenommen.

Die Invasionsbiologie hat viele seltsame, lehrreiche und spannende Geschichten zu bieten. Einige sollen hier erzählt werden, aus der Sicht eines Biologen, nicht der eines Historikers.[8] Eine vollständige Darstellung verbietet sich von selbst. Die Verschleppung von Fauna und Flora hat vollkommen unüberschaubare Ausmaße angenommen. Trotzdem möchte ich in Zeiten der Globalisierung den Versuch wagen, das Problem der biologischen Invasionen als globales Phänomen darzustellen. Nur so kann man ihm gerecht werden.

Für mich als in Mitteleuropa lebendem Biologen ist es selbstverständlich, dass die Situation im Zentrum der Alten Welt einen Schwerpunkt dieses Buches bilden muss, zumal bislang keine allgemein verständliche Darstellung des Themas existiert. Die Lage in Europa ist vergleichsweise undramatisch, aber auch wir sind in dieses weltweite organismische Tohuwabohu verwickelt, obwohl kaum jemand davon Notiz nimmt. Die, die es tun, neigen oft zu heftigen Reaktionen. Ein Blick in andere Regionen der Welt hilft, die Relationen zurechtzurücken.

Die Alte Welt war im weltweiten Organismenverkehr eher Spender als Empfänger. Die Liste der in Europa lebenden exotischen Tier- und Pflanzenarten ist lang, sogar viel länger, als die meisten Menschen hierzulande ahnen, aber von katastrophalen Auswüchsen sind wir weitgehend verschont geblieben.

Andere Gegenden der Erde hatten weit mehr zu leiden und dies nicht zuletzt als Folge europäischer Organismenexporte. Der Imperialismus der Europäer hatte eine oft übersehene ökologische Komponente, ohne die sein nachhaltiger Erfolg vor allem in den gemäßigten Klimazonen der Erde kaum möglich gewesen wäre.[9]

Zum Beispiel Neuseeland. Die Inselrepublik im fernen Südpazifik soll als Gegenstück zur Situation in Deutschland und Mitteleuropa dienen. Beide Länder liegen in ähnlichen Breitengraden – wir leben etwas polnäher als die Menschen *down under* –, beide Staaten sind etwa gleich groß. Aber die Unterschiede fallen eher ins Auge. Deutschland ist Teil des riesigen Eurasiens, Neuseeland hingegen eine der isoliertesten Landmassen der Erde. Erst in fast 2000 Kilometern Entfernung stoßen Neuseeländer auf ihren nächsten größeren Nachbarn. Die ursprüngliche Tier- und Pflanzenwelt beider Länder könnte unterschiedlicher nicht sein. Der Mensch spielt in Europa seit Jahrtausenden eine entscheidende Rolle, in Neuseeland erst seit wenigen hundert Jahren. Wie werden zwei so unterschiedliche Ökologien mit dem Problem eingeschleppter Arten fertig?

Wem es nur darauf ankommt, dass alles schön grün ist, dem dürfte die hier beschriebene Entwicklung egal sein. Wem die Lebensvielfalt dieser Erde etwas bedeutet, ob aus ökonomischen, ökologischen oder ethischen Überlegungen, den kann das Phänomen nicht gleichgültig lassen.

Eine intensive Beschäftigung mit dem Problem der biologischen Invasionen erscheint dringend geboten, denn wir stehen an der Schwelle des biotechnischen Zeitalters[10] und auf die Ökosysteme dieser Welt rollt eine neue Invasorenwelle zu. Der Zeitpunkt ist absehbar, in dem weltweit in großem industriellen Maßstab transgene, also vom Menschen genetisch veränderte Nutzpflanzen angebaut werden. In den Ställen werden transgene Nutztiere stehen und in den Fermentern der pharmazeutischen Fabriken transgene Mikroorganismen schwimmen. Es erscheint dringend erforderlich, sich darüber Gedanken zu machen, was passiert, wenn einige dieser Pflanzen und Tiere das tun, was schon tausende und abertausende vor ihnen taten: Sie werden ihre Felder und Umzäunungen verlassen, werden selbst auswildern oder ihre Gene in Wildpopulationen einkreuzen und in Wechselwirkung mit ihrer Umwelt treten.

I

Die Vorgeschichte

1 Großstadtdschungel

Kaum einem europäischen Großstädter ist bewusst, dass das, was er in der Stadt als Natur erlebt, eher dem Sortiment eines Kolonialwarenladens entspricht als einer natürlich gewachsenen Lebensgemeinschaft. Was in Parks, Gärten, Friedhöfen und Brachflächen wächst, ähnelt der Sammlung eines eigenwilligen Kunstliebhabers mit nur einem Auswahlkriterium: Grün muss das Bild sein, egal aus welcher Epoche oder Weltkultur. Sie glauben, ich übertreibe?

Machen wir einen kurzen Spaziergang durch Ihre Wohnung: Kakteen, Yucca- und andere Palmen, rotblühender Hibiskus auf der Kommode, ein ausladender Philodendron neben dem Fernseher. Haben Sie einen Balkon? Dann sind Sie vielleicht stolz auf Ihre prachtvollen Geranien, Fuchsien und Studentenblumen. Die Kastanien draußen in der Straße blühen leider nicht mehr, dafür platzen in den Vorgärten die dicken Knospen der Rhododendronbüsche. Thuja- und Ligusterhecken leuchten in dunklem Grün. Auf der anderen Straßenseite fährt der Wind in die Krone eines Götterbaums, daneben eine stolze Omorika-Fichte und blütenbehangener Goldregen, Hortensien, Sommerflieder, Schneebeere und Gemeiner Bocksdorn. Grüne Großstadtidylle, wie man sie sich nur wünschen kann, aber nichts davon ist ursprünglich in Europa heimisch und die Liste ließe sich beliebig fortsetzen.

Halt! Zwischen den Pflastersteinen zwängen sich einige Hälmchen ans Licht. Etwas Einheimisches! Vogelmiere, ein kümmerlicher Löwenzahn, verblühte Gänseblümchen und *Achillea millefolium,* die Tausendblättrige Schafgarbe.

Sie schütteln den Kopf, sind immer noch nicht überzeugt? Sie wenden ein, Gärten seien vom Menschen gepflanzte Kunstgebilde, dazu da, mit ihrer Pracht die Sinne zu erfreuen, und im Stadtpark und erst recht im Wald sehe die Situation sicher anders aus?

Berlin, Mai 1997

Ein Leserbrief brachte es ans Licht. Die *Zeit*-Autorin Godela Unseld machte für die Anwesenheit des mediterranen Zymbelkrauts *(Linaria cymbalaria)* in Mitteleuropa noch ein Wunder verantwortlich, ein aufmerksamer Leser wusste es besser. Er erinnerte an den 1906 verstorbenen Berliner Dichter Heinrich Seidel, der in einem seiner Werke ein umfassendes Geständnis abgelegt hat. Überall auf seinen Berliner Spaziergängen habe er die Samen des Zymbelkrauts ausgesät, schrieb Seidel, damit »noch ein kleines zierliches Pflänzchen, das aus dünnen Mauerritzen lieblich hervorgrünt, lebendige Kunde davon geben wird, dass der Verfasser… einst über diese Erde gegangen ist«.[1]

Na gut. Ich erspare Ihnen den Park, denn die Liste würde genauso umfangreich ausfallen wie bei den Vorgärten. Gehen wir in den Wald!

Wir atmen kurz durch, genießen die gute Luft. Welchen Wald meinen Sie? Die dichte Douglasien-Schonung? Herkunftsland: Nordamerika. Das Robinien-Wäldchen? Ebenfalls Nordamerika. Was ist dieser Unterwuchs, der im Herbst so schöne Beeren trägt? Späte Traubenkirsche, Herkunft? Na, Sie wissen schon. Von dort kommt auch die Rot-Eiche, der Eschenahorn, die Kanadische Pappel. Amerika prägt nicht nur unseren Kinoprogrammen seinen Stempel auf.

Der Botaniker Jörgen Ringenberg hat 1994 eine detaillierte Untersuchung der Gehölzpflanzen der Hamburger Wohnbebauung veröffentlicht.[2] Fast fünf Millionen Bäume begrünen Hamburgs Vorgärten, Hinterhöfe und Grünanlagen. Ihre überraschend große Zahl und Vielfalt übertrifft die der Straßenbäume (ca. 200 000) um ein Vielfaches. Ringenberg fand 489 verschiedene Holzgewächse, mehr als doppelt so viele wie alle in Deutschland heimischen Gehölzarten zusammen. 86 % dieser im Hamburger Häuserdschungel gedeihenden Bäume, Sträucher und Lianen sind exotische Arten, nur der kärgliche Rest ursprünglich in Mitteleuropa heimisch. 24 % stammen aus Zentral- und

Ostasien, 16 % aus Westasien und anderen Gebieten Europas, 12 % aus Nordamerika, gut 1 % aus Südamerika und Ozeanien. Afrika ist floristisch nicht vertreten. Auch hinter der größten Gruppe (33 %), den Gehölzpflanzen, die vom Menschen in Kultur gezüchtet und verändert wurden, etwa dem Apfelbaum oder zahllosen Ziersträuchern, verbergen sich nahezu ausschließlich gebietsfremde Arten.

Ringenberg fand heraus, dass die Artenzusammensetzung willkürlich und ausgeprägten Moden und Trends unterworfen ist. Gepflanzt wird, was beim Nachbarn gefällt und Baumschulen und Gartencenter günstig anbieten. Vorkriegs- und Nachkriegsbebauung unterscheiden sich nicht nur in ihrer Architektur. Auch das schmückende Grün reflektiert den sich verändernden Zeitgeschmack.

Wo früher Pyramidenpappel, Blutbuche, Trauerweide und Magnolie gepflanzt wurden, sind es heute Silberahorn, Götterbaum und Cotoneaster. Einige Arten wurden erst in den letzten Jahren verfügbar und fehlen in den älteren Gärten. Unter den zehn am häufigsten gepflanzten Bäumen befinden sich mit Feldahorn, Hainbuche und Hängebirke nur drei einheimische. Sechs dieser zehn Baumarten sind Nadelbäume. Großstädter bedürfen eben auch und gerade im trüben Winter unserer Breiten der besänftigenden Wirkung grüner Pflanzen.

Die Bilder gleichen sich: in Hamburg, Berlin, Freiburg, Bremen, Leipzig oder München. In einigen Berliner Parks stammen neun von zehn Baum- und Straucharten aus fremden Ländern.[3] Untersuchungen in London, Auckland, New York oder Tokyo kommen zu einem ähnlichen Ergebnis.

Hamburg, 1994

Der in der Wohnbebauung von Hamburg am häufigsten gepflanzte Baum ist die Serbische oder Omorika-Fichte *(Picea omorika)*. In großem Abstand folgen Eibe, Feldahorn sowie Scheinzypresse und Lebensbaum, beide aus Nordamerika.[4] Die Omorika-Fichte wurde 1875 in Südwestserbien entdeckt. Ihr natürliches Verbreitungsgebiet ist erstaunlich klein. Sie kommt nur in schattigen Gebirgsschluchten des Balkangebietes vor. Wegen des schnellen und geraden Wuchses und ihrer geringen Empfindlichkeit gegenüber Luftschadstoffen wird der bis zu 40 Meter hohe Baum in verschiedenen Ländern auf seine Eignung als Forstbaum getestet.

Städte sind die Knotenpunkte des internationalen organismischen Austauschs. Hier liegen seit jeher die liebevoll gepflegten Grünanlagen, Parks und Botanischen Gärten, hier enden Eisenbahnlinien, Straßen und Kanäle, landen Flugzeuge, befinden sich Häfen, Containerumschlagplätze und Lagerhallen. Hier begann die Erfolgsstory vieler »grüner Immigranten«.[5] Städte bieten zudem ein großes Angebot an künstlichen, vom Menschen geschaffenen Existenznischen. Hier gibt es Müllkippen, Straßenränder, Trümmergrundstücke, Brachflächen, Böschungen und stillgelegte Bahngleise. Auf solchen Standorten machen überall in der Welt konkurrenzstarke Eindringlinge das Rennen.

Nevada, USA, 1890

F. H. Hillman, Mitarbeiter einer landwirtschaftlichen Forschungsstation in Nevada, begnügte sich nicht damit, Broschüren mit Abbildungen gefährlicher eingeschleppter Unkräuter zu verschicken. »Zur Sicherheit« klebte er getrocknete Exemplare und Samen auf die Seiten seiner Informationsblätter, damit die Farmer die ihnen unbekannten Problempflanzen vor Ort durch direkten Vergleich leichter identifizieren konnten. Was aus den verschickten Samen wurde, kann man sich leicht ausmalen. »Unter den unzähligen Wegen, auf denen fremde Arten sich ausgebreitet haben könnten«, meint der Washingtoner Botaniker Richard N. Mack, »ist dies der einzige mir bekannte Fall, wo genau das Medium, das die Öffentlichkeit vor einer aufziehenden Gefahr warnen sollte, zu dem Mittel wurde, das aus der Gefahr Realität werden ließ.«[8]

Das Bild ändert sich nicht, wenn wir größere Einheiten betrachten, ganze Landstriche, Regionen oder Staaten. Schon 1916 hat der Berliner Botaniker Goeze eine Liste nach Mitteleuropa eingeführter exotischer Gehölze zusammengestellt.[6] Er zählte 2645 verschiedene Pflanzenarten auf, von denen jeweils etwa ein Drittel aus Nordamerika und Ostasien stammt. Ihre Zahl hat seitdem noch deutlich zugenommen. Anfang der Achtzigerjahre wurden allein in Deutschland 3312 Baum- und Straucharten kultiviert. Zieht man die nur etwa 160 einheimischen ab, ergibt sich eine Gesamtzahl von nicht weniger als 3150 gebietsfremden Arten, das Zwanzigfache des heimischen Angebots.[7]

Die bisher besprochenen Bäume und Sträucher sind fast immer bewusst eingeführt worden, historisch meist gut dokumentiert. Ungleich spärlicher sind die Informationen bei den krautigen Pflanzen, all das, was Jahr für Jahr aus dem Boden sprießt, kein Holz bildet und im Winter in sich zusammenfällt. Sie wurden zum großen Teil passiv verschleppt, reisten als Verunreinigungen von Saatgut, als Vogelfutter, so genannte Grassamenankömmlinge oder als Nutznießer der explodierenden menschlichen Transporte.[9]

Die Ausbreitungswege sind so vielfältig wie die Pflanzenwelt selbst. In einem einzigen Jahr (1912) holte sich Großbritannien mit Klee- und Grassamenimporten schätzungsweise 2 bis 6 Milliarden Unkrautsamen ins Land. Die an fremden Arten reichste Flora des Hamburger Hafens findet sich in der Umgebung der Getreidespeicher, wo Jahr für Jahr Millionen Tonnen Getreide, Soja, Raps, Futtermittel und Vogelfutter gelöscht werden, mitsamt ihren grünen Begleitern.[10]

Die neuen Pflanzen kamen ins Land und schlugen Wurzeln. Ausgehend von den Ballungszentren breiteten sich einige als so genannte Eisenbahnpflanzen entlang den Bahntrassen ins umgebende Land aus. Beziehen wir diese Pflanzen mit ein, erreichen die Zahlen leicht schwindelerregende Höhen. Nicht weniger als 12 000 verschiedene Pflanzenarten sollen so im Laufe der Jahrhunderte aus aller Welt nach Mitteleuropa gelangt sein.[11]

2 Von alten und neuen Pflanzen

Die Wissenschaften, zumal die biologischen, sind für ihre Klassifizierungswut bekannt und berüchtigt. Vor dem Phänomen der pflanzlichen und tierischen Fremdlinge hat diese Leidenschaft der Forscher nicht Halt gemacht, sondern wahre Wortungetüme in die Welt gesetzt. Versuchen Sie sich doch mal an: *Ergasiophygophyten* (Kulturflüchtlinge).

Ich möchte Ihnen Derartiges weitgehend ersparen, aber auf ein grundlegendes Begriffstrio können wir hier nicht verzichten. Nach dem Zeitpunkt ihres ersten Auftretens in unseren Breiten unterscheiden die Botaniker zwischen

indigenen oder einheimischen Pflanzen sowie
Archäophyten und *Neophyten*.

Auch die Zoologen haben sich kürzlich auf eine entsprechende Terminologie geeinigt. Ob bei Tieren oder Pflanzen, Unterscheidungskriterium ist der Zeitpunkt ihrer Einführung durch den Menschen. Im Falle der Neophyten begann sie erst nach 1500 n. Chr., Archäophyten gelangten schon davor nach Mitteleuropa. Die Unterscheidung in Archäophyten und Neophyten orientiert sich an Kolumbus' Entdeckung Amerikas, einer Art Zeitenwende in der Invasionsbiologie. Qualitative Unterschiede zwischen beiden Pflanzengruppen gibt es nicht.

Einige der bisher pauschal als Fremdlinge oder Exoten bezeichneten Gewächse gibt es also schon seit vielen hundert Jahren bei uns, den Pflaumenbaum seit mehr als zwei Jahrtausenden. Das ändert nichts daran, dass diese Pflanzen ursprünglich nicht in Mitteleuropa heimisch waren und ohne Mitwirkung des Menschen vermutlich nie hierher gelangt wären.

Die Einführung fremdländischer Gewächse nach Mitteleuropa erfolgte in mehreren Wellen. Die erste liegt schon einige tausend Jahre zurück. Vor 5000 Jahren holten sich die Menschen der Frühsteinzeit nicht nur die bekannten Kulturpflanzen ins Land, vom Getreide bis zu den Obstbäumen, sondern auch eine große Zahl an Unkräutern. Bereichert durch spätere Nachzügler »erfreut« diese so genannte Segetalflora seitdem jedes Bauernherz. Ackerwildkräuter wie Kornblume *(Centaurea cyanus),* Klatschmohn *(Papaver rhoeas)* und Echte Kamille *(Matricaria chamomilla)* sind durch ihr Verschwinden zu Symbolpflanzen für die umweltzerstörenden Einflüsse einer auf Maximalertrag getrimmten Landwirtschaft geworden. Keines der drei ist bei uns heimisch.

Brandenburg, 1646

Der Große Kurfürst beschließt, sich wieder um den gleich hinter dem Schloss angelegten Lustgarten zu kümmern. Er war Ende des 16. Jahrhunderts angelegt worden und entzückte die feine Gesellschaft. »Hinter dem Schloß ist auch ein feiner fürstlicher Lustgarten mit mancherley schönen Obstbaumen, frembden Früchten und wohlriechenden Kräutern nach herrlicher Art gepflanzet und erbauet«, schwärmte ein Reisender im Jahre 1591. Während des Dreißigjährigen Krieges wurde der Garten arg vernachlässigt. Kriegsgeschäfte gehen eben vor. Nun ergeht eine kurfürstliche Order an die Gärtner, den Lustgarten »nach der heutigen art..., so wol mit einheimischen als ausländischen Gewächsen reichlich zu bepflantzen«. Der Große Kurfürst lässt sich »aus Italien, Frankreich, England und Holland alle zu seiner Zeit bekannten Saamen, Gewächse, und Baumarten bringen. Seine auswärtig residirende Minister und Residenten konnten sich nicht beliebter machen, als durch Uebersendung von vorbesagten Gewächsen.«[1]

Im Mittelalter war die Zahl der in Zentraleuropa angepflanzten fremdländischen Bäume und Sträucher relativ klein. Die damals kultivierten etwa dreißig Archäophyten, unter ihnen Apfel- und Birnbaum, Liguster und Esskastanie, waren schon seit der Antike bekannt und über die Jahrhunderte in Villen- und Klöstergärten gepflegt worden. Sie stammten fast alle aus dem mediterranen Raum und den angrenzenden Gebieten Westasiens.

Das Jahr 1492 markierte einen Wendepunkt. Die in Folge von Kolumbus' Entdeckung einsetzende Kolonialisierung Amerikas führte mit einiger Verzögerung zum Import zahlreicher nordamerikanischer Arten (und umgekehrt).

Die ersten Neophyten kamen nach Europa. Besonders in England herrschte reges Interesse an exotischen Gewächsen. Kew Gardens, der botanische Garten von London, entwickelte sich mit der Zeit zur Drehscheibe eines rasant ansteigenden und spätestens seit dem 19. Jahrhundert boomenden Handels mit exotischen Pflanzen aus aller Welt. Bald wurden kommerzielle Baumschulen und Gärtnereien gegründet, um die wachsende Nachfrage zu befriedigen.

In Preußen regte Peter Josef Lenné, der berühmte Gartenbaumeister, die Gründung einer Landesbaumschule Potsdam an. »Sie wird die Zucht und Pflege nicht blos auf die hier schon kultivierten Waldbäume und Gesträuche richten, sondern auch auf diejenigen fremder Himmelsstriche, deren Gedeihen hier zu hoffen steht, ausdehnen, um so das Nutzbarste aus allen Weltgegenden dem Vaterlande anzueignen.«[2] 1830 lag die Zahl der von der Landesbaumschule Potsdam verkauften Gehölze bei mehr als 60 000.

Neben den im 18. und 19. Jahrhundert beliebten Landschaftsgärten nach englischem Vorbild, in denen exotische Pflanzengestalten besonders vorteilhaft zur Geltung kamen, entwickelte sich bald auch die Forstwirtschaft zu einem bedeutenden Abnehmer exotischer Gehölze. In Versuchspflanzungen wurde die Eignung der neu entdeckten Bäume für waldbauliche Zwecke geprüft. Ein 1806 erschienenes Forsthandbuch gibt bereits detaillierte Anweisungen, welche der eingeführten Baumarten für welche Standorte geeignet sind.[3] Es fällt nicht schwer, sich die damalige Begeisterung vorzustellen. Die schier unerschöpfliche Natur schien für jeden etwas Passendes bereitzuhalten. Mit den exotischen Gewächsen war ein hohes Prestige verbunden und ein Würdenträger versuchte den anderen zu übertrumpfen. Wurde in Berlin eine prächtige Allee mit südeuropäischen Kastanien gepflanzt, wollte man sich andernorts nicht lumpen lassen.

Aber es gab erste Zweifler. Adalbert von Chamisso war Anfang des 19. Jahrhunderts nicht nur ein berühmter Schriftsteller, sondern auch Naturforscher und Kustos am Berliner Botanischen Garten. Als solcher konnte ihm nicht entgehen, dass eine wachsende Zahl seiner Schützlinge den Sprung über die Gartenmauern in die Freiheit schaffte. Der florierende weltweite Handel und Austausch von Pflanzen blieb nicht ohne ökologische Folgen.

»Wo der gesittete Mensch einwandert«, schrieb Adalbert von Chamisso, »verändert sich vor ihm die Ansicht der Natur. Ihm folgen seine Haustiere und nutzbaren Gewächse; die Wälder lichten sich; das verscheuchte Wild entweicht; seine Pflanzungen und Saaten breiten sich um seine Wohnung aus; Ratten, Mäuse, Insekten verschiedener Art siedeln sich mit ihm unter seinem Dache an; und wo er endlich den ganzen Flächenraum nicht eingenommen, entfremden sich seine Hörigen von ihm, und selbst die Wildnis, die sein Fuß noch nicht betreten hat, verändert die Gestalt.«[4]

Charles Darwin äußerte sich ebenfalls zum Problem der biologischen Invasionen. »Es gibt Fälle«, schrieb Darwin in seinem berühmten Werk *Über die Entstehung der Arten,* »in denen eingeführte Pflanzen sich in kaum zehn Jahren über ganze Inseln verbreitet haben. Manche Pflanzen, z. B. die Artischocke und eine hohe Distel, die über die weiten Ebenen von La Plata verbreitet sind und auf Flächen von vielen Quadratmeilen fast jede andere Pflanze ausschließen, sind von Europa eingeführt worden. Ferner gibt es in Indien Pflanzen, deren Verbreitungsgebiet... vom Kap Comorin bis zum Himalaya reicht, die aber erst seit der Entdeckung Amerikas von dorther eingeführt wurden.«[5]

Für Darwin war der Siegeszug fremder Pflanzenarten ein hochinteressantes Experiment. Es diente ihm als Beweis, zu welch ungeheurer Vermehrung Organismen fähig sind, wenn günstige äußere Umstände, etwa das Fehlen natürlicher Feinde, einem Großteil ihrer Nachkommenschaft das Überleben sichern.

Ingo Kowarik, Hochschullehrer für Botanik an der Universität Hannover und Experte für fremde Pflanzenarten, hat aufgrund der alten Daten von Goeze eine Chronologie der Einführung neophytischer Gehölze nach Mitteleuropa konstruiert.[6] Seine Auswertung ergibt eine Folge von Einführungswellen, die mehr oder weniger streng nach geographischen Herkunftsgebieten geordnet ist. Es begann mit Arten aus den benachbarten Gebieten Europas, vor allem des Mittelmeerraumes. Ihre Zahl stieg seit dem 16. Jahrhundert kontinuierlich an, erreichte aber Mitte des 19. Jahrhunderts eine Sättigung. Die Zeit der Exoten war gekommen.

Ein neues Reservoir faszinierender Pflanzengestalten wurde verfügbar und begierig angezapft. Der im 18. Jahrhundert sprunghaft ansteigenden Zahl nordamerikanischer Bäume und Sträucher folgten im Abstand von etwa hundert Jahren die Arten Zentral- und Ostasiens. Letztere haben sich, obwohl erst ab der zweiten Hälfte des 19. Jahrhunderts in nennenswerter Zahl importiert, zu Rennern entwickelt, die innerhalb von nur achtzig Jahren den offenbar unbegrenzt aufnahmefähigen europäischen Markt mit etwa 900 verschiedenen Bäumen und Sträuchern überschwemmten.

Der enorme Zustrom fremder Pflanzen in den letzten 200 Jahren bedeutete eine völlige Umgestaltung des grünen Lebensumfeldes von Menschen und Tieren. Ein Großteil der heute in unseren Parks und Gärten blühenden Gewächse, aber auch viele wild wachsende Pflanzen waren vor hundert oder zweihundert Jahren hierzulande noch unbekannt. Da in der Abbildung die Arten Westasiens und anderer Gebiete Europas gar nicht dargestellt sind und die Entwicklung mit dem Jahr 1920 keineswegs abgeschlossen war, ist die heutige Situation aus Sicht der einheimischen Gehölze noch wesentlich ungünstiger.

Wenn Sie mit einem engagierten Naturschützer durch den Wald schlendern, kann es passieren, dass Ihr Begleiter mitten im Satz nach einem üppig belaubten Ast greift und diesen mit deutlichen Anzeichen von Abneigung herunterreißt. Fragen Sie erstaunt nach, weil ein solches Verhalten nicht in Ihr Bild eines Naturschützers passt, murmelt Ihr Gegenüber vielleicht etwas von Neophytengestrüpp.

Viele Neophyten sind nicht wohlgelitten in ihrer neuen Heimat, ob bei uns, in Amerika oder im fernen Neuseeland. Wie schwer sich selbst Botaniker und andere Sachkundige mit der gewollten und ungewollten Bereicherung der heimischen Pflanzenwelt tun, zeigt die Tatsache, dass die Neophyten in der bis vor kurzem gültigen (Roten) Liste der Farn- und Blütenpflanzen Deutschlands überhaupt nicht vorkamen.[8] Erst die 1996 erschienene Neufassung hat dem abgeholfen.[9] Neophyten galten als unerwünschte Eindringlinge, deren störende Anwesenheit nicht mit einem Eintrag in die offizielle Liste aller wild vorkommenden Pflanzen gleichsam legalisiert werden durfte. Ihr Rückgang sollte mit Befriedigung zur Kenntnis genommen und eine mögliche Seltenheit nicht mit einer Gefährdungskategorie wie »vom Aussterben bedroht« geadelt werden. Mit der jahrhundertelangen Anwesenheit der Archäophyten haben sich Wissenschaft und Naturschutz abgefunden. Sie gelten als eingebürgert, sind längst Teil unserer Ökosysteme geworden und stehen friedlich vereint mit den einheimischen Pflanzen auf jeder Florenliste. Wie man aber mit den Neophyten umgehen soll, ist Gegenstand hitziger Debatten.

Portugal, August 1993
Tausende von portugiesischen Bergbauern haben gegen die sich immer weiter ausbreitenden Eukalyptus-Plantagen protestiert. Mittlerweile ist jeder sechste Baum in Portugal ein Australischer Eukalyptus. Weltweit hat sich die von Eukalyptuspflanzungen bedeckte Fläche innerhalb von 40 Jahren verzehnfacht. Sie liegt heute bei sieben Millionen Hektar und verteilt sich auf hundert Länder der Erde. Die schnell wachsenden Bäume, die mit ihren tief reichenden Wurzeln den Grundwasserspiegel absenken können und deren Blätter kaum einem der Tiere ihrer neuen Umgebung schmecken wollen, sind nachwachsender Rohstoff für die Papierindustrie, für arme Länder ein wichtiger Devisenbringer. »Der Eukalyptus ist unser grünes Erdöl«, meint der portugiesische Industrieminister Amarat. Insbesondere in Brasilien und Thailand wurden riesige Regenwaldgebiete abgeholzt und in Eukalyptusplantagen umgewandelt.[7]

Welche Arten sollte eine solche Liste der Farn- und Blütenpflanzen überhaupt umfassen? Stellen Sie sich vor, ein reisefreudiger Mensch stößt auf seiner Tour durch, sagen wir, Südpatagonien auf eine reizende kleine Pflanze, die ihn so fasziniert, dass er sie gerne im häuslichen Garten hätte. Er gräbt sie vorsichtig aus oder sammelt einige Samen und schafft es tatsächlich, sie heil um die halbe Welt zu transportieren. Zu Hause eingetroffen bekommt der Neuling, bevor er noch schlappmacht, sofort einen Ehrenplatz in heimischer Erde. Wer sollte unseren Reisenden daran hindern? Und siehe da, im nächsten Jahr belohnt ihn der jüngste Sproß in seinem Garten mit einer entzückenden kleinen, violetten Blüte.

Sollte eine solche Pflanze in ein Verzeichnis aller Pflanzen Deutschlands aufgenommen werden und wäre gar ihre extreme Seltenheit – es gibt sie bei uns nur dieses eine Mal – Grund genug, sie als stark gefährdet einzustufen? Sicher nicht. Dasselbe gilt auch für gelegentlich bei uns auftretende junge Feigenbäume und die kleine Dattelpalme, die jüngst in Kreuzberg entdeckt wurde. Ingo Kowarik schreibt, sie seien das Ergebnis einer »Verfrachtung der als Obst gehandelten Diasporen«.[10] Zu deutsch: Sie waren die überaus ungewöhnlichen Resultate ausgespuckter Obstkerne.

Wenn Feigenbäume und Dattelpalmen in unserer Liste (vorerst) nicht zu finden sind, wer dann? Mittlerweile sind viele Neophyten derart weit verbreitet, dass sie zu den charakteristischsten Arten ganzer Pflanzengesellschaften geworden sind. Macht es Sinn, die Kanadische Goldrute, *Solidago canadensis,* nur deshalb nicht in eine offizielle Florenliste aufzunehmen, weil sie neophytisch ist, obwohl dieses Staudengewächs in zunehmendem Maße Brachländer aller Art besiedelt und mit ihren auffälligen gelben Blüten auch optisch unangefochten dominiert? Wie hin- und hergerissen selbst prominenteste Wissenschaftler sind, beweist folgender Satz des kürzlich verstorbenen Heinz Ellenberg, einem der bekanntesten Vegetationskundler Europas: »Die Kanadische Goldrute ist auf dem besten Wege, ein allgemeines Unkraut der Sozialbrachen (oder deren Schmuck?) zu werden.«[11]

Was also ist das ausschlaggebende Kriterium? Entscheidend ist nicht, ob eine Pflanze in irgendeinem Garten wächst oder wie häufig oder selten sie ist, sondern einzig und allein, ob sie sich, wie die Kanadische Goldrute, ohne Schutz und Betreuung durch den Menschen hier halten kann. Das gelingt ihr nur, wenn sie sich spontan vermehrt. Nur wenn die Neuankömmlinge Blüte und Samenreife erreichen, wenn ihre ausgestreuten, von Vögeln oder Wind verteilten Samen keimen und neue junge Pflanzen entstehen, wenn wirklich der gesamte Lebenszyklus durchlaufen wird, kann eine Pflanze als eingebürgert gelten. Die Botaniker sind wesentlich strenger. Für sie sind Pflanzenarten etabliert, wenn sie bei uns nachweislich mindestens zwei bzw. drei spontane Generationen über einen Zeitraum von mindestens 25 Jahren durchlaufen haben. Nur solche Pflanzen können auch zur Gefahr werden.[12]

Kompliziert wird die Angelegenheit, weil manche Arten in der Lage sind, sich ungeschlechtlich, also vegetativ, zu vermehren. Sie bilden unterirdische Ausläufer und breiten sich aus, ohne dass es je zu geschlechtlicher Fortpflanzung und damit zur Produktion von Samen gekommen wäre. Diese Fälle gilt es zu berücksichtigen.

Legt man die strengen Kriterien der Botaniker zugrunde, reduziert sich die Zahl der bei uns wachsenden fremden Pflanzen erheblich, da alle sporadisch oder nur bei intensiver menschlicher Pflege gedeihenden Arten herausfallen. In Deutschland wurden etwa 420 dauerhaft eingebürgerte, also etablierte fremde Gewächse gezählt, vom Gras bis zum Baumriesen. Das entspricht etwa 16 % aller bei uns wachsenden Arten.[13] Auf dem kontinentalen Festland schwankt der Anteil etablierter fremder Farn- und Blütenpflanzen weltweit zwischen 5 % und 30 %.[14] Auf Inseln kann er mehr als 50 % erreichen. Die bei weitem höchsten Zahlen werden in den urbanen und industriellen Zentren erreicht.

3 Tabula rasa – Mitteleuropa nach der Eiszeit

Die von den Menschen ins Land geholten Archäophyten und Neophyten trafen bei uns auf die einheimische mitteleuropäische Flora, jene Pflanzen also, von denen der Laie glaubt, sie seien hier entstanden und prägten seitdem unangefochten und dauerhaft das Landschaftsbild. Die Wirklichkeit ist sehr viel komplizierter. Denn genau genommen sind fast alle bei uns vorkommenden Organismen ehemalige Fremdlinge oder zumindest zurückgekehrte Klimaflüchtlinge. Ohne massive natürliche Einwanderung von Pflanzen und Tieren wäre Mitteleuropa heute eine deprimierende Wüstenei.

Schuld daran ist das Pleistozän, dieses dem feuchtwarmen Tertiär folgende Wechselbad von Kalt- und Warmzeiten, das Mitteleuropa zuletzt vor nicht einmal zwanzigtausend Jahren in eine karge Kältesteppe verwandelte (Würm- oder Weichseleiszeit). Mehrmals schoben sich dicke Gletscherfronten weit nach Süden und jeder Vorstoß ließ die Zahl der überlebenden wärme- und feuchtigkeitsverwöhnten tertiären Organismen Mitteleuropas weiter zusammenschrumpfen. Als sich die Eismassen endlich wieder zurückzogen, hinterließen sie eine großflächig verwüstete und blank gehobelte Landschaft mit spärlichem Pflanzenwuchs.

Anders als in Nordamerika, wo sich die großen Gebirgszüge wie die Rocky Mountains und die Appalachen von Norden nach Süden erstrecken, verlaufen die zentraleuropäischen Gebirge in Ost-West-Richtung. Sie bilden eine natürliche, für die meisten Lebewesen unüberwindliche Barriere. Während Pflanzen- und Tierwelt in Amerika vor den vorrückenden Gletschermassen und dem sich abkühlenden Klima nach Süden auswichen und von dort das verwaiste Land nach Abklingen der Eiszeit wieder besiedeln konnten, war dies in Mitteleuropa kaum möglich. Die Pyrenäen, das Französische Zentralmassiv und die Alpen standen einer Rückkehr trotzig im Wege. Nur wenige der Pflanzen, die die Kaltzeiten am Nordsaum des Mittelmeers und der Gegend um das Schwarze Meer überlebt hatten, schafften es, entlang von Rhone und Donau wieder zurückzukehren.

Das Resultat ist eine stark verarmte Flora. Nirgendwo sonst auf der Welt weist ein Gebiet gemäßigten Klimas eine so artenarme natürliche Vegetation auf, obwohl doch die geologischen Gegebenheiten in Mitteleuropa günstigste Voraussetzungen für eine hohe Vielfalt bieten.[1] Europäische Wissenschaftler gehen deshalb relativ gelassen mit den von Menschen eingeführten fremden Lebewesen um. Für manche sind sie sogar eine willkommene Bereicherung, die vor langer Zeit entstandene Lücken wieder auffüllt.

Deutschland, 1993
In einer forstwissenschaftlichen Versuchsanstalt bei Göttingen beschäftigt man sich mit der Wiederansiedlung der in Europa ausgestorbenen Mammutbäume. Bis zur letzten Eiszeit gab es bei uns wie in Nordamerika hundert Meter hohe und mehr als tausend Jahre alte Baumriesen. »Mehr Vielfalt, mehr Stabilität und neue ökologische Nischen für viele Arten« verspricht sich Jochen Kleinschmit von den amerikanischen Sequoien. Der Leiter der Versuchsanstalt rechnet nicht mit unerwünschten ökologischen Folgen, etwa durch Auswilderung der Pflanzen. Mammutbaumsamen benötigen Waldbrände, um keimen zu können. »Es wächst nur, was gepflanzt wird«, sagt Jochen Kleinschmit.[2]

Durch Pollenanalysen sind wir über das, was sich in Europa nach dem Ende der Eiszeit abspielte, recht gut informiert. Vor etwa 18 000 Jahren war der Wendepunkt erreicht. In einem 8000 Jahre dauernden, von häufigen Rückschlägen geprägten Prozess glich sich das mitteleuropäische Klima langsam den heutigen Verhältnissen an. Birken und Kiefern kämpften sich als Pioniere voran und verwandelten den Landschaftscharakter. Aus arktischer Tundra wurde Wald.

Der Münchener Vegetationskundler Hansjörg Küster beschreibt, mit welchen Schwierigkeiten die einwandernden Baumarten zu kämpfen hatten: »Die Früchte und Samen mussten von den Winden, im Fell von Säugetieren oder im Magen der Vögel zuerst einmal ins Gebiet nördlich der Alpen gelangen. Und dort mussten sich die keimenden Pflanzen gegen die vorherrschende Vegetation durchsetzen... Die vielen Gräser und Kräuter bildeten einen dichten Wurzelfilz, der schwer zu durchdringen war.«[3] Hatten die Keimlinge endlich Wurzeln geschlagen, kamen die Mäuler der großen Pflanzenfresser. Rentiere, Wildrinder und andere machten mit dem emporstrebenden Jungwuchs kurzen Prozess. Einige müssen es dann doch geschafft haben.

Zu dieser Zeit, vor etwa 9000 Jahren, hätte man noch nach England laufen können. Als dann das Meer auch diese letzte Landverbindung überflutete und der Golfstrom seine warmen Wassermassen direkt vor die mitteleuropäischen Küsten transportierte, erhielt das hiesige Klima seinen vorläufig letzten entscheidenden Kick: Die Extreme wurden weiter entschärft, die Winter milder, die Sommer kühler und Kiefer und Birke bekamen Gesellschaft. Binnen weniger Jahrhunderte entstand ein Mosaik verschiedener Waldtypen, ein riesiger, nahezu geschlossener Urwald. So imposant dieser Wald gewesen sein mag, den Artenreichtum seiner vom Eis zerstörten Vorläufer hat er nie wieder erreicht.

Ein für unsere Breiten sehr charakteristischer Baum, die Buche *(Fagus sylvatica)*, fand erst relativ spät nach Mitteleuropa. Die Menschen, die hier vor etwa 5000 Jahren mit Ackerbau und Viehzucht begannen, werden kaum je eine Buche zu Gesicht bekommen haben. Verglichen mit ihrem heutigen Areal führte sie damals eine kümmerliche Randexistenz im südlichen Deutschland. Erst seit 3000 bis 4000 Jahren ist sie zur beherrschenden Baumart Mitteleuropas geworden, noch nicht länger als 30–60 Baumgenerationen.[4] Bis die Buche nach Norddeutschland vordrang, dauerte es noch länger.

Möglicherweise war der jungsteinzeitliche Mensch beim späten Siegeszug der Buche nicht ganz unbeteiligt. Nicht aktiv, als Gärtner oder Förster, nicht durch unabsichtliche Verbreitung der Samen, sondern indirekt, indem er der Buche im bewaldeten Mitteleuropa durch seine nomadisierende Wirtschaftsweise ungewollt den Boden bereitete.

Denn seltsamerweise hielten es die gerade erst zur Sesshaftigkeit übergegangenen Menschen der Jungsteinzeit nie lange aus in ihren Dörfern. Trieb sie ihr altes Nomadenerbe zum Aufbruch? War die geringe Zahl an Kulturpflanzen schuld, ihre Anfälligkeit gegenüber Schädlingen? Obwohl die von ihnen bevorzugten Lössböden noch lange ertragreich geblieben wären, zogen die Menschen nach ein paar Jahrzehnten weiter, ließen ihre Häuser und Felder zurück und rodeten ein neues Stück Wald. 2000 bis 3000 Jahre dieser Wirtschaftsweise ließen kaum ein geeignetes Stück Land unangetastet. In die vom Menschen zurückgelassenen Siedlungsflächen und Felder kehrte der Wald zurück und an vorderster Front die unaufhaltsam vorrückende Buche.[5]

Ihr Erfolg war durchschlagend. Bis auf einige Extremstandorte wäre ganz Mitteleuropa heute ein einziger unüberschaubarer Buchenwald in lokal unterschiedlicher Ausprägung. Aber der Mensch, der ihren Siegeszug mit Äxten und Pflügen erst ermöglichte, drängte die Buche ein paar Jahrtausende später mit denselben Mitteln wieder zurück. Die Botaniker sprechen deshalb von *PNV*, potenzieller natürlicher Vegetation. Buchenwälder sind heute vielfach nur noch das, was wachsen würde, gäbe es keine Äcker, Wiesen und forstlichen Monokulturen.

Das Wort *einheimisch* verliert nach dieser Parforcetour durch die nacheiszeitliche Vegetationsgeschichte Mitteleuropas an Kontur. Auf Mitteleuropa bezogen heißt einheimisch offenbar nicht: hier entstanden und schon immer hier gewesen, sondern nur: ohne Zutun des Menschen nacheiszeitlich eingewandert oder zurückgekehrt, also maximal einige tausend Jahre früher als die ersten Archäophyten, vielleicht sogar gleichzeitig. Denn zu einer Zeit, da frühsteinzeitliche Menschen in Mitteleuropa mit dem Ackerbau begannen und zusammen mit den Getreidesorten die ersten Archäophyten ins Land kamen, war die natürliche nacheiszeitliche Wiederbesiedlung durch Pflanzen und Tiere keineswegs abgeschlossen.

Und was heißt natürliche Wiederbesiedlung ohne Zutun des Menschen? Die frühen Europäer hatten nicht nur bei der raschen Ausbreitung der Buche die Finger im Spiel. Manche Wissenschaftler glauben, dass sie auch das wesentlich frühere Vordringen der Haselsträucher beeinflusst haben.[6] Waren diese Prozesse also natürlich? Bei der Neugestaltung der Tier- und Pflanzenwelt Mitteleuropas nach den Verwüstungen der Eiszeit haben die Menschen kräftig mitgemischt. Die Umformung der wilden europäischen Natur in eine Kulturlandschaft begann spätestens mit dem Beginn von Ackerbau und Viehzucht, vor etwa 5000 Jahren. Genug Zeit für alle Beteiligten, sich aneinander zu gewöhnen.

Der Mensch ist Teil der Ökosysteme. Im Grunde ist sein Wirken nicht anders zu bewerten als das der großen Pflanzenfresser, die lange Zeit das Vordringen der Bäume behinderten. Menschen nahmen, wie andere Organismen auch, Einfluss auf die Entwicklung der Lebensgemeinschaften. Das tun sie noch heute, aber die Größenordnungen haben sich dramatisch verschoben. Das Wort *natürlich* mag in diesem Zusammenhang kaum jemand in den Mund nehmen.

4 Pests!

Es ist Hochsommer. Eine Hummel turnt auf einer schwankenden Kleeblüte herum. Ganz in der Nähe stochern Stare zwischen Graspflanzen, Löwenzahn und Schafgarbe nach etwas Essbarem. Eine Taube stolziert quer über den von Kastanien gesäumten Weg. Spatzen streiten sich lautstark unter einer Platane. Aus einer großen frei stehenden Ulme ist unverkennbar der Warnruf einer Amsel zu hören. Ein Hund erledigt dort gerade sein Geschäft. Er hat ein paar Stockenten aufgescheucht, die in der Nähe auf der Wiese ihr Gefieder säuberten.

Ein kräftiger Wind fährt in die Baumwipfel. Dahinter ragen die Glas- und Natursteinfassaden moderner Hochhäuser auf. Ich versuche, den rauschenden Verkehrslärm auszublenden und mich auf das Geschilpe der Spatzen zu konzentrieren. Der kleine Park ist ein willkommener Ruhepunkt nach dem anstrengenden Einkauf. Die prall gefüllten Plastiktüten liegen links und rechts neben mir auf dem Rasen.

Plötzlich bleiben meine Augen an etwas hängen: ein Baumfarn, gute fünf Meter hoch. Er wächst in einem Vorgarten. Ganz selbstverständlich beschattet er den Treppenaufgang. Das Haus dahinter ist rosa. Ich habe noch nie einen Baumfarn...

Aber natürlich!

Aotearoa ist das Land der Farne. Es gibt viele Arten, vom Winzling bis zum Baumriesen. Nur nicht hier, in einem Park mitten im Zentrum einer Millionenstadt. Hier gibt es nur diesen einen. Dafür ist er ein Prachtexemplar, ein riesiger fiederblättriger Sonnenschirm. Er erinnert daran, wie weit dieser Ort von zu Hause entfernt ist, zwanzigtausend Kilometer Luftlinie. Verglichen damit ist der Weg von hier in die Antarktis ein Katzensprung. Ich bin in Neuseeland.

Mit einem Mal mutiert das vertraute Vogelgezwitscher zum Störgeräusch, Löwenzahn und Schafgarbe, die Kastanien, Ulmen, Platanen, Hummeln, Stare und Spatzen werden zu lebendigen Fremdkörpern.

Ich greife nach meinen Plastiktüten und mache mich auf den Weg ins Hotel. Ausgerechnet der Baumfarn hat mir die Stimmung verdorben.

Die Tiere und Pflanzen von Aotearoa tragen sehr fremd und aufregend klingende Namen. Kahikatea, Pohutukawa und Putaputaweta haben die Leute hier ihre Bäume genannt. Das klingt fantasievoll, aber für den botanisch interessierten Besucher ist es eine Zumutung.

Die Tiernamen sind nicht ganz so zungenbrecherisch, aber auch sie klingen sehr exotisch. Die Polynesier, von denen alle diese Namen stammen, haben eine für unsere Ohren seltsame, mitunter grotesk anmutende Vorliebe für Verdopplungen: Huhu heißt der größte dort lebende Käfer, ein Todessymbol, Pupu ist eine essbare grüne Schneckenart, Pipi ist nicht das, was wir darunter verstehen (das Wort dafür heißt Mimi), sondern eine Muschel.

Kaka und Kakapo sind Papageienarten, wobei, um Missverständnissen vorzubeugen, die Vokale lang zu sprechen sind und die Betonung auf der vorletzten Silbe liegt. Im Gegensatz zu ihren Namen ist ihre Lage leider alles andere als komisch: Sie sind vom Aussterben bedroht. Insbesondere der Kakapo, der schwerste auf Erden lebende Papagei, ein flugunfähiger Tolpatsch, dessen tiefer nächtlicher Paarungsruf noch vor hundert Jahren überall in den Bergen der Südinsel zu hören war, steht mit einem Bein im Grab. Seine Gesamtpopulation besteht aus genau 50 Tieren und in den letzten zehn Jahren verhallten die Rufe der Männchen nahezu ungehört.

Schuld am Niedergang des Kakapo und vieler anderer Bewohner Aotearoas sind Tiere wie die Pouhawaiki, die Kiore-ti, das Kuhukuhu und die Poti. Hinter diesen wohlklingenden Namen verbirgt sich nichts Exotisches. Es sind die polynesischen Namen für Wanderratte, Hausmaus und die verwilderten Abkömmlinge von Hausschwein und Hauskatze, vier von 54 Säugetierarten, die, von wenigen Ausnahmen abgesehen, absichtlich ins Land geholt wurden. Von der 55sten der gebietsfremden Säugerarten, dem *Homo sapiens sapiens.*

»Zeit zum Abendessen«, sagt Kerewin und biegt mit dem Wagen von der Hauptstraße ab. »Verdammte Kiefern«, knurrt sie vor sich hin... »Sieh dir das an.«
Abgeholzter Busch fliegt verschwommen vorüber. Wo es nicht Kahlschlag ist, sind es Kiefern. Sie beginnen in Reihen am Straßenrand und marschieren weiter und weiter in einer düsteren Parade.
»Hier standen einmal die schönsten Kahikatea im ganzen Land.«
»Und sie haben sie gefällt, um für die da Platz zu machen?«
»Richtig«, sagt sie bitter. »Kiefern wachsen schneller. Wenn sie wachsen. Die arme alte Kahikatea braucht zwei- oder dreihundert Jahre, um ihre volle Größe zu erreichen, und das ist nicht schnell genug für Leute, die nur das Geld im Kopf haben.«
Sie bremst scharf. »Ich hasse Kiefern«, sagt sie unnötigerweise.
Joe grinst. »Das habe ich bemerkt. Sie sind doch aber ganz brauchbar.«
»Ach, es gibt Platz genug für sie im ganzen Land, aber warum müssen sie guten Busch abholzen, nur um ekelhaften Pinus zu pflanzen? Sieh dir die da an, sie tropfen vor Nadelfäule, verdammt noch mal... dieses Land taugt nicht für Einwanderer aus Monterey oder der Teufel weiß woher.«

Keri Hulme, *Unter dem Tagmond*[1]

Aotearoa, das Land der weißen Wolke, ist einer der globalen Brennpunkte, wenn es um Probleme mit biologischen Invasionen geht. Auseinandersetzungen zwischen einheimischen Floren und Faunen und eindringenden Pflanzen und Tieren finden überall in der Welt statt, aber Neuseeland hat für alle Zeiten einen Spitzenplatz sicher.

Hier wurde die Natur zu großen Teilen umgestaltet und mit Akteuren aus aller Welt in ein ökologisches Kunstgebilde verwandelt. In nur 200 Jahren wurde das nachvollzogen, was in Europa Jahrtausende dauerte: die Umwandlung einer Natur- in eine Kulturlandschaft. Wertet man das Ganze als einen Versuch des Menschen, sich seine eigene Umwelt zu entwerfen, dann ist das Ergebnis niederschmetternd. Ihre chronischen und konstruktionsbedingten Krankheiten verschlingen Jahr für Jahr viele Millionen Dollar. Sie haben eine deprimierende Zahl von unersetzlichen Pflanzen- und Tierarten an den Rand des Aussterbens und darüber hinaus getrieben. Herausgekommen ist eine Natur mit dem Rücken zur Wand und eine professionell gemanagte Kulturlandschaft mit Problemen: Erosion, Schädlinge, Unkräuter, *pests,* wie die Neuseeländer sagen. Es klingt wie ein Fluch: *Pests!*

Das Wort hat in Kiwi-Land eine viel weiter reichende Bedeutung, als wir Mitteleuropäer es uns vorstellen können. *Pests* sind nicht nur die Unkräuter und Schadinsekten, die den Farmern hier wie überall das Leben schwer machen und gegen die sie schwere Geschütze auffahren. *Pests* sind vor allem viele der eingeschleppten Tiere und Pflanzen. *Pests* sind Distel, giftiges Greiskraut und aus Gärten entkommene *Clematis-Lianen.* Eine *Pest* sind unzählige europäische Rothirsche, die den Unterwuchs der Wälder abfressen und seit Jahren professionelle Helikopterjäger beschäftigen. Eine *Pest* sind die aus Australien eingeführten Fuchskusus *(brushtailed possums),* flauschige, knopfäugige Kuscheltiere, die den Ratten als meistgehasste Tiere Neuseelands den Rang abgelaufen haben. Spezielle Fallen brechen ihnen das Genick. Sie werden vergiftet, erschlagen und erschossen und führen mit weitem Abstand die Liste der Tierleichen auf Neuseelands Straßen an, aber es werden immer mehr.

Findige Science-fiction-Autoren haben sich das *Terraforming aus*gedacht: Eine das All erobernde Menschheit entwickelt Methoden, um ungastliche Planeten mit technischen und biologischen Mitteln bewohnbarer, sprich: erdähnlicher zu machen. Was in Neuseeland geschehen ist, kann man in Analogie als *Euroforming* bezeichnen – und das hat nichts Utopisches. Neuseeland wurde zu einem Neoeuropa, wie es der amerikanische Historiker Alfred W. Crosby genannt hat. Die Umgestaltung der Inselrepublik ist relativ jungen Datums und verlief besonders rasant, aber

Neuseeland steht mit seinem Schicksal nicht alleine da. Mehrere zehn Millionen europäischer Auswanderer schufen überall dort neoeuropäische Kolonien, wo ein gemäßigtes Klima und die einheimische Bevölkerung dies zuließen: in Neuseeland, Australien, Nordamerika und in den gemäßigten Zonen Südamerikas.

Die europäischen Siedler kamen nicht allein. Sie hatten einen prall gefüllten »biologischen Musterkoffer«[2] mit ihren wichtigsten Verbündeten im Gepäck: die Nutzpflanzen und Haustiere der Heimat, ohne die die Emigranten kaum überlebt hätten, geschweige denn zu Wohlstand gekommen wären, und die Krankheitserreger der Alten Welt, die die immunologisch wehrlosen Ureinwohner mit Tod und Siechtum überschwemmten. Dieses sich gegenseitig zuarbeitende Quartett aus Menschen, Pflanzen, Tieren und Mikroben erreichte, was jedem Einzelnen von ihnen verwehrt geblieben wäre: die Eroberung und Umgestaltung weit entfernter, völlig fremdartiger Lebensräume. Heute sind daraus die wichtigsten Exporteure von Lebensmitteln europäischer Provenienz geworden.

Die Siedler haben der neuseeländischen Natur nicht nur eine fremde Säugetierfauna hinzugefügt. In den Städten und der von endlosen Weiden geprägten Kulturlandschaft, die 53 % der Landesfläche ausmacht, ist kaum ein einheimischer Vogel zu finden – und das in einem Land, das wegen seiner eigentümlichen Vogelwelt gerühmt wird. Stattdessen jubiliert eine bunte Gesellschaft europäischer Singvögel, von der Feldlerche bis zum Haussperling. In den Seen und Flüssen leben Forellen und Lachse, in den Wäldern und Wiesen summen eingeschleppte Wespen und als Bestäuber und Honigproduzenten eingeführte Hummeln und Bienen. Gebietsfremde Pflanzen- und Tierarten sind hier nicht nur als Farbtupfer unter die ursprüngliche Natur gemischt, sondern dominieren ganze Landschaften. Breite Flussläufe sind von europäischen Weiden und Pappeln gesäumt und auf den schon vor Jahrzehnten gerodeten Bergkuppen ringsum wachsen unübersehbare Monokulturen einer amerikanischen Kiefernart *(Pinus radiata)*. Die Zahl der ins Land gelangten Pflanzenexoten wird auf 20 000 geschätzt, mehr als das Achtfache der einheimischen Arten, die zu 80 % endemisch, also nur in Neuseeland zu finden sind.[3] Die fremden Pflanzen, die sich durchsetzen konnten, stellen heute die Hälfte der neuseeländischen Flora.[4]

In den Bergen und Wäldern des Landes kommt es zu merkwürdigen Begegnungen, die nur hier möglich sind. In den Hochlagen der Südalpen treffen europäische Gämsen auf Tahre, eine Bergziegenart aus dem Himalaya. Beide konkurrieren um denselben Lebensraum. Rotwild trifft auf seine amerikanische Unterart, den Wapiti, und beide bastardisieren. Wer sich durch die Blumen der Weg- und Straßenränder finden will, sollte es mit einem ganzen Stapel von Bestimmungsbüchern versuchen. Ohne Literatur aus Südafrika, Australien und Deutschland, um nur einige der Herkunftsländer zu nennen, steht man auf verlorenem Posten.

Das ganze Ausmaß der Umgestaltung lässt sich für einen Europäer am ehesten nachvollziehen, wenn man den Spieß einfach umdreht. Hätte Vergleichbares in Mitteleuropa stattgefunden, wäre ein Großteil unserer einheimischen Tier- und Pflanzenwelt heute ausgestorben oder auf wenige, streng geschützte Restbestände reduziert, die man auf Rügen oder Fehmarn bewundern könnte. Statt von Rehen, Wildschweinen, Füchsen und Wieseln, deren Skelette wir in Museen bestaunen würden, wären unsere Wälder von bis zu drei Meter hohen flugunfähigen Riesenvögeln bewohnt, den Moas, und ihren kleineren Verwandten, den nachtaktiven Kiwis. Den ökologischen Platz der Nagetiere würden handtellergroße Heuschrecken einnehmen, Wetas genannt, und statt Birken, Eichen, Buchen, Kiefern und Tannen wüchsen in unserer Kulturlandschaft riesige Nadelbäume, die Podocarpen, kleinblättrige Südbuchen, Farne und andere exotisch anmutende Gewächse. Aus ihrem Geäst käme nicht der Gesang der Nachtigall, sondern das Geschrei des Kakas und der Ruf des Glockenvogels. Die letzten alten Eichen wären ein Nationalheiligtum, eine Touristenattraktion ersten Ranges. Ein Reisender, der nach langer Abwesenheit in ein solches Europa zurückkäme, dächte vermutlich, er hätte sich im Kontinent geirrt.

Das Bild einer durch Eroberer von der Südhalbkugel überrannten europäischen Natur ist allerdings in einer bemerkenswerten Weise schief. Die Fauna Neuseelands wäre zu einem solchen aggressiven Eroberungszug nie in der Lage gewesen, denn sie war von einer erstaunlichen Friedfertigkeit. Es gab keine bodenlebenden Räuber, weder Säugetiere noch Schlangen, nur einige Greifvögel, die an der Spitze der Nahrungspyramide standen.

Kiwis sind selten geworden in Neuseeland, eine Art ist auf den Hauptinseln ausgestorben. In anderer Form sind die komischen Vögel allgegenwärtig. Es gibt Kiwi-Reiseagenturen, Kiwi-Autovermietungen, Kiwi-Souvenirläden, Kiwi-Cafés, Kiwi-Getränkegroßhandel und Kiwi-Elektronikshops. Man stelle sich das in Deutschland vor: Amsel-Autos, Drossel-Elektronik, Spatz-Reisen...

»Der Kiwi ist etwas ganz Besonderes«, sagt Doug Mende vom National Wildlife Centre am Mount Bruce und lacht unter seiner großen dunklen Sonnenbrille. Die Neuseeländer sind stolz auf ihre Inselwelt und ihre einmalige Natur. Das war nicht immer so. Der australische Säugetierkundler Tim Flannery schildert in seinem Buch *The Future Eaters,* welches Bild Australiens und seiner Bewohner ihm als Schulkind in den Sechzigerjahren vermittelt wurde. Die Tendenz lässt sich ohne weiteres auf Neuseeland und die anderen Staaten Australasiens (Neukaledonien, Neu Guinea) übertragen.

»Mir wurde beigebracht, dass unser Kontinent von unterlegenen Tieren bewohnt wurde. Känguruhs, Wombats, Koalas und die anderen Beuteltiere waren putzig, aber – in einer bemerkenswerten Parallele zu unseren Aborigines –

unfähig, sich in einer Auseinandersetzung mit Schafen, Rindern und Füchsen zu behaupten. Sie würden im natürlichen Lauf der Dinge verschwinden, um einem neuen, starken und irgendwie passenderen europäischen Australien Platz zu machen. Ich las Bücher, die mir erzählten, ... dass unsere Wildblumen, obgleich seltsam und wunderlich, niemals an die Anmut und Schönheit einer englischen Rose heranreichen würden.«[5]

Es war ein Konzept der totalen Unterlegenheit, das hier vermittelt wurde, ein Negativbild, das so umfassend war, dass es buchstäblich alles mit einschloss, was die neuen Länder zu bieten hatten, Pflanzen, Tiere, Menschen, selbst Steine. Die neuen Länder waren eben so abgelegen, dass sie nur in jeder Beziehung zurückgeblieben sein konnten.

Schon in der Namensgebung steckt eine unbeabsichtigte Ironie, denn so neu sind Neuseeland (nach der holländischen Provinz Seeland), Neu-Kaledonien (Caledonia ist ein anderer Name für Schottland) und Neu-Holland (ein alter Name Australiens) eigentlich nicht. In Wahrheit sind es uralte Landmassen mit ebenso alten Ökosystemen, deren Wurzeln bis ins Erdmittelalter zurückreichen. Die Heimatländer ihrer europäischen Entdecker waren dagegen bis vor 10 000 Jahren eine von dicken Gletscherschichten bedeckte Eiswüste. In Wirklichkeit ist also »alles, was in Alt-Seeland oder Alt-Kaledonien lebt, neu«, während vieles in Neu-Seeland oder Neu-Kaledonien uralt ist.[6]

Die Siedler waren ein bunt zusammengewürfelter Haufen aus allen Gegenden dieser Welt. Sie brachten ihre eigene Geschichte, Tradition, Sprache und Weltsicht in die neue Heimat. Heute ist ein Viertel aller lebenden Australier in einem anderen Land aufgewachsen. Ihnen allen ist eines gemeinsam: Sie sind »das Produkt anderer Orte, anderer Ökologien und anderer Zeiten«[7]. Ihr Blick auf die neuen Länder war holländisch, polynesisch, deutsch oder eben britisch, wie im Falle von Tim Flannery, niemals australisch oder neuseeländisch.

Natürlich ist keine einzige der Schulweisheiten, die Tim Flannery lernen musste, wahr, abgesehen davon, dass man sich über die Schönheit von Blüten trefflich streiten kann. Wissenschaftliche Erkenntnisse der letzten Jahre haben diese Anschauungen als vorurteilsbeladen entlarvt und auf den Müllhaufen der Geschichte geworfen. Es waren Rechtfertigungsideologien der Eroberer, die nicht nur in Australien verbreitet wurden. Auch die oft wiederholte Behauptung, die Beuteltiere seien den plazentalen Säugetieren in jeder Beziehung unterlegen, ist keineswegs bewiesen. Die wirtschaftlichen Schäden, die in Australien von den großen Känguruhs verursacht werden, weil sie als Konkurrenten der Schafe auftreten, sind nicht unbedingt ein Zeichen von Unterlegenheit.[8]

Die neuen Erkenntnisse haben das Selbstbild der Australier und Neuseeländer revolutioniert. Beide »können sich fortan durch Dinge definieren, die in einzigartiger Weise australisch« oder neuseeländisch sind.[9] Kiwis zum Beispiel.

Aufgeschreckt von immer neuen Hiobsbotschaften haben die Neuseeländer den fast verlorenen Kampf aufgenommen. Sie kämpfen um die letzten Reste ihrer Pflanzen- und Tierwelt, oft mit einer Radikalität und Entschiedenheit, die viele Europäer erschreckt und den vorangegangenen Zerstörungen in nichts nachsteht. Ein Land mit nur 3,6 Millionen Einwohnern (aber 70 Millionen Schafen und 8 Millionen Rindern) leistet sich den Luxus eines Ministeriums für Naturschutz (Department of Conservation, abgekürzt DoC), dem 1990/91 ein Etat von rund 110 Millionen Mark zur Verfügung stand. Rechnet man diesen Betrag auf die Einwohnerzahl um, dann müsste die reiche Bundesrepublik Deutschland 2,75 Milliarden Mark für den Naturschutz ausgeben. Tatsächlich standen 1988 für die gesamte Umweltforschung 700 Millionen Mark zur Verfügung. Nur ein Bruchteil davon floss in Naturschutzprojekte.[10]

Das DoC verwaltet die staatlichen Schutzgebiete und Nationalparks und unterhält ein umfangreiches System von Schutzhütten und Wanderwegen, das Touristen aus aller Welt anlockt. In der Hauptstadt Wellington betreibt das Ministerium ein eigenes Wissenschaftszentrum, das die fundierten Grundlagen für unterschiedlichste Aktionspläne und Projekte liefert, die vom DoC finanziert und durchgeführt werden. Mit dem Rücken zur Wand stehend haben sich neuseeländische Wissenschaftler zu weltweit begehrten Experten entwickelt, die ihr Wissen nun an anderen Brennpunkten biologischer Invasionen zur Verfügung stellen: Naturschutz als Hightech-Exportschlager der ungewöhnlichen Art.

»Wir leisten verdammt gute Arbeit«, sagt Doug Mende und strahlt. Er ist optimistisch und voller Tatendrang. Überall im Inselstaat wird mit Hochdruck daran gearbeitet, verlorenes Terrain für die gefährdete Natur zurückzugewinnen. Es gibt Schutz- und Zuchtprogramme für bedrohte Vögel und umfangreiche Projekte zur Bekämpfung der eingeschleppten Nager, Katzen, Schweine, Ziegen und Kusus. Neuseeländische Experten haben es geschafft, ganze Inseln von gefräßigen Ratten und Räubern zu befreien. Sie haben fast ausgestorbene Arten wie den Black Robin, einen winzigen pechschwarzen Vogel, wieder zum Leben erweckt und das ganze Land damit zu Tränen gerührt. Aber die Gefahr ist groß, dass sie einen Kampf führen, der auf lange Sicht nicht zu gewinnen ist.

Wer ursprüngliche neuseeländische Natur erleben will, muss sich heute in die zahlreichen Schutzgebiete und Nationalparks begeben. Dort wird deutlich, was auf zwei Dritteln der Landesfläche verloren gegangen ist: atemberaubende Urwälder im wahrsten Sinne des Wortes, mit Pflanzen und Tieren, wie sie nur in Neuseeland und nirgendwo sonst entstanden und erhalten geblieben sind. Trotz ihrer spektakulären Fremdartigkeit sind sie nur ein Abglanz einstigen Reichtums.

5 Moas und Maoris – Das Ende der Riesenvögel

Wenn Carolyn King, eine der bekanntesten Zoologinnen des Landes, von der Frühzeit der neuseeländischen Inselwelt erzählt, wählt sie mit Absicht einen märchenhaften Tonfall. Nicht nur, dass einige der verbliebenen Urwälder ihres Landes ohne weiteres als Kulisse für spektakuläre Fantasyfilme geeignet wären, für die Bewohner von Auckland, Wellington oder Christchurch, die kaum noch einen einheimischen Vogel zu Gesicht bekommen, müssen solche Schilderungen tatsächlich wie Erzählungen aus sagenhafter Vorzeit klingen.

»Es war einmal – sagen wir mal so vor 1200 Jahren – eine grüne Inselgruppe in der südwestlichen Ecke des wunderbar blauen Pazifik. Kein Mensch hatte diese Inselgruppe je betreten oder ihr auch nur einen Namen gegeben... In der umliegenden See gab es ein fantastisch reiches Leben unter Wasser. Und die Inseln waren von den Schultern bis zur Sohle mit einem dichten immergrünen Wald bedeckt... Besonders in den Niederungen wimmelte es nur so von Leben und besonders von Vögeln... Beides, den Wald und die Vögel, gab es sonst nirgendwo auf der Welt... Die Tiere auf dieser Inselgruppe im wunderbar blauen Pazifik lebten nicht immer in Eintracht miteinander, aber sie erlitten auch keinen grausamen Tod zwischen den Kiefern eines Reptils, eines anderen Fleischfressers oder eines Jägers auf zwei Beinen.«[1]

Bis heute ist umstritten, ob es die vermutlich von den Gesellschaftsinseln kommenden Maoris durch Zufall nach Neuseeland verschlagen hat oder ob ihre Besiedlung das Ergebnis einer gezielten Auswanderung war, ob eine ganze Flotte landete oder nur wenige versprengte Kanus.

Um 1100 n. Chr. existierte in Neuseeland bereits eine gut etablierte Jägerkultur. Ihr Ursprung muss also noch länger zurückliegen, wahrscheinlich im achten nachchristlichen Jahrhundert.[2]

Im Gefolge der Polynesier kamen die ersten Säugetiere auf die Inseln. Bis zu diesem Zeitpunkt gab es dort nur drei kleine Fledermausarten, die kräftige Winde schon vor Millionen Jahren aus Südamerika und Australien hinübergeweht hatten.[3] Aus den schlanken schnellen Kanus kletterten nun aber neben Menschen auch polynesische Hunde und Ratten an Land.

Die Kiore oder Polynesische Ratte ist ein kleiner flinker Kletterer, der sich hauptsächlich vegetarisch ernährt, von Früchten, Samen und Beeren. Wie die anderen Rattenarten verschmäht sie aber tierische Kost nicht, wenn sie gefahrlos zu erbeuten ist. Das Fleisch der Kiore galt bei den Polynesiern als süß und wohlschmeckend. Die Tiere wurden nach strengem Zeremoniell gejagt und gegessen. Sie verbreiteten sich rasch über die beiden Hauptinseln und wurden auch auf viele der kleinen vorgelagerten Inseln verschleppt. Nach Mastjahren der einheimischen Bäume, in denen diese besonders viele Samen produzieren, kam es regelmäßig zu Massenvermehrungen, ein Zusammenhang, der den polynesischen Siedlern wohlbekannt war und den sie sich zunutze machten. Auch Ende des 19. Jahrhunderts gab es noch solche Rattenjahre.

Nelson/Marlborough, New Zealand 1885

»Living rats are sneaking in every corner, scuttling across every path; their dead bodies in various stages of decay, and in many cases more or less mutilated, strew the roads, fields and gardens, pollute the wells and streams in all directions. Whatever kills the animals does not succeed in materially diminishing their numbers. Fresh battalions take place of those slaugthered.«

J. Meeson[4]

Der Kuri oder Polynesische Hund, der körperlich etwa die Statur eines Fuchses hatte, ist wohl nie in nennenswerter Zahl verwildert und gilt heute als ausgestorben. Auch der Kuri wurde verzehrt. Mangels anderer Säugetiere ähnlicher Größe war sein Fell die einzige Quelle für Leder und Kleidungsstücke.

Die polynesischen Siedler, die Vorfahren der Maoris, brachten auch einige tropische Nutzpflanzen nach Neuseeland, aber ihre bäuerlichen Fähigkeiten hielten sich in Grenzen. Sie bauten Yams, Taro, Kürbis und Süßkartoffeln an, tropische Pflanzen, für die in Neuseeland keine idealen Bedingungen herrschten. Ihre Hauptnahrung war Fleisch.

Maorijägern müssen die Augen übergegangen sein, als sie den ersten Riesenmoas gegenüberstanden, über drei Meter hoch und derart mit Muskelfleisch bepackt, dass eine Jägergruppe davon mehrere Tage satt werden konnte. Die Eier waren riesig und wurden in vielfältiger Weise genutzt. Zwölf Moaarten gab es damals, von Truthahngröße bis zu den Giganten, und fast alle wurden bejagt. Für Vögel dieser Größe waren sie ungewöhnlich häufig. Der Name Moa ist nicht aus einem Ausruf der Bewunderung entstanden, sondern einfach das ostpolynesische Wort für Huhn. Mochten Temperatur und Klima des neuen Landes den Polynesiern rau und ungastlich erschienen sein, die riesigen Robbenkolonien an den Küsten, der Fischreichtum des Meeres und die von großen arglosen Vögeln wimmelnden Wälder und Seen entsprachen sicher ihren Vorstellungen.

Die Polynesier jagten alles, was ihnen vor die Speere kam. Für die Moas und andere neuseeländische Vogelarten, viele davon ungewöhnlich groß und flugunfähig, war der erste Blick in die Augen eines Maorijägers ein schicksalhafter Moment. Er markierte den Beginn ihrer Ausrottung.

In den tausend Jahren, in denen die Polynesier Neuseeland für sich hatten, starben nachweislich 32 Vogelarten aus, unter ihnen alle zwölf Moaarten, aber auch die endemischen Pelikane und Schwäne, zwei Gänsearten, drei Enten-, zwei Adlerarten und viele mehr. Knochen fast aller dieser großen Vögel wurden an Feuerstellen der Jäger gefunden.[5]

Kann eine relativ kleine menschliche Population, nur mit primitiven Steinäxten und Speeren bewaffnet, eine so dra-

Moa und Kiwi

matische Wirkung erzielen? Mit ihren Waffen allein sicher nicht. Auch wenn die Polynesier zusätzlich die Eigelege der bodenbrütenden Vögel plünderten und ihre Begleiter, vor allem die Polynesische Ratte, ihren Blutzoll unter den kleinen baumbrütenden Vogelarten forderten, reicht dies allein als Erklärung nicht aus. Um eine derart verheerende Wirkung zu erzielen, musste noch etwas anderes hinzukommen: die von den Einwanderern praktizierte Brandrodung.

Vor Ankunft der Maoris waren die neuseeländischen Inseln bis auf die Hochlagen vollständig mit Wald bedeckt.

Er muss den Menschen unerschöpflich vorgekommen sein. Um 1800, kurz nach der Entdeckung der Inseln durch die Europäer, war mehr als ein Viertel dieses alten Waldes verschwunden. An seiner Stelle entstanden weitläufige Graslandschaften, die der alteingesessenen Waldfauna keine Überlebensmöglichkeiten boten.

Kritiker glauben, dass eine parallel erfolgte globale Klimaveränderung der Grund für das Aussterben so vieler Vogelarten gewesen sein könnte. Aber es gibt keine einleuchtende Erklärung dafür, warum eine relativ milde Abkühlung plötzlich so durchschlagende Wirkung entfaltet haben soll, zumal Fauna und Flora Neuseelands schon sehr viel einschneidende Veränderungen überlebt hatten. Carolyn King ist überzeugt, dass drei Faktoren ausreichten, um eine Vogelwelt, die unfähig war, sich der neuen Situation anzupassen, empfindlich zu dezimieren: die massive Lebensraumzerstörung durch Brandrodung, die selektive Jagd und die Raubzüge der Polynesischen Ratte.

Die Moajäger hätten eine einfache Form der Naturphilosophie gepflegt, glauben Gegner der Jägertheorie. Sie hätten sich verbunden gefühlt mit ihrer Beute und deren Erhaltung im Auge gehabt. Carolyn King hält derartige Ansichten für romantisierenden Unsinn. Verquere Vorstellungen vom »edlen Wilden« hätten schon so manchem die Sicht getrübt, meint sie, und fährt fort: »Wenn die Moajäger eine Naturschutzethik besaßen, dann war sie nicht besonders effektiv... Es ist eine Tatsache, dass die Polynesier nicht in Harmonie mit ihrem Universum lebten, weder in Neuseeland noch auf anderen pazifischen Inseln; ihr Einfluss auf die Landschaft und deren Lebensgemeinschaften war schwerwiegend, ob gewollt oder ungewollt, und die Naturverehrung, die sie pflegten, ist mit modernen Ideen über die Erhaltung einer natürlichen Umwelt um ihrer selbst willen nicht gleichzusetzen und sollte auch nicht damit verwechselt werden.«[6]

Anfang des 19. Jahrhunderts schickten sich die Europäer an, das neu entdeckte Land zu erobern, mitsamt dem Jäger

Harpagornis

und den Gejagten. Kein Europäer hat je einen Moa zu Gesicht bekommen, einen Harpagornis, den größten Adler, der jemals gelebt hat, oder irgendeine andere der 32 ausgestorbenen Vogelarten.

Die *pakeha* setzten fort, was die polynesischen Einwanderer begonnen hatten. Alfred Crosby verglich ihre Schiffe mit »Riesenviren, die an den Seiten eines gigantischen Bakteriums festmachten..., um dessen innere Prozesse für die eigenen Zwecke in Besitz zu nehmen«.[7] Die Europäer waren zahlreicher und vor allem schneller und effektiver. Sie rodeten weiter die Wälder, schufen viele Millionen Hektar an Weide- und Ackerland, bauten Städte und Schiffe – die Masten der Flotte, mit der Vize-Admiral Nelson die französisch-spanische Flotte in die Knie zwang, waren aus neuseeländischem Kauriholz – und sie brachten, absichtlich und unabsichtlich, hunderte von Tier- und tausende von Pflanzenarten ins Land.

6 Gondwanas Arche

Trotz katastrophaler Rückschläge hatte sich in Neuseeland – und nur hier – eine uralte Lebensgemeinschaft in die Gegenwart hinübergerettet, deren Ursprünge weit zurückgehen, auf Gondwana, den riesigen Südkontinent des Erdmittelalters. Vor mehr als 120 Millionen Jahren bildeten Afrika, Südamerika, die Antarktis, Indien, Australien und das vergleichsweise winzige Neuseeland eine einzige Landmasse, auf der sich Pflanzen- und Tierarten in alle Richtungen ausbreiten konnten.

Aber der Superkontinent brach Stück für Stück auseinander, seine Organismenwelt wurde auf kleinere Fragmente verteilt. Die größten hatten die Ausmaße von Kontinenten. Jedes einzelne Bruchstück wurde zu einem eigenen isolierten Experimentierfeld der Evolution, mit völlig unterschiedlichen Ergebnissen. Südamerika, Afrika, die Antarktis und Australasien blieben fortan ohne Kontakt miteinander. Als sich Neuseeland vor etwa 80 Millionen Jahren von Australien löste und langsam nach Osten driftete, nahm es wie die anderen Bruchstücke einen Teil der Urwälder Gondwanas mit sich. Von der Besiedlung des Südkontinents durch die modernen Blütenpflanzen profitierte die neue Insel noch, Schlangen, Beuteltiere und Säugetiere aber, die Australien erst Millionen Jahre später besiedelten, erreichten das sich immer weiter entfernende Neuseeland nicht. Seine Arche Noah war nur halb gefüllt.[1]

Natürlich war der Wald, den die Polynesier vorfanden, nicht mehr identisch mit seinem Vorläufer in Gondwanaland. Das Eiszeitalter, das Mitteleuropa so zusetzte, entfaltete auch in Neuseeland eine verheerende Wirkung und viele Tier- und Pflanzenarten starben aus. Der Meeresspiegel fiel um 100 Meter, das Wasser war in dicken Gletscherschichten gebunden. Neuseelands Inselwelt verschmolz zu einer einzigen Landmasse, die in Zeiten schwerer Vereisung nur auf einer Landzunge im äußersten Norden Schutz vor dem Aussterben bot. Dort, auf einem Bruchteil der ursprünglichen Fläche zusammengedrängt, saßen die Überlebenden des neuseeländischen Tertiärs die schlechten Zeiten aus. Sie hatten Glück. Inseln bieten wenig Rückzugsmöglichkeiten, wenn das Klima sich ändert.

In den wärmeren Zeiten zuvor war ihr Lebensraum ebenfalls hin und wieder drastisch zusammengeschrumpft. Der Meeresspiegel stieg und verwandelte Neuseeland in eine locker im Südpazifik verteilte Inselgruppe, die zeitweilig über 80 Prozent ihrer heutigen Fläche einbüßte, ein weiterer katastrophaler Einschnitt für Tier- und Pflanzenwelt. Moas und Kiwis überlebten, aber viele Individuen starben und mit ihnen ein Teil der artspezifischen genetischen Vielfalt. Das hat Spuren hinterlassen. Molekularbiologische Untersuchungen neuseeländischer Forscher ergaben, dass die modernen Kiwi-Populationen Nachkommen einer kleinen Gruppe sind, die vor etwa 20 bis 25 Millionen Jahren lebte.[2] Damals konnten die Überlebenden der großen Flut das Land, das der Ozean freigab, von neuem besiedeln. Die zusammengeschrumpften Populationen erholten sich wieder.

Vor 7 Millionen Jahren kollidierten zwei Platten der Erdkruste und schoben sich übereinander. Das bis dahin flache Neuseeland erhielt eine völlig neue Topographie. Im Norden wuchsen riesige Vulkane aus dem Boden, im Süden wurde ein spektakuläres Gebirge geformt, die Südalpen. Da nie das ganze Land betroffen war, blieben Tier- und Pflanzenwelt von diesen geologischen Turbulenzen weitgehend unberührt. Sie zogen sich in Zonen relativer Ruhe zurück und besiedelten zerstörtes Land von dort aus neu. Für Carolyn King ist es »eine seltsame Vorstellung, dass es die alten Tier- und Pflanzenarten neuseeländischer

Wälder hier schon länger gibt als die Berge, auf denen sie heute leben«.[3]

Trotz Fluten, Vereisung, Vulkanausbrüchen und Gebirgsbildung, nirgendwo sonst konnte sich das Erbe Gondwanas so ungestört weiterentwickeln wie in Neuseeland. Bis auf 1900 Kilometer wuchs der Abstand zum australischen Festland, genug Platz für eines der wildesten Meere der Erde, die Tasmanische See. Sie sorgte dafür, dass die Ruhe in den Wäldern nahezu ungestört blieb.

Für Landtiere war es unmöglich, dieses Meer aus eigener Kraft zu überwinden, aber dieselben Westwinde, die die Tasmanische See aufwühlten, brachten damals wie heute neues australisches Vogelleben. In ihrem Gefieder und in ihrem Darm transportierten diese Vögel Samen. Die Isolation Neuseelands war ausreichend für eine völlig eigenständige Entwicklung seiner Lebewesen, aber sie war niemals vollständig. Der Prozess der sporadischen Besiedlung aus dem Westen hält heute noch an. Seit 1840 sind auf diese Weise zehn neue Vogelarten ins Land gekommen.[4]

Der immergrüne Wald Neuseelands wird von zwei Baumtypen dominiert, den Südbuchen *(Nothofagus)*, die in den Gebirgsregionen vorherrschen, sowie altertümlichen Nadelbäumen, den *Podocarpen*, die, wie der Kauri, 35 Meter hoch werden können. Durch seinen dichten Unterwuchs aus Kräutern und Farnen und einer großen Zahl von Epiphyten, Pflanzen, die auf den Stämmen und Ästen der Urwaldriesen wachsen, mutet der Wald trotz des gemäßigten Klimas tropisch üppig an.

Die Aristokraten unter den Tieren dieses Waldes sind Arten, die wie Moas und Kiwis schon die Urwälder Gondwanas bevölkerten. Nur in Neuseeland lebt die Brückenechse, die Tuatara, deren Vorfahren bereits vor 140 Millionen Jahren existierten. Im Rest der Welt starben sie zusammen mit den Dinosauriern aus. Noch wesentlich älter ist der Stummelfüßer *Peripatus,* eine Art weiterentwickelter Regenwurm mit kurzen Beinen. Er führt ein verborgenes Leben in der Streu des Waldbodens. Auch unter den Insekten, Schnecken und Regenwürmern gibt es solche Methusalems, die die Zeiten fast unverändert überdauert haben.

Reptilien sind bis auf die Tuatara und einige bemerkenswerte lebend gebärende Geckoarten nur spärlich vertreten. Die wärmeliebenden Schildkröten und Krokodile, die ebenfalls zum Gondwana-Erbe Neuseelands gehörten, starben wahrscheinlich in kalten Klimaphasen aus. Amphibien und speziell die Frösche müssen aber eine wichtige Rolle im Ökosystem der alten Wälder gespielt haben. Sie kamen mit dem kühlen und feuchten Klima besser zurecht. Die Knochen einiger archaischer Froscharten, die schon zu Zeiten Gondwanalands lebten, finden sich in fossilen Ablagerungen zu Zehntausenden. Noch bis vor 800 Jahren muss der Waldboden von ihnen gewimmelt haben. Vermutlich wurden sie Opfer der Polynesischen Ratte.[5] Heute sind die drei überlebenden Arten auf winzige Gebiete zurückgedrängt.

Die berühmtesten Tiere Neuseelands sind aber zweifellos die Vögel, allen voran die Kiwis und die ausgerotteten Moas. Für den Säugetierkundler Tim Flannery »ist Neuseeland ein vollkommen anders geartetes Evolutionsexperiment als der Rest der Welt. Es zeigt uns, wie die Welt vielleicht ausgesehen hätte, wenn sowohl die Säugetiere als auch die Dinosaurier vor 65 Millionen Jahren ausgestorben und nur die Vögel als Erben der Erde übrig geblieben wären.«[6]

Moas und Kiwis haben mit vielen der heute ausgestorbenen Vogelarten Neuseelands eine seltsame Eigenschaft gemeinsam: den Verlust der Flugfähigkeit.

Die Möglichkeit, sich in die Lüfte erheben zu können, stellt eine sehr effektive Art der Gefahrenvermeidung dar. Wer nicht fliegen oder klettern kann, muss sich zudem mit einem gefährlichen Nistplatz auf dem Boden zufrieden geben. Man fragt sich, wieso ausgerechnet die Vögel, die das Fliegen so beneidenswert perfektioniert haben, darauf wieder verzichteten. Das Phänomen ist auch von anderen Inseln bekannt. Der berühmte und den Moas ins Vogelartenjenseits gefolgte Dodo in Mauritius *(Dead as a Dodo!)* ist nur ein Beispiel. Auch Inselinsekten gingen diesen Weg, etwa die heuschreckenähnlichen Wetas Neuseelands.

Der Verzicht auf das Fliegen hat jedenfalls nichts mit Rückständigkeit oder naturgegebener Unterlegenheit zu tun. Dass die Säugetiere und wir Menschen keine Kiemen mehr besitzen wie unsere fernen aquatischen Vorfahren, obwohl sich damit unter Wasser wunderbar atmen ließe, verursacht uns ja auch keine Komplexe. Wir haben sie verloren, weil wir Landtiere sind.

Die Evolution verleiht Organismen nur die Fähigkeiten, die sie benötigen. Sie wappnet sie in der Regel nicht gegen Gefahren, denen sie nie begegnen oder die in ferner Zukunft einmal von Bedeutung sein könnten. In Neuseeland gab es keine am Boden jagenden Räuber und deshalb keine Notwendigkeit zur schnellen Flucht. Die einzige Gefahr drohte aus der Luft und die Vögel gingen ihr am besten aus dem Weg, indem sie sich in dichte Vegetation zurückzogen. So schön das Fliegen sein mag, es kostet ungemein viel Energie, die für andere Fähigkeiten oder Entwicklungswege fehlt. Zum Beispiel setzt das Fliegen der Körpergröße enge Grenzen. Es ist eine einfache Kosten-Nutzen-Rechnung. Wenn das Flugvermögen nicht mehr gebraucht wird, fällt es selektionsbedingten Energiesparmaßnahmen zum Opfer.

Die Riesen-Moas investierten die durch Verlust ihres Flugvermögens eingesparte Energie in eine enorme Vergrößerung ihrer Körper. Gleiches taten eine fast einen Meter hohe Ralle *(Aptornis),* eine ebenso große Gans, das Takahe, oder, unter den Papageien, der ebenfalls flugunfähige Kakapo, insgesamt, wie Fossilienfunde auf der

Nordinsel vermuten lassen, fast die Hälfte aller Vogelarten. Auch die Wetas wuchsen ohne den aufwendigen Flugapparat zu für Insekten monströsen Ausmaßen heran. Die größten unter ihnen erreichten fast zwanzig Zentimeter Länge.

Die Vogelwelt Neuseelands hatte noch weitere Superlative und Absonderlichkeiten zu bieten. Hier lebte Harpagornis, der größte je existierende Adler, mit Krallen so groß wie die eines Tigers. Die vergleichsweise winzigen Kiwis warten mit einem anderen Rekord auf: Sie legen die im Verhältnis zum Körpergewicht größten Eier. Sie übertreffen das Eiformat gleich großer Vögel um das Fünf- bis Zehnfache. Möglicherweise hat ihnen gerade diese eher belastend erscheinende Eigenschaft das Leben gerettet. Kiwieier sind zu groß, als dass kleine Räuber sie aus dem Nest rollen und zerstören könnten. In einer Welt voller Ratten und Wiesel ist das ein unschätzbarer Vorteil.

> »Zwischen dem Fliegen und dem Essen besteht eine enge Verbindung. Je mehr man isst, desto schwerer fällt einem das Fliegen. Also passierte es immer häufiger, dass die Vögel, statt einen kleinen Snack zu sich zu nehmen und anschließend wegzuflattern, sich zu einem eher umfangreichen Mahl niederließen und danach ein bisschen spazieren watschelten. Als dann schließlich die europäischen Siedler eintrafen und Katzen, Hunde, Wiesel und Opossums mitbrachten, watschelten viele der flugunfähigen neuseeländischen Vögel plötzlich um ihr Leben.«
>
> *Douglas Adams & Mark Carwardine*[7]

Einer der schrägsten Vögel Neuseelands war der Huia, ein etwa 45 Zentimeter großer, krähenartiger Vertreter einer Vogelgruppe, die es nur in Neuseeland gibt. Die Huias waren die einzigen bekannten Vögel, bei denen Männchen und Weibchen völlig unterschiedlich geformte Schnäbel besaßen. Wie Spechte stocherten sie damit im Holz nach Insektenlarven. Vielleicht entwickelten sich diese unterschiedlichen Schnabelformen, um bei relativ spezialisierter Lebensweise eine Nahrungskonkurrenz zwischen den Geschlechtern zu vermeiden. Die Huias standen bei den Maoris in großem Ansehen. Ihre Schwanzfedern wurden als Körperschmuck verwendet und besaßen einen so hohen Prestigewert, dass sie in kunstvoll geschnitzten Holzkästen gehandelt wurden. Bei Ankunft der europäischen Siedler lebten die einst landesweit verbreiteten Vögel nur noch in einem kleinen Gebiet im Süden der Nordinsel. Als die traditionelle Lebensweise der Maoris unter dem Einfluss der Europäer zusammenbrach, wurde auch die von Maori-Schamanen verhängte Jagdreglementierung nicht mehr beachtet. Der letzte Huia starb im Jahr 1907.[8]

Nicht alle neuseeländischen Vögel hatten so außergewöhnliche Eigenschaften und nicht alle flugunfähigen Vögel wurden zu Riesen unter ihresgleichen. Vor der Ankunft der Polynesier gab es eine Gruppe winziger Vögelchen, die so genannten Neuseelandschlüpfer, die in großer Zahl über den Waldboden wuselten und nach Insekten suchten. Sie waren so klein, dass sie möglicherweise von den größeren Froscharten verspeist wurden, mit denen sie ihren Lebensraum teilen mussten. Wie ihre amphibischen Feinde hatten sie der Polynesischen Ratte und der Zerstörung ihres Lebensraumes nichts entgegenzusetzen und starben schnell aus.

Es war eine zoologische Sensation, als man 1894 auf Stephens Island, einer kleinen vorgelagerten Insel, auf eine überlebende Population von einigen hundert Tieren stieß. Ihr schnelles Ende noch im Jahr der Entdeckung wurde mit dem Beschluss der neuseeländischen Regierung eingeläutet, auf Stephens Island einen Leuchtturm zu errichten.

Der dazugehörige Leuchtturmwärter schaffte sich als Mittel gegen die eigene Einsamkeit eine Katze an. Zu ihrer bevorzugten Beute wurden bald winzige braune Vögel. Der Wärter hatte sie in der Dämmerung wie Mäuse durch das Unterholz huschen sehen. Jeden Abend brachte die Katze einige arg ramponierte Vögelchen mit nach Hause. Dem Leuchtturmwärter kamen die Tiere seltsam vor und er schickte sie an ein Museum. Als dort ein Wissenschaftler erkannte, dass es sich um die einzigen überlebenden flugunfähigen Sperlingsvögel handelte, die jemals entdeckt wurden, hatte die Leuchtturmwärterkatze die letzten Stephens-Island-Schlüpfer schon ausgerottet.[9]

Die einzigen Exemplare, die die Wissenschaft von dieser kleinen Vogelart kennt, sind die Kadaver, die die Katze ins Leuchtturmwärterhaus schleppte. Elf davon sind, zerrupft und zerzaust, wie sie waren, in verschiedene Museen gelangt.[10]

Die Geschichte von Stephens Island hat noch eine bittere Pointe. Es ist die Geschichte Neuseelands und seiner Inseln im Miniaturformat. Neben dem Schlüpfer verschwanden zwölf weitere Vogelarten von der Insel. Für Carolyn King steht fest: »Dieses erstaunliche Gemetzel hätte allerdings in jedem Fall stattgefunden, da die Katze ohne Zweifel Hilfe von Sammlern bekam und der Leuchtturmwärter fast den gesamten Wald der Insel rodete, um Weideland zu schaffen.«[11]

7 Tierisch erfolgreich – Die Akklimatisation

Für die europäischen Siedler hatten die neuen Länder auf der Südhalbkugel so gut wie nichts Vertrautes zu bieten. Fauna und Flora waren vollkommen anders als alles, was sie bisher kannten. »Die Bäume behielten ihre Blätter und warfen stattdessen ihre Rinde ab«, beklagte sich ein gewisser J. Martin im Australien des frühen 19. Jahrhunderts[1], »die Schwäne waren schwarz, die Adler weiß, die Bienen hatten keinen Stachel, manche Säugetiere hatten Beutel, andere wiederum legten Eier; am wärmsten war es auf den Hügeln, am kühlsten in den Tälern und sogar die Brombeeren (engl.: *black*berries) waren rot.«

In ihrer Hilflosigkeit gaben die Siedler neuseeländischen Pflanzen und Tieren Namen aus der zurückgelassenen Heimat. Sie sprachen von Forellen und Rotkehlchen, von Kiefern und Buchen, auch wenn manche der so bezeichneten Lebewesen nur oberflächliche Ähnlichkeit mit dem Original hatten. Wo keinerlei heimatlicher Bezug zu entdecken war, übernahmen sie notgedrungen die Namen der Maoris.

Aber die Einfuhr fremder Tier- und Pflanzenarten hatte beileibe nicht nur nostalgische Gründe. Sie war eine Überlebensfrage. Die Siedler verstanden sich auf den Anbau der Feldfrüchte der Heimat und die Zucht der altbewährten Haustierrassen. Eine dauerhafte Existenz war für die Europäer nur möglich, wenn ihre Pflanzen und Tiere gediehen. Ihr späterer Erfolg gelang, weil sich das neue Land und die mitgebrachte Organismenwelt so blendend verstanden.

Wie sehr sich Neuseeland dazu verändern musste, zeigt die Tatsache, dass man zunächst ausgerechnet der heute die Landschaft prägenden Schafzucht keine großen Erfolgsaussichten bescheinigte, aus Mangel an geeigneter Nahrung. Mit seinen fremdartigen Urwäldern stellte das wilde Neuseeland der Anfangsjahre keine besondere Verlockung für Siedler dar. Die Menschen wanderten nicht aus, weil sie Fernweh oder eine Sehnsucht nach ungezähmter Natur quälte, sondern weil sie andernorts ein besseres europäisches Leben führen wollten. Der Siedlerstrom setzte spät und nur tröpfelnd ein. Erst als sich herumsprach, dass dieses ferne Land kaum Krankheiten, dafür aber ideale Voraussetzungen für eine europäische Lebensführung bot, wurde aus dem Tröpfeln ein kräftiger Strahl.

Die Maoris zeigten sich zudem von den neuen Pflanzen und Tieren überaus beeindruckt. Sie waren den klimatischen Verhältnissen Neuseelands besser angepasst als viele ihrer eigenen Pflanzen, die aus tropischen Gefilden stammten, und lieferten erstaunliche Erträge. Außer ihren kleinen Hunden besaßen die Maoris keine Haustiere. Und jetzt tauchte mit Schweinen, Rindern, Pferden, Schafen, Ziegen und Hühnern gleich ein halbes Dutzend nie gekannter nachwachsender Rohstoff- und Energielieferanten auf. Die Maoris hatten diesem Überfall nichts entgegenzusetzen, im Gegenteil, sie packten kräftig mit an. Sie verdingten sich als Walfänger, begannen Kartoffeln anzubauen und züchteten Schweine, die sie in den Siedlungen der Europäer verkauften. Von den Erlösen erstanden sie nicht zuletzt Gewehre, um damit untereinander blutige Stammesfehden auszutragen. Sie infizierten sich mit den Krankheiten der Weißen und starben wie die Fliegen. Ende des 19. Jahrhunderts war ihre Zahl auf gut 42 000 Seelen zusammengeschrumpft.[2]

Bis eine Landwirtschaft und ausreichende Vertriebsmöglichkeiten für ihre Produkte aufgebaut waren, stellte die Nahrungsbeschaffung für die Europäer ein großes Problem dar. Es gab das Meer mit seinen Ressourcen, auch einige

Süßwasserfische und Krebse, aber sobald man die Küsten verließ, nur wenige nutzbare Pflanzen und kaum jagdbares Wild. Dafür hatten die polynesischen Einwanderer gesorgt. Expeditionsberichte aus der damaligen Zeit sprechen eine deutliche Sprache. Artenschützern von heute dreht sich der Magen um, aber Kakapos, diese Symbolvögel für eine sterbende neuseeländische Vogelwelt, waren damals eine leicht zu erbeutende und hochwillkommene Nahrung für ausgehungerte Entdecker und Siedler.

Es sprach sich bis in die englische Heimat herum, dass Haustiere und Nutzpflanzen im fernen Neuseeland Mangelware waren. Neuankömmlinge brachten deshalb mit, was sie um sich haben wollten. Es gab keinerlei Reglementierung, jeder konnte an so genannten *baggage animals*, an Gepäcktieren, mitnehmen, was er wollte. Die Schiffe hatten zum Teil »Viehzeug in nahezu beängstigenden Mengen« an Bord. Wie der Kapitänsmaat eines australischen Siedlerschiffes berichtete, »glich das ganze Schiff einem vor Mist starrenden Viehstall«.[3]

Mit jeder neuen Schiffsladung wurden säckeweise Pflanzensamen herantransportiert, die oft wahllos ausgesät wurden. Da das damals verfügbare Saatgut stark mit Unkrautsamen verunreinigt war, gelangten auch viele fremde Wildkräuter ins Land. Manche breiteten sich schneller aus als die Menschen. In vollkommen unberührten Landesteilen stießen Naturforscher auf unverkennbar europäische Pflanzen, die sie anstarrten wie seinerzeit »Robinson Crusoe den Abdruck eines Europäerfußes«.[4]

Als Charles Darwin 1835 mit der *Beagle* in Neuseeland Station machte, wunderte er sich über die üppigen Gärten, in denen Spargel, Bohnen, Gurken, Rhabarber, Äpfel, Birnen, Pfirsiche und Eichen gediehen. Ein Londoner Arzt namens Nathaniel Ward hatte einen gläsernen Transportbehälter entwickelt, der als Minigewächshaus die Feuchtigkeit hielt, das Sonnenlicht hindurchließ und die überforderten Schiffsbesatzungen von der Pflege der hin und her transportierten Gewächse entlastete. Bis 1840 stieg die pflanzliche Überlebensrate bei Seereisen auf stolze 95 %.[5]

Die Einfuhr von Tieren gestaltete sich ungleich schwieriger. Die monatelange Schiffsreise ließ die Begleiter der Menschen sterben wie die Fliegen, aber sie wirkte auch wie eine Art ungewollter Quarantäne, die nur die Stärksten und Gesündesten überleben ließ. Krankheitserreger und Parasiten blieben mitsamt ihren Opfern auf der Strecke und wurden unterwegs an die Haie verfüttert. Viele Siedler retteten gerade eine Ziege oder ein Huhn ins Ziel. Was in den neuen Ländern von Bord ging, erwies sich aber als besonders robust.

Und dann kamen die Menschen in ein Land mit dunklen Wäldern, klaren Flüssen und großen Seen, das ihnen leer vorkam. Als Richard Henry, ein bekannter Vogelkundler, Ende des letzten Jahrhunderts den neuseeländischen Lake Te Anau überquerte, schrieb er: »Auf halber Strecke hatten wir einen fantastischen Blick auf den Mt. Te Anau am Ende des Sees. Aber wie viel schöner wäre doch der See…, wenn es dort oben auf den Wiesen oberhalb der Baumgrenze Steinböcke oder Gämsen gäbe, Auerhähne in den Wäldern und Lachse im Wasser.«[7]

»Der Erste, der versuchte, Fische einzuführen, war Alec Johnson, der 1864 nach Neuseeland emigrierte. Er war ein eifriger Fischzüchter und stach mit einem vielgestaltigen Aufgebot an bekannten britischen Süßwasserfischen in See… Es ist leicht vorstellbar, welche Probleme er hatte, die mit Süßwasser gefüllten Tanks an Bord eines in rollender See Kap Horn umschiffenden Segelbootes zu behalten, ganz abgesehen von den Schwierigkeiten, die eine monatelange Passage durch so unterschiedliche Klimazonen wie die Tropen und die Subantarktis mit sich brachte. Es gibt nur wenige verlässliche Aufzeichnungen darüber, was Johnson tat, außer dass er mindestens folgende Fischarten mit sich führte: Atlantische Lachse, Bach- und Regenbogenforellen, Saiblinge, Goldfische, Gründlinge, Ukeleie, Flussbarben, Rotfedern, Plötzen, Elritzen, Schleien und Flussbarsche. Aber die Einzigen, die lebend ankamen, waren ein paar Goldfische.«

Robert McDowall[6]

Die nostalgische Verklärung der fernen Heimat schien die Siedler blind zu machen gegenüber den Naturschätzen der neuen Länder. Man sah durch sie hindurch und träumte sich ein antipodisches Großbritannien herbei. Obwohl es unter den Vögeln Neuseelands brillante Sänger gibt, sehnten sich die weißen Neuseeländer zurück nach Feldlerchen und Nachtigallen. Wie gering das Interesse an der vorgefundenen Fauna und Flora war, zeigt das Beispiel der Süßwasserfische. Während im Laufe der Jahrzehnte Dutzende von fremden Fischarten eingeführt wurden, existierte lange Zeit keine einzige Publikation über die einheimische Fischfauna. Erst im Jahre 1955 veröffentlichte Gerald Stokell, ein erbitterter Kritiker der gängigen Einführungspraxis, ein erstes schmales Bändchen über die Fluss- und Seefische des nicht mehr ganz so neuen Landes.[8]

Engländer sind leidenschaftliche Jäger und überall dort, wo sie sich niederließen, sorgten sie dafür, dass es etwas zu schießen und zu angeln gab. Das natürliche Angebot befriedigte sie nur selten. Das englische Wort *game* hat eine seltsame Doppelbedeutung. *Game* heißt Spiel, aber auch jagdbares Wild und damit ist vom Elefanten *(big game)* bis zum Fasan *(game bird)* alles Lebendige gemeint, auf das man(n) ein Gewehr abfeuern kann.

Daheim war die Jagd ein Privileg der Reichen, in Neuseeland sollte sie zum Volkssport werden. Die Siedler waren in der Regel einfache Leute. Angesichts der harten Lebensumstände war es für sie eine große Erleichterung, ein nicht zu unterschätzendes Stück neuer Freiheit, das ihnen dieses ferne Land bot. Noch heute sind Jagd und Sportfischerei unverzichtbarer Teil des neuseeländischen Lebensstils und es wird darauf geachtet, dass sie für jeden erschwinglich sind und bleiben. Wer daran etwas ändern wollte, würde sich an einer eisenharten Lobby die Zähne ausbeißen. Es gibt niemanden, der über exklusive Jagdrechte verfügt. Die Regierung hat es Landbesitzern sogar explizit verboten, irgendwelche Gebühren zu erheben.

Je mehr Menschen in die Kolonien kamen, desto größer wurde das Verlangen nach Tier- und Pflanzenimporten. Gleichzeitig entwickelte sich auch in den Heimatländern ein wachsendes Interesse an exotischen Lebewesen. Zoos und Botanische Gärten entstanden, immer mehr private Grünanlagen verlangten nach neuen Pflanzengestalten.

1859 lud Prof. Richard Owen, ein berühmter Paläontologe vom British Museum in London, zu einem exklusiven Abendessen ein, das als *Eland Dinner* in die Geschichte einging. Er wollte die anwesenden Honoratioren überzeugen, dass die größte Antilope der Welt, die afrikanische Elen, einen hervorragenden Beitrag zur britischen Ernährung leisten könnte. Fleisch war knapp und teuer. Er malte eine Zukunft aus, in der »Herden von Elenantilopen majestätisch über (Englands) grünen Rasen galoppieren und der Liste an Nahrungsmitteln hinzugefügt würden, die nicht nur gut für die Einwohner Englands, sondern für ganz Europa seien«.[9]

Der Chirurg und Naturkundler Frank Buckland, ein Teilnehmer des Eland Dinners, fühlte sich herausgefordert. Buckland war ein »Allesesser«, der eine gute Elefantenrüsselsuppe und gegrillte Giraffe zu schätzen wusste.[10] Er lud seinerseits zu einem Essen und ließ unter anderem japanische Seegurkensuppe, Känguruhschinken, chinesisches Lamm, honduranischen Truthahn, syrisches Schwein und Kanadagans servieren.[11]

»Bloßer Patriotismus«, schrieb die englische Historikerin Lynn Barber dazu, »verlangte nach einem geschmacklichen Rückgriff auf die wilde und schnelle Expansion des britischen Empires: Es war absurd, dass Engländer in Queen Victorias ruhmvollem Weltreich noch immer die gleiche monotone Nahrung zu sich nehmen sollten wie ihre mittelalterlichen Vorfahren.«[12]

Als 1854 in Paris die erste Akklimatisationsgesellschaft gegründet wurde, hatte die Welt nur auf diesen Anstoß gewartet. Mit Unterstützung des Papstes und des Kaisers von Frankreich hob der berühmte Zoologe Isodore Geoffroy Sainte-Hilaire eine Idee aus der Taufe, die überall eifrige Nachahmer fand, von Russland bis Sizilien, von Südafrika bis Algerien. Geoffroy glaubte, eine Tier- oder Pflanzenart einzubürgern hieße, »ihr die nötigen Veränderungen anzuzüchten, die sie befähigen, unter veränderten Lebensbedingungen zu leben und sich fortzupflanzen«.[13] Daher die Bezeichnung Akklimatisation. Geoffroys Verein holte Bambus und Eukalyptus nach Frankreich, importierte Seidenraupen und Fasane. Aus Afrika ließ man Burchell-Zebras kommen, die in Paris als Zugtiere eingesetzt werden sollten, um die geschundenen Pferde zu schonen.[14]

Die bisher ohne System betriebene Einfuhr und Einbürgerung fremder Pflanzen und Tiere wurde nun zu einem durchorganisierten und euphorischen Geben und Nehmen. Die Welt lag im Akklimatisationsfieber. Die zunehmende Beteiligung von Experten und Wissenschaftlern verringerte die Gefahren nicht, im Gegenteil. Ihre Prüfungen und Vorsichtsmaßnahmen erzeugten ein Gefühl der Pseudosicherheit, sodass sich die Aktivisten bald auch an Organismen heranwagten, die wesentlich gefährlicher waren als Geoffroys Pariser Zebras. Der Prozess des »ökologischen Imperialismus«, den der amerikanische Historiker Alfred W. Crosby anschaulich als »grunzende, muhende, wiehernde, krähende, gackernde, knurrende, summende, sich selbst vermehrende und weltverändernde Lawine« beschrieb, nahm weiter Fahrt auf und fegte mit besonders elementarer Wucht über die neoeuropäischen Kolonien hinweg.[15]

Im Vereinigten Königreich schlug Geoffroys Idee wie eine Bombe ein. Als Ableger der Londoner Zoologischen Gesellschaft wurde 1860 die Acclimatisation Society of the United Kingdom gegründet, die für viele entsprechende Organisationen in den Kolonien zum Vorbild wurde. Ihre Satzung wurde zum Teil wörtlich übernommen. Die Ideen schossen wild ins Kraut. In Australien wurden heiße Debatten geführt, wie viel Nahrung Löwen und Tiger benötigten und ob dem Import von Affen größere Bedeutung zukäme als der Einfuhr von *Boa constrictors.*

In Amerika sorgte allein die Cincinnati Acclimatisation Society für die Freilassung von über 3000 Vögeln aus 20 Arten.[16] In England entdeckte die Gesellschaft einen Bedarf für mittelgroße Haustiere, die einer Durchschnittsfamilie ausreichend rotes Fleisch liefern könnten. Australische Wombats schienen dazu in idealer Weise geeignet, aber man befürchtete Akzeptanzprobleme, wie sich zeigen sollte, zu Recht.

Auch in Neuseeland schossen regionale Akklimatisationsgesellschaften wie Pilze aus dem Boden, an ihrer Spitze die ehrenwertesten Persönlichkeiten, die die jeweiligen Landesteile zu bieten hatten: Richter, Gouverneure, Herausgeber von Zeitungen, Minister und führende Wissenschaftler. Auckland hatte die Nase vorn, Städte und Regionen wie Wanganui, Nelson, Otago und Christchurch zogen schnell nach. Schon 1878 gab es landesweit elf Gesellschaften, einige Jahrzehnte später waren es dreißig. Die Einfuhr fremder Lebewesen folgte von nun an mit System, in kollektiver Verantwortung und mit finanzieller und logistischer Unterstützung des Staates. Die britische Admiralität wies ihre Schiffskapitäne an, jede nur erdenkliche Hilfe zu leisten.

Die Siedler hatten aus Fehlschlägen gelernt. Mehr als einmal waren idealistische Einzelkämpfer mit dem Versuch gescheitert, Fischbrut aufzuziehen oder eingeführte Vogeleier auszubrüten und die Tierzahlen für eine Erfolg versprechende Freisetzung zu vermehren. Für so etwas brauchte man Gehege und Käfige, Zuchtteiche und eine wissenschaftliche Begleitforschung. Ein Einzelner stieß dabei schnell an seine Grenzen. Sollte das ganze Unternehmen nicht ewig dauern und Aussicht auf Erfolg haben, benötigte das Land Geld, Arbeitskräfte und eine starke Lobby im In- und Ausland.

Robert McDowall, Mitglied der Royal Society und ein prominenter Biologe des Landes, hat die Geschichte der neuseeländischen Akklimatisationsgesellschaften un-

tersucht und ihre Ziele wie folgt beschrieben. Sie hatten sich vorgenommen,
- die vorhandene begrenzte Auswahl an Tier- und Pflanzenarten zu vergrößern,
- die sich dort entwickelnde, größer werdende europäische Gemeinschaft mit den Arten zu versorgen, die nach Auffassung der Siedler zu einer zivilisierten Existenz gehörten, und
- sich alle möglichen Arten von Tieren und Pflanzen zu beschaffen, die die Freuden des Lebens in einer neu angeeigneten Heimat vergrößerten.[17]

Eine Chronologie der Einführung von Säugetierarten nach Neuseeland ist sehr aufschlussreich (s. S. 420). Zuerst kamen die blinden Passagiere. Wanderratte und Hausmaus könnten wie die Hausratte schon von den ersten Schiffen an Land geklettert sein. Unmittelbar danach folgte die ganze Palette der Haustiere, die fast ohne Ausnahme verwilderten. Schon James Cook ließ Ende des 18. Jahrhunderts ein paar Schweine in Neuseeland – man nennt sie dort noch immer *Captain Cookers.*

> »Lassen Sie uns mit den Schweinen beginnen... Wie üblich stehen uns nur Berichte zur Verfügung und keine Statistiken. Folgt man diesen, dann gab es wenigstens im nördlichen Ende der Südinsel mehr Schweine als bisher irgendwo anders in Neuseeland. In den 50er Jahren des 19. Jahrhunderts lebten im Wangapeka-Tal in Nelson tausende und abertausende, die den Boden hektarweise buchstäblich umpflügten. In zwanzig Monaten töteten drei Männer nicht weniger als 25 000 Schweine und ließen immer noch tausende ungeschoren, die sich weiter fortpflanzen konnten.«
>
> *Alfred W. Crosby*[18]

Ab Mitte des 19. Jahrhunderts gab es nur noch zwei Gründe, weitere Säugetiere einzuführen. Zur Kontrolle der mittlerweile zu Schädlingen avancierten blinden Passagiere der Pionierzeit holte man Igel, Wiesel, Frettchen und Hermelin. Alle weiteren Sänger- und viele Vogelarten dienten nur noch einem Zweck: der Jagd.

1864, im ersten Jahresbericht der Otago Acclimatisation Society, war zu lesen, wie sich die Gesellschaftsmitglieder die Zukunft vorstellten: »Jäger und Naturliebhaber werden sich an denselben Aktivitäten und Studien erfreuen können, die ihnen die Erinnerung an ihr früheres Heim so teuer sein lässt, die das Land verschönern, die Tische reichlicher decken und neue Industrien fördern.«[19]

Fünfzig Jahre später konstatierte ein Zeitzeuge: »Dieses Land, das wir heute sehen, war vor vergleichsweise kurzer historischer Zeit praktisch ohne Leben. Jetzt gilt es als Paradies für Jäger und wird alljährlich von vielen tausend Menschen besucht, die sich an den Ressourcen erfreuen wollen, die die Akklimatisation geschaffen hat.«[20]

Zwei Zitate, die die atemberaubende Entwicklung illustrieren, die sich in Neuseeland in nur einem halben Jahrhundert abspielte. Aber die Geschichte ging weiter. Jahrzehnte später hatten sich einige der ins Land geholten Tiere derart vermehrt, dass schlichte Jagdgewehre zu ihrer Kontrolle nicht mehr ausreichten. Es mussten Helikopter und automatische Waffen eingesetzt werden, ein blutiges Gemetzel, von Jagdromantik keine Spur. Was das Land schöner, die Mahlzeiten reichhaltiger machen sollte und zur Touristenattraktion wurde, endete als kommerzielles Abschlachten hunderttausender der einst herbeigesehnten Tiere der Heimat. Herdenweise wurden Gänse und Rothirsche zusammengetrieben und niedergemetzelt.

Die vom Menschen in Neuseeland etablierte Säugetierfauna unterscheidet sich erheblich von einer natürlich gewachsenen. Für die vorhandene Fläche ist die Zahl der Arten relativ klein, ihre Biomasse aber ist ungewöhnlich groß.[21] Das heißt, relativ wenige große Arten erreichen hohe Dichten. Der Anteil der Huftiere ist viel höher als etwa in Großbritannien, Nagetiere sind eher unterrepräsentiert. Der relative Mangel an kleinen Säugetieren zwingt die eingeführten Raubtierarten dazu, auf andere Beutetiere auszuweichen: einheimische Vögel und Insekten. Und, wen wundert's, eine ganze Gruppe von Säugetieren hat man gleich ganz zu Hause gelassen: die großen Raubtiere, die Einzigen, die natürlicherweise helfen könnten, diese Schieflage zu korrigieren.

Schon die wenigen vorhandenen Fleischfresser hatten keinen leichten Stand. Von Anfang an gingen die Akklimatisationsgesellschaften mit großer Entschiedenheit gegen die einheimischen Raubtiere vor, die Forellenbrut oder Vogelnachwuchs bedrohten. Die Liste der erklärten Feinde war lang. Sie reichte von den großen einheimischen Aalen bis zu Königsfischern und Kormoranen, deren Kadaver, laut der *Otago Daily Times,* »so widerlich und voll von Würmern und Parasiten sind, dass selbst Hunde und wilde Schweine sie nicht fressen würden«.[22]

Bald stand jedoch die als vermeintlicher Helfer von staatlichen Stellen ins Land geholte Wieselverwandtschaft unangefochten an der Spitze. Mit ihrer Einfuhr sollte etwas gegen die Kaninchenplage unternommen werden. Als die Folgen für die Vogelwelt sichtbar wurden, gehörten Akklimatisationsgesellschaften zu den ersten Kritikern dieser Maßnahmen. Ihre Sorge galt allerdings in erster Linie dem eingebürgerten Jagdwild, den vielen Enten, Fasanen und Rebhühnern, weniger den einheimischen Vögeln.

Ein Kommentar im *Anglo-New Zealander* stellte die Prioritätensetzung 1872 unmissverständlich klar: »Solange Engländer in diesem Zusammenhang etwas zu sagen haben, werden die Bemühungen zur Akklimatisierung des Wildes aus dem alten Land unvermindert weitergehen... Es ist fraglich, ob die aussterbenden einheimischen Vögel durch irgendeine Art von Schutz, gesetzlich oder auf andere Weise, zu retten wären... Sei dies, wie es sei, es wird ihnen nicht erlaubt werden, der traditionellen Liebe des Engländers zur Jagd im Wege zu stehen.«[23]

Zeitweilig wurde der Räuberbekämpfung, dem Saubermachen, wie die Jäger sagen, größere Aufmerksamkeit geschenkt als dem Aussetzen neuer Forellen oder Enten. Man veranstaltete jährliche Wettbewerbe und zahlte Abschussprämien. Für Köpfe, Füße oder Schnäbel von einheimischen Greifvögeln, Schwänze von Wieseln und Nasen von Igeln zahlten die Gesellschaften mehrere Dollar pro Stück. Zwischen 1922 und 1942 prämierte allein die Auckland Acclimatisation Society den Abschuss von nahezu 250 000 Greifvögeln.[24] Es flossen beträchtliche Summen, die die finanziellen Möglichkeiten der Gesellschaften stark strapazierten. Die Auckland Acclimatisation Society räumte 1953 ein, dass die meisten bei ihr eingereichten Trophäen von Kindern stammten. Man ermunterte sie, in den Schulferien auf Räuberfang zu gehen, und stiftete Preise. Die unkonventionelle und oft rabiate Art und Weise, mit der man in Neuseeland auf unerwünschtes Tier- und Pflanzenleben reagiert, hat Tradition. Nie wurde bei alledem genauer untersucht, ob die bekämpften Räuber tatsächlich so bedrohlich waren, wie ihnen unterstellt wurde.

Den triumphalen Erfolg des Unternehmens Akklimatisation konnten sie jedenfalls nicht gefährden. Er war so durchschlagend, dass schon wenige Jahrzehnte nach Gründung der Gesellschaften erste Ermüdungserscheinungen auftraten. Das Interesse der Öffentlichkeit an weiteren Einbürgerungen sank spürbar. Es gab nun vieles von dem, was die Pioniere sich erträumt hatten, es gab Forellen, Rothirsche, Hasen und Fuchskusus, Hummeln und viele der beliebten europäischen Singvögel. In einigen Fällen deutete sich bereits an, dass die wachsenden Bestände für ungeahnte Probleme sorgen könnten. Die Tiere, die sich leicht einbürgern ließen, waren zum festen Teil der neuseeländischen Fauna geworden. Immer mehr Einbürgerungsversuche, etwa die jahrzehntelangen Bemühungen um die Einführung Atlantischer Lachse, stellten sich als schwierig, äußerst kostspielig oder gar unmöglich heraus.

Langsam kehrten die Akklimatisationsgesellschaften der Einfuhr neuer Organismen den Rücken zu und widmeten sich der Pflege und Erhaltung des Existierenden. Aus Interessengemeinschaften zum Import interessanter Tiere und Pflanzen wurden bessere Jagd- und Angelvereine, die in eigener Verantwortung Lizenzen kassierten und sich um die Hege und Pflege der Bestände kümmerten. Und da die

Auswirkungen der wachsenden Industrialisierung und Intensivierung der Landwirtschaft nicht vor den Lebensräumen ihrer Schützlinge Halt machten, weil die Verschmutzung der Flüsse und Rodung der Wälder die Freizeitaktivitäten ihrer zahlenden Mitglieder zu beeinträchtigen drohten, schrieben sich die Akklimatisationsverbände mehr und mehr auch Schutz und Erhaltung der neuseeländischen Natur auf ihre Fahnen.

Das Klima schlug um. Überall, wo die Folgen der ausufernden Einbürgerungspolitik sichtbar wurden, sahen sich die Akklimatisationsgesellschaften plötzlich schweren Beschuldigungen ausgesetzt. Auch Pressekampagnen, breit angelegte Imagewerbung und farbige Broschüren konnten das sinkende Ansehen der Verbände nicht aufhellen. In Australien flogen die Fetzen. »Von allen strohköpfig unglaubwürdigen Organisationen Australiens in der Mitte des 19. Jahrhunderts«, schrieb ein Kritiker, »waren die Akklimatisationsgesellschaften sicher die schwachsinnigsten und missgeleitetsten.« Und Frederick McCoy, der Gründer der Victorian Acclimatisation Society, wurde in der Rückschau als »Idiotengelehrter« beschimpft, als »König eines liebreich scheinenden Wolkenkuckucksheims«.[25] Dem Akklimatisationsfieber folgte der Katzenjammer.

Um sich vom negativen Image zu befreien, wurden Namensänderungen vorgeschlagen. Aus der Otago Acclimatisation Society auf der neuseeländischen Südinsel wurde die Otago Acclimatisation and Wildlife Protection Society. In kaum achtzig Jahren hatten die Gesellschaften eine nicht ganz freiwillige 180-Grad-Wendung vollzogen. Plötzlich kam in ihren Überlegungen etwas vor, das in der Frühzeit der Akklimatisation überhaupt keine Rolle gespielt hatte: die einmalige endemische Natur Neuseelands (oder Australiens etc.).

Schon lange hatte der Staat begehrliche Blicke auf die Jagdlizenzeinnahmen der Verbände geworfen. Aber diese hatten es immer wieder verstanden, ihre Unabhängigkeit zu bewahren. Während ihre Schwestergesellschaften in anderen Ländern oft nur lockere Interessenverbände darstellten, die nach Erreichen ihrer Ziele zerfielen oder in der Bedeutungslosigkeit verschwanden, erwiesen sich Neuseelands Akklimatisationsvereine als ausgesprochen zäh und langlebig. Erst 130 Jahre nach ihrer Gründung, als 1984 nach einem Wahlerfolg der Labour Party einschneidende politische Reformen eingeleitet wurden, die Neuseeland heute zum international bewunderten Musterknaben werden ließen, schlug ihr letztes Stündlein. Innerhalb kurzer Zeit wurde die neuseeländische Gesellschaft fundamental umgestaltet. In Form des neu gegründeten Department of Conservation bekamen auch die Belange des Naturschutzes mehr Gewicht, Verwaltung und Management von Staatsland und Nationalparks wurden professionalisiert. Nach dramatischen Wochen und erbitterten Grabenkämpfen wurden die Akklimatisationsgesellschaften 1990 aufgelöst und ihre Aufgaben den neu eingerichteten Fish and Game Councils übertragen.

Auch wenn der Einfluss des Staates damit stärker geworden ist, unterscheiden sich die Councils nur unwesentlich von ihren Vorgängern. Unermüdliche Lobbyarbeit der alten Gesellschaften hat dafür gesorgt, dass Jäger und Angler ihre Verwaltungsorganisationen auch in Zukunft selbst wählen können.

Schottland, 1991

Man könnte es Aotearoas Rache nennen, was sich augenblicklich in Großbritannien abspielt. Wahrscheinlich in Blumentopferde gelangten neuseeländische Landplanarien ins Mutterland und von dort nach Irland, Island und auf die Färöerinseln. Diese Plattwürmer sind eine in Europa vollkommen unbekannte Lebensform. Ihre nächsten Verwandten findet man bei uns in Bächen. Generationen von Biologiestudenten haben sie in kleine Stücke geschnitten, um ihre erstaunliche Regenerationsfähigkeit zu studieren. Die neuseeländischen Planarien sind aber echte Landtiere, die im feuchten Boden der Südbuchenwälder leben. Ausbaden müssen das Problem nun gänzlich Unschuldige: die britischen Regenwürmer. Die Landplanarien folgen ihnen in ihre Gänge, legen sich um die Beute und scheiden Verdauungssekrete aus. In Irland haben sie die Regenwurmpopulationen ganzer Äcker ausgerottet. Dänischen Experten, die die Tiere zu Forschungszwecken einführen wollten, um sich für den Fall einer Einschleppung zu wappnen, riet man ab. Das sei zu gefährlich. Wissenschaftler erwarten »wirklich große landwirtschaftliche Probleme«.[26]

II

Die Situation

8 Pelze und Halali – Neue Säugetiere in Europa

Abenddämmerung auf der B 109 Richtung Prenzlau, irgendwo in der Brandenburgischen Schorfheide. Verkehr gleich Null. Es wird dunkel unter den ausladenden Kronen der Alleebäume. Plötzlich fällt der Lichtstrahl der Scheinwerfer auf einen Tierkadaver. Er liegt mitten auf der Straße, blutverschmiert, aber relativ unversehrt. Etwas Graues. Ein Dachs? Ich halte am Straßenrand und laufe ein paar Meter zurück.

Seltsam. Die graue Gesichtsmaske erinnert an einen amerikanischen Waschbären. Verrückt genug: Es gibt Waschbären in Brandenburg. Aber der Bursche ist gedrungener, insgesamt dunkler, die Fellzeichnung weniger kontrastreich, die Ohren kleiner: ein ostasiatischer Marderhund.

Wildtiere meiden die Nähe des Menschen. Die wenigsten machen durch lautes Gezwitscher, Gequake oder Gezirpe auf sich aufmerksam, sodass man sie auch ohne Sichtkontakt bemerkt. Die überwiegende Mehrzahl lebt aus gutem Grund versteckt und ist Meister der Tarnung. Die Bevölkerung bekommt nur wenige zu Gesicht, ob einheimisch oder nicht. Kleine Tragödien auf unseren Straßen sind daher der bislang sichtbarste Beweis, dass auch Europas Großtierwelt artenreicher wird.

Von neuseeländischen Verhältnissen sind wir weit entfernt. Über 50 fremde Säugetierarten gibt es in Kiwi-Land, in Deutschland und Mitteleuropa lebt nicht einmal ein Dutzend, darunter keine einzige, deren Vermehrung bislang Anlass zu ernsthafter Sorge geboten hätte. Die Wildbiologin Walburga Lutz von der nordrhein-westfälischen Forschungsstelle für Jagdkunde und Wildschadenverhütung in Bonn beschreibt die eher indirekten Anzeichen für ihre Anwesenheit wie folgt: »Nisthöhlen sind geräubert, Speisevorräte aus dem Zelt gestohlen, Wespennester ausgegraben, Schnecken aufgebissen, Latrinen werden gefunden, Hühnern sind die Köpfe abgebissen, Pflaumenbäume sind geplündert, Ästchen sind abgebrochen, Abfallkörbe ausgeleert, Entengelege geplündert, Maiskolben geerntet, Hafergarben werden befressen, unbekannte Spuren in Schlamm und Schnee.«[1]

Gesehen hat die Verursacher dieser Spuren bislang kaum jemand, von einigen Jägern und Fachleuten einmal abgesehen. Die nacht- und dämmerungsaktiven Tiere führen ein äußerst zurückgezogenes Leben. Trotzdem sind sie da, zum Teil schon seit Jahrzehnten, von Naturschützern misstrauisch beäugt, von der Öffentlichkeit aber kaum zur Kenntnis genommen: der ostasiatische Marderhund, der amerikanische Waschbär und der Mink, auch Amerikanischer Nerz genannt. Aus drei verschiedenen fleischfressenden Säugetiergruppen stammend, haben sie und zwei ebenfalls bei uns frei lebende Nagetierarten, die nordamerikanische Bisamratte, in Wirklichkeit eine Wühlmaus, und der südamerikanische Sumpfbiber oder Nutria, doch eines gemeinsam: Sie wurden wegen ihrer wertvollen Pelze nach Europa geholt.

Wie überall auf der Welt hielt es die Pelztiere nicht in ihren Farmgehegen. Immer wieder entkamen sie ihren Züchtern oder wurden nach einem Preisverfall freigelassen, die billigste Art der Entsorgung. Durch mutwillige Zerstörung von Pelztierfarmen haben auch selbsternannte Tierschützer zur Verbreitung dieser Tierarten beigetragen. Sie sehen es, wie kürzlich in England, als Erfolg an, wenn die Amerikanischen Nerze »den Geschmack von Freiheit gehabt haben«, bevor die meisten zugrunde gehen.[2]

Bisamratten, die einzige der fremden Säugetierarten, die wegen ihrer Wühltätigkeit bei uns bekämpft wird, sowie

Marderhunde und Waschbären mussten nicht befreit werden. Sie wurden offiziell ausgesetzt. Der Marderhund ist eine der kleinsten europäischen Arten der Hundefamilie. Aus Russland kommend hat es der scheue nachtaktive Allesfresser bis nach Baden-Württemberg, Schleswig-Holstein und in die Niederlande geschafft. Fachleute prophezeien die baldige Besiedlung Frankreichs. Ursprünglich waren die bis zu 80 Zentimeter großen Hundeverwandten mit ihrem strubbeligen braunen Fell nur weit im Osten, in Vietnam, Sibirien, Nordchina und auf den japanischen Inseln heimisch, aber russische Pelztierzüchter halfen dem Marderhund über den Ural und brachten das Tier 1928 in die westlichen Teile der Sowjetunion, in die heutige Ukraine. Von dort breiteten sich die Marderhunde langsam, aber unaufhaltsam nach Westen aus. 1935 erreichten sie Finnland, 1945 Schweden, 1955 Polen, 1959 die Tschechoslowakei, 1961 Ungarn und 1964 die DDR.[3]

Waschbären wurden zuerst im Kreis Frankenberg am hessischen Edersee freigelassen. Noch heute, mehr als sechzig Jahre nach der 1934 erfolgten Ansiedlung, ist Hessen der deutsche Verbreitungsschwerpunkt dieses amerikanischen Kleinbären. Die aktuellen Populationsgrößen sind unbekannt und auch kaum zu ermitteln. Nur indirekt, über die Zahl der von Jägern erlegten Tiere, die so genannte Jagdstrecke, lässt sich abschätzen, ob die Bestände zu- oder abnehmen. In den Jahren 1991 bis 1994 wurden allein in Hessen über 5600 Tiere erlegt. In Bayern waren es nur knapp 200, in Brandenburg 17, in Baden-Württemberg wurde nur ein einzelner Waschbär geschossen.[4] Die Gesamtzahl europäischer Waschbären wird auf etwa 100 000 geschätzt.[5]

Neben der Fellproduktion war auch in Mitteleuropa die Jagd das wichtigste Motiv für die Einbürgerung neuer Säugetiere (s. S. 421). Ihr verdanken Mufflon und Damwild ihre hiesige Existenz. Das Gleiche gilt für viele Vogelarten, diverse Enten, Gänse und Hühnervögel, allen voran der aus Asien stammende Fasan. Seine im Krieg stark dezimierten Bestände wurden durch massenhafte Aussetzung aufgefüllt. Bis Mitte der Siebzigerjahre herrschte ein regelrechter Fasanenboom. Der Vogel selbst dürfte, von einer vermuteten Konkurrenz zum Birkhuhn abgesehen, kaum negative Folgen für die einheimischen Ökosysteme gehabt haben, wohl aber seine Heger und Pfleger. Nach der Unterschutzstellung der Greifvögel verlor die Jägerschaft das Interesse, weil man ihnen die angeblich für eine erfolgreiche Ansiedlung des Fasans notwendigen Begleitmaßnahmen untersagte, das Saubermachen, den Abschuss von Habichten, Sperbern und Rabenvögeln und das Töten von Füchsen, Mardern und Wieseln.[7]

Ach, in zünftiger Kluft mit der Flinte auf solcherart gepäppeltes Wild zu zielen muss doch eine wahre Freude sein. Man nimmt das Leben, das man selbst ermöglichte. Und dann erst die Treibjagden, die munteren Fanfaren und stolzen Trophäen. Aber, bei aller asketischen Pflichterfüllung und trotz des schicken Jagdschnickschnacks, auch Jäger brauchen Abwechslung. Die ewigen Rothirsche und Wildschweine sind auf Dauer langweilig. Hier mal ein Mufflon, dort ein bunter Fasan und das Töten wird gleich viel lustiger.

In Gebieten wie Mitteleuropa, wo alle einheimischen Großraubtiere ausgerottet wurden, muss der Mensch die Kontrolle der Wildbestände übernehmen. Aber spätestens seit Horst Sterns denkwürdigem Fernsehfilm »Bemerkungen über das Reh«, ausgestrahlt zum Entsetzen vieler

Niederlande, November 1997
Besonders unter Studenten sind vietnamesische Hängebauchschweine sehr beliebt geworden. Mit ihrem tiefhängenden Bauch und der mopsköpfig verkürzten Schnauzenpartie, die die Gesichtshaut auffaltet, sind die Tiere todsicher für ein paar Lacher gut. Immer häufiger überraschen sich holländische Kommilitonen bei Geburtstagen mit kleinen schwarzen quiekenden Ferkeln, zweifellos *die* Partyattraktion. Wenn aus ihnen große schwarze grunzende Hängebauchschweine zu werden drohen, landen sie nicht selten in freier Natur. In einem Naturschutzgebiet wurde kürzlich eine ganze Herde der asiatischen Schweinerasse gesichtet. Der Polizei gelang es, sechs der zwölf Tiere einzufangen.[6]

Jäger am Heiligabend des Jahres 1971, ist auch die deutsche Öffentlichkeit über die von viel zu hohem Wildbesatz verursachten Waldschäden im Bilde. Geändert hat sich seitdem kaum etwas. Die Jäger sind offenbar nicht willens oder in der Lage, die Wildbestände auf ein für den Wald verträgliches Maß zu reduzieren, das musste man nicht nur in Europa, sondern auch in Neuseeland feststellen. Wenn die Populationen zu klein und die Trophäen zu kümmerlich werden, macht das Jagen keinen Spaß mehr.

> »Ich werde den Verdacht nicht los, dass die Überhege speziell des populären Rehwildes bis hin zu seiner Sichtbarkeit für jedermann und nahezu überall eine Mitursache auch in dieser Angst sehr vieler Jäger hat, vor den Mitmenschen als eine Art Lustmörder an unseren letzten frei lebenden Tieren dazustehen. Gibt es aber allenthalben viele Rehe und machen die Ökologen und Förster ein großes öffentliches Geschrei darum, dann lässt sich selbst im augurenhaften Dementieren noch sagen: Wir jagen ja nichts Seltenes, also tabuisiertes Wild, sondern, wie doch die Wissenschaft ständig dartut, stark überzähliges und also dem Wald und seiner natürlichen Verjüngungskraft abträgliches Wild. Jagen verliert so das Kainsmal des sportlichen Tötens. Es wird unversehens zum Naturschutz.«
>
> *Horst Stern* [10]

Mit dem edlen Zeitvertreib früherer Zeiten hat das heutige Jagdgeschäft ohnehin nicht mehr viel zu tun. »Im Überfluss ist kein Jagen«, schreibt Horst Stern[8], »da ist schlimmstenfalls ein Metzeln und bestenfalls ein Ernten – ein Wort dies Letztere, das im Deutsch der Heger sehr gebräuchlich ist. Es verrät sie als Abgenabelte vom archaischen Urstrom der Jagd und weist sie aus als Züchter und Halter von Tieren, welche die erste Voraussetzung ihres reinen Wildtiercharakters unabhängig von genetischen Veränderungen verloren haben: ihre menschenferne Seltenheit.«

Die Jagd erfordert Geduld und Geduld braucht Zeit und die fehlt heutzutage auch manchen Jägern. Damit sie in ihrer knapp bemessenen Jagdzeit überhaupt zu vorzeigbaren Trophäen kommen, muss gnadenlos gefüttert werden. Und das kostet: pro Winter 150 bis 200 Millionen Mark allein für die Fütterung von Reh- und Rotwild. Zum Vergleich: Das jährliche Spendenaufkommen der Deutschen Welthungerhilfe erreicht gerade 40 Millionen Mark.[9]

9 Gefiederte Freunde – Die Vögel

Vögel haben seit jeher viele Fans unter den Menschen. Scharen von Hobbyornithologen verlassen weltweit in aller Herrgottsfrühe die Betten und stürmen ihre Beobachtungsposten. Zusammen mit den Profis ermitteln sie Jahr für Jahr ein genaues Bild der Vogelwelt, zählen Brutpaare und Nachwuchs, bewachen die Nester bedrohter Arten und reagieren mit Argusaugen, falls ihnen ein bis dato unbekannter Piepmatz vor die Linsen ihrer Ferngläser kommt. Im Vergleich zu anderen Tiergruppen sind wir über Vögel außerordentlich gut unterrichtet.

In Bayern wurden seit 1950 85 verschiedene Vogelexoten gesichtet, fast jede vierte Art war nicht einheimisch. Auch aus Belgien wurden ähnliche Zahlen gemeldet.[1] In beiden Ländern waren es zu einem guten Drittel zugereiste Entenvögel, die den Ornithologen vor die Linsen kamen. Sie werden in großer Zahl in Parks, Tiergärten und privaten Anlagen gehalten.[2]

An zweiter Stelle lagen in Bayern – halten Sie sich fest – die Papageien und Sittiche, die mit elf Arten vertreten waren. Es folgen die Prachtfinken, wie die Papageien allesamt entflogene oder absichtlich freigelassene Zoo- oder Haustiere. Es kommt vor, dass Züchter und Händler die Käfigtüren öffnen, um sich unverkäuflicher Ladenhüter zu entledigen und Platz für frische Vogelware zu schaffen.[3]

Für die meisten tropischen Gefangenschaftsflüchtlinge (so genannte *escapees*) ist ihr erster europäischer Winter in Freiheit zugleich ihr letzter. Kälte und Nahrungsmangel treffen eine erbarmungslose Auslese. In den Großstädten sind die Bedingungen günstiger. Verluste werden durch kontinuierlichen Nachschub schnell ausgeglichen. Ein wärmeres Klima und ein wesentlich besseres Nahrungsangebot sorgen für Überlebensmöglichkeiten.

1984 wurde im Stuttgarter Rosensteinpark die erste freifliegende Gelbscheitelamazone beobachtet. Ein Jahr später tauchte ein zweiter Vogel auf. Möglicherweise hatte sich ein Vogelliebhaber des einsamen Großstadtpapageis erbarmt und ihm einen passenden Gefährten zur Seite gestellt. Im Herbst 1991 fühlte man sich im Rosensteinpark schon wie im brasilianischen Urwald: 19 Amazonen tummelten sich in den Kronen der Parkbäume. Heute sind es 30, die Anstalten machen, die Grenzen ihres Parks zu verlassen.[4]

Das ist kein Einzelfall. Im Kölner Raum brüteten Anfang der Neunzigerjahre schon drei Papageienarten[5], in Worms wurden Graupapageien, Amazonen und Mönchssittiche bei der Brut beobachtet[6].

Der mit Abstand erfolgreichste Neueuropäer unter den Papageienverwandten ist der Halsbandsittich *(Psittacula krameri).* Dieser ursprünglich im mittleren Afrika und Südasien beheimatete Sittich ist in weiten Teilen Afrikas, Asiens und Nordamerikas eingebürgert und gilt mittlerweile auch in fünf europäischen Ländern, unter anderem in Deutschland und Österreich, als fest etablierter Brutvogel. Im Südosten Englands leben bereits mehrere tausend Tiere, denen auch kalte Winter nichts anhaben können. Ihre Anwesenheit ist durchaus umstritten. Während sich die einen über den bunten Vogel freuen, ist er für andere »der bei weitem unpassendste Vogel, den man in der britischen Landschaft finden kann«.[7]

Februar 1996. Ein kalter Winter. Die Havel ist zu einer schneebedeckten, gleißend hellen Eiskruste erstarrt. Bei strahlendem Sonnenschein laufe ich mit vielen anderen Spaziergängern auf dem dicken Eis Richtung Pfaueninsel. Neben der Fähranlegestelle sind ein paar Quadratmeter offenes Wasser übrig geblieben. Zahllose Wasservögel drängen sich dort zusammen und zanken sich um die Brotkrumen, die ihnen die Menschen zuwerfen. Zwischen den vertrauten Stockenten, Blesshühnern und Schwänen schwimmt ein relativ kleiner bunter Vogel. Inmitten des eher dezent gefärbten einheimischen Wassergeflügels wirkt er wie für eine Faschingsparty ausstaffiert: eine chinesische Mandarinente. Das Tier hat sich wohl wie vielerorts in Europa aus irgendeinem Parkgewässer oder Tiergarten abgesetzt und unter die braunblauen Stockenten gemischt.

Anders als ihre einheimischen Verwandten brütet die Mandarinente in Höhlen. Fachleute vermuten darin einen Grund, warum sich der bunte Vogel, der in seiner ostasiatischen Heimat vom Aussterben bedroht ist, in Europa halten konnte. Der Bestand an Mandarinenten in Westeuropa wird heute auf mehr als 7000 Tiere geschätzt.[8] Für die Wissenschaft sind sie der typische Fall eines etablierten Neozoons.

1995 traf sich im baden-württembergischen Fellbach eine Gruppe zoologischer Spezialisten, um über »Neue Tierarten in der Natur« zu diskutieren. Sie diagnostizierten erheblichen »Behandlungs- und Forschungsbedarf«, gründeten eine Arbeitsgruppe und einigten sich auf folgende Definition, die den aus der Botanik bekannten Begriff der Neophyten auf den Bereich der Zoologie überträgt:

»*Neozoen* sind Tierarten, die nach dem Jahr 1492 unter direkter oder indirekter Mitwirkung des Menschen in ein bestimmtes Gebiet gelangt sind und dort wild leben.

Es können etablierte und nichtetablierte Neozoa unterschieden werden. Etablierte Neozoa sind Tierarten, die einen längeren Zeitraum (mind. 25 Jahre) und/oder über mindestens drei Generationen existieren.«[9]

Die hübsche Mandarinente an der Berliner Pfaueninsel und der oben erwähnte Halsbandsittich müssen demnach als etablierte Neozoen gelten, aber für die meisten der in Bayern oder anderswo in Europa beobachteten Vogelexoten, etwa die in Baden-Württemberg auftretenden Kuhreiher oder die im Zwillbrocker Venn in Westfalen brütenden Chileflamingos, gilt dies nicht. Legt man die strengeren Kriterien der Arbeitsgruppe Neozoa zugrunde, reduziert sich die Zahl der bei uns lebenden fremden Vogelarten erheblich (s. S. 421). Obwohl man seit Anfang des 19. Jahrhunderts mindestens 47 Arten in Europa einzubürgern versuchte, konnten sich nur zwölf bis heute als Neozoen etablieren. Das sind etwa drei Prozent der mit 412 Spezies eher artenarmen europäischen Vogelfauna. Eine stetig wachsende Zahl steht allerdings an der Schwelle, diesen Status zu erreichen. Bei etwa dreißig Vogelarten, dem beliebten Höckerschwan, verschiedenen Entenarten, Rothuhn und Steinkauz, haben die Menschen für eine erhebliche Vergrößerung ihres europäischen Verbreitungsgebietes gesorgt. In Deutschland machen die vom Menschen angesiedelten Arten etwa sieben Prozent der Vogelwelt aus.[10]

Von solchen Größenordnungen kann man andernorts nur träumen. In den USA flattern heute 97 exotische oder innerhalb des Landes umgesiedelte Vogelarten durch die Luft. 61 % davon wurden absichtlich eingebürgert, ein Großteil noch bis in die Siebzigerjahre dieses Jahrhunderts als Jagdwild im Rahmen staatlicher Maßnahmen, der so genannten Foreign-Game-Importation-Programme. Dazu gesellt sich eine immer größere Zahl entflogener Ziervögel. Experten befürchten, dass über die Hälfte von ihnen schädliche Einflüsse auf die heimischen Ökosysteme haben.[11] In Florida sind 9 % der Vogelarten etablierte Neozoen, in Großbritannien 12 %, in Hongkong sind es 12,5 %.[12] Auf vielen Inseln der warmen Klimazonen haben exotische Vogelarten noch größere Bedeutung erlangt. 18 % der Brutvögel Hawaiis stammen aus fremden Ländern und Kontinenten.[13]

Ausgerechnet Neuseeland, das Land der Vögel, schießt sozusagen den Vogel ab. Nicht weniger als ein Drittel (31 %) aller etablierten Land- und Süßwasservögel der südpazifischen Inselrepublik sind nicht einheimisch.[14] Viele davon sind alte Bekannte. Sie wurden im Rahmen der Akklimatisation gezielt eingeführt (s. S. 421 f.) und haben die Lücken gefüllt, die eine jahrzehntelange Lebensraumzerstörung in die berühmte Vogelwelt Neuseelands gerissen hat. Während es sich die neuen Vogelarten in der vom Menschen umgestalteten Natur gutgehen lassen, steht die Existenz vieler einheimischer Arten auf der Kippe. Das Land der Kiwis hält noch einen weiteren traurigen Rekord: In ihm leben 11 % aller vom Aussterben bedrohten Vogelarten dieser Welt.[15]

»Spatzen!«, donnerte er. »Spatzen! Und Idioten! Idioten!« Angelo Marco lief die drei Stufen zum Patio hinunter und öffnete die Pforte. »Wie geht es Ihnen, Herr Professor? Treten Sie doch ein! Dieses Mal müssen Sie hereinkommen und einen Schluck trinken.«
»Spatzen!«, wiederholte Lucio Nemesio im selben Tonfall. »In Brasilien gab es keine Spatzen, Ammerfinken gab es hier, die sehen ihnen zwar etwas ähnlich, sind aber bei weitem nicht so eine Plage. Irgendein kolonialisierter Schwachkopf war vermutlich neidisch auf die öffentlichen Plätze in Europa, wo es täglich tonnenweise Vogeldreck von Tauben und Spatzen regnet, und hat deshalb diese Pest nach Rio de Janeiro eingeführt und dann hat sie sich in ganz Brasilien ausgebreitet…«

João Ubaldo Ribeiro,
Das Lächeln der Eidechse [16]

Während es nur wenige amerikanische und mit dem Schwarzschwan nur ein einziger australischer Vogel nach Europa geschafft hat, sind viele unserer europäischen Arten dank tätiger menschlicher Mithilfe äußerst erfolgreiche Kolonisatoren geworden. Die im deutschen Liedgut gerühmten Amsel, Drossel, Fink und Star sind echte Exportschlager. Knapp die Hälfte der nach Nordamerika oder Neuseeland eingeführten fremden Vogelarten stammt aus der Alten Welt.

Haussperling und Star sind mittlerweile weltweit verbreitet. In nur hundert Jahren haben sie den riesigen nordamerikanischen Kontinent gleichsam überrollt. Keinem der gefiederten Neubürger Europas ist Vergleichbares gelungen. Der Artenaustausch zwischen Europa und der Welt ist zwar keine Einbahnstraße, aber die beiden Fahrbahnen werden ungleich frequentiert.

Die heutige Starenpopulation Nordamerikas geht wohl auf sechzig Tiere zurück, die 1890 im New Yorker Central

Park freigelassen wurden. In den Jahrzehnten zuvor waren einige Versuche, den Star einzubürgern, fehlgeschlagen. 1891 folgte eine weitere Gruppe und diesmal klappte die Ansiedlung. Die ersten Brutpaare wurden standesgemäß unter dem Dach des berühmten Museum of Natural History gesichtet. Bald waren Stare in New York City ein vertrauter Anblick und überall im Land folgten weitere Aussetzungen. Achtzig Jahre später war der Star einer der häufigsten Singvögel Nordamerikas. Sein Brutgebiet erstreckt sich heute vom arktischen Kanada bis ins subtropische Mexiko.[17]

Natürlich waren die Motive der Starenfans über jeden Zweifel erhaben. Eines der Gründungsmitglieder der verantwortlichen American Acclimatization Society war Eugene Schieffelin, eine schillernde Persönlichkeit der damaligen New Yorker Gesellschaft, Porträtmaler, Kirchenhistoriker, Hobbyornithologe und Shakespeare-Fan. Angeblich hatte er sich vorgenommen, den Central Park mit allen in den Werken Shakespeares erwähnten Vogelarten zu bevölkern. Mit Singdrosseln, Buchfinken, Gimpeln, Feldlerchen und Nachtigallen hatte er sich schon vergeblich abgemüht. Erst mit der Einbürgerung von Haussperling und Star drückte er der amerikanischen Vogelwelt seinen Stempel auf. Ob dabei eine Vorliebe für Shakespeares Werke tatsächlich eine Rolle gespielt hat, wird von Historikern bezweifelt. Möglicherweise wurde ihm dieses Motiv erst im Nachhinein angedichtet, als sich die Großwetterlage in der Einbürgerungspolitik erheblich verschlechtert hatte.[18]

Schon 1860 hatte Schieffelin europäische Haussperlinge ausgesetzt. Sie sollten sich der Raupen annehmen, die die Bäume vor seinem Haus am Madison Square kahl fraßen. Schieffelin und seinen Mitstreitern war offenbar entgangen, dass der Haussperling in Europa vielerorts als Schädling galt. Während sich die amerikanischen Akklimatisationsgesellschaften um seine Einbürgerung bemühten, gab es im Mutterland England schon seit hundert Jahren Vereine, die sich die Ausrottung des Vogels zum Ziel gesetzt hatten.[19]

Und so kam denn auch alles ganz anders: Die eingeführten Spatzen verschmähten die haarigen Schmetterlingsraupen und ernährten sich weitgehend vegetarisch. Sie profitierten von der zunehmenden Urbanisierung und entdeckten die ungenutzten Ressourcen von Pferdeäpfeln. Die samenhaltigen Hinterlassenschaften der immer häufiger werdenden Pferdefuhrwerke und Kutschen sicherten den Vögeln besonders im Winter ihr Überleben.[20]

Mit dem Siegeszug des Automobils brachen für die amerikanischen Spatzen härtere Zeiten an. Für die Farmer im weiten Land waren sie schon lange ein Schädling, vielen Naturschützern ein Dorn im Auge. Bekämpfungsmaßnahmen liefen an. Aus dem gehätschelten Pflegling, dem man Nistkästen aufhängte und Körnerfutter anbot, war innerhalb weniger Jahrzehnte eine Plage geworden. Sollte man in Nistkästen, die für den vom Aussterben bedrohten amerikanischen Hüttensänger *(bluebird)* bestimmt waren, europäische Spatzen antreffen, empfiehlt die North American Bluebird Society, kurzen Prozess zu machen: ertränken, den Hals umdrehen oder in einen Sack stecken und an das Auspuffrohr des Wagens hängen.[21]

10 Unter Wasser

Eine nahe liegende und häufig praktizierte Methode, sich verrosteter Fahrräder, Eimer, Leitern und anderen Schrotts zu entledigen, besteht darin, sie in Teiche, Seen und Flüsse zu werfen. Aus den Augen, aus dem Sinn. Eine global verbreitete schlechte Angewohnheit der Menschen.

Auch Aquarianer, die den Inhalt ihrer geliebten Zimmerbiotope in freier Natur entsorgen, verfahren nach diesem Prinzip. Jeder einzelne würde sich vermutlich als Tierliebhaber bezeichnen, im Brustton der Überzeugung. Will man etwa von ihnen verlangen, ihre geliebten, nur gerade unpassenden Schützlinge ins Klo zu schütten oder ihnen eigenhändig den Hals umzudrehen? Dann doch lieber ein paar schöne Tage oder Wochen in natürlicher Umgebung. Natur ist doch Natur, See ist doch See.

Wenn auch die Gerüchte über menschenfressende Riesenkrokodile in den Katakomben New Yorks übertrieben scheinen, was sich mit steigender Tendenz in idyllischen Binnengewässern ansammelt, ist von viel nachhaltigerer Wirkung.

Zum Beispiel in Frankreich. Wer dort seinen Fuß in ein Gewässer steckt, lebt gefährlich: Bis zu dreißig Zentimeter große Rotwangen-Schmuckschildkröten könnten badenden Kindern glatt den Fuß abbeißen, wenn sie sich gestört fühlen, behauptete jüngst Frankreichs Regenbogenpresse. Für die betroffenen Ökosysteme sind die gefräßigen Schildkröten eine große Gefahr. Sie vernichten die Brut einheimischer Fisch- und Amphibienarten. Die »Ninja Turtle«-Mode ließ Pariser Eltern scharenweise die Zoogeschäfte stürmen, um die lieben Kleinen mit süßen paddelfüßigen, drei bis vier Zentimeter großen Mini-Turtles zu erfreuen. Allein 1992 wurden 300 000 Tiere aus den USA importiert. Viele landeten spätestens zu Beginn der nächsten Sommerferien in den umliegenden Seen, wo sie bestens gedeihen und vor allem in Südfrankreich kräftig für Nachwuchs sorgen.

Fragen Sie doch einmal in Ihrem Bekanntenkreis herum, wer als Kind eine Schildkröte besaß. Ich vermute, es werden viele sein, jedenfalls unter den Älteren.

Und heute? Wie viele ihrer Freunde und Bekannten halten sich noch heute eine Schildkröte? Schildkröten werden alt. Die Rotwangen-Schmuckschildkröte wird erst mit zehn Jahren geschlechtsreif, mit zwanzig ist sie im besten Erwachsenenalter. Andere Schildkröten werden noch wesentlich älter. Viele der Tiere, mit denen wir uns als Kinder langweilten, müssten heute noch leben. Im Jahre 1971 exportierte allein Jugoslawien 124 236 Schildkröten in die Bundesrepublik Deutschland.[1] Wo sind alle diese Schildkröten geblieben?

Rotwangen-Schmuckschildkröten sind auch in Deutschland keine Unbekannten. In den Ballungsräumen des Rhein-Ruhr-Gebietes sind sie heute das zweithäufigste Reptil und damit sind keine Terrarientiere gemeint. Im Gegensatz zu Frankreich ist eine Fortpflanzung im Freiland bisher nicht belegt, aber Experten gehen davon aus, dass dies nur eine Frage der Zeit ist.[2]

Der nordamerikanische Ochsenfrosch hat damit schon lange keine Probleme mehr. Biologen prophezeien dem Riesenfrosch unter den gegenwärtigen klimatischen Bedingungen eine glänzende Zukunft in Europa. Schlechte Zeiten für die einheimischen Wasserfrösche. Nach Magenuntersuchungen bilden sie, und nicht, wie beunruhigte Teichwirte befürchteten, Fische, die Hauptnahrung des Ochsenfrosches.

Im April 1993 warnte der nordrhein-westfälische Umweltminister Klaus Matthiesen, wer gebietsfremde Amphibien in die heimischen Gewässer aussetze, könne mit einer Geldbuße bis zu 100 000 DM bestraft werden. Abgesehen von den kaum abschätzbaren ökologischen Folgen sei ein solches Verhalten auch reine Tierquälerei. Die meisten exotischen Amphibien würden an Nahrungsmangel und ungewohntem Frost qualvoll zugrunde gehen, ließ der Minister verlautbaren. Auch in heimischen Gartenteichen hätten diese Arten nichts verloren.[3]

USA, 1994

Die Wandermuschel *(Dreissena polymorpha)* macht ihrem Namen alle Ehre. Im Eriesee kann man bis zu 900 000 Tiere pro Quadratmeter finden. Sie verstopfen die Wasserrohre von Kraftwerken und Trinkwasserversorgern. Die Tiere besitzen winzige frei schwimmende Larven, die durch fließendes Wasser weit transportiert werden und feinste Filter durchdringen. Die Schäden werden mittlerweile auf fünf Milliarden Dollar geschätzt. Vor mehr als einem Jahrzehnt kam die Muschel im Ballastwasser europäischer Schiffe ins Land und besiedelt heute die großen Seen und viele Flussläufe Nordamerikas. Aber Europa ist nicht ihr Ursprungsgebiet. Begünstigt durch eine wachsende Schifffahrt wanderten die Tiere erst Anfang des 19. Jahrhunderts innerhalb von 30 bis 50 Jahren aus den Flüssen am Schwarzen und Kaspischen Meer nach Ost- und Mitteleuropa ein. In den Niederlanden wurde die Muschel auch aktiv angesiedelt, um der zunehmenden Überdüngung entgegenzuwirken. Den Namen Wandermuschel verdankt sie allerdings einem ganz anderen Verhalten: Ansammlungen von Wandermuscheln auf Steinen oder Muschelschalen sind zur koordinierten Bewegung fähig. Durch kollektives kräftiges Zusammenschlagen der Schalenhälften können solche *Dreissena*-Muschelklumpen durchs Wasser hopsen und sich im Winter in tiefere Wasserschichten zurückziehen.

Amerikanische Ochsenfrösche, Rotwangenschildkröten und Rauhhautmolche, ostasiatische Feuerbauch- und Schwertschwanzmolche, all das ist nur die Spitze des Eisbergs. Unter der immer gleichen Oberfläche unserer Flüsse und Seen haben sich umwälzende Veränderungen abgespielt. Die heutige Fauna des Rheins ist völlig anders strukturiert als noch vor zwanzig Jahren. Hätte Vergleichbares über der Wasseroberfläche stattgefunden, wir würden unser gutes altes Europa nicht mehr wiedererkennen. Ein Sturm der Entrüstung wäre losgebrochen. Aber limnisches Getier führt ein verborgenes Leben und selbst wenn wir den Gewässern auf den Grund schauen könnten, für den Laien sehen Kleinkrebse, Schnecken und Muscheln alle gleich aus.

Voraussetzung für die organismische Neustrukturierung war ein nahezu kompletter Zusammenbruch der alten Ordnung. Der Rhein, vergiftet mit kommunalen Abwässern, Schwermetallen, Salzen, Bioziden und einer breiten Palette an petrochemischen Produkten der anrainenden Großchemie, hatte sich innerhalb eines knappen Jahrhunderts vom Lachsparadies zur größten Kloake Mitteleuropas entwickelt. Immer wieder kam es zu Störfällen, in deren Folge sich tödliche Giftwellen in Richtung Nordsee schoben. Allein 1969 verendeten auf diese Weise 40 Millionen Fische. Noch ein Jahr später gab es im Rhein zwischen Mainz und Köln keinen einzigen Fisch mehr.[4] Der letzte große Störfall, der katastrophale Brand in der Basler Sandoz AG im November 1986, dürfte noch im Gedächtnis sein. Große Mengen eines unbekömmlichen Gemischs aus Pflanzenschutzmitteln und Löschwasser ergossen sich damals in den Rhein und sorgten unter der Wasseroberfläche für ein weiteres Massensterben.

Der Tiefpunkt dieser Entwicklung war allerdings schon Anfang der Siebzigerjahre erreicht. Der Sauerstoffgehalt des Rheinwassers, wichtigste Voraussetzung für ein reichhaltiges Unterwasserleben, war 1971 auf gut vier Milligramm pro Liter gesunken.[5] Im Fluss-Sediment lebten nur noch sechs Insektenarten, um die Jahrhundertwende waren es über hundert. Das überall in Seen, Flüssen und Kanälen zu beobachtende Artensterben erreichte einen traurigen Höhepunkt.

Danach ging es aufwärts. Die landesweit unternommenen Anstrengungen zur Gewässerreinhaltung begannen Früchte zu tragen. Die Schadstoff-Fracht sank, der Sauerstoffgehalt stieg. Im Rhein liegt er heute bei über zehn Milligramm pro Liter, die Zahl der Insektenarten im Fließrinnensediment stieg auf siebzig. Das Leben unter Wasser kann wieder durchatmen. Aber das, was jetzt in den trüben, noch immer nährstoffreichen Fluten nach Luft schnappt, hat kaum noch etwas mit dem gemein, was früher dort lebte.[6]

Der Mensch hat den Lebewesen der europäischen Flüsse und Seen ein bequemes, nahezu lückenlos miteinander verbundenes Gewässersystem zur Verfügung gestellt. Allein in Deutschland ist es 7700 Kilometer lang und heißt Bundeswasserstraßennetz. Es besteht zu 77 % aus natürlichen und geregelten Fluss-Strecken und zu 23 % aus Kanälen, insgesamt eine Art Expressverbindung für Neozoen aus aller Welt. Die großen Lücken, die die Verschmutzung der Gewässer in die heimischen Lebensgemeinschaften gerissen hatte, wurden von anspruchslosen und konkurrenzstarken Zuwanderern aus Südosteuropa, dem Mittelmeer, der Ostküste Nordamerikas, aus Süd- und Ostasien, ja sogar aus Neuseeland besiedelt. Manche dieser Arten hatten schon viel früher den Weg nach Mitteleuropa gefunden, aber erst der Zusammenbruch der alten Organismenordnung bedeutete für sie den Aufbruch in eine rosige mitteleuropäische Zukunft. Ob sie von Dauer sein wird, muss allerdings in vielen Fällen bezweifelt werden. Noch ist die neue Organismenwelt der Flüsse und Kanäle instabil und von geradezu mitreißender Dynamik. Ein Neozoon verdrängt, überwuchert, frisst das andere. Was am Ende dabei herauskommen wird, ist nicht abzusehen. Erstaunlich ist nur, dass die Menschen bis auf ein paar Spezialisten von alldem kaum etwas mitbekommen haben.

Elbe, 1927

Der wohl spektakulärste Neuling unter den wirbellosen Tieren unserer Flüsse ist die Chinesische Wollhandkrabbe *(Eriocheir sinensis)*, ein stattlicher, immerhin sieben Zentimeter messender Krebs, der schon Anfang des Jahrhunderts im Schiffsballastwasser nach Europa gelangte. Heute lebt er in allen Flüssen, die in die Nordsee münden, erreichte über den Nordostseekanal auch die Ostsee und Skandinavien. Selbst weit flussaufwärts, etwa in Basel oder Prag, sind schon Wollhandkrabben gefunden worden. Sie sind sehr beweglich, wandern auch über Land, fressen fast alles, was Flüsse an Nahrung zu bieten haben, unter anderem Jungfische, Muscheln und Schnecken. Durch ihr Massenvorkommen gelten sie als ernsthafte Nahrungskonkurrenten der Fische. Chinesische Wollhandkrabben buddeln gern. In Uferböschungen hat man schon bis zu 80 cm tiefe Gänge gefunden.[7]

Zum Beispiel vom Schlickkrebs *Corophium curvispinum,* dem wahrscheinlich häufigsten Neozoon Mitteleuropas. Er ist eine von 63 neuen Tierarten des Rheins.[8] Seine Heimat ist das Einzugsgebiet des Kaspischen Meeres. Über Dnjepr, Weichsel und Warthe drang der Kleinkrebs Anfang des Jahrhunderts nach Westen vor, stieß auf die norddeutschen Kanäle und erreichte 1987 den Rhein. Er wanderte weiter Richtung Süden, eroberte den Main, entdeckte, dass in Form des Main-Donau-Kanals eine neue Verbindung zur Donau bestand, und trifft nun irgendwo im Österreichischen auf eine zweite Einwanderungswelle von Artgenossen, die vom Schwarzen Meer die Donau aufwärts wandert.[9]

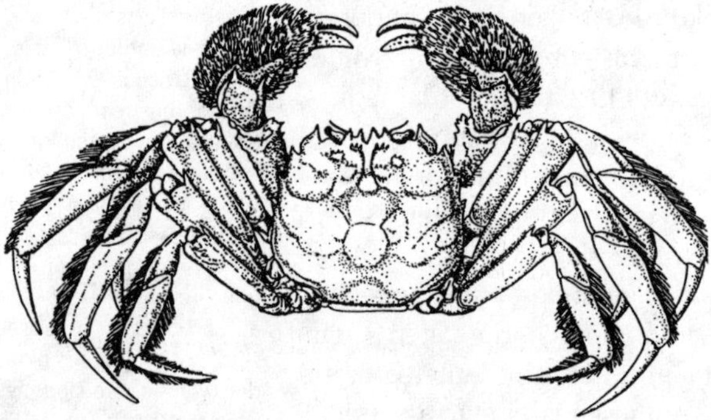

Wollhandkrabbe, *Eriocheir sinensis*

Im Rhein schien sich das fünf Millimeter große Krebschen richtig wohl zu fühlen. Innerhalb von nur drei Jahren erreichte er Individuenzahlen von über 100 000 Tieren pro Quadratmeter. Seitdem gingen die Bestände zurück und haben sich auf einige Hundertstel dieses Wertes eingependelt. Der Schlickkrebs zählt inzwischen zu den wichtigsten Fischnährtieren der Bundeswasserstraßen, aber unter Wasser herrscht ein erbitterter Wettstreit um Platz. Auf festen

Untergründen, wie Steinen, Holz oder Muschelschalen, spinnt der Schlickkrebs feine Wohnröhren, an denen Sand und Schwebstoffe kleben bleiben und alles mit einer glitschigen bräunlichen Schicht überziehen. Larven von Muscheln, die es auf dieselben Oberflächen abgesehen haben, finden hier keinen Halt mehr. »Ein typischer Fall von Platzkonkurrenz«, erklärt Bruno Streit, Zoologe der Universität Frankfurt, der das Kommen und Gehen der neozoischen Unterwassertiere im Rhein-Main-Gebiet untersucht.[10] Den Kürzeren ziehen die heimischen Muschelarten.

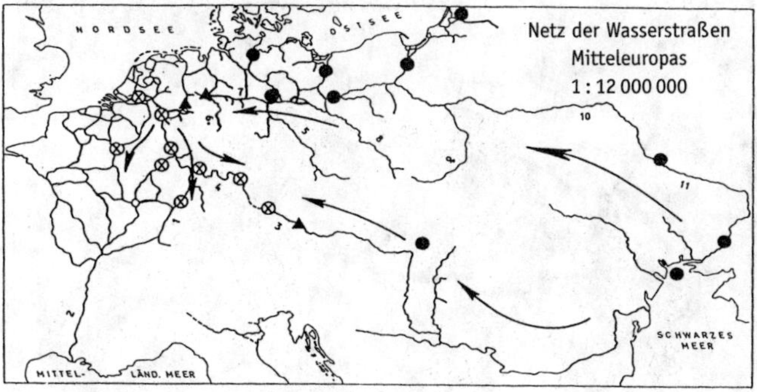

Ausbreitungswege von *Corophium curvispinum* (Stand 1995)

Sie haben sich ohnehin mit einer ganzen Armada von Eindringlingen auseinanderzusetzen. Die besten Zeiten der Wander- oder Zebramuschel, ein Landsmann des Schlickkrebses, scheinen vorüber zu sein, obwohl sie seit ihrem Erscheinen im 19. Jahrhundert immer wieder für Massenvorkommen gut war und in den amerikanischen Seen Schäden in Milliardenhöhe verursacht. Heute sind es die erstmals 1991 in Binnengewässern Mitteleuropas nachgewiesenen Asiatischen Körbchenmuscheln *(Corbicula fluminea* und *C. fluminalis)*, die zur Massenvermehrung neigen. Sie kamen nicht direkt aus Ostasien zu uns, sondern nah-

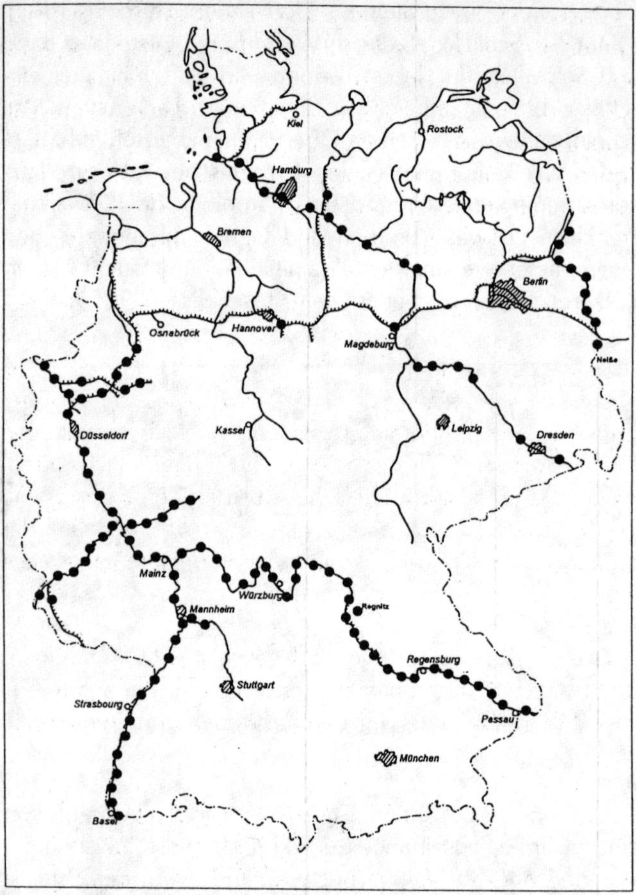

Fundorte von *Corophium curvispinum*

men den Weg über Nordamerika. Jetzt wandern sie von der Nordsee zügig in Rhein und Weser ein. Aus dem Südwesten, über Rhone und Mosel, kommt ihnen die Malermuschel *Unio mancus* entgegen.[11]

Drei deutsche Zoologen von der Stuttgarter Universität Hohenheim haben von 1992 bis 1994 den baden-württembergischen Oberrhein untersucht, speziell etwas, das sie »Makrozoobenthosdrift« nennen.[12] Dieses Wort fällt eindeutig in eine der höchsten Kategorien wissenschaftlicher Wortungetüme. Gemeint sind alle größeren Tiere, die eigentlich den Flussboden besiedeln *(Benthos)*, von der Strömung aber regelmäßig mitgerissen werden und auch im freien Wasser nachweisbar sind.

Keine leichte Aufgabe, wenn es da nicht die Energiewirtschaft gäbe. Großkraftwerke in Mannheim und Karlsruhe saugen unaufhörlich und in großer Menge Kühlwasser an. Rücksichtsvollerweise wird dieses Wasser über große Siebe gefiltert und so der im Wasser enthaltenen Fauna, einschließlich der Fische, eine ungemütliche Kraftwerkspassage erspart. Die Siebe werden automatisch von großen Düsen abgespritzt, aber statt im Fluss landete das Siebgut diesmal in den Probengefäßen der drei Stuttgarter Zoologen. Es ist ein Querschnitt der lebenden (und toten) Drift des Rheins.

Die Forscher fanden etwa 124 000 Organismen und was das bedeutet, kann nur jemand ermessen, der schon einmal Tage und Wochen über Mikroskopen und Stereolupen

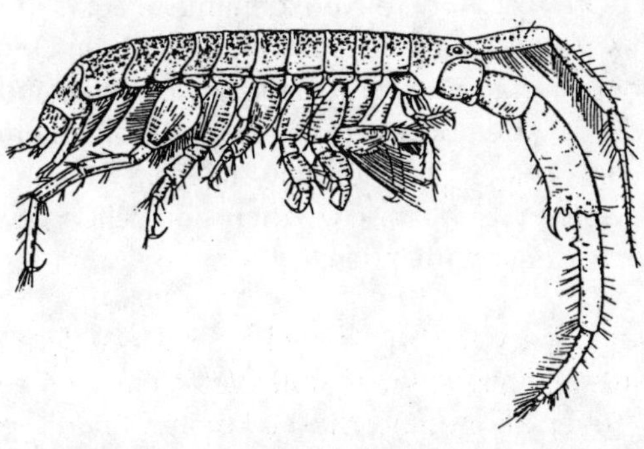

Schlickkrebs, *Corophium curvispinum*

gesessen hat, um tausende von millimetergroßen Tieren auszusortieren und zu bestimmen. Knochenarbeit, die viel Sitzfleisch erfordert.

Die Tiere ließen sich 136 Arten zuordnen, vom Strudelwurm bis zum Zander, über 80 % waren Krebse. 21 dieser Arten sind Neozoen, aber sie machten über zwei Drittel des Gesamtfangs aus. Mit dem uns schon bekannten kaspischen Schlickkrebs *Corophium curvispinum* und dem nordamerikanischen Flussflohkrebs *Gammarus tigrinus* stellten sie auch die mit Abstand häufigsten Tiere.

Die Strömung des Rheins reicht sogar aus, um Muscheln und Schnecken loszureißen, aber ihre wirkliche Häufigkeit lässt sich auf diese Weise nicht bestimmen. Da allein die Asiatischen Körbchenmuscheln in der Umgebung der untersuchten Kraftwerke Dichten von mehreren tausend Exemplaren pro Quadratmeter erreichen, ist die tatsächliche Dominanz gebietsfremder Geschöpfe im Rhein noch sehr viel ausgeprägter, als es das Kühlwassersiebgut vermuten lässt. Dort unten hat sich eine Revolution abgespielt und kaum einer hat es gemerkt. »Hier wieder Ursprünglichkeit herstellen zu wollen, wäre völlig aussichtslos«, meint der Kölner Biologe Bruno Kremer.[13]

Die Situation im Oberrhein ist keine Ausnahme. Andere Wasserstraßen, vor allem die Kanäle Norddeutschlands, weisen noch weit höhere Neozoenanteile auf.[14] Im Weser-Datteln-Kanal oder im Küstenkanal sind fast ein Drittel aller wirbellosen Tierarten eingeschleppt oder zugewandert. Da einige dieser Arten ungeheure Individuenzahlen erreichen, dürfte die dortige Organismenwelt völlig von ihnen dominiert werden. Einheimische Arten sind selten geworden, aber noch immer vorhanden.

11 Killeralgen, Rippenquallen und die Last mit dem Ballast

Vielleicht ist die berüchtigte Killeralge *Caulerpa taxifolia* durch einen freundlichen Bürger Monacos ins Mittelmeer gelangt, der zu dem Schluss kam, im Mittelmeer sei der Inhalt seines Aquariums am besten aufgehoben.

Wissenschaftler haben allerdings einen anderen Verdacht geäußert. Die verschlungene Reiseroute der tropischen Alge soll bis in den Stuttgarter Zoo Wilhelma führen. Dort habe eine spontane Mutation aus hübschen Aquariumpflanzen ökologische Zeitbomben gemacht. Im Zuge des regen internationalen Austausches zwischen den großen Aquarien sei die Alge dann nach Frankreich gelangt und von dort mit dem Aquarienabwasser von Monacos berühmtestem Museum ins Mittelmeer.[1]

Die monegassischen Fischer sind fest davon überzeugt, dass das hoch über dem Meer thronende Ozeanographische Museum am plötzlichen Erscheinen der Alge schuld ist. *Caulerpa* sei schließlich im Jahre 1984 vor der Küste Monacos entdeckt worden, sagen sie. Die Freisetzung der Alge fiele damit in die Präsidentschaft einer der Lichtgestalten des internationalen Naturschutzes. Von 1957 bis 1989 wurde die traditionsreiche Institution von Jacques-Yves Cousteau geleitet, dem kürzlich verstorbenen »Anwalt der Meere«, der durch seine über hundert Fernsehfilme zu weltweiter Berühmtheit gelangte.

Die Fischer sind sauer. Seitdem *Caulerpa* aufgetaucht ist, verbringen sie immer mehr Zeit mit der Reinigung der algenverschmutzten Netze. Einen Tag fischen, einen Tag Netze reinigen, wie sollen sie da auf ihre Kosten kommen? François Doumenge, jetzt Leiter des traditionsreichen Museums in Monaco, weist Vorwürfe, sein Institut sei für die *Caulerpa*-Invasion verantwortlich, entschieden zurück. Ganz davon abgesehen, sei die Alge auch keine Katastrophe, sondern ein Segen für das arg gebeutelte Mittelmeer, ließ er verlautbaren, sie erwecke tote Meerestiefen zu neuem Leben und biete Brutraum für viele Tiere. Sein Einsatz ist verständlich. Die französische Umweltministerin hatte bereits gedroht, dass die Verursacher der Algenpest sich an deren Beseitigung finanziell beteiligen müssten. Das könnte teuer werden.

Alexandre Meinesz, Meereswissenschaftler aus Nizza, reagierte wie viele seiner Kollegen erstaunt auf Doumenges Behauptungen. Meinesz war der Erste, der Alarm schlug. Seitdem wird sein Team immer wieder zu neuen Fundorten gerufen. In nur drei Jahren hat sich die von der Alge überwucherte Fläche nahezu vervierfacht. Geht ihre Ausbreitung in diesem Tempo weiter, sind die Gärten Poseidons, die ausgedehnten Wiesen des Seegrases *Posidonia,* von deren Existenz zwei Drittel allen Tierlebens im Mittelmeer abhängt, ernsthaft bedroht. Die *Caulerpa*-Invasion ist unumkehrbar und könnte, so fürchtet Alexandre Meinesz, der Beginn einer fundamentalen Umgestaltung des Ökosystems Mittelmeer sein.

Die Alge wächst auf jedem Untergrund. Auf Schlamm, Sand oder Felsen, ihre Ausläufer finden überall Halt. Nur drei Zentimeter im Jahr wachsen die Blattlanzetten des Seegrases *Posidonia, Caulerpa taxifolia* bringt es im Sommer und Herbst auf zwei Zentimeter am Tag. Das Ergebnis sind dicke Matten mit bis zu 8000 Blattwedeln und 230 Meter *Caulerpa*-Stämmen auf einem einzigen Quadratmeter. Darunter erstickt alles Leben.

Am 28. 5. 1992 geben auch italienische Behörden *Caulerpa*-Alarm. Im Hafen von Porto Mauritio ist eine kleine Kolonie gesichtet worden. Sofort wird ein Krisenstab gebildet. Im selben Jahr wird *Caulerpa taxifolia* vor Mallorca entdeckt. Die Provinzregierung reagiert panisch. Aus Angst vor Horrormeldungen über Killeralgen im Urlaubsparadies lässt sie den Meeresboden vor Cala d'Or mit riesigen Unterwassersaugern säubern, ein sinnloser, zerstörerischer und zudem erfolgloser Rundumschlag.

Frankreich, Italien und Spanien initiieren ein Europäisches Programm zur Bekämpfung der Algeninvasion. Drei Millionen Mark werden für Gegenmaßnahmen zur Verfügung gestellt. Am 4. 3. 1993 verhängt das französische Umweltministerium eine totale Kontaktsperre: Jeglicher Umgang mit *Caulerpa taxifolia* ist fortan verboten. Selbst Transporte winziger Algenbruchstücke sind genehmigungspflichtig, eine angesichts der Ausbreitungswege der Alge sinnlose Maßnahme, die nur Bürokraten beruhigt.

Es sind die Schiffe, die die Alge verbreiten. Mit ihren Ankern reißen sie kleine Teile ab und ziehen sie an die Oberfläche, wo sie von der Strömung verdriftet werden. Andere landen in den feuchtwarmen Ankerkästen, wo sie bis zu zehn Tage ohne Licht und Wasser überleben können. Im nächsten Hafen werden die Anker zu Wasser gelassen und mit ihnen die daran festhaltenden Pflanzen. Ein Blättchen reicht, um eine neue Kolonie entstehen zu lassen. Ohne gravierende Beeinträchtigungen des für die Mittelmeerländer lebenswichtigen Schiffsverkehrs ist an eine wirksame Eindämmung der *Caulerpa*-Ausbreitung nicht zu denken. Nichts spricht dagegen, dass die Alge nicht auch durch die Meerenge von Gibraltar in den Atlantik gelangen könnte, ein Szenario, das sich die Wissenschaftler gar nicht auszumalen wagen.

In ihrem Heimatbiotop ist die hübsche fiederblättrige Alge eher unauffällig und selten. *Caulerpa taxifolia* stammt aus der Karibik und dem Indischen Ozean. Nah verwandte Arten werden in Südostasien in Meeresfarmen gezüchtet und als Salatdelikatesse geschätzt. Aber die ins Mittelmeer gelangte Variante unterscheidet sich von der Wildform. Ihre Blattwedel sind größer, sie toleriert die Temperaturen kalter europäischer Winter und enthält zu allem Überfluss auch höhere Konzentrationen an Caulerpinin, einem Gift, das die Alge vor allem im Sommer produziert. Es kann bis zu zwölf Prozent der Trockenmasse ausmachen und dient der Pflanze als Schutz gegen allzu starken Bewuchs ihrer Blätter durch andere Organismen. Für Menschen ist es ungefährlich, Seeigel reagieren dagegen empfindlich. Normalerweise meiden sie die Algenteppiche, wenn es aber keine Nahrungsalternative gibt, eine Situation, die bei dem alles überwuchernden Wachstum der Alge auch in der Natur auftreten kann, dann stellen sie nach kurzem Fraß die Nahrungsaufnahme ein und verhungern. Kein Wunder, dass ihre Zahl in Gegenwart von *Caulerpa taxifolia* stark zurückgeht.

Die jüngste Hiobsbotschaft in Sachen *Caulerpa* kommt aus Kroatien. Ende März 1995 wurden auch vor den Küsten der Ferieninsel Krk erste *Caulerpa*-Kolonien entdeckt. Die tropische Alge hat den italienischen Stiefel, über Elba und Sizilien als Trittsteine, erfolgreich umrundet und dringt nach Osten vor.

Von dort kommt ihr ein ganz anders gearteter Eindringling entgegen, der seit einiger Zeit im angrenzenden Schwarzen Meer für Furore sorgt: eine Rippenqualle mit Namen *Mnemiopsis leydii.* Ihre bis zu sieben Zentimeter Durchmesser erreichenden Gallertkugeln sehen aus wie durchsichtige, schimmernde Stachelbeeren, die von zahllosen winzigen Härchen, so genannten Cilien, angetrieben werden. *Mnemiopsis* ist alles andere als eine harmlose Pflanze, sie ist ein gefräßiger Räuber. Ihr Beutespektrum umfasst alles, was kleiner als ein Zentimeter ist, auch Fischbrut. Die Geschichte ihrer Ausbreitung im Schwarzen Meer gilt als »eine der herausragendsten globalen Invasions-Stories der letzten 50 Jahre«.[2] Den Bosporus hat sie schon passiert. Meldungen aus der Ägäis sorgten international für Aufruhr. Man fürchtet um die ohnehin angeschlagene Fischereiwirtschaft.

Die Heimat der kleinen Rippenqualle sind die Küstengewässer und Flussmündungen des westlichen Atlantiks, von

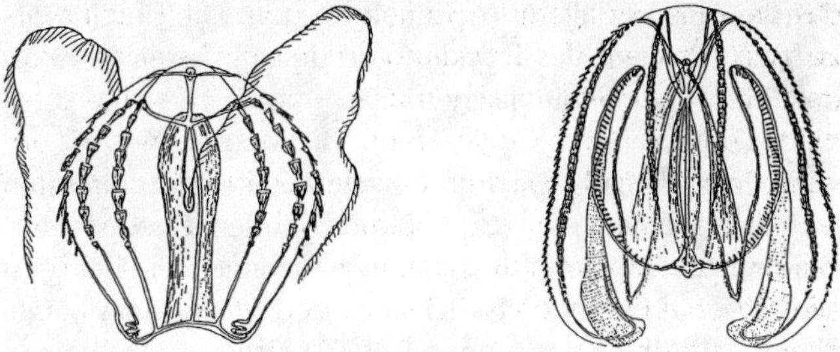

Rippenqualle, *Mnemiopsis leydii*

Nordamerika über die Karibik bis hinunter nach Brasilien. Die Atlantiküberquerung gelang ihr im Ballastwasser von Handelsschiffen. Die ersten Tiere fand man 1982 in der Nähe der Halbinsel Krim, aber es dauerte weitere fünf Jahre, bis erstmals größere Zahlen registriert wurden. Was dann folgte, war eine beispiellose Explosion. 1988 stieg die *Mnemiopsis*-Biomasse von 0,4 g/m^3 im zeitigen Frühjahr auf über 1100 g/m^3 im Spätsommer an, eine Zunahme um mehr als das Zweitausendfache.[3] In den Schelfwassergebieten vor der ukrainischen und bulgarischen Küste lagen die Zahlen noch höher.[4] In einem einzigen Kubikmeter Wasser schwammen bis zu 500 Rippenquallen. Ihre Biomasse übertraf die aller anderen tierischen Planktonorganismen um ein Vielfaches. Russische Experten schätzten, dass zeitweilig 95 % der Lebendbiomasse des gesamten Schwarzen Meeres in diesem einen Organismus gebunden waren.[5] Eine vergleichbare Dominanz eines einzigen Räubers ist nie zuvor in einem Ökosystem dieser Erde beobachtet worden.

Auch wenn die *Mnemiopsis*-Zahlen seit Ende der Achtzigerjahre sinken, die kleine gefräßige Rippenqualle ist einer der häufigsten Planktonorganismen des Schwarzen Meeres geblieben und der Schock sitzt tief. Das Umweltprogramm der Vereinten Nationen hat eine spezielle Arbeitsgruppe zu diesem Thema eingesetzt.[6] Der durch *Mnemiopsis* verursachte Schaden für die Fischereiwirtschaft soll 250 Millionen Dollar betragen.[7]

»Ein Containerschiff wurde gerade für Reparaturarbeiten in Hamburg eingedeckt. An Bord kommen zwei Meeresbiologen... Die Schiffsbesatzung hat ihnen die Einstiegsluke der Ballasttanks, das so genannte Mannsloch, aufgeschraubt... Unter der Öffnung breitet sich vor den beiden ein schwarzes Nichts aus... Vorsichtig steigen sie die ersten Sprossen hinunter. Die Leiter ist glitschig, mit dem Ballastwasser aufgenommene Sedimente haben sich auf ihr abgesetzt... Als sie den ersten Zwischenboden erreichen und sich die Augen an die Dunkelheit gewöhnt haben, werden die tatsächlichen Ausmaße des Tanks deutlich. Weitere drei Stockwerke tiefer können sie am Tankboden einen Rest Ballastwasser glitzern sehen... Der Tank hat die Höhe eines vierstöckigen Hauses, sein Volumen fasst 600 Tonnen Wasser. Durchschnittliche Containerschiffe führen teilweise über 10 000 Tonnen Wasser mit sich, leer fahrende Massengutschiffe füllen zusätzlich ihre Laderäume mit bis zu 100 000 Tonnen.«[8]

Die beiden Männer, die sich hier in das muffige Innere eines Schiffsballasttanks wagen, heißen Stephan Gollasch und Mark Dammer. Die beiden Meeresbiologen haben es auf das Ballastwasser abgesehen. Im Rahmen eines Forschungsprojektes des Berliner Umweltbundesamtes sollen sie prüfen, ob die Ergebnisse vergleichbarer Studien aus den USA und Australien in Europa ebenfalls Gültigkeit haben.[9] Was die beiden herausfinden, liegt im weltweiten Trend. Und der ist alarmierend.

100 000 Tonnen Ballastwasser, das sind einhundert Millionen Liter. Es wird in den Zielhäfen oder vor den Hafeneinfahrten abgepumpt. In Australien wird die jährlich antransportierte Ballastwassermenge auf 59 Millionen geschätzt, weltweit geht man von 10 Milliarden Tonnen aus.

Für Deutschland ermittelten die Forscher eine jährliche Menge von zehn Millionen Tonnen, ein gutes Fünftel davon stammt aus Gewässern außerhalb der Europäischen Gemeinschaft.[10] Und ob es nun aus Flüssen, Seen oder Ozeanen stammt, dieses Wasser ist nicht tot. Es enthält tausende und abertausende von Tieren und Pflanzen, von der mikroskopischen Alge bis zum Piranha, den Werftarbeiter in Hamburg entdeckten. In Schiffsballastwasser reisten die Wandermuscheln vom Schwarzen Meer nach Europa und weiter bis in die großen Seen Nordamerikas, die Rippenqualle *Mnemiopsis* von den amerikanischen Atlantikküsten in das Schwarze Meer, die chinesische Wollhandkrabbe in die Nordsee, giftige mikroskopische Algen von Japan nach Australien; die Liste ließe sich endlos fortsetzen.

Die See bietet ihren Bewohnern unterschiedliche Lebensräume. Ganz grob lassen sich die Wasserorganismen in drei Gruppen einteilen: in die Lebewesen des Bodens, das so genannte Benthos, in die größeren und großen, zu aktiver Bewegung befähigten Tiere, und das Plankton, das im Wasserkörper schwebt und von der Strömung passiv verdriftet wird. Da Fische nur selten in die Ballasttanks gelangen, sollte es vor allem das Plankton sein, das verschifft wird. Aber wie setzt sich das Plankton zusammen?

Fast alle Lebewesen, die den Meeresboden bevölkern, ob Schnecken, Muscheln, Röhrenwürmer oder Seeigel, besitzen planktontische Larven. Sie haben fantasievolle Namen, heißen Veliger, Pluteus oder Trochophora und sorgen in ungeheurer Zahl dafür, dass Tiere mit stark eingeschränktem Bewegungsvermögen an neue Standorte gelangen können. Neben unzähligen Algen, Kleinkrebsen und weiteren, wenig bekannten Tiergruppen machen die Larven benthischer Organismen einen großen Teil des Planktons aus.

Im freien Wasser, und demzufolge auch in den Ballasttanks der Ozeanriesen, kann sich daher eine nahezu vollständige Kollektion der Organismen befinden, die dort leben, wo das Wasser aufgenommen wird. Ballastwasser ist ein unspezifisches Transportmedium, das Lebewesen aller nahrungsökologischen Gruppen und verschiedenster Lebenszyklen erfasst. Von kräftigen Pumpen ins Schiffsinnere verfrachtet, enthält es alles, was der Ansaugströmung nicht entkommen kann: Vertreter fast aller Tierstämme (so nennt man die großen übergeordneten Tiergruppen), aber auch viele Einzeller und Pflanzen. Es ist eine Art Unterwasserarche.

Für das Phänomen des Ballastwassers gibt es an Land keine Entsprechung. Hier werden nicht einzelne versteckte Tiere oder anhaftende Pflanzensamen von einem Kontinent in den anderen verschleppt, sondern eine komplette Organismengemeinschaft. Es ist, als würde man einen Hektar Europa mit allem, was darauf kreucht und fleucht, nach Übersee transportieren und dort sich selbst überlassen.

Die beiden Amerikaner James Carlton und Jonathan Geller veröffentlichten im Juli 1993 Ergebnisse einer Untersuchung, die das ganze Ausmaß des Problems deutlich werden lässt.[11] Sie sammelten in Coos Bay, Oregon, Ballastwasserproben von 159 japanischen Frachtschiffen, die aus 25 verschiedenen Häfen kamen. Die Schiffe hatten eine zwei- bis dreiwöchige Seereise hinter sich, aber in ihren Tanks wimmelte es von Leben. Carlton und Geller entdeckten 367 verschiedene Tier- und Pflanzenarten und viele von ihnen traten in den Tanks zu Millionen auf. In einer Anmerkung zu ihrer Arbeit machen die beiden Forscher folgende Rechnung auf: Wenn man von einer durchschnittlichen Zahl von 20 bis 30 Arten pro Schiff ausgeht und weiter annimmt, dass sich von der weltweiten Flotte von 35 000 Schiffen, die Ballastwasser aufnehmen können, jeweils einige tausend auf See befinden, dann erfreuen sich jeden Tag mehrere tausend Organismenarten rund um den Erdball an einer Schiffsreise.

Auch für Deutschland errechneten die Meeresbiologen beeindruckende Zahlen. In Nord- und Ostsee sind in den letzten 150 Jahren über 100 Neozoen und Neophyten registriert worden. Vermutlich geht davon etwa die Hälfte auf das Konto des Schiffsverkehrs. Pro Sekunde gelangen in Ballastwasser, in dessen Sedimenten und als Schiffsbewuchs 69 Tiere in deutsche Küstengewässer und Häfen. Das sind immerhin 6 Millionen pro Tag. Knapp 60 % der dabei auftretenden Arten sind nicht einheimisch. Jedes einzelne Schiff, das deutsche Häfen anläuft, führt an seiner Außenhaut und in den Ballastwassertanks durchschnittlich 4,1 Millionen Tiere mit sich. Die Zahlen für das herantransportierte pflanzliche Plankton liegen noch um Größenordnungen höher.[12]

Die Untersuchungen der beiden deutschen Meeresbiologen und ähnliche Studien in Australien haben James Carlton und Jonathan Geller weitgehend bestätigt. Der Transport von Organismen in Schiffsballastwasser ist ein globales Phänomen. Seine Konsequenzen sind unabsehbar. Neben ökologischen wirft es eklatante und wahrscheinlich unlösbare wissenschaftliche Probleme auf.

»Die Entdeckungen bisher unerkannter Arten in Regionen, die von Ballastwassertransport betroffen sind (nahezu alle Küstenzonen der Erde), müssen nun kritisch als potenzielle Invasionen betrachtet werden«, geben die amerikanischen Wissenschaftler zu bedenken. »Umgekehrt... könnte unerkannter historischer Transport zu dem falschen Schluss geführt haben, dass eine natürliche kosmopolitische Verbreitung vorliegt... Beide Situationen bringen unser Verständnis der historischen Verteilungsmuster, Genflüsse und Artbildungen durcheinander: Geographische Barrieren für Ausbreitung und Genfluss werden vom Ballastwassertransport leicht überwunden.«[13]

Ballastwasser wird seit 1880 verwendet, um Schiffe zu stabilisieren, also seit über hundert Jahren. In dieser Zeit sind hunderte Milliarden Tonnen Wasser kreuz und quer über den Globus transportiert worden. Kein Mensch kann rekonstruieren, was da alles von wo nach wo gelangte.

Die Ergebnisse der Ballastwasseruntersuchungen haben eine ökologische Konsequenz, die sehr viel schwerer wiegt als der Verlust wissenschaftlicher Erkenntnisse, die ohnehin nur so lange gültig sind, bis sie von besseren über den Haufen geworfen werden. Buchten, Flussmündungen, Fjorde, mit ihrer jeweiligen charakteristischen Organismenwelt, alle Gebiete, in denen Ballastwasser entsorgt wird, gehören zu den gefährdetsten Lebensräumen dieser Erde.

12 Schnell und stark – Die Fische

Fischen ist es meistens egal, ob die Flohkrebse, die sie fressen, aus Nordamerika oder Europa stammen. Hauptsache, es gibt etwas zu fressen. Und aus der Sicht der Menschen gilt: Hauptsache, es gibt Fische, und zwar möglichst große. Neben geschmacklichen Qualitäten müssen sie vor allem über zwei Eigenschaften verfügen: Sie sollten stark und schnell sein, damit sie am Haken des Anglers wilde Kämpferqualitäten unter Beweis stellen, Voraussetzungen, die in der Regel nur Raubfische erfüllen.[1] Das Fischleben unserer Gewässer und vieler anderer auf dem gesamten Globus hat nicht viel mehr Ähnlichkeit mit einer natürlichen ungestörten Fauna als die Schausammlung des Berliner Aquariums.

Fischfang ist ein bedeutender Wirtschaftsfaktor. Die Hochseefischerei nimmt dabei eine überragende Stellung ein, aber für viele Menschen sind auch Süßwasserfische eine wichtige, wenn nicht die einzige Existenzgrundlage. Da viele Wildbestände zunehmend überfischt sind, kommt der Aquakultur, der gezielten Zucht von Nutzfischen und Krebsen, immer größere Bedeutung zu. Außerdem gibt es die Sportfischerei und eine ganze Industrie, die Angler mit Zubehör versorgt. Gründe genug, um dem begrenzten Angebot der Natur nachzuhelfen.

Atlanta, Georgia, 1996
Wieder einmal hat ein als Zierfisch eingeführter Exot den Weg in die Freiheit gefunden. Asiatische Kiemenschlitzaale werden einen Meter lang und sind anpassungsfähige Raubfische. Was als niedliches gelb-grünes Zierälchen gekauft wurde, wuchs den Aquarienbesitzern wohl über den Kopf. Jetzt fanden amerikanische Biologen den Kiemenschlitzaal in Teichen in der Nähe der Olympiastadt Atlanta. Da die Aale auch Luftatmen können, wird sich ihr Vorkommen nur schwer begrenzen lassen. Die Tiere sind in der Lage, längere Strecken über Land zu wandern, bis sie auf neue geeignete Lebensräume stoßen.[2]

Kaum eine andere Tiergruppe ist derart massiv über ihre natürlichen Arealgrenzen hinweg verbreitet worden wie die Fische. Dazu kommt eine nicht unerhebliche Zahl von Freisetzungen durch gelangweilte oder bankrotte Aquarianer. Fische sind wahrscheinlich die am leichtesten einzubürgernden Wirbeltiere. Sie sorgen, falls die klimatischen Verhältnisse es zulassen, für eine überaus zahlreiche Nachkommenschaft und können in der Regel aus abgeschlossenen Gewässern nicht entkommen, sodass wenige Tiere zur Etablierung ausreichen.[3] Dass sich anders als bei Landtieren erst relativ spät Widerstand regte, hat sicher mit der Tatsache zu tun, dass man Fische normalerweise nicht sieht. Vermutlich aus demselben Grund ist der allgemeine Wissensstand über einheimische mitteleuropäische Fische kümmerlich. Der Normalbürger kennt nur das, was er im gebratenen, gekochten oder geräucherten Zustand zu sich nehmen kann, Regenbogenforelle, Zander, Karpfen, Aal. Nur letzterer ist ursprünglich bei uns heimisch und sein starker Rückgang wird durch massiven künstlichen Besatz kaschiert. Aber wer kennt die Kleine Bodenrenke oder die Große Maräne, den Frauennervling, Ziege, Zährte oder Zope?

»Es gibt... das böse Wort, dass Naturschutz in Deutschland an der Wasserlinie aufhöre, und es hat zu einem erheblichen Teil seine Berechtigung. In den natürlichen Gewässern, in Seen, Flüssen und Bächen sind die Fischereiberechtigten verpflichtet, den gefischten Bestand durch Einsatz von Jungfischen ungefähr auszugleichen. Dem wird auch willig überall nachgekommen und so sind im Allgemeinen... unsere Bäche... ebenso wie kleinere natürliche Gewässer mit Fischen überbesetzt. Eine so hohe Dichte ist im Freiland nie gegeben. Dabei werden nutzbare Fische in die Gewässer eingesetzt – ein Verfahren, das bei speziellen Fischteichen akzeptabel ist, welches jedoch nicht in natürlichen Gewässern erlaubt werden kann, da auf diese Weise die Wirbellosenfauna der Gewässer vernichtet wird und dauernd zugefüttert werden muss.... Faktisch ist hier gesetzlich eine Faunenverfälschung vorgeschrieben, die am Lande nicht möglich wäre.«

Hermann Remmert[4]

Immer wieder kam es beim weltweiten Hin und Her der Fische zu unerwünschten ökologischen Folgewirkungen. Einheimische Fischfaunen wurden verdrängt, traditionelle Wirtschaftsweisen brachen zusammen. In den letzten hundert Jahren sind in Nordamerika 40 Fischarten (und -unterarten) ausgestorben. In zwei Drittel der Fälle waren eingeführte Fische der Hauptgrund für ihr Verschwinden. Als Aussterbefaktor sind fremde Fischarten somit bedeutender gewesen als die vermeintlich so katastrophale chemische Verschmutzung (38 %) oder Überfischung (15 %).[5]

Die große Bedeutung des Fischfangs für die Welternährung hat die FAO veranlasst, sich mit dem Problem zu befassen. Die Welternährungsorganisation mit Sitz in Rom veröffentlichte 1988 in ihrer Reihe *FAO Fisheries Technical Papers* die Ergebnisse einer weltweiten Untersuchung über Gründe, Ausmaß und Folgen der Einbürgerung fremder Fische.[6] Die Recherche beschränkte sich auf den internationalen Austausch von Fischarten, wobei der Autor selbst zu bedenken gibt, dass ein Transfer einer Fischart von der Ostküste der USA zur Westküste von wesentlich größerer Signifikanz sein könne als eine Grenzüberschreitung von Deutschland in die Niederlande. Aber auch ohne die nationalen Umsetzungen ergibt die Untersuchung der FAO ein eindrucksvolles Bild des weltumspannenden Gebens und Nehmens, denn sie stützt sich auf 1354 Einführungen von 237 Fischarten in 140 Ländern. »Eine überraschende Zahl an Einfuhren scheint aus Gründen erfolgt zu sein, die wir heute als trivial ansehen würden«, stellt der Bericht fest. »Unter diesen nehmen nostalgische Gefühle von Auswanderern, die von einer vertrauten Fauna umgeben sein wollten, einen ziemlich hohen Rang ein. Viele der früheren Einbürgerungen, die der Kolonisation folgten, werden wohl auf dieser Basis erfolgt sein, obwohl sie scheinbar irrational waren, da geeignete lokale Arten bereits vorhanden oder die eingeführten Arten nur schlecht an ihre neue Heimat angepasst waren.«[7]

Während die meisten Einbürgerungen von Säugetieren und Vögeln weltweit der Akklimatisation des 19. Jahrhunderts zu verdanken sind, fällt der Höhepunkt der Fischimporte, gewollter wie ungewollter, erst in die Jahre 1950 bis 1980. Seitdem scheint sich eine gewisse Sättigung einzustellen, andererseits haben die schlechten Erfahrungen zu einer Bewusstseinsänderung und größerer Zurückhaltung geführt. Haupteinfuhrgebiet für neue Fischarten ist heute Südamerika, aber in Afrika, Asien und Nordamerika ist der grenzüberschreitende Austausch von Fischarten fast zum Erliegen gekommen. In Europa allerdings, dessen nahezu gleichbleibendes, offenbar kaum zu befriedigendes Interesse an fremden Fischarten nur während der beiden Weltkriege erlahmte, tauchten sogar in den Achtzigerjahren noch größere Zahlen an neuen Arten auf. Anton Lelek, Fischkundler vom Frankfurter Senckenberg-Institut, nennt insgesamt 46 Arten für Zentraleuropa, darunter 18 amerikanische und 10 asiatische Fischspezies.[8]

Einsamer Spitzenreiter unter den Importländern sind die USA. Mindestens jeder vierte Fisch, der heute von amerikanischen Anglern aus dem Wasser gezogen wird, gehört einer fremden eingebürgerten Art an.[9] Die Vereinigten Staaten holten sich bis 1988 siebzig neue Fischarten ins Land, dazu kommt ein wildes Hin und Her innerhalb der eigenen Grenzen und die Einfuhren der Inseln. Allein das vergleichsweise winzige Hawaii, das den Amerikanern offenbar als eine Art Abenteuerspielplatz diente und heute wie Neuseeland unter einer erdrückenden Zahl von fremden Problemarten zu leiden hat, importierte 44 Fischarten und belegt damit unangefochten Platz zwei.

Die wichtigsten Importländer fremder Fischarten:[10]

USA (kontinental)	70 Arten
Hawaii	44 Arten
Kolumbien	40 Arten
Mexiko	33 Arten
Panama	29 Arten
Puerto Rico, Sri Lanka, Niederlande	24 Arten
Deutschland (ohne DDR), Großbritannien, Madagaskar, Philippinen	23 Arten
Chile, Kuba	22 Arten
...	
Neuseeland	19 Arten

Der Rekordfisch, was eine von Menschen ermöglichte Verbreitung angeht, ist die Regenbogenforelle, *Oncorhynchus mykiss.* Sie ist die unbestrittene Nummer eins der Sportfischer – ihr Todeskampf scheint einfach unvergleichlich zu sein – und sie führt zudem die Liste der zu Aquakulturzwecken importierten Fische an. Nur der Karpfen hat es zu vergleichbarem Ruhm gebracht. Beide Arten haben gemeinsam, dass sie bei uns nur durch permanente Nachzucht und künstlichen Besatz erhalten werden können.[11]

Die Heimat der Regenbogenforelle ist Nordamerikas Westküste, von Mexiko bis nach Kanada. Von dort aus wurde sie in einem wilden Hin und Her um die Welt geschickt. Ihre Transportwege schmücken das Titelbild des FAO-Berichts und sehen aus wie das kombinierte Streckennetz mehrerer großer Fluggesellschaften. 1988, also vor dem Zusammenbruch der sozialistischen Staaten, war die Regenbogenforelle in 82 Ländern dieser Erde zu finden. Sogar in den kühleren Bergregionen vieler Tropenländer hat sie sich halten können. 1882 kam sie nach Deutschland, erst 1952 nach Papua Neuguinea, 1980 nach China. Von Deutschland wurde sie in die Schweiz, nach Bulgarien und Schweden transportiert, aber auch nach Kamerun, Chile und in die damalige UdSSR. Die libanesischen Regenbogenforellen stammen aus Dänemark, die marokkanischen aus der Schweiz, die indonesischen aus Holland. Kein Mensch weiß, woher Iran und Irak ihre Regenbogenforellen bezogen haben.[12]

Die Regenbogenforelle ist ein Raubfisch. Ökologisch betrachtet ist das immer eine problematische Ausgangssituation. Denn der Regenbogenforelle schmecken die Beutefische ihrer Heimat genauso gut wie die des Titicaca-Sees. Man beschuldigt sie, viele einheimische Fischarten zurückgedrängt oder ausgerottet zu haben, in Jugoslawien genauso wie im Himalaya, in Südafrika wie in Neuseeland. Das hat ihrer Beliebtheit nicht geschadet.

Bei uns steht sie in Konkurrenz zur einheimischen Bachforelle, *Salmo trutta.* Beide wetteifern um Nahrung und Laichplätze.[13] Für die Bachforelle kann das bestandsbedrohend sein. Ihre reale Gefährdungssituation wird aber durch intensive Besatzmaßnahmen mit Zuchttieren verschleiert.[14] Groteskerweise ist die Situation in Amerika genau umgekehrt. Dort wird die aus Europa eingeführte *Salmo trutta* Braune Forelle genannt und von Sportfischern wegen ihrer Größe und Aggressivität sehr geschätzt. In Kalifornien mussten die Behörden seit 1965 über eine Million Dollar aufwenden, um die Braune Forelle auszurotten. Sie drohte die Goldene Forelle, Kaliforniens »Nationalfisch«, völlig zu verdrängen.[15]

Mitteleuropas größter See, der Bodensee, beherbergt heute 27 einheimische Fischarten. Diese repräsentieren allerdings nur zwei Drittel des gesamten Artenbestandes. Neben der obligatorischen Regenbogenforelle, nordamerikanischen Zwergwelsen und Sonnenbarschen sowie asiatischen Blaubandbärblingen tummeln sich einige bislang nicht im Bodensee heimische europäische Arten im Seewasser: Huchen, Lachs, Stör, Zander, Karausche, Dreistachliger Stichling und Kaulbarsch. Aber damit nicht genug. Immer öfter geraten den Fischern weitere Exoten in die Netze, südamerikanische Schilderwelse etwa oder der Sterlet. Hat sich der massive Einsatz fremder Fischarten gelohnt? Eine Analyse des Fangertrages im Bodensee aus dem Jahre 1985 beantwortet diese Frage eindeutig mit Nein.[16]

Mitunter zog die Einführung einer fremden Fischart eine Kaskade weiterer Einführungen nach sich. Um gefräßige Räuber davon abzuhalten, sich auf eine arglose einheimische Fischwelt zu stürzen, oder um ihr Interesse von wirtschaftlich interessanten Nutzfischen abzulenken, erweiterte man einfach die Angebotspalette um zusätzliche Beutefische.

In anderen Fällen wurden pflanzenfressende Fische ins Land geholt, zum Beispiel Chinesische Graskarpfen, um die Folgen der Überdüngung und wucherndes Wachstum eingeschleppter Wasserpflanzen zu kontrollieren. Der Überschuss an sich vermehrenden Vegetariern kann dann wiederum von importierten Raubfischen abgeschöpft werden. Da solche Pflanzenfresser die großen Pflanzen vertilgen, fördern sie das Wachstum der kleinen. Die resultierenden Algenblüten können ein Ärgernis sein, aber auch gefundenes Fressen für weitere Fremdlinge. Der Mensch schafft eine neue, eine künstliche natürliche Welt, und in der Regel hat er mit ihr mehr Probleme als mit der alten.

Aufgrund unserer kalten Winter würde man tropischen Fischen in den gemäßigten Klimazonen keine großen Überlebenschancen einräumen, aber auch für sie gibt es geeignete Lebensräume. Neben natürlichen Warmgewässern, die von Thermalquellen gespeist werden, gibt es immer mehr künstlich aufgeheizte Lebensräume. Ein Kraftwerk benötigt für 100 Megawatt Leistung etwa sieben Kubikmeter Kühlwasser pro Sekunde. Das Wasser wird dabei um acht Grad erwärmt. »Dies bedeutet«, schreibt der Fischkundler Andreas Arnold, »dass ein Kraftwerk dieser Größenordnung einen kleinen Fluss oder See in ein Tropengewässer verwandeln kann.«[18] Die erhöhte Temperatur führt bei kältegewöhnten einheimischen Fischen zu »Schäden in der Embryonalentwicklung«, zu einer »Steigerung der Toxizität vieler Schadstoffe« und »senkt gleichzeitig die Löslichkeit von Sauerstoff im Wasser«. Und, so könnte man ergänzen, sie schafft Überlebensmöglichkeiten für wärmebedürftigen tropischen Fischabfall zahlloser Aquarienbesitzer. Wo früher schon der erste Winter für einen abrupten Kältetod gesorgt hätte, kann sich heute eine verrückte bunte Gesellschaft tummeln, vom südamerikanischen Guppy bis zum mexikanischen Banderolenkärpfling.

> »Die koreanischen Buddhisten setzen bei Zeremonien, in denen sie die Achtung vor dem Leben feiern, traditionell Fische aus ... Einige der zwei Millionen Fische, die jährlich auf diese Weise ausgesetzt werden, stammen aus Fischfarmen. Darunter befinden sich auch Sonnenbarsche, Nachfahren einiger Exemplare, die vor zwanzig Jahren aus den USA eingeführt wurden.... Am Oberlauf des Han-Flusses (Seoul liegt an der Mündung des Han) hat die Einführung eines anderen nordamerikanischen Fisches, des Gelbbarsches, die Populationen von fünfundzwanzig einheimischen Fischarten zerstört.«
>
> *Edward Tenner*[17]

13 Die Lessepsche Migration

Ferdinand Marie Vicomte de Lesseps war ein angesehener französischer Diplomat und Ingenieur. Zehn Jahre lang, von 1859 bis 1869, leitete er ein Projekt von gigantischen Ausmaßen: den Bau eines 160 Kilometer langen Kanals zwischen Mittelmeer und Rotem Meer. Die neue Wasserstraße sollte der Schifffahrt die zeitraubende und gefährliche Reise um den Riesenkontinent Afrika ersparen. Der Kanal ist nicht nach ihm benannt worden – er heißt heute schlicht Suezkanal –, aber Lesseps' Name ist nicht ganz in Vergessenheit geraten. Sein Wasserweg schuf eine Verbindung zwischen zwei völlig getrennten Meeren und ganze Hundertschaften von Tier- und Pflanzenarten machten sich auf, den neuen Zugang zu nutzen. Die Wissenschaft nennt sie Lessepsche Migranten.

Dieselbe Gesellschaft, die zu einer derart gewaltigen Kraftanstrengung fähig war, zeigte sich außerstande, die durch den Kanalbau entstandenen Folgen für die beiden Meere in auch nur einigermaßen umfassender Weise zu dokumentieren. »Der Suezkanal ist der einzige Platz auf der Welt, wo sich zwei völlig getrennte Faunengebiete gegenseitig frei durchdringen und ausgerechnet dort gibt es kein Forschungsinstitut«, klagte ein deutscher Wissenschaftler schon 1919.[2] Natürlich führt der Kanal durch eine der gefährlichsten Krisenregionen der Erde. Lukrativere Aktivitäten, wie die Errichtung von Staudämmen, das Erschließen von Erdölvorkommen oder der Aufbau einer florierenden Tourismusindustrie, wurden dadurch allerdings nicht behindert.

Einige Einzelkämpfer sahen schon vor der Eröffnung des Kanals, dass es zu einer Durchmischung der beiden Faunen kommen würde.[3] Sie versuchten, schnell noch den Zustand vor der großen Verschmelzung zu untersuchen. Mal erschien eine kleine Arbeit über Fische, ein anderer Forscher sammelte Schnecken. Davon abgesehen gab es nur eine einzige größere Expedition in das Kanalgebiet: die so genannte Cambridge Expedition to the Suez Canal unter der Leitung von Munro Fox im Jahre 1924. Das Ergebnis dieser kurzen Forschungsreise waren 37 wissenschaftliche Veröffentlichungen, die das Phänomen der Lessepschen Wanderung zum Inhalt der biologischen Lehrbücher machten. Es entstand der Eindruck, alles Wissenswerte sei nun bekannt.[4] Erst in den Siebzigerjahren wurde in Kooperation der Hebräischen Universität Jerusalem und der amerikanischen Smithsonian Institution ein neues Forschungsprogramm aus der Taufe gehoben.[5]

Die Tierwelt des Golfs von Suez, die sich beträchtlich von der des offenen Roten Meeres unterscheidet, war praktisch unbekannt. Das Gleiche galt für die Sirbonischen Lagunen, die einen großen Teil der Nordküste der Halbinsel Sinai einnehmen. Francis Dov Por und sein Team waren die Ersten, die dort systematische Untersuchungen durchführten. Hundert Jahre lang waren zehntausende von Schiffen durch den neuen Kanal gefahren, aber noch immer war unbekannt, welche Tier- und Pflanzenarten in der Nähe seiner beiden Mündungen lebten.

England, August 1991
Am Kanaltunnelausgang bei Dover haben britische Zoologen eine überraschende Entdeckung gemacht. Sie wiesen eine kleine Baldachinspinne nach, die ansonsten nur vom europäischen Festland bekannt ist. Die winzige Spinne scheint sich als erste Tierart den Tunnel unter dem Ärmelkanal als Ausbreitungsweg zunutze gemacht zu haben.[1]

Der Kanal hatte zwar die Landbarriere zwischen Mittelmeer und Rotem Meer beseitigt, es gab aber unsichtbare Hindernisse, die fortbestanden: die kälteren Wintertemperaturen des Mittelmeerwassers und vor allem erhebliche Unterschiede im Salzgehalt. Für viele Meeresorganismen kam es einem Selbstmord gleich, von einem Meer ins andere zu schwim-

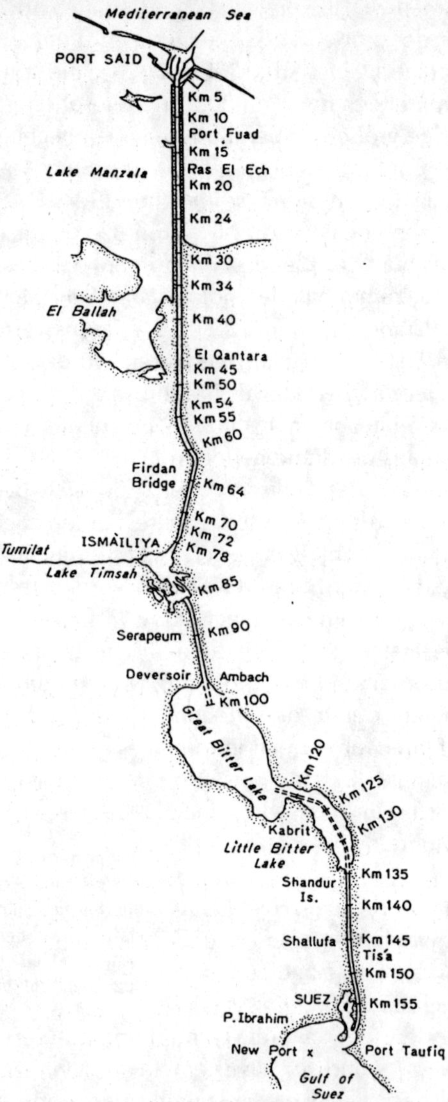
Mediterranean Sea
PORT SAID
Km 5
Km 10
Port Fuad
Km 15
Lake Manzala
Ras El Ech
Km 20
Km 24
Km 30
Km 34
El Ballah
Km 40
El Qantara
Km 45
Km 50
Km 54
Km 55
Km 60
Firdan Bridge
Km 64
Km 70
Km 72
ISMAILIYA
W. Tumilat
Km 78
Lake Timsah
Km 85
Serapeum
Km 90
Deversoir
Ambach
Km 100
Great Bitter Lake
Km 120
Km 125
Km 130
Kabrit
Little Bitter Lake
Shandur Is.
Km 135
Km 140
Shallufa
Km 145
Tis'a
Km 150
SUEZ
Km 155
P. Ibrahim
New Port x
Port Taufiq
Gulf of Suez

men. Der Salzgehalt stellt für die Lebewesen des Wassers eine der größten physiologischen Herausforderungen dar. Viele tolerieren nur einen engen Salinitätsbereich, Abweichungen sind tödlich. Zu hoher Salzgehalt des umgebenden Mediums entzieht den Zellen lebenswichtiges Wasser, zu wenig Salz lässt sie platzen wie überfüllte Luftballons.

Das Rote Meer ist ein Wurmfortsatz des riesigen Indischen Ozeans. Es gibt keine nennenswerte Süßwasserzufuhr, dafür ein Übermaß an sengender Sonneneinstrahlung. Der Salzgehalt ist relativ hoch, nimmt in Richtung Norden noch zu und erreicht im Golf von Suez, kurz vor der Kanalmündung, seinen Spitzenwert von 43 Promille. Auf der anderen Seite, im östlichen Mittelmeer, der levantinischen See, liegt der entsprechende Wert bei etwa 35 Promille. Vor dem Bau des Assuan-Staudammes im Jahre 1967 lag er noch deutlich niedriger. Periodisch auftretende Fluten des Nils hatten große Süßwassermassen ins östliche Mittelmeer transportiert und das Wasser mitunter auf Werte von 26 Promille verdünnt. 43 bzw. 26 Promille, für empfindliche Meeresorganismen sind das Welten.

Aber damit nicht genug. Fährt man vom Roten Meer auf dem Suezkanal in Richtung Norden, durchquert man zwei miteinander verbundene Seen, den Kleinen und den Großen Bittersee. Als der Suezkanal eröffnet wurde, lag der Salzgehalt des Wassers dort bei 161 Promille, eine tödliche Salzwasserwüste. Erst nach und nach sank die Salinität der beiden Seen und liegt heute bei 47 Promille, noch immer das Maximum im Kanal. Einige Kilometer hinter dem Großen Bittersee wartet ein weiteres Binnengewässer, Lake Timsah. Da dem See über einen Kanal Nilwasser zugeführt wird, das sich über das salzige Kanalwasser schiebt, kann dem Salzschock in den Bitterseen hier gleich ein Süßwasserschock folgen. Organismen, die eine Durchquerung des Suezkanals wagen, müssen sich auf ein kompliziertes und lebensbedrohliches Auf und Ab einstellen.

Das größte Problem aber sind die Schiffe. Der Suezkanal ist eine der meistbefahrenen Schifffahrtsstraßen der Welt und es sind keine Schlauchboote, die hier von einem Meer ins andere schippern. Die riesigen Schiffsschrauben wirbeln das weiche Substrat des Kanalbodens auf und halten das sedimenthaltige Wasser in Turbulenz. Das ist Gift für Lebewesen, die klares, ruhiges Wasser brauchen. Die artenreichste Lebensgemeinschaft des Roten Meeres, die Korallen mit ihrer bunten Tier- und Pflanzenwelt, werden deshalb nie zu den Lessepschen Migranten gehören. Sie ersticken unter den aufgewirbelten Sedimentmassen und können ohne Sonneneinstrahlung nicht wachsen. Das Gleiche gilt für die meisten Planktonlebewesen. Ihr Reichtum basiert auf dem Phytoplankton, das im trüben Kanalwasser keinerlei Entfaltungsmöglichkeit hat.

Auf die schönsten der tropischen Meereslebewesen wird das Mittelmeer also auch in Zukunft verzichten müssen, aber trotz der schwierigen Probleme haben es viele Lebewesen geschafft, den Kanal selbst zu besiedeln und anschließend in eines der beiden Meere vorzudringen. Die vom Kanal ermöglichte Wanderung hält heute noch an.

Die Wissenschaftler, die eine Faunendurchmischung vorhersagten, sollten jedoch nur teilweise Recht behalten. Was der Öffnung des Suezkanals folgte, war kein ausgewogener Austausch von Arten, sondern eine einseitige Invasion des östlichen Mittelmeers durch die Tierwelt des tropischen Roten Meeres. Die Zahl der Organismenarten, die vom Roten Meer nach Norden wanderten, wird auf etwa 500 geschätzt. Sie ist mindestens zehnmal so hoch wie in der Gegenrichtung. Der von dem israelischen Meeresbiologen Francis Dov Por geprägte Begriff der Lessepschen Migration meint streng genommen nur die Arten des Roten Meeres, die ins Mittelmeer einwanderten.[6] Sie haben das Ökosystem des östlichen Mittelmeeres wesentlich stärker verändert als die nach Süden eher tröpfelnden als strömenden mediterranen Organismen, die er Anti-Lessepsche Migranten nannte. Letztere sind ausnahmslos Fische, die meist nur in wenigen Exemplaren gefunden wurden. Viele der Immigranten aus dem Roten Meer sind dagegen in der levantinischen See sehr häufig und haben die dort lebenden Arten zurückgedrängt. Einige der neuen Fischarten sind heute sogar von wirtschaftlicher Bedeutung.

> »Das Muster biotischen Austausches ist oft in hohem Maße einseitig. Die Bewegung in einer Richtung über eine frühere Barriere dominiert über die Bewegung in die andere Richtung... Der große amerikanische Organismenaustausch während des Pleistozäns (nach Ausbildung der mittelamerikanischen Landbrücke) war für montane Pflanzen und für Säugetiere, die an ein Leben in der Savanne angepasst waren, hauptsächlich nach Süden gerichtet... Die Invasion von Regenwaldgruppen (Vögel, Säugetiere, Pflanzen) verlief dagegen fast ausschließlich von Süden nach Norden... Ob biologische Überlegenheit eine entscheidende Rolle bei diesem asymmetrischen Organismenaustausch gespielt hat, darüber kann man nur Mutmaßungen anstellen.«
>
> *Geerat J. Vermeij*[7]

Warum diese Schieflage? Die Strömungsverhältnisse im Suezkanal reichen als Erklärung nicht aus. Eine durchgehende Nordströmung existiert nur von Oktober bis Juni, im Hochsommer fließt das Wasser dagegen in umgekehrter Richtung. In einem Fall wird salzreiches Wasser aus dem Roten Meer, im anderen salzärmeres aus dem östlichen Mittelmeer angesaugt, mitsamt der darin befindlichen Tier- und Pflanzenwelt. Wenn die Verdunstung in den Bitterseen, wo normalerweise überhaupt keine Strömung herrscht, sehr stark wird, kann das Wasser von beiden Enden in Richtung Kanalmitte fließen.[8]

Eine erfolgreiche Kanalpassage gelingt nur den Arten, die im Kanal selbst leben und reproduzieren können, insbesondere in den Bitterseen, die 85 % der Wassermassen des Kanals enthalten und nur dreißig Kilometer von Suez entfernt liegen. Die Tiere des Mittelmeeres hatten Pech. Sie erwischten das schlechtere Ende des Kanals. Denn von Port Said, dem Nordende der Wasserstraße, sind es 70 Kilometer bis zum Lake Timsah und weitere 20 Kilometer bis zu den Bitterseen, eine Strecke, die im Wesentlichen aus einem schmalen Kanalbecken mit trübem und aufgewühltem Wasser besteht. Die Lebewesen des Roten Meeres hatten es da leichter. Wer es dort gewohnt war, in weichem Substrat zu leben und mit stark schwankenden Salinitäten zurechtzukommen, war für die Kanalpassage bestens gerüstet.

Für Francis Dov Por hat der einseitige Erfolg der tropischen Lebewesen des Roten Meeres aber noch einen ganz anderen Grund. Er ist in der wechselhaften geologischen Geschichte der ganzen Region zu suchen. Für Por hat die Öffnung des Suezkanals einen früheren Zustand wiederhergestellt und ein ökologisches Vakuum gefüllt. Das östliche Mittelmeer ist klimatisch und tiergeographisch eigentlich ein tropisches nährstoffarmes Meer, das von seiner wichtigsten Besiedlungsquelle, dem indopazifischen Raum, abgeschnitten wurde. Stattdessen lebt dort eine verarmte atlantische Fauna, die die Ressourcen nicht optimal zu nutzen versteht. Während es im Roten Meer 800 Fischarten gibt, hat das östliche Mittelmeer nur 550 zu bieten.

Tatsächlich ist die vom Suezkanal hergestellte Verbindung nichts wirklich Neues. Schon zur Zeit der Pharaonen existierte ein verschlungener Seeweg von Suez bis ins Mittelmeer. Er bestand zu einem geringeren Teil aus künstlichen Kanälen, nutzte aber ansonsten natürliche Gewässerverläufe und mündete über den Nil ins Mittelmeer. Viele hochrangige europäische Persönlichkeiten, von Leibniz über Goethe bis hin zu Napoleon, der die Reste des alten Kanals bei seinem Aufenthalt in Ägypten persönlich besichtigte, zeigten sich fasziniert davon und nahmen die Existenz dieser alten Verbindung zum Anlass, um über den Bau einer neuen nachzudenken. Für Organismen war der Kanal der Pharaonen mit noch größeren und wahrscheinlich unüberwindlichen Hindernissen durchsetzt als seine heutige Entsprechung.

Francis Por spielt aber auf Zustände an, die noch viel länger zurückliegen. Vor zwanzig Millionen Jahren existierte eine breite Verbindung des heutigen Mittelmeergebietes mit den Meeren Südwestasiens. Trotz regionaler Unterschiede lebte hier im Wesentlichen eine Fauna. Als sich diese Verbindung schloss, gab es bis zum Bau des Suezkanals keinen direkten Kontakt mehr. Das uns als unverrückbare Einheit erscheinende Mittelmeer wurde durch geologische Prozesse erst geformt und zum Anhang des Atlantiks, das sich öffnende Rote Meer dagegen Teil des Indopazifiks.

Das Eiszeitalter spielte mit beiden Meeren Katz und Maus. Während der Gletschervorstöße sank der Meeresspiegel um bis zu 200 Meter und verwandelte das östliche Mittelmeer in ein sumpfiges Brackwasserbassin. Das Rote Meer schrumpfte dagegen zum Salzsee, der Golf von Suez fiel trocken. Erwärmte sich das Klima, wurden beide wie Badewannen wieder mit Salzwasser gefüllt und näherten sich einander bis auf einen schmalen sumpfigen Landstreifen von nur neun Kilometern Breite. Die an Brackwasser angepasste Fauna des östlichen Mittelmeers wurde zum größten Teil ausgelöscht und von Westen durch eine an atlantische Verhältnisse angepasste Lebensgemeinschaft ersetzt. Anhand von Fossilfunden lässt sich dieses Auf und Ab gut verfolgen. Ein Übergreifen der Fauna des Roten Meeres ist allerdings nicht nachweisbar. Die Wasser des Indopazifiks schafften es nicht, den klimatisch eigentlich ihrer Fauna zustehenden Lebensraum zurückzuerobern. Dazu brauchte es den von Ferdinand de Lesseps erbauten Kanal.

Zog sich das Wasser in der nächsten Vereisungsphase wieder zurück, blieben im Isthmus von Suez trocknende Salzseen und Sumpfland zurück, die Bitterseen und die anderen Gewässer, durch die sich der heutige Kanal zieht. In ihnen erhielt sich eine Fauna, die gezwungen war, sich mit wechselnden Salzgehalten zu arrangieren. Sie war immer schon zur Stelle, wenn die nächste Warmzeit die beiden Meere wieder aufeinander zutrieb oder als der Mensch mit dem Kanal einen neuen künstlichen Zugang zum Meer schuf. Francis Por hat diese Artengemeinschaft »Die Dritte Fauna« genannt. Zusammen mit den Zuwanderern aus Nord und Süd bildet sie heute die Lebensgemeinschaft des Suezkanals.

Wer erwartet hatte, die aus dem Roten Meer einwandernden Tiere und Pflanzen würden sich gleichmäßig im Mittelmeer verteilen, wurde bald eines Besseren belehrt. Westlich vom Kanalausgang in Port Said dehnte sich vor dem Mündungsdelta des Nils eine riesige Brackwasserzone aus. Sie lenkte den Strom der salzliebenden Einwanderer nach Osten, vor allem vor die Küsten Palästinas. Hier zeigen sich die stärksten Veränderungen. Eine tropische Fauna aus neuen Fischen, Muscheln, Schnecken, Krebsen, Seesternen und anderen Meerestieren erkämpft sich ihren Platz. Vielleicht sind es deshalb israelische Wissenschaftler wie Francis Por, die das größte Interesse an der Lessepschen Migration zeigen. Schon in Zypern sind die tropischen Einflüsse kaum noch zu erkennen. Es sind die Tiere der Küsten, die durch den Kanal gekommen sind, und entlang der levantinischen Küste wandern sie nach Norden. Das offene Meer bis zur Insel Zypern können sie kaum überwinden. Auch das relativ kalte Wasser der Ägäis verhindert ein weiteres Vordringen.

Panama

Am 15. 8. 1914 wurde in Mittelamerika ein 82 km langer Kanal freigegeben, erbaut von den Vereinigten Staaten von Amerika. Der Panamakanal verbindet zwei riesige Ozeane, ermöglichte aber keine Organismenwanderung. Bis heute ist es nur einer kleinen pazifischen Fischart gelungen, in den Atlantik vorzudringen. Mithilfe von drei Schleusen müssen 26 m Höhendifferenz überwunden werden. Dahinter wartet der Gatun-Stausee, durch den mehr als die Hälfte der Kanalstrecke führt. Der riesige Süßwassersee hat sich als effektive Ausbreitungsbarriere erwiesen. Die ökologischen Folgen eines immer wieder geforderten zweiten Kanals auf Meeresniveau werden allerdings als »potenzielle biologische Katastrophe« eingeschätzt. Forscher prophezeiten das Aussterben von 1000 bis 5000 Tier- und Pflanzenarten und empfahlen in der Zeitschrift *Science*, prophylaktisch die Lebewesen auf beiden Seiten des geplanten Kanals unter die Lupe zu nehmen. »Die marine Fauna und Flora Mittelamerikas« sei – man ahnt es – »nur schlecht untersucht«.[9]

Aber mit der Öffnung des Suezkanals waren die Turbulenzen für das östliche Mittelmeer noch nicht zu Ende. Das Treiben der Menschen hat hier Konsequenzen in Größenordnungen, wie sie sonst nur geologischen Prozessen vorbehalten sind.

Die Errichtung des Assuan-Staudammes reduziert die vom Nil ins Mittelmeer entlassenen Wassermassen seit 1966 auf ein Viertel der ursprünglichen Menge. Die wichtigste Nährstoffquelle für das ohnehin nährstoffarme östliche Mittelmeer wurde abgeschnitten. Die Brackwasserglocke vor der Mündung des Stromes schrumpfte, und die Lessepschen Migranten hatten plötzlich freie Fahrt nach Westen.

Europa

Auch in Europa haben sich Kanäle als Ausbreitungsweg bewährt. Der umstrittene Main-Donau-Kanal schuf jetzt eine neue Verbindung zum südosteuropäischen Raum. Da den von der Donau in Richtung Rhein wandernden Fischen weniger Schleusen und geringere Höhendifferenzen im Weg stehen, werden nach Meinung der Experten mehr Fische von der Donau in den Main eindringen als umgekehrt: 17 Donau-Fischarten werden im Main erwartet, die Donau wird nur 10 neue Arten hinzugewinnen. »Sollte der Aal tatsächlich aus eigener Kraft in die Donau dauerhaft eindringen«, meint Anton Lelek, Fischkundler des Frankfurter Senckenberg-Instituts, »so ist mit einer erheblichen Störung der Donaufischartengemeinschaft zu rechnen.«[12]

Das letzte Ereignis, das das Schicksal der Suezkanal-Lebensgemeinschaft nachhaltig beeinflusste, war der Sechstagekrieg. In seiner Folge blieb der Kanal für acht Jahre, von 1967 bis 1975, geschlossen. Das Ausbaggern der Fahrrinne wurde eingestellt, die Hafenanlagen nicht mehr von Algen und anderem Aufwuchs befreit. Das Sediment setzte sich ab und der vorher schlammige, durcheinander gewirbelte Wasserkörper des Suezkanals wurde so klar und ruhig wie noch nie zuvor. Die völlig veränderten Bedingungen dürften neuen Organismenarten die Wanderung ermöglicht haben. Sie waren vermutlich ein »Segen« für die Fauna[10], aber – wie so oft – vergleichende Daten wurden nicht erhoben.[11]

Noch ist nicht abzusehen, welcher Endzustand sich schließlich einspielen wird. Vermutlich werden die Auswirkungen der Lessepschen Migration auf die östliche Hälfte des Mittelmeers beschränkt bleiben. Da ganze Organismengemeinschaften wie die Korallenriffe von der Wanderung ausgeschlossen sind, wird dieses Gebiet nicht zu einer bloßen Kopie des Roten Meeres werden. Hat Francis Por Recht mit seiner Theorie, dann wird die Lebensgemeinschaft, die sich dort herausbildet, die vorhandenen Ressourcen effektiver nutzen können als die alte. Was das für die dort lebenden Menschen bedeuten wird, bleibt abzuwarten.

14 Die heimlichen Herrscher – Insekten und andere Kleintiere

Gliederfüßer *(Arthropoda)* und an ihrer Spitze die Insekten sind die mit riesigem Abstand artenreichste Tiergruppe auf unserem Planeten. Tatsächlich sind es so viele und sie haben eine so große Zahl von Lebensräumen besiedelt, dass wir nicht einmal wissen, wie viele Arten es gibt. In großen Teilen der Welt, insbesondere in den Tropen, wurde mit der systematischen Erfassung der Fauna gerade erst begonnen. Von der Biologie und den Lebensumständen der einzelnen Arten wissen wir so gut wie nichts. Im südamerikanischen Regenwald fanden Forscher auf einem einzigen Baum mehrere tausend verschiedene Käferarten, die meisten bislang unbekannt. Gut eine Million Insektenarten sind bisher beschrieben, die Dunkelziffer liegt zehn-, vielleicht dreißigmal so hoch.

Außer bei einigen Freaks erfreut sich die Welt der Krabbeltiere keiner allzu großen Beliebtheit und den eingeschleppten Fremdlingen unter ihnen schlägt oft blanker Hass entgegen. Als Schädlinge in den landwirtschaftlichen Kulturen sind Insekten unsere wichtigsten Nahrungskonkurrenten. Sie sind Überträger vieler lebensgefährlicher Krankheiten für Mensch und Tier, von der Malaria bis zur Schlafkrankheit, sie fressen unsere Vorräte, nagen sich durch Beton, verwandeln ganze Wälder in Ansammlungen kahler Baumgerippe und Bauholz in durchlöcherte Sicherheitsrisiken.

Aber natürlich ist all das nur die halbe Wahrheit.

Insekten versorgen uns mit Honig und Seide, sie sind selbst die effektivsten Vertilger ihrer pflanzenfressenden Verwandtschaft und direkt oder indirekt die Nahrungsgrundlage unzähliger Tierarten, von der Kreuzspinne bis zum Igel, vom Star bis zum Stichling. Ohne Insekten blieben viele Pflanzen unbestäubt, mit gravierenden Konsequenzen für Vegetation und Landwirtschaft. Im Boden sorgen Milliarden von winzigen Kieferzangen für die Zerkleinerung abgestorbener Biomasse, ermöglichen und erleichtern die weitere Zersetzung durch Pilze und Mikroorganismen. Das Leben mit Insekten mag hart sein, ein Leben ohne Insekten wäre härter.

Auch Insekten und ihre krabbelnde und kriechende Verwandtschaft sind vom Menschen verbreitet worden, als Bestäuber, Honigproduzenten und Helfer in der biologischen Schädlingsbekämpfung. Noch viel mehr Arten wurden passiv verschleppt, aber es ist völlig aussichtslos, darüber den Überblick behalten zu wollen. Bei Säugetieren, Vögeln oder Fischen gibt es harte Zahlen, im Riesenreich der Insekten und der anderen Kleintiere stehen wir auf verlorenem Posten, zu zahlreich sind die Schlupflöcher, zu unübersehbar die Artenzahl, zu lückenhaft das Wissen. Die Probleme zoologischer Freilandforschung schlagen hier mit voller Wucht zu.

Osaka, Japan,
November 1995

Die Bucht von Osaka in Südjapan wird von einer Giftspinneninvasion heimgesucht. Rotrücken-Witwenspinnen kommen normalerweise in Australien, Indonesien und Indien vor und sind vermutlich mit einer Schiffsladung Tropenholz auf die japanischen Inseln gelangt. Die Menschen reagieren bisher bemerkenswert gelassen, obwohl nach Aussage des Präsidenten der Japanischen Gesellschaft für Spinnenkunde durchaus Grund zur Beunruhigung besteht. In den letzten zwanzig Jahren seien weltweit 1726 Menschen von diesen Spinnen gebissen worden, 55 starben. Den Glücklicheren drohen schwere Kreislaufprobleme, Schweißausbrüche, Übelkeit und Schwindelgefühle. In Osaka wurde bisher noch niemand gebissen, aber tausende der achtbeinigen Neujapaner wurden vorsichtshalber eingesammelt und aus dem Verkehr gezogen. Sie tummeln sich mittlerweile überall, in Parks, Blumentöpfen, auf Grabsteinen und in Schwimmbädern. Die Behörden lassen Flugblätter verteilen und stellen Warnschilder auf.[1]

Selbst in einem hoch entwickelten Land wie Neuseeland ist erst die Hälfte der schätzungsweise 20 000 wirbellosen Tierarten beschrieben und benannt worden. Dabei machen sie hier wie überall weit über 90 % der Fauna aus. Zoologische Feldforschung ist zeit- und personalintensiv, teuer und bei potenziellen Geldgebern wenig beliebt. Sie muss zu umständlichen und aufwendigen Fangmethoden greifen, um am Ende mit ausufernden und schwer zu interpretierenden Datensätzen dazustehen. Pauschal gesagt, gilt die einfache Faustregel: je unauffälliger eine Tiergruppe, je verborgener ihre Lebensweise, desto kümmerlicher unser Wissen.

Für die Fellbacher Tagung »Neozoen – Neue Tierarten in der Natur« machten sich zwei Wissenschaftler erstmals daran, den augenblicklichen Wissensstand für Deutschland und Mitteleuropa zu referieren.[3] Fritz Brechtel vom Staatlichen Museum für Naturkunde in Karlsruhe musste bald feststellen, dass »es im Bereich der Insekten weitaus mehr Einwanderungs-/Einbürgerungsvorgänge gibt, als zunächst zu erwarten war«, viele davon »verstärkt in den letzten Jahren... Zum Vorkommen und zur Verbreitung von Insektenarten allgemein sowie zum Phänomen Neozoen speziell bestehen noch sehr große Kenntnisdefizite.«[4]

Deutschland ist zoologisch eines der bestuntersuchten Länder der Welt. Wenn die Wissenschaft hierzulande nur unvollkommen über Vorkommen und Verbreitung von Insektenarten informiert ist, wie mag die Situation erst in anderen Gegenden der Welt sein? Wie sollen Wissenschaftler erkennen, ob eine neu entdeckte Art zur heimischen Fauna gehört, wenn sie nicht einmal wissen, welche Arten zu erwarten sind? Unentwegt werden Insekten- und Spinnenarten an Orten entdeckt, wo sie bisher unbekannt waren. Ein Großteil der Artikel in kleinen faunistischen Zeitschrif-

USA

Im östlichen Nordamerika geben die Regenwürmer Rätsel auf. Es gibt etwa hundert Arten, aber die Forscher sind sich »immer noch nicht absolut sicher«, welche davon einheimisch sind und welche nicht. Quer durch die Vereinigten Staaten läuft eine Grenzlinie, die zwei Regenwurmgruppen voneinander trennt. Sie entspricht ziemlich genau der Grenze der pleistozänen Vereisung. Manche Forscher glauben, die Eiszeit habe alle Regenwürmer oberhalb der Vereisungslinie getötet und die jetzt dort lebenden Tiere seien von den Siedlern während der letzten 400 bis 500 Jahre eingeschleppt worden. Für andere sind sie die Nachkommen von einheimischen Eiszeitüberlebenden. Da Regenwürmer keine Fossilien hinterlassen, wird sich kaum klären lassen, wie die Regenwurmfauna vor der Vereisung aussah.[2]

ten besteht aus solchen Fundmeldungen. Handelt es sich um Einwanderungen oder wurden die Tiere bisher nur übersehen? Hat überhaupt schon einmal jemand gesucht?

1983 wurde die Gesamtzahl sechsbeiniger Invasoren in den USA auf etwa 1500 Arten geschätzt. Seitdem wird jede neue Meldung in einer Computerdatenbank erfasst.[5] Der aktuelle Stand dürfte bei etwa 2000 bis 2500 liegen.[6]

Nicht darin enthalten sind die Zahlen aus Hawaii. Diese Inselgruppe ist ein so schwerer Fall, dass sie besser gesondert abgehandelt wird, sonst würde sie jede Statistik verzerren. Zusätzlich zu den schon vorhandenen 2500 fremden Insektenarten sollen sich dort Jahr für Jahr etwa zwanzig neue Arten etablieren.[7] Ihr Anteil unter den Insekten Hawaiis wird auf 20 bis 32 % geschätzt. Im Flachland des Archipels liegt dieser Wert sicher wesentlich höher. Von den einheimischen Insektenarten – fast alle endemisch – ist dort nicht mehr viel übrig geblieben. Wissenschaftler von der University of Hawaii, die ein 900 Hektar großes, vorwiegend landwirtschaftlich genutztes Gebiet untersuchten, entdeckten 283 Insektenarten. Nur 24, also nicht einmal ein Zehntel, waren in Hawaii heimisch. Achtzig Prozent waren eingeschleppte fremde Arten, der Rest zu deren Kontrolle eingeführte Nützlinge.[8]

Wenn man den Zahlen trauen darf, leben auf diesem winzigen Archipel fast genauso viele gebietsfremde Krabbeltiere wie auf der riesigen kontinentalen Landmasse der Vereinigten Staaten. Volkswirtschaftliche Verluste in Höhe von 92 658 000 000 $ gehen in den USA auf das Konto von nur 43 fremden Insektenarten und diese schwindelerregende Summe erfasst mit Sicherheit nicht das ganze Ausmaß des Problems. Hunderte von bekannten Schädlingsarten wurden gar nicht untersucht.[9]

Sind ökonomische oder medizinische Interessen berührt, werden wir hellhörig. Wenn uns jemand unsere Nahrung streitig macht, die Bäume kahl frisst oder uns gar selbst an den Kragen will, reagieren wir empfindlich. Über die eingeschleppten Schädlinge der Felder, Gärten und Wälder sind wir deshalb wesentlich besser im Bilde, gezwungenermaßen.

In den USA wurden über 350 neue Insektenarten bekannt, die von Gehölzen leben. Die meisten gelangten erst in den letzten einhundert Jahren nach Übersee und über siebzig Prozent stammen aus Europa.[12]

Die meisten land- und forstwirtschaftlichen Schädlinge werden zusammen mit ihren Wirtspflanzen eingeschleppt. Sie stecken als Larve im Holz oder Wurzelwerk und als Eier im Pflanzengewebe. Jede Pflanzenart ist Wirt für eine Vielzahl von Insektenarten und hat sie sich erst einmal an neuen Standorten etabliert, ist es bei dem regen Handelsverkehr mit Zier- und Nutzpflanzen nur eine Frage der Zeit, bis sich auch die an ihr lebenden Insekten einfinden.

Germersheim,
Deutschland, 1995

Haben wir bald die Malaria im Land? Die Rheinpfalz-Zeitung befürchtet das Schlimmste. *Aedes albopictus*, eine südostasiatische Stechmücke mit dem vielsagenden Namen Tigermoskito, könnte sich bald am Rhein einfinden und dann gnade uns Gott. Der gefleckte Tigermoskito sticht am helllichten Tag und ist ein Überträger von schweren Viruskrankheiten. Nur durch enormen Einsatz wird es gelingen, den »Blutzoll der Bevölkerung« in Grenzen zu halten, menetekelt die Zeitung.[10] Der Tigermoskito gelangte auf dem Seeweg zunächst in die USA, in winzigen Wasserpfützen, die sich im Inneren von alten Autoreifen gebildet hatten. Die Offiziellen reagierten nur langsam und unentschlossen. Mittlerweile wurde der Blutsauger in 22 US-Staaten nachgewiesen. 1992 stießen Forscher in Tigermoskitos aus Florida erstmals auf die Erreger einer gefürchteten Encephalitis.[11] Nun ist der Moskito auch in Italien und im ehemaligen Jugoslawien aufgetaucht. Bis zum Rhein ist es nicht mehr weit.

1992 wurden Zierpflanzen im Wert von 3 Milliarden DM in die Bundesrepublik Deutschland importiert. Dass bei solchen Mengen viele Schädlinge eingeschleppt werden, kann auch eine seit 1992 für Importe aus Nicht-EU-Ländern vorgeschriebene Pflanzenbeschau nicht verhindern.[13]

Mit den Gewächshäusern hat der Gartenbau auch tropischen Insektenarten einen idealen Lebensraum geschaffen, der dankbar angenommen wird. Von den 52 wichtigsten

Schädlingen im Unterglasanbau stammen über die Hälfte aus anderen Gegenden der Welt. Die berüchtigte Weiße Fliege, eine Mottenschildlaus, treibt schon seit 1848 ihr Unwesen in europäischen Gewächshäusern. Besonders zahlreich sind die winzigen Thripse importiert worden. Der Kalifornische Blütenthrips, *Frankliniella occidentalis,* hat sich zum wichtigsten Gewächshausschädling gemausert, obwohl er erst 1983 den Sprung über den großen Teich schaffte. In Mitteleuropa kann die Art nur in den frostfrei gehaltenen Gewächshäusern überleben, in Südeuropa vergnügt sie sich unter freiem Himmel an Pfirsich- oder Apfelbäumen. Sie ist nicht besonders wählerisch und kann über 200 Pflanzenarten befallen.[14]

Unter den Schädlingen an Freilandkulturen befinden sich einige Klassiker der verschleppten Tierarten, unter anderem der Kartoffelkäfer und die Reblaus. Beide stammen aus Nordamerika und gelangten schon in den Sechziger- bzw. Siebzigerjahren des 19. Jahrhunderts nach Europa. Sie trafen auf eine Landwirtschaft, die solchen Herausforderungen weitaus wehrloser gegenüberstand als heute. Ihre Auswirkungen waren daher katastrophal und haben bleibenden Eindruck hinterlassen. Noch heute, da beide Arten weitgehend unter Kontrolle sind, gehören sie neben Ratten und den Kaninchen Australiens zu den ersten (und einzigen) Organismen, die auch Laien zum Thema einfallen.

Es hätte nicht viel gefehlt und Weinanbau wäre dank der Reblaus in Europa unmöglich geworden: Italien ohne Chianti, Frankreich ohne Beaujolais, Deutschland ohne Riesling. Bis heute können die Weinbauern den Parasiten nur durch ein Pfropfungsverfahren überlisten.

Die Reblaus wurde wahrscheinlich mit amerikanischen Rebpflanzen eingeschleppt, die dem europäischen Wein größere Widerstandskraft gegen einen anderen, ebenfalls eingeschleppten Schädling verleihen sollten, den Echten

Mehltau. Ein Trojanisches Pferd der besonderen Art, denn die in Amerika unauffällige Reblaus wurde in Europa zur kontinentalen Bedrohung. Allein Frankreich verlor ein Fünftel seiner Weinanbaufläche.

Die Dinge sind verworren. Die Laus durchläuft einen komplizierten Lebenszyklus mit vermehrungsfähigen Stadien über und unter der Erde. Sie bringt es auf bis zu zwölf Generationen pro Jahr, ein gewaltiges Vermehrungspotenzial. Die Blätter der europäischen Rebe erwiesen sich als relativ unempfindlich gegen den Reblausbefall, aber die Saugtätigkeit der unterirdischen Stadien des Parasiten reichten aus, um die Pflanzen innerhalb weniger Jahre absterben zu lassen. Die amerikanischen Rebsorten zeigen genau die umgekehrte Reaktion: Resistenz gegen Wurzelbefall und hohe Empfindlichkeit der überirdischen Pflanzenteile. Was lag also näher, als die besten Eigenschaften beider Rebsorten zu vereinen. Bis heute ist die Pfropfung europäischer Rebstöcke auf eine amerikanische Unterlage der sicherste Schutz gegen Reblausschäden. Pflanzenschutzmittel haben sich als weitgehend wirkungslos und toxikologisch bedenklich erwiesen.

Kartoffelkäfer sind Symboltiere für die weitreichenden Folgen ungewollter Organismenimporte. Sie sind derart berüchtigt, dass sich sogar die internationale Politik der Tiere bediente. Vor Beginn des Zweiten Weltkriegs versuchte das deutsche Landwirtschaftsministerium, Ressentiments gegen die Briten zu schüren, indem man das Gerücht verbreitete, englische Flugzeuge hätten Kartoffelkäferlarven über den deutschen Hauptanbaugebieten abgeworfen. Auf dem Höhepunkt des Kalten Krieges warf die Sowjetunion den USA vor, Osteuropa mit Kartoffelkäfern bombardiert zu haben. Die russische Presse nannte die Käfer »die sechsbeinigen Botschafter der Wall Street«.[15]

Die Geschichte des Käfers begann so: Anfang des 19. Jahrhunderts führte ein mittelgroßer, braun-gelb gestreifter Blattkäfer ein zurückgezogenes Leben im Mittleren Westen der USA. Das Tierchen ernährte sich friedlich von wilden Nachtschattengewächsen, aber eines Tages entdeckte es, dass eine ihm bis dato völlig unbekannte Pflanze, die neuerdings wie von Geisterhand auf riesigen Flächen in unglaublicher Zahl aus dem Boden schoss, viel besser schmeckte. Es musste sich nicht groß umgewöhnen, die Pflanze war ebenfalls ein Nachtschattengewächs. Sie *hieß Solanum tuberosum,* auch Kartoffel genannt. Der Käfer bekam seinen Namen und die Welt hatte ein Problem.

Binnen kurzer Zeit explodierte die Kartoffelkäferpopulation und überzog die gesamten Vereinigten Staaten. 1874 erreichte sie die Ostküste. Es dauerte nicht einmal zwei Jahre, bis die Tiere auch in Europa auftauchten. Die ersten wurden 1876 in einem Bremer Lagerschuppen entdeckt. Anfangs zeigten sich in Europa nur hier und da kleinere Befallsherde, die sofort ausgemerzt wurden. Man war gewarnt. Die Tiere wurden mit der Hand abgesammelt und zusammen mit den Pflanzen vernichtet. Erst 1922 kam es in Westfrankreich zu einem massiven Befall auf einem Gebiet von 250 Quadratkilometern. In den Wirren des Ersten Weltkrieges hatten die Menschen Wichtigeres zu tun, als nach kleinen braunen Käfern Ausschau zu halten. Dieses Gebiet wurde zur Keimzelle der Eroberung Mitteleuropas. 1948 hatte die Käferfront die Oder erreicht.[16]

Irland, 1845

Seit etwa 1625 war die Kartoffel ein wichtiges Grundnahrungsmittel der Iren. Sie wurde in Hügelbeeten auf ärmsten Böden angebaut und bildete die Grundlage für ein starkes Bevölkerungswachstum. Anfang des 19. Jahrhunderts lebten etwa 9 Millionen Menschen in Irland. Die Hälfte deckte über drei Viertel ihres Energiebedarfes mit Kartoffeln. Kein Wunder, dass Kartoffelkrankheiten eine ständige Bedrohung darstellten. Immer wieder gab es katastrophale Hungerjahre. Der englische Journalist Henry Hobhouse beschrieb, wie die Einschleppung eines Kartoffelschädlings im Jahre 1845 den Lauf der Weltgeschichte veränderte: »Der wahre Kartoffelkiller war die Braunfäule oder Brand, hervorgerufen vom Pilz *Phytophthora infestans.* Er stammte vermutlich aus irgendeinem dunklen Reservoir einer genetischen Pandorabüchse irgendwo in Amerika... Zwei Jahre hatte die Krankheit gebraucht, um nach Europa zu gelangen – vielleicht mit Kartoffelschalen, die ein amerikanisches Schiff im Ärmelkanal... über Bord geworfen hatte... Der Juni, Juli oder August

Der Befall durch die gefräßigen Käfer führte nicht selten zu Totalausfällen. Zurück blieb eine Kartoffelwüste und eine Landwirtschaft vor dem Zusammenbruch. Deutschland produzierte damals zwanzig Prozent der Weltkartoffelernte. Meldepflicht wurde eingeführt. Ganze Dörfer marschierten in Kompaniestärke hinaus auf die Felder, um zu retten, was zu retten war. Die befallenen Pflanzen wurden vernichtet, was übrig blieb mit Blei- und Kalkarsenat behandelt. Die Böden, in denen die Puppen und vergrabene Käfer steckten, durchtränkte man mit Schwefelwasserstoff, Benzol und Rohpetroleum, das mit Gießkannen ausgebracht wurde. Die Folge: enorme Kosten und immense Umweltschäden, für die sich damals allerdings niemand interessierte.

schien eine reiche Ernte zu versprechen. Plötzlich wurden ein paar Pflanzen braun und starben ab. Im warmen, feuchten, nebligen Klima konnte die Braunfäule innerhalb einer Woche ein ganzes Feld befallen, innerhalb einer zweiten war das Feld dann schwarz geworden und stank. Es ist geradezu charakteristisch für diese Krankheit, dass sie sich mit unglaublicher Geschwindigkeit ausbreiten kann... Vier oder fünf Jahre nach der ersten Attacke der Braunfäule... lag Irland aufgrund des Hungers, der Krankheiten und der Entvölkerung in Agonie danieder... Bis zu 1 Million Männer, Frauen und Kinder, so schätzt man, starben an Hunger, an Typhus, Cholera und einer der anderen tödlichen Krankheiten, die die Not begleiteten. Bis zu 1,5 Millionen Iren verließen ihr Land infolge der Hungersnot und waren damit Wegbereiter der Auswanderungswelle, die noch das ganze restliche Jahrhundert anhalten sollte; bis zum Ersten Weltkrieg hatten 5,5 Millionen Einwohner Irland verlassen. Die Geschichte Großbritanniens wie der Vereinigten Staaten nahm dadurch einen völlig anderen Verlauf.«[17]

Erst als bessere Pflanzenschutzmittel verfügbar wurden, bekam man das Problem in den Griff. Zudem verdarben dem Käfer Resistenzzüchtungen den Appetit und spät, aber nicht zu spät entdeckten ihn auch die einheimischen Insektenfresser als neues Beutetier. Der Kartoffelkäfer ist in Europa auch heute noch weit verbreitet, aber seine besten Zeiten gehören wohl der Vergangenheit an.

15 Die Tramp-Ameisen

Es gibt unter den vielen tausend Ameisenarten dieser Erde einige, die mit uns Menschen eine sehr einseitige Liaison eingegangen sind, die so genannten *Tramp-Arten.*[1] Sie sind die Kosmopoliten unter den krabbelnden Völkern. Es macht ihnen nichts aus, dass wir ihre Zuneigung nicht erwidern. Sie folgen uns überall hin und ohne es zu wollen, haben wir für sie den Tisch gedeckt. Manche Arten, wie die Pharaoameisen, sind in der Welt mittlerweile so weit verbreitet worden, dass ihre ursprünglichen Herkunftsgebiete kaum zu ermitteln sind.

Die wichtigsten Tramp-Ameisen und ihre Herkunftsgebiete:[2]

Kleine Feuerameise *(Wasmannia auropunctatum)*	Tropisches Amerika?
Argentinische Ameise *(Linepithema humile)*	Brasilien, Argentinien
Pharaoameise *(Monomorium pharaonis)*	Tropisches Afrika, Indien?
Großkopfameise *(Pheidole megacephala)*	Tropisches Afrika
Verrückte Ameise *(Anoplolepis longipes)*	Tropisches Asien?
Tapinoma melanocephalum	Tropisches Afrika?

Tramp-Ameisen sind Generalisten. Sie fressen so gut wie alles, was ihnen zwischen die Kieferzangen kommt, und stellen keine besonderen Ansprüche an ihre Behausung. Sie sind winzig, die Arbeiter der Pharaoameise messen kaum zwei, die der Kleinen Feuerameise nicht einmal anderthalb Millimeter, aber sie kompensieren ihre geringe Körpergröße durch massenhaftes Auftreten. Ihr bevorzugter Lebensraum sind Gebäude und gestörte, instabile Biotope, wie städtische Räume, Straßenränder, Gärten, Rasen und Müllkippen. Untersuchungen aus Hawaii und Australien zeigen, dass sie natürliche Vegetation mit einer ungestörten Lebensgemeinschaft eher meiden.[3] Sobald aber der Mensch durch Straßenbau oder Rodung eingreift, sind auch die Tramps zur Stelle.

Gegenüber ihren Artgenossen sind Tramp-Ameisen sehr tolerant. Zwischen Individuen verschiedener Nester gibt es keinerlei Aggression. Man beschnuppert sich (Ameisen benutzen dafür ihre Antennen) und jeder geht seiner Wege. Häufiger Individuenaustausch zwischen den Nestern ist die Regel. Oft ist es unmöglich, zwischen Tieren verschiedener Kolonien zu unterscheiden. Auch was ihren Wohnort angeht, sind diese Ameisen Tramps. Heute hier, morgen da. Die Wissenschaftler sprechen von Unikolonialität, alle Nester eines bestimmten Gebiets bilden eine lockere Einheit. Selbst Artgenossen, die menschliche Experimentatoren aus einer Entfernung von mehreren hundert Kilometern herangeschafft haben, werden nach etwas ausführlicherer Inspektion akzeptiert. Im Freiland gesammelte Kolonien der Kleinen Feuerameise können im Labor einfach zusammengekippt werden. Problemlos fusionieren sie zu einer neuen Superkolonie.[4] Bei anderen Ameisenarten wäre das undenkbar.

So leicht, wie sie sich zusammenfinden, können sie auch getrennt werden. Das ungewöhnliche Fortpflanzungsverhalten der Tramp-Ameisen ist für ihren Ausbreitungserfolg von entscheidender Bedeutung. In den großen Kolonien befinden sich meist viele Königinnen (Polygynie), bei Pharaoameisen können es über hundert sein, ohne erkennbare Dominanz der einen über die anderen. Es gibt keinen Hochzeitsflug der Geschlechtstiere, kein massenhaftes Schwärmen geflügelter Männchen und Königinnen. Die Begattung findet hinter verschlossenen Türen im Nest statt und die Gründung einer neuen Kolonie erfolgt denkbar unspektakulär durch so genannte Knospung. Eine Gruppe Arbeiter schnappt sich einige Larven und marschiert mit einer befruchteten Königin hinaus, um in der

Nähe ein neues Nest zu gründen. Auf diese Weise breiten sich die Arten nur in kleinen Schritten aus, aber in engem Zusammenhalt und sehr kontinuierlich. Den Transport über weitere Strecken übernimmt der Mensch.

Tramp-Ameisen sind Hektiker. Sie sind extrem nervös, packen bei der geringsten Störung ihre Sachen und ziehen um. So können aus einer Kolonie rasch zwei oder viele werden. Bekämpfungsmaßnahmen sind unter diesen Umständen äußerst problematisch. Sie bewirken, dass Kolonien in viele kleinere Gruppen zerschlagen werden. Ein Haufen Arbeiter mit einigen geretteten Larven kann bald neue Königinnen hervorbringen.[5] Was der Ausrottung der Plagegeister dienen sollte, führt tatsächlich nur zu weiterer Verbreitung.

So liebevoll die Tramp-Ameisen mit ihresgleichen umgehen, so unleidlich reagieren sie auf Fremdlinge. Ihre Aggression gegenüber anderen Ameisenarten ist besonders ausgeprägt, vor allem während der ersten Besiedlungsphase in neuem Territorium. Danach lassen sie es etwas ruhiger angehen; die Ameisenforscher nennen dieses Phänomen Zähmung *(taming)*. Untersuchungen aus verschiedensten Gegenden der Welt zeigen überall das gleiche Bild. Wo sich die eingeschleppten Invasoren niederlassen, ist kaum noch Platz für andere Ameisenarten.[6] Sie werden rigoros bekämpft und verdrängt. Auf den Galapagos-Inseln können in Gegenwart der stechfreudigen Kleinen Feuerameise nur noch 4 von ursprünglich 29 Ameisenarten existieren. In achtzig Prozent seines Territoriums ist der winzige Tramp allein auf weiter Flur.[7] Die Argentinische Ameise hat in Kalifornien nur 16 von 27 Arten übrig gelassen, in Budapest sind nach dem Auftauchen von *Lasius neglectus* 17 einheimische Ameisenarten verschwunden.[8] Nur Arten mit einer abweichenden und zurückgezogenen Lebensführung haben auf Dauer eine Überlebenschance. Wer mit den Tramps um Nahrung oder Nistplätze konkurriert, steht offenbar auf verlorenem Posten.

Bei dem regen weltweiten Kommen und Gehen der Ameisen-Tramps ließ sich ein wiederholtes Aufeinandertreffen zweier verschiedener Tramp-Arten kaum vermeiden. Das Ergebnis waren regelrechte Schlachten. Auf Bermuda traf um 1902 die Großkopfameise *Pheidole megalocephalus* ein und verdrängte die einheimischen Ameisenarten. 1949 wurde ihr die gewonnene Vorherrschaft wieder streitig gemacht durch die ebenfalls eingeschleppte Argentinische Ameise. Es entspann sich ein jahrelanger Ameisenkrieg, der 1975 mit einem überwältigenden Sieg der Argentinischen Ameise zu enden schien. Schon auf Madeira hatte sich Ähnliches ereignet. Innerhalb von fünfzig Jahren war die eine durch die andere Tramp-Ameisenart ersetzt worden. Aber auf Bermuda schlug das Pendel um. Die Großkopfameisen konnten verlorenes Terrain wieder zurückerobern. Wie ihnen das gelang, ist rätselhaft, denn alles deutet darauf hin, dass die Argentinische Ameise in direkten Auseinandersetzungen die überlegene ist. In einer Art Mini-Gladiatorenkampf ließen amerikanische Wissenschaftler Tiere beider Arten aufeinander los. Die Großkopfameisen zogen in der Petrischalenarena fast immer den Kürzeren. Heute haben sich beide Arten die Insel mosaikartig untereinander aufgeteilt.[9]

Die Menschen, die die Tramp-Ameisen ungewollt verbreiten, sind von deren Aktivitäten in vielerlei Hinsicht selbst betroffen. Trotz ihrer Winzigkeit sind einige Arten sehr wehrhaft. Die schmerzhaften Stiche der Kleinen Feuerameisen werden von Erntearbeitern und Farmern gefürchtet. Da sich viele Arten gerne in Häusern aufhalten, ist eine Interessenkollision von Mensch und Ameise unvermeidlich. Auf den Seychellen machten die 1972 eingeschleppten Verrückten Ameisen ihrem Namen alle Ehre. Sie attackierten Hunde, Katzen, Schweine und Kaninchen, vertrieben Hühner von ihren Gelegen, töteten frisch geschlüpfte Küken und krabbelten den Menschen in Augen,

Ohren und offene Wunden.[10] In Brasilien wurde die Stadt Itapirica im Bundesstaat Pernambuco von einer Tramp-Ameiseninvasion heimgesucht. Großkopfameisen kamen an Bord von Schiffen, die schwere Ausrüstung für einen Dammbau anlieferten. Bald gab es in Itapirica keine Wohnung mehr, in der die Füße von Kinderkrippen, Betten und Vorratsschränken nicht in Schalen mit Wasser standen. Die Ameisen, die die Bewohner auf diese Art fernzuhalten versuchten, hatten schon dafür gesorgt, dass es kaum noch Geckos und Eidechsen in der Stadt gab. Sogar zwei geschwächte *Boa constrictor,* die man vor den Fluten des sich füllenden Stausees gerettet hatte, fielen den aggressiven Ameisen zum Opfer.[11]

Mai 1997
Jetzt bedrohen Insekten sogar das Nervensystem unserer modernen Zivilisation: die Computer. Pharaoameisen haben sich im Gefolge des Menschen auf dem ganzen Globus ausgebreitet. Nun haben sie im Innenraum von Computern einen nahezu idealen Lebensraum für sich entdeckt. Die süßen Schutzgele der Stromkabel bieten Nahrung und das verwinkelte Innenleben aus Chips und Platinen spendet gleichzeitig Wärme und Schutz. Das Resultat: Systemabstürze und Elektrobrände. In Rio de Janeiro trafen sich kürzlich Experten, um über Gegenmaßnahmen zu beraten. Bisher ist kein Mittel bekannt, das die Pharaoameise fernhalten könnte.[13]

Besondere Probleme bereiten die Ameisen in der Landwirtschaft. In vielen Ländern machen sich die Tramp-Ameisen durch ihre Vorliebe für die süßen Ausscheidungen von Blattläusen unbeliebt. Sie lecken den nährstoffreichen Honigtau und verteidigen ihre Blattlauskühe gegen Räuber und Parasiten. Dabei geben sie sich nicht damit zufrieden, einzelne verstreute Blattläuse zu suchen und zu melken, sondern nehmen die Verteilung ihrer »Haustiere« selbst in die Hand. Sie packen junge Blattläuse oder frische abgelegte Eipakete und transportieren sie im Umkreis um ihr Nest auf leicht zugängliches frisches Pflanzenmaterial. Die Entfernung zum Nest darf nicht zu groß werden, sonst sind die Energiekosten, die An- und Abmarsch erfordern, höher als der in Aussicht stehende Gewinn. Die auf diese Weise erreichte Blattlausdichte ist wesentlich höher als ohne Beteiligung der Ameisen.[12]

Eine Gefährdung ganz anderer Art geht von den Tramp-Ameisenarten aus, die sich in Krankenhäusern niedergelassen haben. Untersuchungen aus Deutschland und den USA ergaben, dass dort insbesondere Pharaoameisen eine ernste Gefahr darstellen, da sie als Überträger von Krankheitserregern innerhalb der Hospitäler fungieren könnten. In tropischen Ländern wie Brasilien ist das Problem noch wesentlich brisanter. Das Land hat eine der höchsten Krankenhausinfektionsraten der Welt. Als Biologen aus Rio Claro zwanzig brasilianische Krankenhäuser, von der Universitätsklinik bis zur Privatstation, näher unter die Lupe nahmen, fanden sie einen möglichen Grund dafür. In keinem der untersuchten Hospitäler lebten weniger als zehn verschiedene Ameisenarten, die Spitze lag bei 23. Je größer das Krankenhaus war, desto größer die Zahl der Ameisen. Die einheimischen hielten sich bevorzugt in und an den Außenmauern auf, das Innere der Krankenhäuser war fest in der Hand eingeschleppter Tramp-Ameisen. Mitunter hatten sie die Flure und Trakte untereinander aufgeteilt. In der Inneren Station dominierte die eine, in der Gynäkologie eine andere Art.

Hygienemaßnahmen verschlimmerten das Problem. Die Bekämpfung mit Insektiziden zerstreute die überlebenden Ameisen in kleine Gruppen, von denen viele wieder neue Nester gründeten. Einige Tiere brachte man zur mikrobiologischen Untersuchung in das Universitätshospital nach São Paulo. Die dort erzielten Ergebnisse waren eindeutig: Die Ameisen waren tatsächlich Träger ansteckender Krankenhauskeime.[14]

16 Natürliche Helfer

Eingeschleppte Organismen werden zum Problem, weil ihre spezifischen Feinde zu Hause bleiben. In ihren Heimatökosystemen müssen sich Pflanzen wie Tiere in der Regel mit einer großen Zahl von Fressfeinden, Parasiten und Krankheitserregern herumschlagen, die Massenvermehrungen verhindern oder relativ schnell kontrollieren können.

In der Ferne fehlen solche eingespielten und spezifischen Kontrollmechanismen. Oft macht die einheimische Fauna kurzen Prozess mit den Eindringlingen, aber es kann sehr lange dauern, bis sie eine neue Pflanzen- oder Tierart als Nahrung oder Wirt akzeptiert. Offenbar verhalten sich auch Tiere sehr menschlich (oder wir sehr tierisch): Was sie nicht kennen, essen sie nicht. Wenn Neulinge wie der Kartoffelkäfer unter Umständen erst nach Jahrzehnten in die örtlichen Nahrungsnetze integriert werden, verlieren sie oft ihren Schrecken.

Eine beliebte Methode, mit marodierenden fremden Pflanzen oder Tieren umzugehen, besteht darin, in deren Heimat oder anderswo nach möglichen Gegenspielern zu suchen und diese ebenfalls einzubürgern. Die meisten natürlichen Helfer sind Gliederfüßer: Raubmilben, Raubwanzen, Käfer und vor allem diverse parasitische Fliegen, Schlupfwespen und andere, zumeist winzige Wespenarten. Beide, der Schädling und sein Antagonist, sollen die Sache dann möglichst unter sich ausmachen und das heimische Ökosystem in Ruhe lassen.

Im klassischen Fall ist es die Land- oder Forstwirtschaft, die Alarm schlägt. Die Zielorganismen der biologischen Schädlingsbekämpfung sind dieselben, gegen die auch die anderen Waffen des Pflanzenschutzes in Stellung gebracht werden: Insekten, die die Ernte bedrohen, Unkräuter, die Weiden und Felder überwuchern, Schmetterlingsraupen, die die Baumkronen lichten. Nur starker ökonomischer Druck führt dazu, dass sich die trägen Räder von Forschung und Politik in Bewegung setzen. Meist kommen die vergleichsweise sanften biologischen Methoden nur zum Zuge, wenn andere Mittel versagen oder die konventionelle Bekämpfung unmöglich oder unbezahlbar ist.

Die biologische Schädlingsbekämpfung ist ein grüner Hoffnungsschimmer am Horizont einer von Agrochemikalien verpesteten Welt. Sie ist gleichzeitig einer der wichtigsten Gründe, warum fremde Tierarten bewusst eingeführt wurden und werden. Biologische Bekämpfungsmethoden haben es uns ermöglicht, mit einigen Problemen besser zu leben. Aber leider funktionieren natürliche Lebensgemeinschaften nicht immer nach einfachen linearen Regeln und leider gibt es so etwas wie menschlichen Dilettantismus. Manche Probleme wurden in unkontrollierbare Dimensionen vergrößert.

Meist sind eingeschleppte Pflanzen oder Tiere Anlass, nach biologischen Bekämpfungsmöglichkeiten zu suchen. Oft sind es eingeschleppte, gebietsfremde Schädlinge an eingeführten, gebietsfremden Nutzpflanzen und im positivsten Fall hätte man diese Kette dann um eine weitere gebietsfremde Art verlängert. Wäre dieses Vorgehen der Regelfall, würde sich die ohnehin kaum zu überschauende Zahl an Organismenimporten noch einmal mindestens verdoppeln. Experten für Invasionsvorgänge, wie der britische Biologe Mark Williamson, machen aus ihrer Skepsis keinen Hehl. »Chemische Kontrolle kann

Texas, 1995

Larry Gilbert von der University of Austin, Texas, will den in die USA verschleppten Roten Feuerameisen jetzt mit einer aus Brasilien importierten parasitischen Fliege zu Leibe rücken. Sie legt ihre Eier in die Gehirne der Ameisenwirte. In ihrer südamerikanischen Heimat hätten die Feuerameisen solche Angst vor der Fliege, dass sie sich lieber versteckten, als auf Nahrungssuche zu gehen. Unklar ist, ob sich die brasilianische Fliege nicht auch für einheimische Ameisen interessieren könnte.

große Umweltschäden verursachen. Einige dieser Schäden können von Dauer sein. Bei Schäden durch biologische Bekämpfungsverfahren ist deren Permanenz beinahe garantiert... Den meisten Freisetzungen gelingt es nicht, eine wirkliche Kontrollfunktion auszuüben.«[1]

Trotz aller Gefahren bietet die biologische Schädlingsbekämpfung in vielen Fällen die einzige Möglichkeit, gegen Schädlinge in natürlichen Ökosystemen vorzugehen. Der Punkt, an dem sich die Geister scheiden, ist die Spezifität. Ein wie breites Beutespektrum will man tolerieren? Was Menschenmütter zur Verzweiflung treibt, in der biologischen Kontrolle ist es der einzig gangbare Weg. Gesucht werden ausgesprochen mäkelige Esser. Nur wenn ein Parasit ausschließlich seine Wirtsart befällt, wenn ein Räuber gezielt nur die eine Beute dezimiert, ist seine Verwendung als biologischer Helfer überhaupt in Erwägung zu ziehen. Und es muss gewährleistet sein, dass es in Zukunft dabei bleibt. Voraussetzung jeder Freisetzung von fremden Nützlingen sind daher umfangreiche Tests. Das kostet viel Zeit und Geld.

Indien, Februar 1993
Ein vor elf Jahren zur biologischen Schädlingsbekämpfung ins Land geholter mexikanischer Käfer *(Zygogramma bicoloratia)* hat einen so zügellosen Appetit auf die indische Flora entwickelt, dass die Regierung in Neu-Delhi jetzt die Notbremse zog. Der vermeintliche Nützling darf vorerst nicht mehr auf die Felder gebracht werden. Der Beginn der Geschichte liegt schon einige Jahre zurück. In den Fünfzigerjahren importierte Indien mit US-amerikanischem Getreide auch die Samen eines Unkrautes *(Parthenium hysterophorus)*, das sich fortan zu einem großen Problem für die indischen Bauern entwickelte. Nun hat sich der als Retter geholte Käfer als Räuber im Schafspelz entpuppt.[2]

Pauline Syrett, eine neuseeländische Expertin für biologische Kontrolle von Unkräutern, erklärt, wie sie vorgeht[3]: »Wenn jemand mit einer neuen Problempflanze kommt und sagt, er möchte sie mit biologischen Methoden bekämpfen, müssen wir zunächst die Finanzierung sicherstellen. Die Leute müssen sich darüber im Klaren sein, worauf sie sich einlassen, wie viel so etwas kostet und wie lange es dauert. Außerdem müssen ihre Erwartungen, welches Ausmaß an Kontrolle wir erreichen können, realistisch sein. Dann überprüfen wir, ob sich das fragliche Unkraut überhaupt als Zielorganismus eignet. Wenn es zum Beispiel andere einfache und billigere Bekämpfungsmöglichkeiten gibt, sind unsere Methoden nicht das richtige Mittel. Die Pflanze muss weit genug verbreitet sein, damit sich eine Entwicklung biologischer Verfahren lohnt. Außerdem erleichtert es die Arbeit, wenn in dem betroffenen Gebiet nur wenige nah verwandte Arten vorkommen. Der nächste Schritt besteht in der Suche nach geeigneten Kontrollorganismen. Welche natürlichen Feinde hat die Pflanze in ihrem heimatlichen Verbreitungsgebiet? Bei europäischen Pflanzenarten, deren Insektenfauna sehr gut bekannt ist, kann man schon mit dem Studium einschlägiger Literatur viel erreichen. Wenn sie aus dem Himalaya oder China kommt, haben wir wesentlich mehr Arbeit.

Die weiteren Untersuchungen müssen vor Ort erfolgen. Wir gehen raus und schauen, was frisst an der Pflanze, welche Arten können der Pflanze den größten Schaden zufügen. Es ist sehr schwer vorherzusagen, welche der Insekten, die in Europa an einer Pflanze fressen, die effektivsten Arten in Neuseeland sein werden. Es gibt zu viele Einflussfaktoren.

Wenn wir eine Liste von Arten beisammen haben, beginnen wir mit genauen Tests. Wir ziehen es vor, solche Untersuchungen in den jeweiligen Herkunftsländern durchzuführen. Wir schicken dann einheimische neuseeländische Pflanzen, die geprüft werden müssen, an unsere dortigen Partner. Den Insekten müssen verschiedenste Arten als Fraßpflanzen angeboten werden. Wir haben sehr ausgefeilte Testmethoden entwickelt, die uns schnell gute Resultate liefern. Wenn die Untersuchungen ergeben, dass das Insekt sicher ist, dass es keine anderen Pflanzenarten schädigt, wird es nach Neuseeland importiert und in Quarantäne gehalten. Vorher müssen die Tiere auf Krankheiten untersucht werden, die mit ihnen eingeschleppt werden könnten. Damit die Einfuhr von den hiesigen Behörden genehmigt wird, sind weitere Untersuchungen erforderlich. Es gibt auch eine Beteiligung der Öffentlichkeit. Zum Beispiel könnten die Imker etwas dagegen haben, wenn wir *Calluna vulgaris,* das europäische Heidekraut, bekämpfen wollen, weil diese Pflanze guten Honig liefert. Wenn all das durchlaufen ist, werden die Insekten in größerer Zahl gezüchtet und freigelassen. Dann müssen wir überprüfen, ob sich die Tiere im Freiland etablieren und welchen Einfluss sie auf die Unkrautpflanzen haben. Das ist nur ein kurzer Abriss des ganzen Prozesses.«

Biologische Schädlingsbekämpfung ist nichts für Ungeduldige. Was Pauline Syrett hier geschildert hat, dauert Jahre, wimmelt von unsichtbaren Fallstricken, kostet Millionen und beschäftigt viele Wissenschaftler im In- und Ausland. Schnellschüsse können nach hinten losgehen. Acht Jahre dauert es in der Regel, bis das eingebürgerte Insekt sich etabliert, zwanzig Jahre, bis sich herausstellt, ob es die erhoffte Kontrollfunktion tatsächlich ausübt. Oft reicht es nicht, eine Insektenart einzubürgern, in manchen Fällen sind es zwei oder drei, die sich vereint auf wuchernde Pflanzen oder gefräßige Schädlinge stürzen sollen. Im östlichen Nordamerika versuchen nicht weniger als neun Parasiten- und zwei Räuberarten, mit dem gefürchteten europäischen Schwammspinner *(Lymantria dispar)* fertig zu werden.[4] Die Wespen, Fliegen und Käfer wurden nach und nach aus Europa geholt, aber auch im Kollektiv ist ihr Erfolg bescheiden. Jahr für Jahr verursachen die Schwammspinnerraupen weiterhin Forstschäden in zweistelliger Millionenhöhe.[5]

Biologische Bekämpfung führt nur in den seltensten Fällen zur völligen Ausrottung der Schädlinge. Falls es überhaupt zu einer Kontrolle kommt, persistieren Jäger und Beute in trauter Gemeinsamkeit. Im günstigsten Fall spielt sich nach Jahren ein Gleichgewicht ein, das den Schädling in Grenzen hält und erneute Massenvermehrung verhindert. In dieser Langzeitwirkung stecken Fluch und Segen zugleich. Gerade die Nachhaltigkeit der biologischen Kontrolle macht diese Methode so attraktiv, sie birgt aber auch besonders schwerwiegende Risiken. Allen tierischen Helfern ist eines gemeinsam: Haben sie sich im Freiland etabliert, ist dieser Schritt nie wieder rückgängig zu machen, es sei denn, die Population bricht von selbst zusammen. Sollte nicht alles so laufen, wie im Labor geprüft, wird man mit den Folgen leben müssen, in der Regel für immer.

Togo, Juni 1992
Im Süden des Landes wurden 40 000 südamerikanische Stutzkäfer der Art *Teretriosoma nigrescens* ausgesetzt. Sie sollen sich über den Großen Kornbohrer *(Prostephanus iruncatus)* hermachen, einen Käfer, der Anfang der Achtzigerjahre in Nahrungsmittelhilfslieferungen aus Südamerika eingeschleppt wurde und in mehreren afrikanischen Ländern erhebliche Teile der Maisernte vernichtet. Da eine chemische Bekämpfung für die betroffenen Kleinbauern viel zu teuer wäre, wurde in internationaler Zusammenarbeit nach einer Alternative gesucht. Der jetzt aus Südamerika nachgeholte, nur wenig größere Stutzkäfer hält den Kornbohrer in seiner Heimat gut unter Kontrolle. Da der importierte Räuber sich nur von den Kornbohrern zu ernähren scheint, erwartet man keine ökologischen Folgeprobleme. Es bleibe lediglich ein Restrisiko. Im Falle des Kornbohrers habe man gar keine andere Wahl gehabt, betont die bundesdeutsche Gesellschaft für Technische Zusammenarbeit, die das Projekt federführend betreut.[6]

»Die Einbürgerungen des Frettchens sowie des Großen und Kleinen Wiesels verliefen in Neuseeland ohne Nebenschäden.« Dieses Zitat von Jost Franz und Aloysius Krieg, den Verfassern des wichtigsten deutschen Standardwerkes über biologische Schädlingsbekämpfung[7], würde unter Neuseeländern nur verwundertes Kopfschütteln auslösen. Dort gilt die Einbürgerung der kleinen europäischen Raubtiere als einer der schlimmsten Fehler der biologischen Schädlingsbekämpfung. Die als Kaninchenjäger nach Neuseeland geholte Wieselverwandtschaft wurde bald selbst zu wütend gejagtem Freiwild. Man sah in ihnen die Hauptschuldigen für den Rückgang der Vögel, hob den geltenden Schutzstatus 1936 auf und schränkte die weitere Einfuhr stark ein.

Generell haben die Importe von räuberischen Säugetieren nicht das gehalten, was man sich von ihnen versprochen hat. Im Gegenteil. Wiesel, Mangusten, Füchse oder Katzen sind unspezifische Räuber, die den Weg des geringsten Widerstandes gehen. Sicher haben sie Kaninchen, Mäuse und Ratten gefressen, aber gerade diese Nagetiere verfügen über eine sehr lange Erfahrung im Umgang mit Raubtieren. Nur weil in Europa die einfache Beziehung Katzen fressen Mäuse gilt, muss dies nicht für Neuseeland oder Hawaii zutreffen. Es war für die vermeintlichen Helfer viel einfacher, sich an eine arglose einheimische Fauna zu halten, als sich mit wehrhaften Ratten oder flinken Mäusen abzuplagen.

Obwohl diese Einbürgerungen zumeist viele Jahre zurückliegen, haben Wissenschaftler mit dem schlechten Image zu kämpfen, das der biologischen Kontrolle aufgrund solcher Fehlentscheidungen anhaftet. Pauline Syrett reagiert gereizt auf die Frage nach den Wieseln. Sie hört sie nicht zum ersten Mal.

»Da muss ich entschieden widersprechen«, sagt sie. »Es ist vollkommen falsch, den Import der Wiesel als eine Art Unfall der biologischen Kontrolle darzustellen. Damals wusste jeder, auch die Politiker, was die Folgen sein würden. Es gab viele Leute, die gesagt haben, wenn ihr Tiere wie Wiesel einführt, werdet ihr eure einheimische Vogelwelt zerstören. Ich kann Ihnen Artikel von 1896 geben, in denen Wissenschaftler vor den Folgen einer solchen Einbürgerung warnen. Aber damals war die Farmerlobby sehr stark und sie waren über die von Kaninchen verursachten Schäden sehr beunruhigt. Alles andere war ihnen egal. Sie haben es durchgesetzt. Es war ein Fehler, aber er wurde nicht in Unwissenheit begangen.«[8]

Ein Fehler war auch die Einfuhr von Indischen Mangusten auf viele karibische Inseln, nach Hawaii, Mauritius und Fidschi. Nicht einmal die einbürgerungsversessenen Neuseeländer kamen auf die Idee, sich diese kleinen räuberischen Vielfraße ins Land zu holen. Auf Jamaika war ihre Einfuhr die letzte in einer geradezu grotesken Einbürgerungskette, die die Insel und ihre Lebensgemeinschaften über sich ergehen lassen mussten.

1872 war es ein gewisser W. Bancroft Espeut, dem endgültig der Kragen platzte. In der Hoffnung, »sie mögen das ganze Gesindel auslöschen«, ließ er auf seinem Land indische Mangusten aussetzen. Sie sollten endlich mit dem Chaos auf seinen Zuckerrohrfeldern aufräumen. Schuld waren die Ratten. Schon im 18. Jahrhundert waren sie die schlimmsten Schädlinge im Zuckerrohr. 1789 vernichteten sie ein Viertel der gesamten Zuckerrohrernte Jamaikas. Nachdem ein Versuch, englische Frettchen einzubürgern, an einer parasitischen Fliege gescheitert war, die die kleinen Raubtiere außer Gefecht setzte, hatte man es 1762 mit *Formica omnivora* versucht, einer aus Kuba importierten Ameisenart, von der bekannt war, dass sie auch junge Ratten verzehrte. Wie der Name *omnivora* schon vermuten lässt, fraßen die Ameisen viel mehr als nur Rattenbabys und wurden bald selbst zum Schädling. Der nächste Räuber musste her, diesmal ein Ameisenfresser. Die Wahl fiel auf *Bufo marinus,* die giftige Aga-Kröte. Wieder ein Fehlschlag. Nach dem Willen von Mister Espeut sollten die Mangusten diesem Spuk aus Ratten, Ameisen und Kröten nun ein Ende bereiten.

Anfangs schien es gar nicht schlecht zu funktionieren. Die Zahl der Ratten ging zurück. Espeut äußerte sich noch 1882, zehn Jahre nach der Einführung der Mangusten, sehr optimistisch. »Ich bezweifle sehr«, schrieb er in der Zeitschrift der Zoological Society of London, »dass die Einführung und Akklimatisation irgendeiner anderen Tierart jemals einen derart enormen Nutzen gebracht hat, wie er mit den Mangusten in Jamaika und den Westindischen Inseln erreicht wurde.« Einige Jahre später hatte sich das Bild komplett gewandelt. Die Ratten hatten gelernt, dass Mangusten schlechte Kletterer waren, und gingen ihnen aus dem Wege. Plötzlich galten die Mangusten »als die schlimmste Pest, die jemals auf diese Insel geholt wurde«.[9]

Als man 1918 in Trinidad den Mageninhalt von über 180 Mangusten untersuchte, fand sich ein bunter Querschnitt der vorhandenen Tierwelt. In drei Monaten, so schätzten die Forscher, verzehrte eine Manguste 26 Ratten, aber auch 500 Heuschrecken, 14 Vögel, 17 Eidechsen, 18 Schlangen und 30 Frösche und Kröten, inklusive *Bufo marinus*. Ein wahlloser Rundumschlag, der den Farmern geringen Nutzen brachte, der einheimischen Tierwelt aber auf breiter Front Probleme bereitete. Einige Arten starben aus. Da sich unter den Opfern der Mangusten überproportional viele Insektenfresser befanden, waren Massenvermehrungen von Schadinsekten die Folge. Das Rein und Raus vermeintlicher Helfer hatte letztlich nichts gebracht, neue Probleme geschaffen und eine zusammengeschrumpfte einheimische Tierwelt hinterlassen.[10]

Deutschland, 1978
Die nur fünf Zentimeter messenden mittelamerikanischen Moskitofische *(Gambusia affinis)* wurden zur Kontrolle von Stechmücken in 21 Ländern der Welt eingebürgert, unter anderem auch in Europa.[11] Ein Ansiedlungsversuch im Oberrheingebiet scheiterte 1978. Bei uns kann sich die Art nur vereinzelt in Warmgewässern halten.[12] Während man in vielen Gegenden der Welt mit den kleinen Moskitofischen sehr zufrieden ist, weil sie die Zahl der Malaria-Mückenlarven beträchtlich dezimieren, bezeichnen ihn australische Forscher als den schädlichsten aller eingebürgerten Fische.[13] Sie machen sich über einheimische Fischbrut her und vergreifen sich an den Eigelegen. Die aggressiven kleinen Gambusen zeigen selbst vor viel größeren Fischarten keinen Respekt. Sie knabbern an deren Flossen, was schwächende, mitunter tödliche Pilzinfektionen begünstigt.

Auch Raubvögel sollten sich als Helfer der Menschen betätigen und wieder ging es um Ratten. Die verhängnisvolle Rolle der von Menschen verschleppten Nager ist hinlänglich bekannt – ich habe deshalb darauf verzichtet, ihr Sündenregister in aller Ausführlichkeit darzustellen –, aber ihr katastrophales Wirken, vor allem unter Inselvögeln, wurde oft verschlimmert, indem man Raubtiere zu ihrer Kontrolle einbürgerte.

Lord Howe Island, eine in der Tasmanischen See gelegene Insel, beherbergte eine bemerkenswerte Vogelwelt, deren Arglosigkeit viele Seefahrer verblüffte. Man dankte den Vögeln ihre Zutraulichkeit, indem man sie kurzerhand zu dringend benötigtem Frischfleisch verarbeitete. Die Jagd war so einfach, dass eine kleine Jägergruppe innerhalb kurzer Zeit genügend Vögel erschlagen konnte, um Schiffsbesatzungen für mehrere Tage mit Proviant zu versorgen. Als sich eine Handvoll Menschen auf Lord Howe Island niederließ, folgten bald Katzen, Hunde, Hausmäuse, Ziegen und Schweine. Der klassische, viele hundert Mal überall in der Welt zu beobachtende Niedergang einer einstmals unberührten Inselfauna nahm seinen Lauf.

Trotzdem sollte es bis 1918 dauern, bis die schlimmsten Feinde der Inselvögel, die Ratten, auf die Insel gelangten. Da Lord Howe Island über keinen Hafen verfügte und die Schiffe weit draußen vor Anker lagen, war ihr diese Plage erspart geblieben. Erst ein am Ufer aufgebocktes Dampfschiff, die *Makambo,* ermöglichte den Nagern den Landgang. Es dauerte nicht lange, bis Lord Howe Island von Ratten wimmelte und die Vogelwelt auf spärliche Reste zusammengeschrumpft war.

Die Siedler, die der Rattenplage hilflos gegenüberstanden, holten sich Unterstützung. Zwischen 1922 und 1930 setzten sie etwa hundert Eulen verschiedener Arten aus und hofften, dass der Alptraum damit ausgeträumt war. Nur eine von drei ausgesetzten Eulenarten überlebte. Ihre bevorzugte Beute bestand allerdings nicht aus Ratten. Sie jagte Vögel.[14]

Oft ist nicht klar zu erkennen, ob eine Einbürgerung mehr Schaden oder Nutzen brachte, in der Regel läuft es auf ein Sowohl-als-auch hinaus. Wie soll man die amerikanischen Aga-Kröten *(Bufo marinus)* bewerten, die nicht nur in den Plantagen von Mister Espeut in Jamaika ausgesetzt wurden? Die Aga-Kröte gehört heute zu den am weitesten verbreiteten Wirbeltieren der Erde.[15] In manchen Weltgegenden wird sie als Vertilger von Schadinsekten sehr geschätzt, in anderen, wie dem australischen Queensland, zaubert die bloße Erwähnung ihres Namens deutliche Zeichen von Ekel auf die Gesichter der Menschen.[16]

Kurz vor dem Zweiten Weltkrieg hatte auch Mikronesien schwer unter Ratten zu leiden. Diesmal sollte die Hilfe aus Japan kommen, in Gestalt eines großen Warans. Die Sache hatte nur einen Haken: *Varanus indicus* ist tagaktiv.

Aga-Kröte, *Bufo marinus*

Die Echsen bekamen die nachtaktiven Ratten nie zu Gesicht und mussten sich notgedrungen nach einer anderen Beute umsehen. Sie fanden sie im Geflügel der Menschen. Hier kommen nun die Aga-Kröten ins Spiel, denn in Mikronesien war man der Meinung, mit der Einführung von *Bufo marinus* gleich zwei Fliegen mit einer Klappe zu schlagen. Die Kröten könnten die Insekten in den Kokosnussplantagen fressen und ihrerseits zur fetten Beute der Warane werden. Diesen werde daraufhin der Appetit auf Hühnchen vergehen.

Leider kam alles anders. Die Warane fraßen die Kröten, vergifteten sich und starben. Sie starben in so großer Zahl, dass die Menschen erst jetzt bemerkten, wie wichtig sie für die Kontrolle der großen Rhinozeroskäfer gewesen waren, die die Kokospalmen zerstörten, und wie viele Kokosnusskrabben sie gefressen haben müssen. Die Krabben wiederum hatten die Afrikanischen Achatschnecken vertilgt, die die Japaner während des Zweiten Weltkrieges als Nahrungsmittel ins Land holten. Wer Ohren hatte zu hören, vernahm ein bedrohliches Knacken im ökologischen Gebälk.

Christopher Lever beschreibt, was weiter geschah. »Als die Warane starben, nahm die Zahl der Frösche schnell zu. Sie wurden von Hausschweinen, Katzen und Hunden gefressen, die sich am Sekret der Kröte vergifteten. Als Resultat vermehrten sich die Ratten – die von den Katzen und Hunden kontrolliert worden waren – und die Schnecken begannen an den Hunde- und Katzenkadavern zu fressen.«[17] Die Einheimischen wiederum fanden die Kadaver und machten die darauf herumkriechenden Schnecken für den Tod der Tiere verantwortlich. Absurdes Theater, inszeniert von Menschen, denen die in bester Absicht gerufenen Geister über den Kopf wuchsen.

In keinem dieser Fälle wurden vorher irgendwelche Untersuchungen über die möglichen Folgen durchgeführt oder ihre Ergebnisse wurden ignoriert. Es ist verständlich, dass verantwortungsvolle Experten der biologischen Kontrolle heute nur ungern auf diese Sünden der Vergangenheit angesprochen werden. Tatsächlich hat dieser ohne jede wissenschaftliche Begleitung durchgeführte hektische Aktionismus kaum etwas mit den heute praktizierten Methoden gemein. Aber Ereignisse wie in Mikronesien mahnen, bei biologischen Methoden der Schädlingskontrolle größtmögliche Vorsicht walten zu lassen.

III

Die Folgen

17 Aussterben

> »Der Kakapo ist ein Vogel in der falschen Zeit. Wenn man einem von ihnen in sein großes, rundes, grünlichbraunes Gesicht sieht, wirkt er auf so heitere, unschuldige Art ahnungslos, dass man ihn am liebsten drücken und ihm sagen möchte, dass alles wieder gut wird, obwohl das wahrscheinlich nicht stimmt.«
>
> *Douglas Adams & Mark Carwardine* [1]

Doug Mende ist im Mt. Bruce National Wildlife Centre verantwortlich für Besucher-Management. Kein leichter Job. Auf seine Initiative hin bekommen die Besucher seit neuestem einen Zettel in die Hand gedrückt, auf dem sie ankreuzen können, welche Vögel sie beobachtet oder gehört haben. Hören dürfte einfacher sein. In den dicht bewachsenen Gehegen ist die Chance gering, einen Vogel leibhaftig zu Gesicht zu bekommen. Das Lebensumfeld der Tiere muss möglichst natürlich sein. Sie sollen sich vermehren.

Vor einer Voliere, in der sich nichts rührt, legt eine ältere, sehr britisch aussehende Dame tröstend den Arm um ihre kleine Enkelin. Sie hat nur darauf gewartet, dass ihr endlich jemand über den Weg läuft, bei dem sie ihren Ärger loswerden kann. Vorwurfsvoll fragt sie, ob es hier außer eingezäunten Pflanzen noch etwas anderes zu sehen gäbe.

Doug Mende kennt das Problem. Routiniert zählt er die Sehenswürdigkeiten seines National Wildlife Centres auf, streicht der Enkelin freundlich über den Kopf und weist auf Jack hin, den lautstarken sprechenden Tui, ein Findelkind, das in einem großen Käfig sein Gnadenbrot bekommt. Wer hier einen Zoo erwartet, ist an der falschen Adresse. Im National Wildlife Centre Neuseelands werden aussterbende Vogelarten gerettet.

Dann führt er mich auf einem schmalen Pfad aus dem Wald in offenes Gelände. In der Ferne ragen einige kahle Bergkuppen in den blauen Himmel. Wir stoßen auf einen Kiesweg, der an einer langen Reihe von Maschendrahtkäfigen vorbeiführt. Sie sind für die Öffentlichkeit nicht zugänglich. Ihre Bewohner sind viel zu wertvoll. Das Publikum soll sich in dem modernen Informationszentrum aufhalten, sich über Sinn und Zweck dieser Einrichtung informieren, den Weg durch den Wald vorbei an den Volieren nehmen, das Nachttierhaus mit den Kiwis und Tuataras besuchen und anschließend in der Cafeteria den Umsatz ankurbeln. Hier hinten haben sie nichts zu suchen.

Jeder der Käfige ist so groß wie ein durchschnittliches Wohnzimmer. Das ringsum abgeschlossene, stabile Drahtgeflecht ist an drei Meter hohen Stahlrohren befestigt und sitzt auf einem Betonsockel. Davor bedeckt Kies den vegetationsfreien Boden, direkt am Fuß der Gehege sind in regelmäßigen Abständen kleine Holzkästen angebracht, tödliche Fallen für Ratten und die Wieselverwandtschaft. Drinnen sprießt das Gras, wächst dichtes Buschwerk.

Ein Rascheln erregt meine Aufmerksamkeit. Vier kleine braune Enten stöbern im Gras herum. Eine kommt näher und legt den Kopf schief. Sie ist keineswegs ängstlich, watschelt unternehmungslustig durch ihr Revier und späht immer wieder neugierig durch den Drahtzaun zu uns hinaus.

Ich wage kaum den Auslöser meiner Kamera zu betätigen. Irgendwie habe ich sie mir anders vorgestellt: trauriger, mit gesenktem Kopf, hin und wieder ein klägliches Piepsen ausstoßend. Was da vor uns durch das Gras watschelt, ist die seltenste Ente der Welt. Es gibt nur wenige Menschen, die diese Tiere jemals in freier Natur gesehen haben.

Die vier jungen Vögel dort hinter dem Drahtgeflecht stellen ein knappes Zehntel aller Campbell-Island-Enten dar, das überaus erfreuliche Resultat eines Zuchtprogrammes im National Wildlife Centre. Sechs lange Jahre mussten die Wissenschaftler warten, bis Donald und Daisy endlich zusammenfanden, das erste Campbell-Island-Entenpaar, das in Gefangenschaft für Nachwuchs sorgte. Jetzt scheinen die Forscher die Zuchtbedingungen im Griff zu haben. In diesem Jahr brüteten gleich mehrere Paare. Die 13 geschlüpften Entenküken vergrößern die Gesamtpopulation der Campbell-Island-Enten um sagenhafte zwanzig Prozent.

Aussterben ist etwas sehr Abstraktes. Es passiert meistens woanders, äußert sich in gefühllosen Zahlenkolonnen und Statistiken. Selten wird so spürbar wie hier, was es wirklich bedeutet: den unwiderruflichen Verlust einer einmaligen Tier- oder Pflanzenart. Aussterben ist so unendlich viel mehr als der Tod eines Individuums.

Ich kann mich kaum losreißen von den kleinen Enten, fühle mich hilflos und wütend. Am liebsten würde ich sie streicheln und ihnen Mut zusprechen, wie es Douglas Adams im Falle der Kakapos beschrieben hat. Sieht so die Natur der Zukunft aus: eingezäunt, eingekerkert, nur noch im Schutz von Mauern und Zäunen existenzfähig, abgeschirmt von den feindlichen Einflüssen der Außenwelt?

Die stillen Wälder von Guam

Das Aussterben einheimischer Arten ist nicht die einzige Konsequenz der Einschleppung fremder Organismen, aber es ist sicher die schwerwiegendste und endgültigste. In den vergangenen Jahrhunderten waren eingeschleppte Raubtiere der wichtigste Grund für das weltweite Aussterben von Wirbeltieren. Für die heute noch existierenden, aber stark gefährdeten Arten sind mittlerweile andere menschliche Aktivitäten eine größere Bedrohung: die explodierende Vernichtung natürlicher Lebensräume und deren starke Übernutzung. Trotzdem bleiben eingeschleppte Räuber für fast 30 % aller bedrohten Vogel- und Fischarten eine der wichtigsten Gefährdungsursachen.[2]

Lebensraumzerstörung, Jagd, eingeschleppte Räuber oder Konkurrenten und eine immer intensivere Landnutzung durch den Menschen, in den meisten Fällen laufen diese Prozesse gleichzeitig ab. Als die in Neuseeland unbekannten Menschen, Katzen, Ratten und Wiesel ihre Raubzüge starteten, wurde gleichzeitig Wald gerodet und Feuer gelegt, wuchsen neue, bislang unbekannte Pflanzen heran, begannen Landwirtschaft und Industrie immer mehr und immer neue Schadstoffe zu emittieren. Alles in allem ist das keine besonders geglückte Versuchsanordnung. Wie soll in einem solchen Tohuwabohu Ursachenforschung betrieben werden?

Nur selten lassen sich klare Zusammenhänge erkennen und eindeutige Schuldzuweisungen aussprechen. Ein spektakulärer Fall hat sich viele tausend Kilometer nördlich von Neuseeland abgespielt, auf der Pazifikinsel Guam. Was in diesem abgelegenen Tropenparadies geschah, war so außergewöhnlich, dass es viele Jahre dauerte, bis die Fachwelt davon Notiz nahm und die nach und nach ans Licht kommenden Hintergründe zu akzeptieren bereit war. Der amerikanische Journalist Mark Jaffe hat den Kampf einiger unentwegter Naturschützer minutiös recherchiert und in einem faszinierenden Buch niedergeschrieben.[3]

Guam ist die Hauptinsel der Marianen, einer lang gestreckten vulkanischen Inselgruppe, auf halber Strecke zwischen Japan und Papua-Neuguinea. Um 1520 von Magellan entdeckt und dem spanischen Kolonialreich einverleibt, fielen die Marianen 1898 an die USA. Von einem kurzen Intermezzo der Japaner während des Zweiten Weltkriegs abgesehen, bilden sie seitdem den westlichsten Außenposten der Vereinigten Staaten von Amerika. Guam, etwa 45 Kilometer lang und geformt wie ein klumpfüßiges Mini-Italien, war für das US-Militär von überragender strategischer Bedeutung. Es war Heimatflughafen von zwanzig B 52-Bombern samt Atomsprengköpfen und wichtigster Stationierungsort von Atomwaffen im Westpazifik, Schauplatz blutiger Schlachten mit den Japanern, eine der militarisiertesten Inseln der Welt. Niemand interessierte sich für die dort lebenden Vögel. Bis sie eines Tages einer nach dem anderen verschwanden.

»Bewohner der westlichen Hemisphäre haben nie viel Interesse an Guams einheimischer Tier- und Pflanzenwelt gezeigt«, meint Mark Jaffe. »Es schien so, als ob jeder viel mehr daran interessiert war, Guam neue Pflanzen und Tiere hinzuzufügen, als zu studieren, was ursprünglich einmal dort war.«[4]

Schon die Spanier hatten einen gut sortierten biologischen Musterkoffer im Gepäck. Sie führten Hirsche, Rinder, Wasserbüffel und Schweine ein. Und natürlich gibt es auf Guam Ratten, Mäuse, verwilderte Haushunde und Katzen, Tauben, die obligatorischen Haussperlinge sowie fünf weitere fremde Vogelarten. Der starke Luftverkehr brachte etliche bisher unbekannte Moskito-Arten auf die Insel. Es wurden Raubschnecken, Geckos, etliche Pflanzen- und nicht weniger als 14 fremde Fischarten eingeführt. Guam war weit davon entfernt, ein jungfräuliches, unberührtes tropisches Eiland zu sein. Aber die tragische Geschichte seiner Vogelwelt hat mit keiner dieser eingeführten Arten zu tun. Nicht einmal die massive Militärpräsenz und die damit verbundenen schwerwiegenden Veränderungen der Natur hatten den einheimischen Vögeln etwas anhaben können.

Seit Jahren führte die Guam Division of Aquatic and Wildlife Resources (DAWR) Erhebungen der Tier- und Pflanzenwelt durch. Zumeist zählten sie die wilden Schweine, Hirsche und Tauben und kümmerten sich um die Jagdaufsicht. Entlang bestimmter Straßen und Wege wurden jährliche Zählungen der Vogelwelt vorgenommen. 1974 wurden diese Untersuchungen in der gesamten Südhälfte der Insel eingestellt. Der Grund war so einfach wie erschreckend: Es gab dort nichts mehr zu zählen. Alle Vögel waren verschwunden. Und nach Jahren der Zunahme gingen die Bestände auch in der Nordhälfte zurück. Betroffen waren alle Arten von Waldvögeln, große und kleine, Höhlen- und Bodenbrüter, Insekten- und Samenfresser, flugfähige und nicht flugfähige. Auch zwei Fledermausarten wurden seltener. Mit ihnen verschwanden viele Eidechsen. Selbst die Zahl der Ratten ging zurück. Auf Guam geschah etwas Unheimliches, für das es bis heute keine Parallele gibt.

Ursprünglich lebten auf der Pazifikinsel neben etlichen Seevögeln zwölf einheimische Landvogelarten, einige davon Endemiten.[5] Elf bevorzugten den verbliebenen Wald. Heute sind noch zwei von ihnen übrig geblieben: die Guam-Ralle, deren letzte überlebende Exemplare auf der kleinen Nachbarinsel Rota Zuflucht fanden, und die Guam-Unterart des Mikronesischen Königsfischers. Er lebt nur noch in Gefangenschaft.

Als Julie Savidge 1979 nach Guam kam, wusste die Wissenschaft so gut wie nichts über die Ursachen des rätselhaften Vogelsterbens. Nennenswerte Zahlen an Waldvögeln gab es nur noch in einem schwer zugänglichen Regenwaldgebiet im äußersten Norden der Insel, das von einer hohen Felswand abgeschirmt wurde, Ritidian Point. Nur zwei Jahre später war dies der letzte Ort auf Guam, wo alle einheimischen Waldvögel zu beobachten waren. Ohne im geringsten zu ahnen, wie sehr diese Entscheidung ihr Leben beeinflussen würde, hatte Julie Savidge in einem Vortrag des DAWR-Biologen Mike Wheeler von den Problemen auf Guam erfahren. Da sie gerade auf der Suche nach einem Thema für ihre Dissertation war, kam diese Information wie gerufen. Sie bemühte sich um den Job und bekam ihn.

Zunächst gingen alle davon aus, dass Pestizide der Grund sein könnten. Über viele Jahre hinweg hatten US-Militärflugzeuge DDT versprüht, später auch Malathion, als es 1975 unter dort lebenden vietnamesischen Flüchtlingen zu einem Ausbruch von Dengue-Fieber gekommen war. Noch in den

Siebzigerjahren wurden auf allen Militäranlagen Pestizide benutzt, um das Vordringen des Dschungels aufzuhalten. Aber die Analyse von Bodenproben und die Untersuchung zahlreicher Organismen ergab keinerlei Anhaltspunkte für eine Pestizidvergiftung. Die Giftkonzentrationen in den getesteten Vögeln waren weit davon entfernt, gefährlich zu sein. Es gab kein Pestizidproblem auf Guam.

Wenn es keine Vergiftung war, dann musste es eine Seuche sein, eine Epidemie. Seit Jahren gab es in Hawaii große Probleme mit der eingeschleppten Vogel-Malaria. Der Gedanke an eine Epidemie erwies sich als so durchschlagend und hartnäckig, dass er die Suche nach den wahren Ursachen des Vogelsterbens lange Zeit behinderte, weil man höheren Orts, dort, wo die Geldhähne auf- und zugedreht wurden, von alternativen Erklärungsmodellen nicht viel hielt. Jahrelang wurden große Anstrengungen unternommen, um die vermeintliche Vogelseuche nachzuweisen. Tatsächlich war dies Julie Savidges Aufgabe, die sie 1982 auf Guam in Angriff nahm. Während die Zahl der verbliebenen Vögel weiter beängstigend zusammenschrumpfte, führte sie zusammen mit anderen Experten epidemiologische Studien großen Ausmaßes durch. Es war ein dramatischer Wettlauf mit der Zeit. Sie fingen Vögel, zapften ihnen Blut ab, entnahmen Kotproben und überprüften tausende von Objektträgern auf verdächtige Krankheitserreger, ohne Ergebnis. Es gab keine Vogelkrankheit auf Guam. Aber die Vögel verschwanden trotzdem.

Julie Savidge hegte einen ganz anderen Verdacht. In ihrer Anfangszeit auf Guam hatte sie verschiedene Hypothesen formuliert und dann versucht, eine nach der anderen auszuschließen. Wenn Vergiftung und Krankheit nicht als Ursache infrage kamen, blieben nur drei Möglichkeiten: der Verlust an Lebensraum, eine übermäßige Bejagung und Räuber.

Die Jagd schien als Grund auszuscheiden. Auf dem umfangreichen US-Militärgelände war sie starken Einschränkungen unterworfen. Trotzdem starben die Vögel auch dort. Was immer es war, von US-Militärgesetzen und deren strenger Kontrolle ließ es sich nicht beeindrucken.

Um einen möglichen Zusammenhang von Vogelsterben und Biotopzerstörung herauszuarbeiten, verglich Julie Savidge die Ergebnisse der langjährigen Vogelzählungen mit der aktuellen und historischen Verteilung von Waldgebieten. Das Ergebnis war eindeutig. Es schien keinerlei Korrelation zwischen Habitatverlust und dem Rückgang der Vögel zu geben. Auf Guam war im Laufe der Jahre viel Wald gerodet worden. Der Lebensraum war geschrumpft, aber überall auf der Insel gab es intakt erscheinende Dschungelreste. Trotzdem lebte in den meisten Waldgebieten kein einziger Vogel mehr.

Blieb nur die Anwesenheit eines bisher nicht identifizierten Raubtiers. Und, solange die sich über Jahre hinziehenden epidemiologischen Tests nicht abgeschlossen waren, eine tödlich verlaufende Vogelkrankheit.

Welche Räuber gab es überhaupt? Dass eingeschleppte Ratten, Katzen und Hunde zum Problem werden konnten, war von vielen anderen Inseln bekannt, aber eine völlige Ausrottung, das Verschwinden aller Vögel, vom Bodenbrüter bis zum Bewohner der höchsten Baumkronen, war nirgends beobachtet worden. Auch der bis zu einem Meter lange Waran, Guams größter Räuber, schien unschuldig zu sein, obwohl er scharfe Zähne hatte und bekanntermaßen Appetit auf Vogeleier. Die Echse lebte schon seit tausenden von Jahren auf Guam, in trauter Eintracht mit der einheimischen Vogelwelt. Untersuchungen bestätigten Julie Savidges Skepsis. Die in den Mägen von 54 Waranen gefundenen Nahrungsreste bestanden nur zu vier Prozent aus Vögeln und deren Eiern.[6]

Damit war das infrage kommende Räuberspektrum in Guam weitgehend abgedeckt. Es gab noch ein als Philippinische Rattenschlange klassifiziertes Reptil, das erst gegen Ende des Zweiten Weltkriegs auf die Insel gelangt war. Vermutlich war es aus irgendeiner der zahllosen Kisten mit militärischem Material gekrochen, die dort nach Kriegsende zwischengelagert wurden.[7] Aber konnte eine Schlange, einer dieser kaltblütigen Hungerkünstler, für einen derartigen Genozid verantwortlich sein? Es gab keinen einzigen Fall, der einen solchen Verdacht gerechtfertigt hätte, auch wenn außer Frage stand, dass die Schlange unter anderem Vögel fraß.

Gleich zu Beginn ihres Aufenthaltes führte Julie Savidge erste Tests ihrer Räuberhypothese durch. Sie legte Dummy-Nester aus, Attrappen, in die sie Wachteleier als Köder legte. Tatsächlich fand sie bei ihren Kontrollgängen viele der künstlichen Gelege zerstört vor, wahrscheinlich von Ratten. Aber auf Rota, der kleineren Nachbarinsel von Guam, wo sie zu Vergleichszwecken ebenfalls Köder ausgelegt hatte, wurden viel mehr Eier zerstört als auf Guam. Und auf Rota gab es kein Problem mit verschwindenden Vögeln. Auch die Räuberhypothese schien nicht sehr erfolgversprechend zu sein.

Julie Savidge ließ sich nicht beirren und arbeitete weiter. Ihr Auftraggeber, der Federal Wildlife Service (FWS), bestand auf der Suche nach Krankheitserregern und so fing sie weiterhin die immer seltener werdenden Vögel, machte einen Abstrich nach dem anderen. Doch nebenher ging sie ihren eigenen Weg. Sie begab sich aufs Land, sprach mit Farmern und Landarbeitern, durchforstete alte Zeitungen und Archive, immer auf der Suche nach irgendeinem bisher übersehenen Anhaltspunkt. In der lokalen Presse veröffentlichte sie einen Fragebogen, mit der Bitte, ihn ausgefüllt zurückzusenden. Wann hatten die Menschen die letzten einheimischen Vögel in ihren Dörfern gesehen? Gab es Probleme mit Krankheiten, mit Ratten, mit Schlangen? Hatten Geflügelzüchter Schwierigkeiten mit Räubern, Katzen und Hunden zum Beispiel, die ihnen die Küken stahlen?

352 Personen antworteten.[8] Es häuften sich die Beschwerden von Farmern und Hühnerhaltern über große

Verluste. Einer hatte zwei Jahre vergeblich versucht, auch nur ein einziges Küken aufzuziehen. Stattdessen fing er überall auf seinem Hof Schlangen, 43 Tiere in acht Monaten.[9] Sie schienen allgegenwärtig, fanden durch engen Maschendraht einen Weg in die Käfige. Hin und wieder blieben sie auf dem Rückweg stecken, weil sie sich drinnen derart vollgefressen hatten, dass sie nicht mehr durch die kleinen Schlupflöcher passten. Außerdem gab es die vielen Stromausfälle, 1982 allein 65, alle verursacht von Schlangen, die auf die Überlandleitungen krochen und dort bei lebendigem Leibe gegrillt wurden. Die gut getarnte, nachtaktive Schlange schien viel häufiger zu sein als allgemein angenommen.

Sollte die Philippinische Rattenschlange doch am Vogelsterben von Guam beteiligt sein? Julie Savidge wurde misstrauisch. Sie fand heraus, dass die Schlange falsch bestimmt worden war. Es handelte sich nicht um eine Rattenschlange, sondern um die Braune Nachtbaumnatter, *Boiga irregularis,* und sie stammte nicht von den Philippinen, sondern war in der Inselwelt des Südpazifiks heimisch, auf Neuguinea, in Nordaustralien und auf den Salomonen. Dort war sie allerdings eher unauffällig, teilte ihren Lebensraum mit Dutzenden anderer Schlangenarten und was das wichtigste war, es gab dort überall eine reiche Vogelwelt, trotz *Boiga irregularis.* Warum sollte auf Guam plötzlich alles ganz anders sein?

Noch immer erschien die Vorstellung, eine Schlange könnte für das Vogelsterben in Guam verantwortlich sein, reichlich exotisch. Viel wusste man über die Braune Nachtbaumnatter nicht. Sie gehört innerhalb der Familie der Nattern *(Colubridae),* die mit 2200 Arten mehr als zwei Drittel aller lebenden Schlangenarten umfasst, zur größten Gattung. »*Boiga irregularis* war einfach nur eine weitere Schlange in der Masse.«[10] Schlangen waren keine Killer, eher Asketen, die wochenlang ohne Nahrung auskommen konnten. Wenn Julie Savidge mit einer derart abenteuerlichen Theorie an die Öffentlichkeit gehen wollte, brauchte sie Beweise, unwiderlegbare Fakten, die die Rolle der Braunen Nachtbaumnatter im aus den Fugen geratenen Ökosystem Guams klar herausarbeiteten. Aber wie beweist man so etwas? Die Schlange jagte nachts und war so gut getarnt, dass man nur selten ein Tier zu Gesicht bekam.

In der Zwischenzeit hatte sich ein Kollege von Julie Savidge eingehend mit den über Jahren gesammelten Vogeldaten beschäftigt. Er fand heraus, dass in den überwachten Gebieten durchschnittlich zwei Arten pro Jahr verschwanden, wobei die kleinsten Vögel offenbar am stärksten gefährdet waren. Seine Hochrechnung machte deutlich, unter welchem Zeitdruck sie standen. Wenn alles so weiterging, würde es noch fünf Jahre dauern, bis der letzte Waldvogel von Guam sein Leben gelassen hätte.

Immerhin konnte sich Julie Savidge mittlerweile auf die moralische Unterstützung ihres Ehemannes verlassen. Tom Seibert, wie Julie Biologe, war ebenfalls nach Guam gekommen, um sich einem brennenden Invasionsproblem zuzuwenden. Das asiatische Unkraut *Chromolaena odoranta*, das in Schiffsballastwasser auf die Insel gekommen war, breitete sich immer weiter aus und überwucherte einheimische Farne und Gräser. Da man dieselbe eingeschleppte Pflanze in Trinidad erfolgreich mit einem kleinen gelben Schmetterling bekämpft hatte, sollte Tom Seibert den Falter auf Guam aussetzen und seine Wirkung auf den pflanzlichen Eindringling verfolgen.

Julie Savidge begann sich mehr und mehr mit der Baumschlange zu beschäftigen. Zusammen mit ihren Mitarbeitern kletterte sie auf Bäume, stocherte in hohlen Stämmen herum und fand schließlich eine Methode, die Tiere zu fangen. Sie maß ihre Länge, ihren Durchmesser, zählte Männchen und Weibchen und sezierte den Mageninhalt. Neben vielem anderen fand sie dort Vögel. Aber war das schon der Beweis, den sie suchte? Sie wiederholte ihre Experimente mit den Dummy-Nestern, installierte diesmal aber Kameras, die über Lichtschranken angeschaltet wurden. »Wir erhielten einige schöne Aufnahmen«, erzählte sie Mark Jaffe. »Aufnahmen von Krabben, Ratten und Waranen.«[11] Aber leider keine Fotos von Schlangen.

Im Oktober 1984 war die Zahl der im Wald am Ritidian Point lebenden Vogelarten, dem letzten verbliebenen Refugium auf ganz Guam, auf die Hälfte zusammengeschrumpft. Julie Savidge entschloss sich zu einem mutigen Schritt. Beim jährlichen Treffen der Amerikanischen Ornithologischen Gesellschaft im New Yorker Museum of Natural History hielt sie einen Vortrag mit dem Titel: »Gründe für den Rückgang von Guams Avifauna.«

Sie stellte ihre bislang vergeblichen Bemühungen vor, in den Vögeln einen Parasiten, ein Virus oder Bakterium nachzuweisen, irgendetwas, das die Ursache einer tödlich verlaufenden Epidemie sein könnte. Dann zeigte sie Karten, die die Ausbreitung der Braunen Nachtbaumnatter dokumentierten. In mühevoller Kleinarbeit hatte sie alle historischen Daten über die Schlange zusammengetragen. Anfangs, in den Fünfzigerjahren, war ihr Vorkommen auf Guam eine solche Sensation, dass buchstäblich jeder Kontakt mit ihr den Weg in die lokale Presse fand. Beginnend auf militärischem Gelände im Südwesten, hatte die Schlange sich Schritt für Schritt über die ganze Insel ausgebreitet. Julie Savidge errechnete eine durchschnittliche Ausbreitungsgeschwindigkeit von 1,6 Kilometern pro Jahr. Anschließend zeigte sie die entsprechenden Karten, die den Rückzug von Guams Waldvögeln darstellten. Beide Kartensätze zeigten bemerkenswerte Übereinstimmungen. »Die Ausbreitung der Schlange und der Rückgang der Vögel bewegten sich wie Tangopartner über die Insel.«[12] Die Mageninhaltsuntersuchungen belegten zweifelsfrei, dass die Schlange regelmäßig Vögel und deren Eier fraß, aber bewiesen sie auch, dass das Reptil der alleinige Verursacher des Vogelsterbens war?

Julie Savidge war ins eiskalte Wasser gesprungen und sie holte sich eine schwere Erkältung. Bei den meisten Zuhörern stieß sie auf Skepsis und Unglauben. Don Brunning vom Bronx Zoo fand, dass Julie Savidges These »nicht viel Sinn machte«. Als besonders harter Kritiker entpuppte sich Douglas Pratt, ein ausgewiesener Experte für die pazifische Vogelwelt. Pratt hatte sich fünf Jahre zuvor selbst ein Bild von der Lage auf Guam gemacht und seine Eindrücke in einem Artikel veröffentlicht. Er hielt nichts von Julie Savidges Schlangenhypothese und griff sie aus dem Zuschauerraum an. »Ich bin mehrmals auf Guam gewesen und ich habe nie auch nur eine einzige Braune Nachtbaumnatter gesehen. Es gibt nichts, was mich daran glauben ließe, dass eine Schlange so etwas tun könnte.« Später schrieb er: »Die Schlangenhypothese strotzt nur so von zahllosen und unüberwindlichen logischen Fehlern.« Julie Savidge schnitt sich diesen Satz aus und hängte ihn über ihren Schreibtisch.[13]

Sie wusste selbst am besten, dass sie von handfesten Beweisen weit entfernt war. Es gab mehr Fragen als Antworten. Aber der Misserfolg ihres New Yorker Vortrages spornte sie an. Verbissen kämpfte sie um die letzten Vögel von Guam. Die Zusammenarbeit mit ihr war nicht immer leicht. Es ging auch um ihre Karriere, den erfolgreichen Abschluss ihrer Dissertation.

Lange experimentierte sie mit den verschiedensten Fallentypen. Sie hatte einige Voraussagen erarbeitet, die sich nur mit einer zuverlässigen Fangmethode überprüfen ließen. Sie erlebte einen Fehlschlag nach dem anderen, wurde gebissen und machte doch weiter. Nachts begann sie von Schlangen zu träumen. »Einmal«, erzählte ihr Mann, »wachte sie auf, lief im Schlafzimmer umher und fuhr mit ihren Händen über die Wände. Ich fragte: ›Julie, was machst du da?‹ Und sie antwortete: ›Ich muss diese Schlangen von den Wänden bekommen.‹«[14]

Die Wende wurde von John Groves eingeleitet, einem Reptilienspezialisten vom Zoo in Philadelphia. Er kam als

Skeptiker und verließ Guam als glühender Verfechter der Schlangenhypothese. Er half Julie Savidge beim Bau effektiverer Schlangenfallen und streifte Nacht für Nacht durch Guams Wälder. Was er dort sah, ließ ihn seine anfängliche Zurückhaltung vergessen. Die Dichte der Schlangen war enorm hoch. Kein Wunder, dass alles, was die Schlangen fressen konnten, insbesondere die Vögel, auf dem Rückzug war.

Endlich funktionierten die Fallen. Und die Ergebnisse waren eindeutig. In manchen Versuchsserien erreichte die Erfolgsquote schnell hundert Prozent. Pech für die Wachteln, die als Köder benutzt wurden. Die Versuchsprotokolle boten ein monotones Bild: »Schlange gefangen. Vogel verschwunden, Schlange gefangen. Vogel verschwunden, Schlange. Vogel von Schlange getötet. Vogel verschwunden, Schlange. Vogel verschwunden, Schlange. Schlange gefangen. Vogel verschwunden, Schlange.«[15]

Dann kam Tom Fritts nach Guam, ein Biologe, der langjährige Felderfahrung mit tropischen Schlangen hatte. Fritts gelang es, eine einigermaßen zuverlässige Bestimmung der Populationsgröße durchzuführen. Das Ergebnis war atemberaubend: In Guams Wäldern lebten 12 000 Nachtbaumnattern pro Quadratmeile, eine der höchsten Schlangenkonzentrationen der Welt. Ein Wanderer durch Guams Wälder hätte etwa alle zehn Schritte auf eine *Boiga* treffen müssen. Und doch hatte bis vor kurzem kaum jemand Notiz von ihnen genommen.

Als Julie Savidge 1987 in der renommierten Zeitschrift *Ecology* einen Artikel veröffentlichte, der ihre Arbeit in Guam zusammenfasste[16], waren auch die letzten Vogelpopulationen am Ritidian Point verschwunden. Nur eine höhlenbrütende Schwalbenart und einige Krähen brachten etwas Leben in das grüne Blätterdach der Wälder von Guam.

Drei Faktoren hatten die Schlangeninvasion und den resultierenden ökologischen Supergau begünstigt: *Boiga irregularis* hatte ein breit gefächertes Nahrungsspektrum und keine natürlichen Feinde, die relativ einfach strukturierten Baumkronen offerierten der Baumschlange beste Jagdmöglichkeiten und die Vogeldichte auf Guam war vergleichsweise gering, möglicherweise eine Folge der regelmäßig über die Insel fegenden Taifune, die ein üppiges Pflanzenwachstum verhindern.

»Zusammengefasst«, schrieb Julie Savidge in *Ecology*, »legen die Daten klar die Vermutung nahe, dass die Bejagung durch die eingeschleppte Schlange *Boiga irregularis* für den Rückgang von zehn einheimischen Waldvogelarten verantwortlich ist, darüber hinaus auch einiger anderer Vogelarten auf Guam. Es ist dies das erste Mal, dass ein Reptil mit der Dezimierung einer Vogelfauna in Zusammenhang gebracht wurde, und das Beispiel zeigt, wie schnell eine Ausrottung unter geeigneten ökologischen Bedingungen erfolgen kann.«[17]

Naturschützer schätzten später, dass die Braune Nachtbaumnatter, deren Name eigentlich irreführend ist, da sie sich auch als effektiver Räuber der Bodenoberfläche entpuppte, insgesamt etwa 300 000 Vögel getötet hat. Zwei Fledermausarten verschwanden ebenfalls, die Nagetierpopulationen sind nahezu zusammengebrochen, einigen Eidechsenarten erging es nicht besser.[18] Selbst die Anzahl des größten Räubers der Insel, des Warans, ging zurück, weil die Schlangen die jungen Echsen verspeisten. Es wird befürchtet, dass der Waran nur deshalb noch nicht ausgestorben ist, weil er sehr alt werden kann. Wenn die Population weiter überaltert, könnte die Lage für den Guam-Waran brenzlig werden.

Fünf Jahre später, 1992, veröffentlichte Thomas Fritts, zusammen mit zwei Biologen der örtlichen Guam Division of Aquatic and Wildlife Resources, einen Artikel, in dem erstmals genauere Angaben über die Herkunft der Braunen Nachtbaumnatter gemacht werden konnten.[19] Den Namen *irregularis* verdiente sich die Baumnatter weniger durch ihr außergewöhnliches Verhalten als durch eine auffallende farbliche und morphologische Variabilität. Als Fritts und seine Kollegen Museumsstücke aus verschiedenen Herkunftsgebieten mit den Tieren auf Guam verglichen, zeigte sich eine große Übereinstimmung mit den Tieren der Admiralitätsinseln. Sie liegen in der Nähe Neuguineas, etwa 1500 Kilometer südlich der Marianen. Nach Kriegsende bestand zwischen Guam und den Admiralitätsinseln eine stark frequentierte Luftbrücke. Von hier nahm das Unheil seinen Lauf.

Eines der wichtigsten Ergebnisse der Untersuchungen von Tom Fritts und seinen Kollegen bestand aber in der Erkenntnis, dass *Boiga* sich auch ohne Vögel am Leben erhalten konnte, und zwar auf beachtlichem Niveau. Sie ernährt sich vorwiegend von den überaus zahlreichen Geckos und Eidechsen, insbesondere von zwei nach Guam eingeführten Arten. Die Braune Nachtbaumnatter wird Guam erhalten bleiben.

Das Vogelsterben auf Guam ist einer der seltenen Fälle, in denen die Ausbreitung eines eingeschleppten Räubers und die Auslöschung einer lokalen Fauna detailliert dokumentiert oder in Teilen rekonstruiert werden konnte. Meist, beklagt Julie Savidge in ihrer Arbeit, stehen die Wissenschaftler vor dem deprimierenden Endergebnis eines solchen Vorganges, ohne etwas über dessen Dynamik und Verlauf aussagen zu können.[20] Ob es besonders angenehm ist, das Sterben um sich herum ohnmächtig mit ansehen zu müssen, steht auf einem anderen Blatt. Das Rätsel von Guam ist gelöst, aber für eine Erfolg versprechende Gegenstrategie war es zu spät. Guams Waldvögel, und mit ihnen viele andere Tiere, sind für immer verschwunden.

Boiga irregularis sollte noch eine weitere Überraschung für die Bewohner von Guam bereithalten. Die Schlangen fingen an, Babys zu überfallen. Von gellenden Schreien ihres zehn Monate alten Sohnes Skyler alarmiert, stürzten im August 1989 Ernest und Yvonne Matson in das Kinderzimmer und fanden ihr Baby im Kampf mit einer anderthalb Meter langen Baumnatter. Seine linke Hand war übersät mit Biss-Spuren und feucht von Schlangengift. Das Reptil versuchte die Babyhand zu verschlucken.[21]

Glücklicherweise ist das Gift der Baumnatter für Menschen relativ ungefährlich. Für Kleinkinder aber, noch dazu, wenn sie sehr oft gebissen werden, kann ein solcher Überfall lebensbedrohliche Folgen haben. Bisher ist kein Todesfall zu beklagen, aber die Meldungen über gebissene und angefallene Kleinkinder häuften sich. Zwischen 1989 und 1991 wurden immerhin 94 Schlangenbisse registriert. Die meisten der menschlichen Opfer wurden im Schlaf angefallen, über die Hälfte davon Kinder jünger als fünf Jahre. Aufgrund verschiedener Indizien kam man zu dem Schluss, dass es sich dabei nicht um Verteidigungsbisse handelte. Die Schlangen hatten versucht, Beute zu machen.[22]

Die Nahrung auf der Insel wurde für die Reptilien langsam knapp. Bei der Präparation gefangener Tiere wurde ein eklatanter Fettmangel festgestellt. Die mit Abstand größten Exemplare fand man in den Städten, wo es Hühner, Tauben und gut genährte Ratten gab – und Menschen. Nur dort erreichten die Tiere bis zu drei Meter Länge. Von einem unfehlbaren chemischen Orientierungssinn geleitet, suchten sich die Schlangen zielsicher die Babys heraus. Eins wurde angefallen, obwohl es zwischen Vater und Mutter im Bett seiner Eltern schlief. Sie wachten mit dem Bild einer großen braunen Schlange auf, die auf den Fingern ihres Kindes herumkaute.

Obwohl diese Fälle nicht häufig waren, begannen sich die Krankenhäuser darauf einzustellen. Einem völlig aufgelösten Ehepaar, das gerade sein von Schlangenbissen übersätes Kind ins Hospital gebracht hatte, teilten die Ärzte beruhigend mit, der Arm des Babys sähe doch gar nicht so schlimm aus. Sie hätten schon einige Fälle gehabt, die sehr viel bedrohlicher gewesen wären. Wie Hackfleisch hätte es ausgesehen.[23]

Das Kapitel *Boiga irregularis* ist damit noch lange nicht abgeschlossen. Wie vor ihm schon John Groves, fand Tom Fritts die Braune Nachtbaumnatter bei seinen nächtlichen Streifzügen überall, auch in der Nähe des Flughafens. Als er Guam wieder verließ, war er äußerst beunruhigt. Wenn es die Baumschlange über 1500 Kilometer vom Südpazifik bis nach Guam geschafft hatte, warum sollte es ihr nicht gelingen, auch andere pazifische Inseln zu besiedeln?

Tatsächlich ist die Reiselust der Baumnatter ungebrochen. Als Transportmittel wählt sie vorzugsweise das Flugzeug. Sogar bis in die Waschmaschine einer texanischen Soldatenfamilie hat sie es geschafft. Versteckt im Hab und Gut der Rückkehrer, hatte das Reptil dort neun Monate ausgeharrt.[24] Verborgen in dunklen Kisten, ist die Nachtbaumnatter mittlerweile bis ins japanische Okinawa gelangt. Sie erreichte die Marshallinseln, Guams Nachbarinsel Saipan und Hawaii. Zwischen 1981 bis 1991 wurden dort auf verschiedenen Flughäfen sechs Tiere gefunden.[25] Die Angst ist groß.

Freitag, der 24. 5. 1992. Der hawaiische Abgeordnete Daniel Akaka tritt an das Mikrophon des US-Repräsentantenhauses: »Die Vereinigten Staaten erleben eine ernste, aber kaum beachtete Invasion, deren Kosten astronomisch sind. Die Armeen sind groß, sie zählen Millionen und die Schlachtlinie reicht von der Ostküste bis zu den Grenzen von Texas und Kalifornien und sie zieht sich bis zu meinem Heimatstaat Hawaii. Und ich fürchte, wir werden diesen Krieg verlieren.

Ich spreche von der fortwährenden Invasion fremder Schädlingsarten. Heute, Mr. President, bringe ich ein Gesetz ein, das versucht, Hawaii vor einer der gefährlichsten und teuersten fremden Plagen zu schützen. Die Braune Nachtbaumnatter, die sich nach dem Zweiten Weltkrieg schnell auf Guam etabliert hat, stellt nun eine ernste Bedrohung für Gesundheit und Umwelt in Hawaii dar. Ich zögere sogar, die Braune Nachtbaumnatter eine *Pest* zu nennen, denn dieser Ausdruck erweckt bei den Menschen den falschen Eindruck, die Schlange sei keine größere Belästigung als eine Fliege oder Mücke.«[26]

Es scheint nur eine Frage der Zeit zu sein, bis sich die Ereignisse von Guam auf anderen pazifischen Inseln wiederholen. Durch die weitere Ausbreitung der Nachtbaumnatter sah sich die US-Regierung zu Maßnahmen gezwungen. Für die Bekämpfung der Schlangen stellte Präsident Clinton 1,5 Millionen Dollar zur Verfügung. Wie eine solche Bekämpfung aussehen könnte, ist bis heute unklar.

Schlacht der Schleimer

Wenn wir uns von den Marianen durch den Pazifischen Ozean nach Südosten bewegen, Fidschi und Samoa passieren und den Äquator hinter uns lassen, treffen wir nach einer Fahrt, die der Reise von Europa nach Indien entspricht, auf einen weit verstreuten Haufen kleiner bis winziger Inseln. In seiner Mitte liegen die Gesellschaftsinseln, mit Tahiti und seiner Hauptstadt Papeete als Zentrum. Von hier starteten die Vorfahren der Maoris ihre Reise nach Aotearoa und hier ist der Schauplatz eines weiteren Invasionsdramas. Da es aber eine ganz andere Gruppe von Lebewesen betrifft, Tiere, die bei Menschen auf wesentlich weniger Mitgefühl treffen, hat es nur in Fachkreisen Aufmerksamkeit erregt. Es sind nur ein paar kleine Kreuze mehr auf dem rasant wachsenden Friedhof der weltweiten Artenvielfalt. Was sich hier abgespielt hat und sich möglicherweise noch auf vielen anderen pazifischen Inseln abspielen wird, kann man mit Fug und Recht als Schlacht der Schleimer bezeichnen.

Trotz ihrer sprichwörtlichen Langsamkeit haben es einige Schnecken geschafft, riesige Entfernungen zu überbrücken, mithilfe des Menschen. Die Achatschnecke *Achatina fulica* lebte ursprünglich in Madagaskar und den

Küstengebieten Ostafrikas. Sie ist eine der größten Landschnecken der Welt, bringt es auf eine Gehäuselänge von zehn Zentimetern und bietet genug Inhalt, um in den Kochtöpfen der Menschen zu landen.

Schon 1803 brachte der Gouverneur von Reunion die Achatschnecke in den Pazifischen Raum, aus edlen Motiven, versteht sich: Eine gute Freundin sollte sich weiterhin an Schneckensuppe erfreuen können.[1] Als leicht zu erbeutendes Nahrungsmittel wurde *Achatina* in der Folge über nahezu ganz Asien verbreitet, gelangte bis nach Hawaii und Kalifornien. Vor allem die Japaner wussten ihr Fleisch zu schätzen. Sie brachten die Achatschnecke überallhin mit, wo sie sich länger aufhielten.

Die verschleppten Riesenschnecken erwiesen sich als äußerst undankbare Zeitgenossen. Sie ernährten sich vorzugsweise von den liebevoll angelegten Plantagen und Gärten ihrer neuen Gastgeber. Überall wurden sie zur Plage, besonders dort, wo Schnecken nach Abzug der Japaner nicht mehr auf dem Speiseplan standen. Vielerorts wurden Kopfprämien ausgesetzt, um die Ausbreitung der gefräßigen Weichtiere unter Kontrolle zu behalten. Auf manchen Inseln wurden sie derart häufig, dass sie in gro-

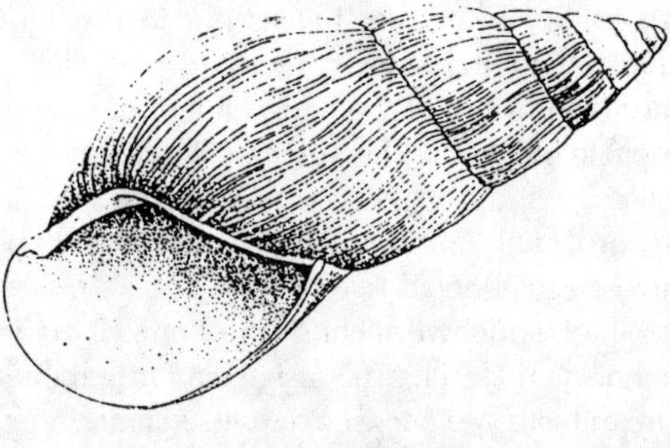

Achatschnecke, *Achatina fulica*

ßer Zahl in die Behausungen der Menschen vordrangen. Von den Wänden eines einzigen Hauses auf Moorea wurden einmal zwei volle Schubkarrenladungen an Achatschnecken abgesammelt.[2]

Schließlich dachte man sich auf Moorea und Paopao etwas ganz Besonderes aus. Am 16. März 1977 wurde in der Orangenplantage von M. Nardi *Euglandina rosea* ausgesetzt, eine aus Amerika stammende Raubschnecke mit großem Appetit auf ihre Verwandtschaft. Mit ausdrücklicher Genehmigung der Behörden sollte der Plage endlich mit einem klassischen Beispiel biologischer Kontrolle begegnet werden, ohne Gifte, ohne schädliche Folgen für die Umwelt, für den englischen Invasionsbiologen Mark Williamson eine »außergewöhnlich dumme« Entscheidung.[3] Sie löste eine jener katastrophalen Fehlentwicklungen aus, die die hehren Anliegen der biologischen Bekämpfungsmethoden nachhaltig diskreditierten.

Die Raubschnecke lebte sich gut ein und verbreitete sich mit einer Geschwindigkeit von etwa 1,2 km pro Jahr über die Inseln. Ob sie dabei tatsächlich für eine Reduzierung der Achatschnecken sorgte, ist fraglich. Die Population des Schädlings geht zwar seit Ende der Siebzigerjahre zurück, aber auch dort, wo weit und breit keine Raubschnecke zu finden ist.

Statt der Achatschnecke fielen dem vermeintlichen Helfer ganz andere Schnecken zum Opfer, die so genannten Partuliden. Unter Evolutionsbiologen sind sie eine Berühmtheit, vergleichbar mit den Darwin-Finken der Galapagos-Inseln.

Schnecken der Gattung *Partula* sind auf vielen pazifischen Vulkaninseln verbreitet, aber nirgendwo erreichten sie eine solche Formenvielfalt wie auf den Gesellschaftsinseln, wo sich insgesamt 65 Arten herausgebildet haben. Viele leben nur auf einer einzigen Insel, bewohnen nur ein einziges Tal. Seit den Zwanzigerjahren waren sie Gegenstand umfangreicher evolutionsbiologischer und genetischer Studien. Henry Edward Crampton hatte den *Partula*-Schnecken fünfzig Jahre seines Lebens gewidmet, zweihunderttausend Tiere nach allen Regeln der Kunst vermessen und umfangreiche Monographien veröffentlicht. Für Stephen Jay Gould, den prominenten Harvard-Biologen, gehören die historischen Arbeiten über die *Partula*-Schnecken »zu den wichtigsten Studien in der Geschichte der Evolutionsbiologie«.[4]

Ist nur die Darwinsche Selektion die Triebfeder der Evolution, die Auswahl der Bestangepassten aus einer zufälligen Variationspalette, oder gibt es neben diesen äußeren auch innere Ursachen für den evolutionären Wandel? Sind die vielfältigen Farb- und Formvariationen der Schneckengehäuse am Ende gar nicht das Ergebnis eines Anpassungsprozesses? Vielleicht fantasiert die Natur hier nur vor sich hin, in jeder lokalen Population auf andere Art und Weise. Es sind diese grundlegenden Fragen der Evolutionsbiologie, für die die *Partula*-Schnecken der Gesellschaftsinseln ein ideales Freilandlabor lieferten. Nun wurden sie zur leichten Beute der räuberischen Verwandtschaft aus Amerika.

Sperrt man vier *Partula*-Schnecken mit einer *Euglandina* zusammen, hat diese ihr Festmahl schon nach 24 Stunden vollendet.[5] Überall, wo *Euglandina rosea* Fuß fasste, blieben nur leere *Partula*-Gehäuse zurück.

1983 schlugen Bryan Clarke, James Murray und Michael Johnson mit einem Artikel in der Zeitschrift *Pacific Science* Alarm.[6] Das internationale Wissenschaftlertrio aus England, USA und Australien, das sich mit umfangreichen Studien über die *Partula*-Schnecken einen Namen gemacht hatte, musste hilflos mit ansehen, wie *Euglandina rosea* ihre Studienobjekte ohne jeden Respekt vor deren wissenschaftlicher Bedeutung eins nach dem anderen auffraß. Eine der sieben endemischen *Partula*-Schnecken von Moorea war bereits ausgestorben, andere zurückgedrängt und selten geworden. Da den Wissenschaftlern die Ausbreitungsrichtung und -geschwindigkeit des Räubers und die genauen Verbreitungsgebiete ihrer Studienobjekte bekannt waren, sagten sie 1984 voraus, wann für welche der verbliebenen Schnecken endgültig die Totenglocken läuten würden. Spätestens 1987, nur zehn Jahre nach Einführung des Räubers, so ihre Vorhersage, würde es auf Moorea (vielleicht mit einer Ausnahme) keine einzige *Partula*-Schnecke mehr geben.

Als dieselben Autoren 1988 unter der lapidaren Überschrift »Das Aussterben von *Partula* auf Moorea« einen weiteren Artikel zum Thema veröffentlichten, waren ihre Prophezeiungen Realität geworden: Moorea war *Partula*-frei.[7] Ihre Genugtuung darüber dürfte sich in Grenzen gehalten haben. »In bestimmten Dingen hasst man es, Recht zu behalten«, stöhnte Stephen Jay Gould.[8] Die Wissenschaftler nannten es eine »Tragödie für die Genetik« und eine eindringliche Warnung, welche verheerenden Effekte biologische Kontrollprogramme entfalten können, wenn sie so schlecht vorbereitet werden.[9]

Erst 1988, als es um die Schnecken von Moorea schon geschehen war, ergaben Versuche, dass der amerikanische Räuber kleinere Schnecken größeren vorzieht.[10] Die Achatschnecken waren für *Euglandina* ein zu dicker Brocken. Ein simples Experiment hätte die potenzielle Gefahr, die von dem importierten Räuber ausging, rechtzeitig aufzeigen können. Blinder Aktionismus ließ die Verantwortlichen selbst die einfachsten Vorsichtsmaßnahmen vernachlässigen. Zum Entsetzen vieler Wissenschaftler wird *Euglandina* noch heute von einigen Autoren als geeigneter Kontrollorganismus empfohlen.[11] Das alles ist umso unverständlicher, als die Tragödie von Moorea Jahrzehnte zuvor an einem anderen Ort und in anderer Besetzung schon einmal aufgeführt wurde. Stephen Jay Gould schildert, was er als junger Wissenschaftler auf Bermuda erlebte[12]:

»In meinem persönlichen Pantheon der gehassten und gefürchteten Tiere rangiert keine Kreatur höher als *Euglandina,* die »Killer«- oder »Kannibalen«-Schnecke aus Florida... Den ersten großen Teil meiner Karriere verbrachte ich mit Untersuchungen einer bemerkenswerten Landschnecke von Bermuda mit Namen *Poecilozonites*... Aber 1958 wurde *Euglandina* eingeführt, um *Otala zu* kontrollieren, eine importierte essbare Schnecke, die aus den Gärten entkam und sich als landwirtschaftlicher Schädling über die Insel verbreitete. Ich glaube nicht, dass *Euglandina Otala* überhaupt probierte, aber sie vernichtete die einheimische *Poecilozonites.* Normalerweise konnte ich sie auf der Insel zu Tausenden finden, aber als ich 1973 zurückkehrte, gelang es mir nicht, nur ein einziges lebendes Tier zu finden.«

Da die Raubschnecke mittlerweile auf Tahiti, den Seychellen, Mauritius, den Bahamas und vielen anderen Inseln angesiedelt wurde, stehen die Aussichten für die dortige Landschneckenfauna schlecht. Die *Partula*-Schnecken der Marianen-Inseln Guam und Saipan sind ebenfalls bedroht. Insgesamt gelten weit über einhundert Schneckenarten als potenzielle Aussterbekandidaten.

Ein besonders schwerer Fall von Schneckensterben ist in Hawaii zu befürchten, wo die den *Partula*-Schnecken nah verwandte, überaus artenreiche Gruppe der Achatinelliden lebt. Obwohl die Systematik dieser endemischen Familie keineswegs geklärt ist, gehen Forscher von etwa hundert verschiedenen Arten aus. Jede Bergkuppe, jedes Tal hat seine eigene *Achatinella*-Schnecke. Wenn nicht bald ein effektiver Weg gefunden wird, die weitere Ausbreitung des Räubers zu verhindern, dürfte es mit dieser Vielfalt bald vorbei sein.

Die einzige Hoffnung, all diese Arten zu erhalten, besteht in so genannten *captive breeding*-Programmen, der Zucht in Gefangenschaft.[13] Nur dort, hinter Glas und umgeben von einem räuberfreien Miniparadies, können einige Partula-Schnecken überleben. Geschützte Natur in ihrer extremsten Ausprägung.

Inseln

Es ist kein Zufall, dass sich die dargestellten Beispiele auf Inseln zugetragen haben. Hermetisch abgeriegelt vom Rest der Welt, verschont von Schlangen und vierbeinigen Räubern, konnten sich hier ungestört biologische Sonderwege entfalten. Die Liste der Inselarten, ob Vogel, Insekt, Schnecke oder Pflanze, ist imposant. Aber auch ihr Gegenstück, die Liste der ausgestorbenen Inselkreaturen, ist lang und sie droht immer länger zu werden. Inselfaunen sind exotische Blüten der weltweiten Artenvielfalt, aber sie sind sehr empfindlich.

1967 publizierten Robert MacArthur und Edward O. Wilson eine Arbeit, die zu einer der meistzitierten biologischen Veröffentlichungen dieses Jahrhunderts wurde.[1] Sie stellte eine von Biologen seit jeher geschätzte Forschungsdisziplin, die Inselbiogeographie[2], auf ein neues theoretisches Fundament.

Die Überlegungen der beiden amerikanischen Wissenschaftler bezogen sich ursprünglich auf ozeanische Inseln, aber sie finden heute in sehr viel größerem Rahmen Anwendung. Durch die Zerstückelung der Landschaft in immer kleinere, isolierte Bruchstücke sind auch auf dem Festland zahllose »Inseln« entstanden: Waldinseln inmitten einer intensiv bewirtschafteten Agrarsteppe, Urwaldreste, umgeben von Weideland, geschrumpfte Feuchtgebiete in einer entwässerten Wiesenlandschaft. In allen Fällen ist ein naturnaher Lebensraum begrenzter Fläche von einem anders gearteten Biotop eingeschlossen. Für viele Organismen eines Waldes haben umgebende Äcker eine ähnliche Wirkung wie die Wassermassen des Ozeans auf echte Inselarten. Sie sind durch völlig andere Licht-, Temperatur- und Feuchtigkeitsverhältnisse unbesiedelbares Gebiet, bewohnt von einer anderen Lebensgemeinschaft. Die Lebewesen sind auf ihrer Insel eingesperrt und je kleiner die Insel ist, desto schlechter stehen ihre Chancen, dort auf Dauer zu überleben.

Was die Arbeit von MacArthur und Wilson für den heutigen Naturschutz so wichtig werden ließ, war eine an und für sich banale Entdeckung: Je größer die Inselfläche, desto mehr Arten, der so genannte Arealeffekt. Auf einer Insel können demnach weniger Arten existieren als auf der gleich großen Fläche eines Kontinents. Der Zusammenhang ist nicht linear. Während auf ozeanischen Inseln von tausend Quadratkilometern durchschnittlich fünfzig Vogelarten leben, sind es auf zehntausend Quadratkilometer großen Inseln etwa hundert. Um doppelt so viele Tier- und Pflanzenarten am Leben zu erhalten, muss die Inselfläche also gleich um das Zehnfache größer sein.

Edward O. Wilson erklärt den Arealeffekt so: »Stellen wir uns eine Reihe neu entstandener Inseln vor den Küsten eines Kontinents vor, die alle gleich weit von dieser großen Landmasse entfernt sind, aber unterschiedliche Größen aufweisen. Da sie alle gleich weit vom Kontinent entfernt sind, ist ihre Einwanderungsrate – die Anzahl jährlich neu eintreffender Arten – etwa gleich hoch. Hingegen steigt die Aussterberate auf den größeren Inseln langsamer an. Das liegt daran, dass mehr Fläche mehr Raum, mehr Raum wiederum größere Populationen jeder Art bedeuten und größere Populationen schließlich die Überlebenswahrscheinlichkeit der Arten erhöhen. Die Wahrscheinlichkeit, völlig pleite zu gehen, ist niedriger, wenn man von Anfang an reich ist.«[3]

Der zweite wichtige Einflussfaktor ist die Entfernung zum nächsten Kontinent oder anderen großen Inseln (Entfernungseffekt). Auf dem Festland entspräche das dem Abstand eines Feldgehölzes vom nächsten größeren Waldgebiet. Je isolierter eine Insel ist, desto kleiner ihre Organismenzahl. Auf Inseln gleicher Größe laufen zwar ähnliche Aussterbeprozesse ab, aber die Zahl der Zuwanderer sinkt, je weiter die Inseln vom Festland entfernt sind. Der stete Besiedlungsstrom wird dünner, wie die Haut eines Luftballons, den man immer weiter aufbläst. Die geringere Zuwanderung bei gleich großer Aussterberate führt zu einer kleineren Artenzahl.

Auf alten Inseln stehen Zuwanderung und Aussterben im Gleichgewicht, die Zahl der Arten ist konstant. Wenn sich aber ein Bruchstück vom Festland löst, zum Beispiel Neuseeland von einem viel größeren Fragment des Urkontinents Gondwana, dann ist das in See stechende Inselboot in der Regel hoffnungslos überfüllt. Gemessen an der zur Verfügung stehenden Fläche könnte es viel zu viele Mitreisende geben: die Lebensgemeinschaft eines ganzen Kontinents. Die Folge ist ein rasanter Aussterbeprozess, der so lange andauert, bis Zuwanderung und Aussterben sich auf ihr flächen- und entfernungsabhängiges Gleichgewicht eingependelt haben. Da aber die Zuwanderung nicht aufhört, da nach Einpendeln des Gleichgewichts neue Arten eintreffen und alte aussterben, verändert sich fortwährend die Artenzusammensetzung. Es findet ein so genannter Turnover statt.

Das ist die Theorie.

Robert MacArthur, der fünf Jahre nach Veröffentlichung ihrer gemeinsamen Arbeit an Krebs starb, hat noch miterlebt, wie Edward Wilson und sein damaliger Doktorand Dan Simberloff die biogeographische Inseltheorie an der Realität überprüften. Ihre Voraussagen waren an vielen verfügbaren Datensätzen getestet worden, im Großen und Ganzen mit ermutigenden Ergebnissen. Aber es ist etwas anderes, mit aus der Literatur zusammengesuchten Artenzahlen und Inselflächen zu operieren, als den Prozess der Gleichgewichtsausbildung in natura zu beobachten. Ein Experiment musste her. Es wurde Mitte der Sechzigerjahre in Florida durchgeführt. Die Dreckarbeit verrichtete dabei der Doktorand: Dan Simberloff.

Nach langem Suchen wählten Wilson und Simberloff vier kleine Mangroveninseln aus, wie sie in den Florida Keys zu Zehntausenden zu finden sind. Mangroven wurzeln als salztolerante Bäume im flachen Wasser und bilden dichte kompakte Gehölzinseln, vom Einzelbaum bis zum hundert Hektar großen Wald. Der Durchmesser der Versuchsinseln betrug nur fünfzehn Meter. Eine befand sich in zwei Meter Entfernung von einer großen Insel, eine verschwindend geringe Distanz, aber sie entspricht immerhin einer Kette von tausend Ameisen. Auf den Menschen übertragen wären das 1,6 Kilometer. Die anderen Miniinseln waren weiter entfernt, der äußerste Vorposten lag 533 Meter weit draußen im flachen Wasser.[4]

Solche kleinen Inseln besitzen keine eigenen Säugetier- oder Vogelpopulationen, wohl aber eine reiche Kleintierwelt. Die Idee war, diese so genau wie möglich zu erfassen, dann radikal auszumerzen und anschließend den Wiederbesiedlungsprozess zu verfolgen. Würden sich, wie die Theorie behauptete, Ausgangs- und Endzustand gleichen?

»Wir machten uns an die Arbeit«, erzählt Edward Wilson.[5] »Auf jedem Eiland krochen wir vom schlammigen Boden bis hinauf in die Baumwipfel, dabei nahmen wir jeden Millimeter Blatt- und Rindenoberfläche unter die Lupe, sondierten jede Spalte und jeden Riss, machten Fotos und sammelten Proben ein.«

Vor allem der Schlamm machte ihnen zu schaffen. Sie sanken ein, steckten fest. Dan Simberloff zeigte großen Einfallsreichtum bei der Entwicklung schlammtauglichen Schuhwerks. Er konstruierte durchlöcherte Sperrholzflossen, die wie Schneeschuhe zu tragen waren. »Aber man konnte sich mit ihnen nicht bewegen«, erinnert sich Wilson[6], »ich habe sie aus Spaß Simberloffs getauft. Ich sagte so etwas wie: ›Unsere Simberloffs werden uns nirgendwohin tragen…‹ Dan hat versucht, sein Bestes zu geben.«

Die Analyse der Inselfaunen bestätigte den von der Theorie postulierten Entfernungseffekt. Die der Küste direkt vorgelagerte Insel hatte die höchste Artenvielfalt, die weit draußen liegende Mangroveninsel die geringste.

Jetzt begann der unerfreuliche Teil des Experiments. *National Exterminators* wurde beauftragt, eine Schädlingsbekämpfungsfirma aus Miami, die normalerweise Ungeziefer in Gebäuden beseitigte. Für die Kammerjäger war der Job in den Florida Keys sicherlich der ungewöhnlichste Auftrag, den sie je hatten. Sie verpackten die Mangroveninseln in Christo-Manier mit einer schwarzen gummierten Plastikfolie und pumpten eine für Käfer, Ameisen und anderes Kleingetier tödliche Methylbromidgaswolke hinein. Die Expositionszeit war so berechnet, dass die Mangroven keinen Schaden erlitten. Als die Plastikfolie wieder entfernt wurde, gab es plötzlich vier kleine tierfreie Inseln in den Florida Keys. Der Prozess der Wiederbesiedlung konnte beginnen.[7]

Dan Simberloff, der die Vergiftung beaufsichtigt hatte, war nun auf sich allein gestellt. Wilson musste seinen professoralen Pflichten in Harvard nachgehen und konnte nur hin und wieder dazustoßen. Unter glühender Sonne und von Moskitos traktiert, versuchte Simberloff mit dem Aufbau der neuen Lebensgemeinschaften Schritt zu halten. Stundenlang kletterte er im Mangrovendickicht der vier kleinen Inseln herum. Jede neu eintreffende Tierart musste erfasst und bestimmt werden. Da die Populationen anfangs sehr klein waren und der Prozess möglichst ungestört ablaufen sollte, konnte Dan Simberloff das zuwandernde Getier nicht einfach aufsammeln und später bearbeiten, gemütlich im Labor, mit einer dampfenden Tasse Kaffee oder einem kühlen Bier auf dem Arbeitstisch. Die Tiere mussten an Ort und Stelle bestimmt und möglichst unbeschadet wieder freigelassen werden, in Anbetracht der zerbrechlichen Winzigkeit der meisten Neuankömmlinge keine leichte Aufgabe. Die Bestimmung im Freiland setzte eine genaue Kenntnis der Tiere voraus.

Die Ergebnisse entschädigten Dan Simberloff für all die Mühen. Die Tiere nahmen die nackten Mangroveninseln schnell wieder in Besitz. Ihre Artenzahl schoss in die Höhe, ging dann zurück und erreichte nach nur einem Jahr einen relativ konstanten Wert. Dieser entsprach dem Artenbestand vor der Vergiftung der Fauna. Auch den Entfernungseffekt fand Simberloff glänzend bestätigt. Mit zunehmendem Abstand von der Küste pendelte sich die Artenzahl auf einem immer niedrigeren Niveau ein. Als die beiden Forscher ihre Bestandsaufnahme ein Jahr später wiederholten, hatte sich die Situation kaum verändert, allerdings waren einzelne Arten verschwunden, andere neu hinzugekommen. Zuwanderung und Aussterben hatten ihr Gleichgewicht gefunden, aber der andauernde Strom einwandernder Tierarten führte zu einem fortwährenden Wechsel innerhalb der Lebensgemeinschaft, zu einem Arten-Turnover. Dan Simberloff bekam seinen Doktorhut, die Wissenschaft war um ein originelles Experiment reicher und die Gleichgewichtstheorie der Inselbiogeographie hatte eine wichtige Feuertaufe bestanden.[8]

Inseln sind wahre Brutstätten für Endemiten. Ihre Populationen sind vergleichsweise klein. Sie können aus nur wenigen hundert Tieren oder Pflanzen bestehen. Entsprechend klein ist auch die Gesamtheit ihrer Gene, der so genannte Genpool. Meist sind sie zudem das Resultat einer weit zurückliegenden Besiedlung durch nur wenige Einzelexemplare, im Extremfall durch ein einziges befruchtetes Weibchen, ein keimendes Samenkorn. Evolutionsbiologen sprechen vom Gründereffekt. Die Auswahl der Gene, die mit ihren Besitzern auf der Insel landen, ist vom Zufall bestimmt, nicht von irgendeinem Auswahlmechanismus. Dies birgt Chance und Verhängnis zugleich.

In kleinen Populationen können sich Mutationen viel schneller durchsetzen als in den riesigen Tier- und Pflanzenansammlungen des Festlandes. Die Folge ist ein erheblich beschleunigtes Evolutionstempo. Außerdem offerieren neu besiedelte Inseln eine große Zahl freier ökologischer

Nischen. Handelt es sich um ganze Inselgruppen, die mehreren kleinen Teilpopulationen voneinander isolierte Entwicklungsmöglichkeiten bieten, können relativ rasch Fortpflanzungsschranken herausgebildet und eine wahre Flut von Artbildungsprozessen in Gang gesetzt werden.

Der viel größere Genpool von Festlandspopulationen, der gegenüber Neuentwicklungen als Hemmschuh wirkt, bietet unter anderen Umständen jedoch die wichtigste Überlebensgarantie, über die Organismen verfügen. Für Krisensituationen, von der Klimaveränderung bis zur Epidemie, hält er die richtigen genetischen Antworten parat. Ohne sich immer über die ganze Masse der Tiere auszubreiten, haben sich in ihm zahllose genetische Modifikationen angesammelt. Es sind quasi abrufbereite Alternativpläne, die unter veränderten Umweltbedingungen plötzlich zum Zuge kommen und neue Evolutionswege eröffnen. Inselarten mit kleinen Populationen sind da vergleichsweise hilflos. Ihr genetisches Arsenal an Reaktionsmöglichkeiten ist begrenzt. Je kleiner die Individuenzahl, desto geringer ist ihre Überlebenschance bei gravierenden Umweltveränderungen. In Populationen von wenigen hundert oder tausend Tieren kann der zufällige Tod eines einzigen den unwiderruflichen Verlust einer vorteilhaften Genkombination bedeuten. Die Evolutionsbiologen nennen dieses Phänomen Gendrift.

Was am Evolutionsbaum unter optimalen Bedingungen zahllose kleine neue Seitentriebe sprießen lässt, kann also bei Veränderung der Lebensbedingungen schnell zum Absterben ganzer Äste führen, ein natürlicher Prozess. Die Menschen haben dieses Experiment unzählige Male wiederholt, gewollt und ungewollt, und es hat leider allzu oft zum vorhersehbaren Resultat geführt. Irgendwann wird einer der vier Reiter der ökologischen Apokalypse, eine Wortschöpfung Edward Wilsons, auf ein bislang unberührtes Inselparadies aufmerksam und beginnt sein Vernichtungswerk. Meist wüten sie alle zusammen: Jagd, Räuber,

Krankheit und Lebensraumzerstörung. Das Ergebnis sind Statistiken wie die von Warren B. King ermittelte Aussterbechronologie von Inselvogelarten.[9]

Hinter Wilsons Reitern der ökologischen Apokalypse verbergen sich alte Bekannte, denn oft kommen sie in Gestalt gebietsfremder Lebewesen angaloppiert. Die Jagd ist schon ausführlich zur Sprache gekommen. Jagdbarem Wild galt das Hauptaugenmerk der Akklimatisation des 19. Jahrhunderts.

Aussterbechronologie von Inselvögeln (King 1985)

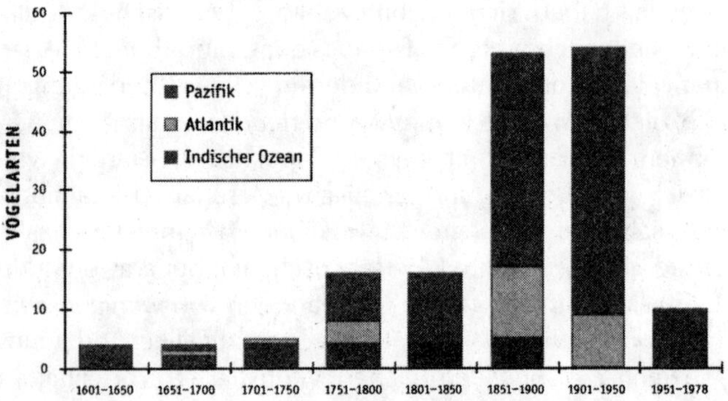

Mit Räubern sind natürlich eingeschleppte Räuber gemeint. Sie hatten bei 70 % aller ausgestorbenen Inselvögel ihre Klauen und Zähne mit im Spiel, allen voran die Ratten, weit dahinter verwilderte Katzen, Hunde, Mangusten, Schweine, die Wieselverwandtschaft und Affen. Für fast die Hälfte aller heute gefährdeten Inselvogelarten sind sie weiterhin die größte Bedrohung.[10]

Wenn Ratten, Katzen oder Wiesel eine so verheerende Wirkung entfalten können, warum gibt es dann in Europa überhaupt noch Vögel? Die Räuber hätten für ihr Vernichtungswerk hier viel mehr Zeit gehabt. Die Antwort heißt

Koevolution. In eingespielten Räuber-Beute-Beziehungen kommt es in der Regel nicht zum Aussterben der Beute. Beide haben gelernt, miteinander zu koexistieren, und beide haben jeweils maßgeblich den Evolutionsverlauf des anderen mit beeinflusst. Die Fähigkeit, möglichst effektiv Beute zu erjagen, ist für einen Räuber ein genauso entscheidender Selektionsfaktor, wie es die Fähigkeit, der Nachstellung zu entgehen, für die Beute ist. Jeder ist das Maß, an dem sich die Überlebensfähigkeit des anderen beweisen muss. Die auf Inseln häufigen flugunfähigen Vögel sind ein gutes Beispiel dafür, dass Tiere ohne die Bedrohung durch Räuber eine ganz andere Entwicklungsrichtung einschlagen können.

Für die Gliederfüßer Hawaiis war es nicht erforderlich, über Verteidigungsstrategien gegen Ameisen zu verfügen. Es gab keine Ameisen in Hawaii. Heute leben auf der isoliertesten Inselgruppe der Welt nicht weniger als vierzig eingeschleppte Ameisenarten, die meisten kamen erst in den letzten hundert Jahren.

Zwei Forscher von der University of Hawaii in Honolulu haben am Beispiel der Spinnen bewiesen, dass die einheimische Fauna dieser Invasion weitgehend schutzlos gegenübersteht. Sie konfrontierten einheimische und fremde Spinnen im Labor mit zwei eingeschleppten Tramp-Ameisenarten. Das erstaunliche Ergebnis: die hawaiischen Spinnen starben, die fremden überlebten.[11] Letztere verfügen über Defensivstrategien, die die Spinnen aus Hawaii nie entwickelt oder wieder verloren haben: Sie besitzen dickere Chitinpanzer und können im Falle eines Ameisenüberfalls ihre Beine abwerfen (Autotomie). Die Angreifer sind dann mit den zuckenden Gliedmaßen beschäftigt, die Opfer humpeln unbemerkt davon. Beides sind energetisch kostspielige Eigenschaften, die sich ohne Not kaum lohnen. Nur die Koexistenz mit Räubern macht aus Verschwendung eine sinnvolle Investition.

Neben Jagd und Räubern passt auch der dritte von Wilsons Apokalyptischen Reitern zu unserem Thema. Krankheiten werden in der Regel von Lebewesen hervorgerufen, von Pilzen, Bakterien, Viren und anderen Parasiten. Krankheitserreger können genauso eingeschleppt werden wie Hausmäuse oder Schlickkrebse, meist kommen sie zusammen mit ihren Wirten. Viele Epidemien waren Folgen solcher Mikrobeninvasionen, vom modernen Ulmensterben bis zur Krebspest, von den Masern bis zur Vogelmalaria. Sie treffen Menschen genauso wie Pflanzen und Tiere, ein Thema, das hier vernachlässigt wird, weil es in seiner Komplexität ein eigenes Buch erforderte.

Hinter dem umfassenden Begriff der Lebensraumzerstörung können sich ebenfalls Auswirkungen fremder Pflanzen und Tiere verbergen. Ziegen, Kaninchen und Schafe, die die natürliche Vegetation von Inseln zerstören, sowie fremde Pflanzen, die in die einheimischen Ökosysteme eindringen und deren Pflanzen zurückdrängen, verändern nachhaltig die dort herrschenden Lebensbedingungen. Besonders die Pflanzen können ein kaum zu lösendes Problem darstellen, da es nahezu unmöglich ist, sie wieder zu beseitigen.[12]

Obwohl Inseln auf unserem Globus viel weniger Fläche einnehmen als die Kontinente, sind dort in den letzten 400 Jahren fast dreimal so viele Tier- und Pflanzenarten ausgestorben wie auf dem Festland. Auch unter den heute noch lebenden stark gefährdeten Arten finden sich überproportional viele Inselspezies. 80 % aller in den letzten 400 Jahren verschwundenen Mollusken (in erster Linie Schnecken) lebten auf Inseln. Für 59 % der ausgestorbenen Säugetier- und über 90 % aller ausgestorbenen Vogelarten gilt dasselbe.[13]

Noch 1978 wurde die Aussterberate von Vögeln auf etwa eine Art in 3,6 Jahren geschätzt. In wenigen Jahren, so wird befürchtet, wird sie bei einer Art pro Jahr liegen. Viele der heute gefährdeten Arten werden die ausgestorbenen von morgen sein. Zum Vergleich: Die geschätzte Aussterberate im frühen Eiszeitalter betrug etwa eine Art in 83,3 Jahren. Für Edward O. Wilson gibt es daher kein Drumherumreden: »Wir befinden uns ganz deutlich inmitten einer der größten Aussterbephasen der Erdgeschichte.«[14]

18 Veränderungen von Ökosystemen

Wellington, Neuseeland 1997
SAVE OUR BUSH, GIVE GINGER A PUSH!

Plakataufschrift gegen die Verwendung von Ingwerarten als Gartenpflanzen

Massenvermehrungen einzelner Tier- oder Pflanzenarten sind typische Ökosystemreaktionen auf störende Eingriffe. Solche biologischen Systeme sind komplizierte Netzwerke wechselseitiger Abhängigkeiten. Von einem vollständigen Verständnis ist die Wissenschaft weit entfernt. Ökosystemforschung begann erst, als ganze Ökosysteme, wie Wälder oder Korallenriffe, zu verschwinden drohten.

Auf Störungen reagieren Ökosysteme mit regulierenden Ausgleichbewegungen. Schematische Darstellungen der Nahrungsbeziehungen eines Waldes oder Sees gleichen irrwitzigen Seilkonstruktionen, die auch nach stundenlangem Betrachten nicht zu entwirren sind. Werden einzelne Seile gekappt, geht ein Zittern durch das System, aber durch die Vielzahl der Sicherungsleinen kann es einiges aushalten. Auch Spinnennetze, in denen Fäden gekappt werden, bleiben meist noch recht gut in Form. Reißen mehr Leinen, kommt die Konstruktion in Bewegung, bis eine einigermaßen stabile neue Lage gefunden ist. Berndt Heydemann, Ökologe aus Kiel und ehemaliger Umweltminister von Schleswig-Holstein, hat diese Auswirkungen einmal mit Laufmaschen verglichen. Vorhersagen über ihre Entstehung, ihren genauen Verlauf und wann sie zum Stillstand kommen sind äußerst schwierig.

Jede neue Pflanze, jedes neue Tier bedeutet Veränderung in den eingespielten Zusammenhängen der betroffenen Ökosysteme. Sie fressen Nahrung, verbrauchen Nährstoffe, besetzen Plätze, die vorher ausschließlich anderen

Arten zugute kamen oder ungenutzt blieben. Der Kuchen muss in kleinere Stücke geteilt werden. Meistens bedeutet dies keine ökologische Katastrophe. Der Kuchen ist ziemlich groß.

In manchen Fällen aber sind die Auswirkungen alles andere als erfreulich. Nicht nur, wenn es zum Äußersten kommt, zum Aussterben ganzer Tier- oder Pflanzengruppen, können Ereignisketten in Gang gesetzt werden, die die betroffenen Systeme fundamental verändern. Dabei müssen Tiere oder Pflanzen nicht direkt töten. Es reicht, wenn sie in Prozesse eingreifen, die das Ökosystem als Ganzes betreffen.

Laufmaschen

Als man in Kanada entdeckte, dass eine bei Sportfischern hoch geschätzte Lachsart hervorragend gedieh, wenn sie sich von dem räuberischen Krebs *Mysis relicta* ernährte, siedelte man diesen in etwa hundert weiteren Gewässern an. 1981 gelangte er in den Flathead Lake in Montana, einen der größten Seen der westlichen USA. Die dort beheimateten Lachse aber verschmähten den Neuankömmling und hielten sich weiter an ihre gewohnte Kost. *Mysis relicta,* als Fischnahrung gedacht, wurde zum Konkurrenten.

Als die heimischen Wasserflöhe in Anwesenheit des gefräßigen neuen Krebses immer seltener wurden, war es mit der Lachsherrlichkeit bald vorbei. Die Zahl der begehrten Fische schrumpfte auf ein Fünfhundertstel ihres ursprünglichen Bestandes zusammen. Aber damit kamen die Laufmaschen im Ökosystemgefüge noch lange nicht zum Stillstand. Angler, die bis 1985 jährlich über hunderttausend Lachse aus dem Wasser gezogen hatten, fingen 1988 und 1989 keinen einzigen Fisch mehr. Die zahlreichen Fischadler, eine der großen Touristenattraktionen der Gegend, suchten sich bessere Jagdgründe. Auch viele andere Vogelarten, Grizzlybären, Coyoten, Mink und Otter machten sich rar. Die Zahl der Touristen ging von jährlich fast 50000 auf 1000 im Jahr 1989 zurück. Niemand hätte Anfang der Achtzigerjahre zu prophezeien gewagt, dass das Aussetzen eines winzigen Krebses derart weitreichende Folgen haben könnte.[1]

Auf der Pazifikinsel Guam kam es zum Äußersten. Fast alle Waldvögel sind verschwunden, aufgefressen. Den zweiten Teil der Geschichte habe ich Ihnen aber bisher vorenthalten. Wenn ein Ökosystem so vieler seiner Protagonisten beraubt wird wie der Wald in Guam, dann muss das Konsequenzen haben, die über das Fehlen von lieblichem Vogelgezwitscher hinausgehen. Mit den Vögeln verschwanden ja auch viele Eidechsen, Nager und Fledermäuse.

Neuengland, USA
Die europäische Napfschnecke *Littorina littorea* wird von den meisten Menschen für eine Muschel gehalten, weil ihre Schale nicht gewunden ist wie bei anderen Schnecken. In den Gezeitenzonen felsiger Küsten sitzen die Tiere in großer Zahl auf den Steinen. Bei Flut wandern sie herum und grasen die Algenteppiche auf den Felsen ab. Bei Niedrigwasser saugen sie sich fest an den Untergrund, um nicht auszutrocknen. Als die Napfschnecke mithilfe der Menschen an amerikanische Küsten gelangte, begann sie auch dort nach langsamer, aber kontinuierlicher Schneckenart die Algenteppiche von den Felsen abzuweiden. Dabei veränderte sie den Charakter der Küste Neuenglands. Wo früher schlammige Pfützen und glitschige Steine vorherrschten, ragen heute nackte Felsen aus dem Wasser. Ein ganzer Lebensraum für Kleintiere und Algen verschwand und wurde durch einen neuen ersetzt.[2]

Als kürzlich ein koreanisches Verkehrsflugzeug auf Guam abstürzte und eine breitere Öffentlichkeit erstmals von dieser Insel Notiz nahm, war immer wieder von einem Tropenparadies die Rede. Wenn man darunter mehr versteht als ein paar Palmenwipfel, die sich im Sonnenuntergang wiegen, ist das eine völlig unangemessene Beschreibung. Die Invasion der Braunen Nachtbaumnatter hat aus dem Tropenparadies eine stille Hölle für Arachnophobiker gemacht.

Viele Beutetiere der Baumnatter ernährten sich von Insekten. Ohne ihre Feinde konnten diese sich ungeheuer vermehren. Die Einzigen, die sich darüber freuen, sind die

Spinnen. Sie sind es, die jetzt den Insektenüberschuss abschöpfen. Ohne Vögel und Geckos, die auch eine fette Spinne nicht verschmähen, haben sich die stummen Wälder Guams in ein glitzerndes Spinnennetzgewirr verwandelt. »Jetzt haben wir auch noch eine Spinnenplage«, stöhnte Thomas Fritts, der amerikanische Schlangenexperte.[3]

Weder die Zunahme der Insekten noch die der Spinnen sind in Guam wissenschaftlich erfasst worden. Und wie so oft fehlen jegliche Vergleichsdaten aus besseren Tagen. Das Ganze ist ein zwar plausibles, aber nachträglich konstruiertes Erklärungsmodell. Sind die Spinnen tatsächlich häufiger geworden oder bleiben ihre großen, von Ast zu Ast gespannten Netze nur länger erhalten, weil es keine Vögel mehr gibt, die die Netze beim Flug durch den Wald zerreißen könnten?

Die Frage ist nicht so abwegig, wie sie klingt. Viele Radnetzspinnen verzieren ihre Netze mit kunstvollen weißen Seidengebilden, die Spiral- oder X-Form haben können. Wissenschaftler haben diese meist im Zentrum der Netze sitzenden Strukturen Stabilimenta genannt.

Alexander Kerr, ein Biologe der University of Guam, hatte den Eindruck, dass diese Stabilimenta in den Spinnennetzen Guams sehr viel seltener waren als in anderen Lebensräumen. Zwei Jahre lang untersuchte er 1195 Radnetze einer großen Spinnenart namens *Argiope appensa*. Um Vergleichsdaten zu ermitteln, durchstreifte er nicht nur Guam, sondern auch die schlangenfreien Nachbarinseln Rota, Saipan und Tinian. Seine Spinnennetzsuche brachte tatsächlich Erstaunliches zu Tage: Während auf Rota, Saipan und Tinian etwa die Hälfte aller Netze seidene Stabilimenta enthielten, waren es auf Guam nur gut 16 %, der mit Abstand niedrigste Wert, der jemals in der Welt für Radnetze von *Argiope*-Arten ermittelt wurde.[4]

Die Seidenproduktion ist für die Spinnen mit erheblichem Energieverbrauch verbunden. Der Rohstoff ist für sie so wertvoll, dass sie ihre Netze nach Gebrauch auffressen und recyceln. Über die Funktion der Seidenstabilimenta ist in der Fachwelt viel gestritten worden, aber nur zwei der vielen vorgeschlagenen Erklärungsmöglichkeiten wurden experimentell belegt. Stabilimenta reflektieren ultraviolettes Licht und locken so Insektenbeute ins Netz und sie fungieren als Warnzeichen, die Vögel davon abhalten sollen, durch die Netze zu fliegen. Studien belegen, dass Vögel Spinnennetzen im Flug, wenn möglich, ausweichen. Mit auffälligen weißen Seidenhieroglyphen dekorierte Netze halten daher nachweislich länger als Fangnetze ohne Stabilimenta.[5] Sie sind eine Art Leuchtfeuer im Luftverkehr des Dschungels, wie die Lampen auf hohen Gebäuden und Schornsteinen.

Ohne Vögel macht der energieaufwendige Versuch der Spinnen, sie vom Durchfliegen der Netze abzuhalten, jedoch keinen Sinn mehr. Auch wenn ein exakter Beweis der These Alexander Kerrs noch aussteht, die Durchflugwarnzeichen von Radnetzspinnen scheinen in Abwesenheit von Vögeln genauso einer sparsamen Energiepolitik zum Opfer zu fallen wie das Flugvermögen von Inselvögeln in Abwesenheit von Räubern.

Damit nicht genug. Welche Auswirkungen wird das Aussterben der Waldvögel auf die Vegetation haben? Viele Pflanzen wurden dadurch verbreitet, dass Fledermäuse und Vögel ihre Früchte und Samen fraßen und über weite Strecken transportierten. Vermutlich wird sich die Artenzusammensetzung des Waldes ohne die Vögel verändern. Erste Anzeichen dafür sind bereits zu erkennen.

Vermutlich, vielleicht, möglicherweise... Ereignisse wie in Guam zeigen, wie wichtig die Kenntnis biologischer Zusammenhänge ist. Sind Strukturen einmal gestört oder zusammengebrochen, rächen sich die Versäumnisse der Vergangenheit. Für das Verständnis ökosystemarer Reaktionen fehlen plötzlich Daten, die man früher für unwichtig hielt und die heute nicht mehr erhoben werden können. Was bleibt, sind Vermutungen, Analogien und unbeweisbare Behauptungen.

Im Honigtauwald

Lake Rotoiti, Nelson Lakes National Park, Neuseeland. Lindsey, ein Parkranger vom Department of Conservation, führt eine Gruppe in den Bergbuchenwald am nördlichen Seeufer. Der sympathische Mittdreißiger in Shorts und Rangeruniform sieht aus wie Michael Caine in seinen besten Zeiten. Unter einer großen *Nothofagus*-Buche erklärt er die wichtigsten Baumarten des Waldes: Rotbuche, Silberbuche, Bergbuche.

»Wenn Sie hier in den Siebzigerjahren durchgegangen wären«, erzählt Lindsey, »hätten Sie viele Misteln gesehen, neuseeländische Misteln. Sie hingen überall in den Bäumen. Leider gibt es sie heute nicht mehr. Sie sind von den Fuchskusus schwer geschädigt worden. Sie haben sie alle aufgefressen. Wir würden hier eigentlich auch Rata-Bäume erwarten, aber auch die fressen die Kusus sehr gerne.«

Ein Mitarbeiter des DoC hat die australischen Fuchskusus einmal als Kettensägen im Pelz bezeichnet. Dass sie sich ausgerechnet auf die beliebten rotblühenden Ratas stürzen, nehmen ihnen die Neuseeländer übel. Mittlerweile haben sie sich über das ganze Land ausgebreitet. Jedes der schätzungsweise 60 Millionen Beuteltiere frisst in einer einzigen Nacht 300 Gramm Blätter, Blüten, Knospen und Früchte, alle zusammen Nacht für Nacht eine ganze Containerschiffsladung. Bei Kotanalysen fanden Wissenschaftler heraus, dass fast die Hälfte der Proben auch Überreste von großen Insekten und Schnecken enthielt. Seit 1991 Vogelnester Tag und Nacht durch eine Videokamera überwacht wurden, weiß man, dass die früher als reine Vegetarier eingeschätzten Fuchskusus sogar Vögel sowie deren Eier und Nachwuchs fressen.[1]

Irgendwann kamen die ersten Wespen in den Wald. Bisher folgte die Geschichte dem üblichen Schema. Eingeführte Tierarten fressen einheimische Flora und Fauna. Aber die beiden eingeschleppten europäischen Wespenarten griffen auf völlig andere Weise in die Lebensgemeinschaft des Waldes ein. Sie zeigt, wie verwickelt ökologische Zusammenhänge sein können und wie empfindlich scheinbar stabile Systeme sind.

Vespula germanica und *Vespula vulgaris,* unsere alten Bekannten vom spätsommerlichen Pflaumenkuchen, gelangten 1944 nach Neuseeland. Damals krochen auf dem Flughafen von Hamilton befruchtete Wespenköniginnen aus Kisten mit militärischem Gerät. Sie fanden ihr Paradies auf Erden. Nirgendwo auf der Welt erreichen europäische Wespen so hohe Dichten wie auf der Südinsel Neuseelands. Aber hier umschwirren sie nicht nur die Auslagen der Bäckereien.

Neuseeland, 1997

Fuchskusus verursachen jährlich Schäden und Produktionsausfälle in Höhe von 40 bis 60 Millionen NZ-$.[2] Ihre Bekämpfung kostet weitere 48 Millionen NZ-$ im Jahr. Dazu müssen noch 8 Millionen NZ-$ für die Forschung über Auswirkungen, Lebensweise und Bekämpfungsmöglichkeiten aufgewendet werden. Fuchskusus sind zudem bedeutende Überträger einer Viehkrankheit, der so genannten bovinen Tuberkulose, die Rinder und Farmhirsche befallen kann. 23 % der neuseeländischen Kusu-Population sind mit boviner Tb infiziert. Sollten sich daraus Einschränkungen für den Verzehr von Fleisch und Milchprodukten ergeben, könnten laut dem neuseeländischen Animal Health Board Schäden bis zu 2500 Millionen NZ-$ jährlich entstehen.[3]

»Hören Sie, wie still der Wald ist?«, fragt Lindsey. »Es ist wirklich still hier. Da ist dieses Summen. Wenn Sie leise sind, hören Sie nur das Summen der Wespen. Wissen Sie...« Lindsey ist betroffen. Er sucht nach Worten. »Wirklich... bis in die Siebzigerjahre waren Wespen hier kein Problem. Mitte der Sechziger hatte hier noch niemand eine Wespe gesehen. Es ist unglaublich, in so kurzer Zeit... Ich glaube, sie sind aus der Marlborough-Gegend heruntergekommen. Die älteren Leute hier erzählen, dass das Vogelkonzert in diesem Wald fantastisch war.«

Die anderen nicken. Lindsey zählt die Vogelarten auf, die früher hier lebten und nun verschwunden sind. »Wir hatten Sattelrücken, Lacheulen und vor allem Kakapos, die den schönsten Vogelruf in der ganzen Welt haben, wenn Sie mich fragen. Seit dreißig Jahren sind auf der ganzen Südinsel keine mehr gesehen worden. Sie sind einfach verschwunden.«

Die Stimmung in der Gruppe ist auf dem Tiefpunkt. Sie bessert sich erst, als Lindsey die Vögel erwähnt, die das DoC wieder aussetzen will. In zehn, fünfzehn Jahren, so hofft Lindsey, soll hier wieder das alte Vogelkonzert zu hören sein.

Der Südbuchenwald an den Berghängen des Nelson Lakes National Park ist ein so genannter honey dew forest, ein Honigtau-Wald. Hinter dem märchenhaften Namen

Fuchskusu

steckt eine profane Wirklichkeit: ein Pflanzenparasit. In der Rinde vieler Bäume sitzen zahllose Schildläuse *(Ultracoelostoma assimile)*. Sie bohren die Leitungsbahnen der Bäume an und saugen zuckerreichen Pflanzensaft. Es sind nur die Weibchen, deren Körperbau nichts mehr mit einem normalen Insekt zu tun hat. Sie sind reine Fress- und Fortpflanzungsmaschinen, ohne Beine, ohne Fühler, nur kaum erkennbare rundliche Warzen in der Rinde der Bäume. Einmal an Ort und Stelle, können sie ihren Platz nie wieder verlassen.

Aus ihrem Hinterleib ragt ein feiner, drei, vier Zentimeter langer Faden heraus, an dessen Spitze ein winziger Tropfen hängt: Honigtau, zuckersüß und heiß begehrt. Unaufhörlich scheiden sie diese extrem energiereiche Flüssigkeit aus, wie die von Ameisen gemolkenen und verteidigten Blattläuse unserer Breiten. Wer sein Auto in Deutschland schon einmal unter Linden abgestellt hat, kennt das Phänomen und weiß, welche Mengen an Honigtau dort im Sommer herunterrieseln.

Ein Teil der süßen Ausscheidungen tropft auf die Baumrinde und ernährt dort einen Pilz. Sein schwarzer, krustiger Überzug umhüllt die Stämme wie ein dicker Wollpullover. An ihm sind parasitierte Bäume sofort zu erkennen. Bei näherer Betrachtung sieht man auch die zahllosen, wie winzige Luftangeln aus der pilzbewachsenen Rinde ragenden Fäden der Schildläuse.

Der Pilz ist sehr nährstoffreich. Er ist Lebensraum für unzählige Kleintiere, die ihn oder den ihn ernährenden Honigtau fressen oder einfach nur Schutz in den vielen Schlupflöchern der verpilzten Baumrinde suchen. Die Insekten wiederum ernähren andere Tiere. Viele Geckos und Vogelarten dieses Waldes trinken den Honigtau, fressen den Pilz oder stochern nach der von ihm abhängigen Insektenfauna.

Man könnte nun glauben, der Baumparasit schädige seine Wirte, indem er ihnen kostbare Nährstoffe entzieht.

In Wirklichkeit bilden alle Teile dieses Systems ein perfektes Ganzes. Die Parasiten lassen den Pilz gedeihen. Der Pilz lockt Insekten und Vögel an, die ihren Kot in der Nähe des Stammes fallen lassen. Teile des Pilzes lösen sich und fallen zu Boden. Die Bäume des Bergwaldes, die sich mit ihrem flachen Wurzelteller in eine dünne Erdschicht krallen und so die Hänge vor dem Abrutschen bewahren, verwerten mithilfe der Bodenorganismen alles, was im Einzugsbereich ihrer Wurzeln landet: das eigene Laub, den Kot der Tiere, deren Leichen und die Pilzfragmente. Ein wunderbares, sich selbst erneuerndes Kreislaufsystem, dessen Nebenprodukt die organismische Vielfalt dieses Waldes ist. So funktionierte es seit Jahrtausenden. Bis die Wespen kamen.

Die Wiesel, Hirsche, Katzen und Fuchskusus fraßen »nur« die Vögel und Pflanzen. Der Wald wurde stiller und ärmer. Aber die Lebensader dieses Waldes konnten sie nicht treffen. Erst mit den Wespen hat sich das geändert. Wespen sind äußerst effektive Insektenjäger mit einer unbändigen Leidenschaft für Zucker. Der Honigtau-Wald bietet ihnen beides.

»In schlechten Jahren«, erklärt Lindsey, »nehmen sich die Wespen den gesamten Honigtau. Nichts erreicht die Tuis und Glockenvögel und Kakas. Aber die Vögel brauchen diesen Zucker. Es ist ein wichtiger Kohlenhydratstoß für sie. Sie brauchen das, um in den Winter gehen zu können.«

Da sie einen Großteil des Honigtaus verbrauchen, bedrohen die Wespen das gesamte Gefüge des Waldes. Ohne den Wald aber könnten die Hänge der Berge in Bewegung geraten. Das wild zerklüftete Bergland Neuseelands ist extrem erdrutschgefährdet. Überall zeugen tiefe Narben im Wald von der Gewalt der Geröll-Lawinen.[4]

Nun will das Department of Conservation den fremden Räubern das Handwerk legen. In einem 800 Hektar großen Gebiet sollen Kusus, Wiesel und Wespen ausradiert werden. Der Wald soll sich erholen. Gestern hat Sir David

Attenborough, der berühmte englische Naturfilmer, mit einer flammenden Rede das Lake Rotoiti Nature Recovery Project eröffnet. Lindsey weiß, was auf ihn und seine Kollegen zukommt.

»Die Wespen. Das werden für uns die am schwierigsten zu kontrollierenden Räuber sein. Sie sind klein und sie sind sehr, sehr beweglich. Ja..., das wird eine echte Herausforderung. Unser größtes Problem ist die Wespenkontrolle.«

Birke und Robinie

Auch bei uns in Europa verändern neue Pflanzen- und Tierarten die Lebensbedingungen der von ihnen besiedelten Standorte. Meistens fällt das nur Spezialisten auf, aber fest steht, dass die Landschaft von morgen und übermorgen durch Neozoen und Neophyten ein anderes Aussehen bekommen wird. Das Wort Katastrophe ist dafür sicher unangebracht. Ob man es als Schaden bezeichnet, ist eine Frage des Standpunktes. Von Verhältnissen wie in Neuseeland oder Hawaii sind wir in Europa weit entfernt. Oder ist man dort nur empfindlicher? Unaufgeregte Kenner der Materie mahnen eindringlich, Werturteile und wissenschaftliche Analysen sauber auseinanderzuhalten.

Aus der Vielzahl der möglichen Beispiele sei hier die Robinie *(Robinia pseudacacia)* herausgegriffen, ein nordamerikanischer Baum, der Anfang des 17. Jahrhunderts nach Europa gelangte. Nach einer langen Eingewöhnungszeit hat sie sich zum erfolgreichsten der neophytischen Bäume entwickelt. Im Berliner Raum liegt sie an fünfter Stelle aller vorkommenden Baumarten, nur noch übertroffen von Spitz- und Bergahorn, Sandbirke und Stieleiche. Sie ist sowohl in städtischen Brach- und Grünflächen als auch in Wäldern anzutreffen, nur in Feuchtgebieten, einer letzten, unangefochtenen Domäne einheimischer Gehölze, fehlt sie.[2]

Die Robinie (oder auch Falsche Akazie) kann auf sehr mageren Böden wachsen, gedeiht bevorzugt an trockenen

Standorten, liebt tiefgründigen Lehmboden, kommt aber auch problemlos mit Sand, Trümmerschutt oder Schotter zurecht. Durch diese Vorlieben gerät sie in Konkurrenz zur einheimischen Hänge- oder Sandbirke *(Betula pendula).*

Wenn Pflanzen neue Standorte besiedeln, beginnt ein Prozess, den die Ökologen als Sukzession bezeichnen. Die Pflanzendecke eines solchen Standortes, etwa einer anfänglich nackten Brachfläche, bleibt nicht konstant, sondern entwickelt sich langsam über mehr oder weniger feststehende Zwischenstadien auf einen Endzustand hin, der in unseren Breiten fast immer von einer Waldgesellschaft gebildet wird.

Sowohl die neophytische Robinie als auch die einheimische Sandbirke sind so genannte Pionierarten. Als erste Bäume besiedeln sie freie Flächen und leiten den Übergang von trockener Rasenvegetation zur Bewaldung ein. Beide Arten sind auf innerstädtischen Brachflächen in Berlin, auf denen über fast vierzig Jahre eine weitgehend ungestörte Sukzession ablaufen konnte, die häufigsten Baumarten. Dabei liegen Robinien- bzw. Birken-dominierte Wäldchen auf denselben Böden dicht nebeneinander, eine ideale Ausgangssituation, wenn man den Sukzessionsverlauf unter beiden Baumarten vergleichen will.

Chile, 1983
Eingebürgerte Kaninchen nutzen die Vegetation wesentlich intensiver als einheimische Nager, die endemischen Degus. Chilenische Forscher legten verschiedene Pflanzungen an und untersuchten nach einem Jahr, was Kaninchen und einheimische Nager übrig gelassen hatten. Die Degus beknabbern Strauchsämlinge nur in unmittelbarer Umgebung ihrer Bauten, während Kaninchen einen wesentlich größeren Aktionsradius haben und mehr Sämlinge absterben lassen. Die Forscher gehen davon aus, dass sich im Matorral, der charakteristischen Pflanzengemeinschaft Zentralchiles, nach und nach weniger gut bekömmliche Straucharten durchsetzen und die Abstände zwischen den Pflanzen vergrößern werden.[1]

Der Botaniker Ingo Kowarik hat einen solchen Vergleich auf über fünfzig Untersuchungsflächen durchgeführt.[3] Schon auf den ersten Blick zeigen sich erhebliche Unterschiede.

Obwohl Birken und Robinien in etwa derselben Dichte wachsen (ca. 900 Stämme pro Hektar), bedecken die Kronen der Robinien eine wesentlich größere Fläche. Einheimische Waldgesellschaften brauchen viel länger, um sich zu so dichten Beständen zu schließen.

Entscheidend für die zukünftige Vegetationsentwicklung ist, was sich unter den Bäumen tut. Da die Kronendichte der Robinien größer ist, werfen sie auch mehr Schatten. Die unter ihnen wachsenden Pflanzenarten müssen mit weniger Licht auskommen als in einem Birkenwäldchen. Das spiegelt sich in der Artenzusammensetzung wider.

Hawaii

Der Feuerbaum *Myrica faya* ist ein so genanntes Gagelstrauchgewächs, das von den atlantischen Azoreninseln stammt. Portugiesische Immigranten brachten die Pflanze Ende des 19. Jahrhunderts nach Hawaii. Sein Luftstickstoff verwertender Symbiont heißt *Frankia,* ein Pilz. Da der Strauch nicht auf eine Versorgung aus dem Boden angewiesen ist, konnte er in Hawaii die extrem stickstoffarmen jungen Lavaflüsse und Ascheablagerungen des Volcanoes National Park besiedeln. Bisher gab es dort nichts Vergleichbares und der Feuerbaum konnte sich ungestört entfalten. Seine Verbreitung übernehmen Vögel, insbesondere einige der eingebürgerten Arten. Jahr für Jahr fügt er dem Boden pro Hektar 18 Kilogramm Stickstoff hinzu, eine Menge, die ausreicht, das gesamte System grundlegend zu verändern. Einheimische Arten, die nur auf den armen Böden konkurrenzfähig waren, werden von Zuwanderern verdrängt. Die charakteristische Pflanzengemeinschaft entwickelt sich in eine völlig neue Richtung.[4]

Eine andere Eigenschaft der Robinie hat jedoch sehr viel größeren Einfluss. Sie ist eine Leguminose, eines jener Gewächse also, die mithilfe symbiontischer Wurzelbakterien in der Lage sind, atmosphärischen Stickstoff zu verwerten. Sie reichert den mageren Boden mit Nährstoffen an und schart so eine charakteristische Gruppe von Begleitpflanzen um sich, die ohne die Vorarbeit der Robinie kaum eine Besiedlungschance gehabt hätten: Brennnessel, Schwarzer Holunder, Waldrebe, Mahonie und Kleines Springkraut, ein Teil davon wiederum neophytisch. Ein Vergleich verschiedener Altersstadien zeigt, dass diese Entwicklung schon wenige Jahre nach dem Eindringen der Robinien beginnt.

Wie es ohne die Robinie weitergegangen wäre, zeigen die Pflanzen unter der Sandbirke. Es sind viele Gräser und ein großer Teil stammt noch aus dem Sukzessionsstadium, das der Birkenbesiedlung vorausging. Durch die Nährstoffarmut geht der Artenwechsel nur langsam vonstatten.

Birke und Robinie sind Waldpioniere. Bei ungestörter Entwicklung werden sie irgendwann von anderen höherwüchsigen Baumarten verdrängt. Auch auf den Untersuchungsflächen von Ingo Kowarik würde ein Wald entstehen. An der aufwachsenden Krautschicht lässt sich ablesen, welche Baumarten den Versuch machen, die Standorte zu übernehmen. Auch hier zeigt sich, dass die Robinienwälder eine ganz andere Entwicklungsrichtung einschlagen als die Birkenwälder.

Zunächst liefert die Erfassung der aufkommenden Gehölze keine Überraschung. Die häufigste Baumart unter Birken ist die Birke, unter Robinien ist es die Robinie, eine Folge der natürlichen Verjüngung. Während aber die Birkenbestände lange licht bleiben, hat sich unter den Robinien eine dichte Strauchschicht ausgebildet. Im Vergleich zu den Birkenstandorten enthält sie fünfzehnmal so viele Gehölzpflanzen, davon gut viermal so viele Baumindividuen und sechzigmal so viele Sträucher.[5]

Von den vielen emporsprießenden Bäumen haben nur die eine Chance, den Standort irgendwann zu dominieren, die Schatten vertragen, solange sie noch kleiner als die Robinien sind, aber so groß werden, dass sie diese schließlich überragen und verdrängen können. Dazu sind nur wenige Baumarten in der Lage, zum Beispiel Eichen, Eschen und einige Ahornarten. Unter Robinien sind sie viel häufiger zu finden als unter Birken. Betreibt die Robinie also ihren eigenen Untergang? Beschleunigt sie die Sukzession zu einer Waldgesellschaft, in der sie selbst keinen Platz mehr hat?

Diese Frage lässt sich nicht abschließend beantworten. »Bislang sind geschlossene Robinienbestände in Berlin noch nicht von Gehölzen überwachsen worden.«[6] Wer die Populationsdynamik von Baumarten studieren will, muss viel Geduld mitbringen. Ein Forscherleben ist dafür zu kurz. Die Robinienwälder auf den Berliner Brachflächen sind nach vierzig Jahren gerade dem Kindesalter entwachsen. Aus zahlreichen Indizien lässt sich aber ableiten, dass die Robinie so schnell nicht verschwinden wird. Selbst wenn sie in den kommenden Wäldern nur eine Nebenrolle spielen sollte, wird es weiterhin genug Flächen geben, wo sie ihr überlegenes Pioniergehabe unter Beweis stellen kann.

Neuseeland, 1997
Einige der neuen Pflanzen Neuseelands könnten als so genannte *nursery plants* für die einheimische Pflanzenwelt von großem Nutzen sein. Wenn man sie denn ließe. Europäischer Stechginster und die viel gescholtene Kiefer *Pinus radiata* wachsen vor allem auf Hängen, die vor langer Zeit gerodet wurden. Der Urwald, der dort einmal stand, kann sich von selbst nicht regenerieren. Im Schutz der beiden erholt er sich. Ließe man der Entwicklung freien Lauf, könnten langsam, aber hoch wachsende einheimische Bäume die Regie übernehmen. Dazu müsste man allerdings anders vorgehen als die Holzfirmen, denen die *Pinus*-Pflanzungen gehören. Zurück bleibt ein kahler Acker, auf dem wie gigantische Zahnstocher einige Holzstämme liegen. Immerhin haben die großflächigen *Pinus*-Anpflanzungen den Druck vom einheimischen Wald genommen. Das Land kann jetzt sogar Holz exportieren, ohne seine verbliebenen Urwälder roden zu müssen. Einheimischer Wald fällt in Neuseeland nur noch durch Kettensägen im Pelz.

Ob mit oder ohne Robinie, dort, wo sie im wahrsten Sinne des Wortes den Boden bereitete, wird ein anderer Wald wachsen als in der Nachfolge der einheimischen Birken. Vermutlich ebnen die Birken der typisch brandenburgischen Kiefern-Eichen-Gesellschaft den Weg. Die Robinie dagegen könnte auf ehemals nährstoffarmen Böden einen relativ anspruchsvollen Laubmischwald entstehen lassen.[7]

Ist diese Entwicklung nun ein Charakteristikum des Stadtbiotops Berlin oder geschieht Vergleichbares auch im weiten Land? Kowarik hat die Spuren der Robinie in Brandenburg verfolgt, wo der Baum oft aus forstlichen Gründen angepflanzt wurde. Sein Fazit: *Robinia pseudacacia* wird auch dort »auf lange Sicht die Ökosystementwicklung beeinflussen. Der Erfolg der Robinie... setzt sich außerhalb der Stadt auf naturnahen Standorten Brandenburgs fort.«[8]

Die fehlende Made

Wie bei vielen pflanzlichen Invasoren Neuseelands begann auch die Karriere von *old man's beard* als harmlose Gartenpflanze. Mit ihren weißblühenden Ranken verwandelte sie Pergolen und Häuserwände in den Traum jedes emsigen Gartenbesitzers. Die Gärten hat *old man's beard* schon lange verlassen. Heute windet sich die Liane überall im Land an Bäumen empor, raubt ihnen Luft und Licht und erstickt sie unter einer dichten Blüten- und Blättermasse wie eine Decke das Feuer. Aus der Mitte ihrer grünen Pracht ragen schließlich die kahlen Gerippe der abgestorbenen Bäume hervor. Erforschung und Bekämpfung der zum Invasoren gewordenen Gartenpflanze haben seit 1989/90 mehr als 5 Millionen Mark verschlungen.[1]

Old man's beard heißt in Deutschland Gemeine Waldrebe. Sie ist nur in Teilen Europas heimisch, gilt bei uns als Neophyt, wurde aber schon im 16. Jahrhundert in Kultur genommen. Auch in unseren Breiten kann sie dichte, so genannte Schleiergesellschaften bilden und einheimische Lianen ausschließen.[2] *Clematis vitalba,* so ihr wissenschaftlicher Name, gilt heute als die schlimmste Pflanzenpest Neuseelands. Keiner der sonst so gefräßigen Pflanzenfresser scheint sich für *old man's beard* zu interessieren.

Auch die Vereinigten Staaten werden von einer aggressiven Liane heimgesucht und auch hier scheint sich keiner der zahlreichen Pflanzenfresser zuständig zu fühlen. Die Bilder aus Neuseeland und den Südstaaten der USA sind sich zum Verwechseln ähnlich. Die Japanische Kudzubohne, *Pueraria lobata,* wurde 1974 von einer Zeitschrift als »Die Liane, die den amerikanischen Süden aß« charakterisiert. In Ostasien ist die nah mit der Sojabohne verwandte Kudzu eine der ältesten Faserpflanzen, aus der Seile und Netze hergestellt werden. Nach Amerika holte man sie 1876. Sie sollte der Erosion vorbeugen. Heute wird fieberhaft nach biologischen Gegenspielern gesucht, um die wuchernde Kudzubohne wieder unter Kontrolle zu bringen. Sie wirft Telegraphenmasten um, verursacht Stromausfälle, überwuchert Verkehrsschilder, Brücken, abgestellte Autos, leer stehende Häuser und »sogar schlafende Betrunkene (wie es in der volkstümlichen Überlieferung des Südens heißt)«.[3]

Vielleicht haben Sie mittlerweile, sofern Sie stolzer Besitzer eines Gartens sind, einen furchtbaren Verdacht. Sie glauben, jemand will Ihnen Ihre geliebten Pflanzenexoten madig machen. Dabei sähen die Gärten ohne deren bunte Blüten zweifellos viel langweiliger aus.

Mit der Made sind wir von einem wichtigen Aspekt unseres Themas gar nicht weit entfernt. Oder haben Sie an Ihrer Forsythie schon einmal eine dieser gefürchteten kleinen Fressmaschinen gesichtet, irgendeine Raupe oder Larve oder ein voll ausgebildetes Insekt, das sich Teile Ihres Schützlings einverleibt und in abgenagte Blattskelette verwandelt wie so manch andere Pflanze? Sehen Sie, genau darin liegt das Problem.

Kehren wir noch einmal zu Sandbirke und Robinie zurück und untersuchen die Konsequenzen, die ihre stille Auseinandersetzung für die Tierwelt hat. Wenn die neophytische Robinie auf denselben Standorten andere Wälder entstehen lässt als die einheimische Birke, hat dies auch eine andere Tierwelt zur Folge, vor allem auf der Ebene der Pflanzenfresser. Viele tierische Vegetarier sind Spezialisten, denen im Extremfall nur eine einzige Pflanzenart schmeckt. Fehlt sie, fehlen auch die an ihr lebenden Tiere. Da der auf Robinien folgende Laubmischwald reicher an Pflanzenarten ist als der aus Birkenbeständen entstehende Kiefern-Eichen-Wald, könnte auch seine Tierwelt artenreicher sein.

Vielleicht ist es müßig, über eine Robinienfolgegesellschaft zu spekulieren, die es gar nicht gibt und die es vielleicht nie geben wird, weil der Mensch das wertvolle Robinienholz vorher zu Schränken und Regalen verarbeitet. Die Untersuchungen, die es über die existierenden jungen Robinienwälder gibt, scheinen ihnen als Lebensraum für Tiere kein schlechtes Zeugnis auszustellen. In den von Ingo Kowarik untersuchten Berliner Beständen tummeln sich mehr Laufkäfer- und Spinnenarten als unter den benachbarten Birken.[4] Und im Saarland werden Robinien-reiche Wälder von mehr Brutvogelarten geschätzt als Robinien-arme.[5]

Artenreichtum alleine ist allerdings nicht das einzige Kriterium, wenn es um den Wert einer Lebensgemeinschaft geht. Wenn dem so wäre, könnten wir alle Moore getrost austrocknen lassen, denn Moore sind ein sehr spezieller und deshalb extrem artenarmer Lebensraum. Das Gegenteil ist der Fall: Fast alle unsere Moore stehen unter strengem Schutz. Viele werden mit kostspieligen Bewässerungsmaßnahmen vor dem Austrocknen bewahrt, gerade weil ihre Pflanzen und Tiere so speziell sind. Es sind nicht viele, aber sie leben nur hier. Wenn überall Reichtum an denselben Arten herrschte, wäre das nur eine andere Form von Armut. Naturschutz hat nicht nur Masse, sondern vor allem Klasse zu bewahren.

Die Frage muss also nicht nur lauten, wie viele Arten in einem Gebiet leben, sondern vor allem welche. Die Sandtrockenrasen, die von der Robinie besiedelt und auf lange Sicht in Wälder verwandelt werden, sind ein seltener und gefährdeter Biotoptyp mit einer entsprechend seltenen und spezialisierten Artengemeinschaft. Unter Birken können diese Arten noch lange weiterexistieren. Robinien ziehen dagegen weitverbreitete Pflanzenarten wie Brennnessel und Holunder an und diese wiederum häufige und weitverbreitete Tierarten. Aus einer kleinen Gesellschaft von Spezialisten wird eine große Gemeinschaft voller Allerweltsarten.

Die Robinie ist nur einer von vielen neophytischen Bäumen. Der Insektenkundler Wolfgang Kolbe hat im Staatswald Burgholz in der Nähe der Stadt Wuppertal vier etwa dreißig Jahre alte Forstflächen untersucht.[6] Zwei waren Monokulturen einheimischer Gehölze, ein Buchen- und ein Fichtenforst. Auch der dritte Bestand war eine Monokultur, aber dort wuchs *Thuja plicata*, die Riesen-Thuja, ein bis zu 40 Meter hoher Baum, der im Westen Nordamerikas heimisch ist. Die vierte Fläche war ein Exotenmischwald aus Omorika-Fichte, Riesen-Thuja, Mammutbaum und exotischen Fichtenarten.

Zur Untersuchung der Insektenfauna verwendete Kolbe eine Methode, die vor allem bodenlebende Arten erfasst. Sein Ergebnis: Pro Quadratmeter zählte er in den beiden einheimischen Forsten drei- bis viermal so viele Insekten wie in den neophytischen Waldflächen.

Wenn sich fremde Pflanzen in ihrer neuen Heimat ausbreiten, tun sie das in der Regel dort, wo früher einheimische Pflanzen wuchsen oder wo einheimische Gewächse keine Entfaltungsmöglichkeit hatten. In jedem Fall ändern sich die Zusammensetzung der Vegetation und damit auch das Nahrungsangebot für Tiere. Für Vögel, die in Baumkronen nisten, oder räuberische Insekten, die in der Rinde nach Nahrung suchen, spielt es keine Rolle, ob sie das in einem heimischen oder fremden Baum tun. Für spezialisierte Pflanzenfresser, in der Regel Insekten, ist dieser Unterschied aber eine Frage der Existenz. Und an Pflanzenfressern hängen wiederum spezifische Räuber und Parasiten, an diesen wiederum weitere Räuber und Hyperparasiten.

Bisher haben wir das Problem der fehlenden natürlichen Gegenspieler, zu denen auch pflanzenfressende Insektenarten zu zählen sind, nur unter dem Aspekt betrachtet, dass es in der Fremde möglicherweise niemanden gibt, der einer schädlichen Ausbreitung entgegenwirkt. An Pflanzen lebende Tierarten, die so genannten Primärkonsumenten, sind aber nicht nur die Gegenspieler der Pflanzen, sondern auch Nahrung für all das, was in der Nahrungspyramide über ihnen rangiert.

Die beiden britischen Zoologen Kennedy und Southwood von der traditionsreichen University of Oxford haben untersucht, wie viele Insektenarten an den verschiedenen Bäumen ihres Landes leben.[7] Die Resultate zeigen einen eklatanten Unterschied zwischen fremden und einheimischen Baumarten. Letztere werden meist von mindestens hundert verschiedenen Insektenarten genutzt, Eichen und Birken sogar von weit über 300. Hier eine kleine Auswahl.

Einheimische Baumarten:	**assoziierte Insekten-arten**	**Zeit in Großbritannien (Jahre)**
Feldahorn *(Acer campestre)*	51	5000
Schwarzerle *(Alnus glutinosa)*	141	7500
Birke (*Betula,* 2 Arten)	334	13000
Hasel *(Corylus avellana)*	106	9500
Weißdorn *(Crataegus monogyna)*	209	7000
Buche *(Fagus sylvatica)*	98	6000
Waldkiefer *(Pinus sylvestris)*	172	12000
Schlehe *(Prunus spinosa)*	153	8000
Eiche (*Quercus,* 2 Arten)	423	9000
Weide (*Salix,* 5 Arten)	450	13000

Dagegen nimmt sich die Tiergesellschaft neophytischer Bäume wie ein Totenhaus aus. Die wenigen Insektenarten, die in England an Rosskastanie, Walnuss oder Robinie leben, sind in der Regel Tiere mit einem sehr breiten Nahrungsspektrum.

Fremde Baumarten:	**assoziierte Insekten-arten**	**Zeit in Großbritannien (Jahre)**
Bergahorn *(Acer pseudoplatanus)*	43	650
Rosskastanie *(Aesculus hippocastanum)*	9	400
Esskastanie *(Castanea sativa)*	11	1900
Walnuss *(Juglans regia)*	7	600
Steineiche *(Quercus ilex)*	5	400
Robinie *(Robinia pseudacacia)*	2	400

Was für die Insekten Großbritanniens gilt, trifft auch für Mitteleuropa und andere Gegenden der Welt zu. Wenn man die weite Verbreitung fremder Pflanzenarten bedenkt und das Ausmaß, in dem bestimmte Lebensräume von ihnen dominiert werden, stehen wir vor einem echten Problem. Überall grünt und blüht es, aber keiner kann etwas damit anfangen. Was den Gärtner freut, kommt für die Spezialisten unter den einheimischen Tieren einer von Sadisten arrangierten Hungerkatastrophe gleich. Man umgibt sie mit einer üppigen Pflanzenwelt, aber ihre Kiefer beißen nur auf Unverdauliches. Ein stetig wachsender Teil der jährlich produzierten pflanzlichen Biomasse landet somit in einer makellosen Sackgasse, weil eine darauf aufbauende Nahrungskette nicht oder nur in stark verarmter Form existieren kann.

Vielleicht ist es dumm, einen so ausgewählten Geschmack zu entwickeln, dass die eigene Ernährung vom Vorkommen sehr weniger Pflanzenarten abhängt. (Wenn dem so ist, dann sind Menschen oft nicht sehr viel schlauer oder ihnen bleibt keine Wahl. Denken Sie an die fatale Abhängigkeit der Iren des 19. Jahrhunderts von der Kartoffel, an die erschreckend kleine Zahl von Pflanzenarten, von der das Überleben hunderter Millionen Menschen abhängt, an die freiwillige Entscheidung vieler Menschen, sich ohne Not nur von Hamburgern und Pommes mit Majo zu ernähren.) Es erscheint sehr viel intelligenter, das Nahrungsspektrum so breit wie möglich zu wählen. In Wirklichkeit ist die Spezialisierung nur eine andere Überlebensstrategie, die gemessen an der Zahl der Tierarten, die ihr folgt, außerordentlich erfolgreich ist. Aber es ist eine Strategie mit Risiken. Glücklicherweise können sich Strategien ändern.

Kennedy und Southwood haben eine interessante Tendenz festgestellt.[8] Je häufiger ein Baum vorkommt und je länger er schon im Lande ist, desto größer die Zahl seiner Insektenarten. Das hat zwei Gründe. Zum einen folgen den neophytischen Bäumen früher oder später auch die neozoischen Insekten, genauso, wie den fremden Nutzpflanzen irgendwann die Schädlinge folgen. Zum anderen fällt mit der Zeit immer mehr einheimischen Insekten auf, dass die eine oder andere neophytische Pflanze nicht schlecht schmeckt.

Die Ruhe auf der Forsythie ist also trügerisch. Es könnte sein, dass irgendwann doch einmal eine Made darauf zu finden ist.

Furu und Mkombozi – Der Viktoriasee

»Invasion is fast, evolution is slow.«

Mark Williamson [1]

Vieles von dem, was wir bisher besprochen haben, verblasst angesichts der Ereignisse im ostafrikanischen Viktoriasee, dem größten tropischen See der Erde. Manche nennen es das größte Massenaussterben der modernen Zeit.[2] Hier lassen sich alle Facetten unseres Themas studieren: Aussterben, völlige Umgestaltung eines Ökosystems, hilfloses Rätselraten, wer oder was verantwortlich ist, Interessenkonflikte zwischen Ökonomie und Naturschutz und letztlich auch die Tatsache, dass Menschen wie Fische Teil ihrer Ökosysteme sind.

Viel brauchte es nicht, um die Verhältnisse im und um den Viktoriasee gründlich durcheinanderzuwürfeln. Nur einen Mann mit einem Eimer. Dieser Mann hieß J. Ofula Amaras.[3]

Als britische Kolonialbeamte im Mai 1962 bei Entebbe in Uganda 35 Nilbarsche *(Lates niloticus)* aussetzten, taten sie dies trotz eindringlicher Warnungen, unter anderem mit der Begründung, es gäbe schon Nilbarsche im Viktoriasee. Auch in Kenia berief man sich darauf, als ein Jahr später in Kisumu 339 Nilbarsche aus dem Turkanasee folgten. Lange Zeit blieb unklar, wie die Tiere, die Fischer 1960 gefangen hatten, in den See gelangt waren. Ein Brief Amaras' an die kenianische Zeitung *The Standard* im Jahre 1986 beendete die Spekulationen. Er selber, schrieb Amaras, ein ehemaliger Beamter der Fischereibehörde in Kenia, habe 1954 Nilbarsche aus dem Albertsee ausgesetzt, im Auftrag seines Chefs.

Binnen dreißig Jahren verwandelte sich der größte tropische See der Welt in ein gigantisches Zuchtbecken für Nilbarsche, mit etwa 70 000 Quadratkilometern so groß wie Bayern. Ziel der Aktion war eine Art Umverteilung der Fischbiomasse. Der große, bis zu 70 Kilogramm schwere Raubfisch sollte die vielen kleinen grätenreichen Buntbarsche des Sees fressen und deren Körpermasse in eigenes, wirtschaftlich besser nutzbares Muskelfleisch umwandeln. Die Buntbarsche galten als unbrauchbarer *trash fish,* Müllfisch.[4] Das Experiment gelang, die Folgen sind bis heute nicht abzusehen.

Für die einen ist es Trash-Fisch, für andere hingegen eine zoologisch-wissenschaftliche Kostbarkeit ersten Ranges. Wie viele afrikanische Seen zeichnete sich der Viktoriasee durch eine außerordentlich reiche Fischfauna aus. Mindestens 350 Arten gab es im See, davon 300 Buntbarsche. Die Gattung *Haplochromis* hatte sich wie eine evolutionäre Feuerwerksrakete in hunderte von Arten aufgespalten, in einen so genannten Artenschwarm. 99 % dieser Spezies sind im Viktoriasee endemisch. Die Einheimischen nennen sie *Furu.*

Als die Populationen zusammenbrachen, war die Erfassung der Furu-Arten lange nicht abgeschlossen. Immer wieder stieß man im Riesensee auf neue, unbekannte Arten mit erstaunlichen Anpassungen. Es waren so viele, dass sogar die Wissenschaftler ab und an die Lust verloren. Viele hatten einen Bogen um die ausufernde Vielfalt dieser kleinen bunten Fische gemacht. Eine holländische Arbeitsgruppe vom Naturkundemuseum in Leiden, darunter der Evolutionsbiologe Tijs Goldschmidt, wollte das Versäumte nachholen. Sie untersuchten den Mwanza-Golf im tanzanischen Süden des Sees. Innerhalb von zehn Jahren fanden die Wissenschaftler über 150 neue Arten. »In den ersten Jahren geschah dies noch voller Begeisterung«, schreibt Tijs Goldschmidt in seinem Buch *Darwins Traumreise,* »später eher stöhnend, da nichts mehr abstumpft, als jede Woche eine besondere Entdeckung zu machen. Einmal habe ich ein namenloses, aber auffällig jähzorniges und lebensfrohes Männchen mit purpurfarbenen Flanken und rabenschwarzer Maske ins Wasser zurückgeworfen, weil mir in dem Moment nicht nach der Entdeckung einer neuen Art zumute war. Ich glaube nicht, dass noch mal ein Exemplar dieser Art gefangen worden ist.«[5]

Die Art, zu der das purpurfarbene Männchen gehörte, ist nicht die einzige, die bis heute unbekannt blieb. Viele der auf den täglichen Fahrten aus dem See gezogenen *Haplochromis*-Arten sind bis heute nicht beschrieben worden. »Im Nationalen Naturhistorischen Museum in Leiden warten Keller voller *Furu* aus dem Viktoriasee auf ergebene Biologen ohne Ambitionen, die bereit sind, ihr ganzes Leben der sorgfältigen Beschreibung von Tieren zu widmen, die längst nicht mehr existieren.«

Der *Haplochromis*-Artenschwarm des Viktoriasees ist wie sein Pendant im Malawisee ein einzigartiges biologisches Experiment: Evolution in Aktion. Heute ist durch molekularbiologische Untersuchungen bewiesen, dass alle 300 Furu-Arten aus einer einzigen Stammart hervorgegangen sind, wahrscheinlich einem Flussbuntbarsch, der irgendwann in den See fand. Wenn man so will, war auch das eine organismische Invasion, mit nachhaltigen Folgen.

Bei den Furu handelt es sich um sehr junge Arten. Sie sind so jung, dass die Zeit nicht reichte, um große genetische Unterschiede herauszubilden. Besonders die Furu-Arten mit gleicher Ernährungsweise sind sich außerordentlich ähnlich und morphologisch nur schwer auseinanderzuhalten. Einziger Anhaltspunkt ist das bunte Farbmuster auf den Schuppen der Männchen.

Zwischen den unterschiedlichen nahrungsökologischen Gruppen gibt es allerdings ausgeprägtere Unterschiede. Sie betreffen vor allem Kopf und Kiefer, aber auch Größe und Körperform. In feiner Abstimmung haben sich die Furu sämtliche Ressourcen des Sees untereinander aufgeteilt. Eine erstaunliche Vielfalt von Anpassungsformen spiegelt das wider.

Die Furu *(Haplochromis)* des Viktoriasees:[6]

- Schlammschnapper (mindestens 13 Arten), die organischen Abfall (Detritus) am Seeboden fressen,
- Algenfresser (mindestens 45 Arten),
- Blätterhacker (?),
- Schneckenfresser (mindestens 10 Arten),
- Zooplanktonfresser (mindestens 21 Arten),
- Insektenfresser (mindestens 29 Arten),
- Garnelenfresser (mindestens 13 Arten),
- Fischfresser (mindestens 130 Arten!),
- Fischbrutfresser (mindestens 24 Arten),
- Schuppenfresser (mindestens 1 Art) und
- Putzerfische (mindestens 2 Arten).

Wie konnte aus einer einzigen Stammart eine solche Vielfalt entstehen? Wie können alle diese Arten miteinander koexistieren? Sind es überhaupt echte Arten oder nur Varianten einer oder weniger Arten? Wie können neue Arten entstehen, wenn alle Fische wild durcheinanderschwimmen? Können ohne geographische Barrieren zwischen den Populationen arttrennende Merkmale ausgebildet werden, die eine Durchmischung verhindern, mit anderen Worten: Gibt es die umstrittene sympatrische Artbildung und wie läuft sie ab?

Wie kann sich ein so absonderliches Verhalten wie das der Pädophagen herausbilden, die maulbrütende Furu-Weibchen regelrecht aussaugen oder von der Seite rammen, sodass diese vor Schreck ihren Nachwuchs ausspucken? Wie kann es innerhalb einer schuppenfressenden Art zur Koexistenz von linksmäuligen und rechtsmäuligen

Tieren kommen, die jeweils nur die rechte beziehungsweise linke Flanke ihrer Opfer angreifen, um dort ein paar Schuppen abzuraspeln?

Obwohl die Fluten des Viktoriasees trübe sind und eine direkte Beobachtung im wahrsten Sinne des Wortes aussichtslos ist, die Furu bieten die einmalige Möglichkeit, Grundfragen der Evolution und Ökologie zu studieren. Jedenfalls dachten das die holländischen Wissenschaftler, als sie 1979 ihre Forschungsarbeiten begannen. Aber aus irgendeinem Grunde schlagen sich eingeführte Räuber gerne mit den Lieblingen von Evolutionsbiologen die Bäuche voll. Aus einer Untersuchung von Evolutionsmechanismen und ökologischer Nischentrennung wurde ein Wettlauf mit der Zeit und das deprimierende Protokoll eines Niedergangs. Mitte der Achtzigerjahre begannen die Furu zu verschwinden. Tijs Goldschmidt und den anderen Wissenschaftlern fiel es zunächst nicht leicht, diese Veränderungen zu akzeptieren.

»Ich hatte mich mit großer Ausdauer auf die Frage konzentriert, wie Furu-Arten entstehen und zusammenleben, und es dauerte – im Nachhinein gesehen – erstaunlich lange, bis mir klar wurde, dass Arten verschwanden. Und als mir dies endlich dämmerte, fand ich es zwar traurig, aber seltsamerweise nicht interessant... Die erzwungene Metamorphose vom Ökologen zum Paläontologen der jüngsten Fossilien der Welt war ein mühsamer Prozess.«

In Goldschmidts Untersuchungsgebiet, dem Mwanza-Golf im Südosten des Viktoriasees, tauchten die ersten Nilbarsche gegen 1972 auf. Zehn Jahre hatte der Nilbarsch gebraucht, um sich in ugandischen und keniatischen Gewässern zu etablieren und durch den riesigen See nach Süden zu wandern. Lange Zeit blieb es in Mwanza bei einzelnen ausgewachsenen Burschen von mehr als zehn Kilogramm Gewicht. Erst 1984 fing man die ersten Halbstarken, die keine vier Pfund wogen. 1985 gab es dann plötzlich massenhaft Jungfische.[7] Bald darauf bestand 80 Prozent der Fischbiomasse aus Nilbarschen. Die Veränderungen kamen in einem rasanten Tempo.

1986 fuhr Tijs Goldschmidt für zwei Jahre in die Niederlande. Die laufenden Untersuchungen übernahmen Kollegen. Für die Furu des Mwanza-Golfes sollten es zwei schicksalhafte Jahre werden. Als Goldschmidt 1988 zurück nach Tanzania kam, erkannte er den See und die Gegend, in der er Jahre seines Lebens verbracht hatte, kaum wieder: »Der Platz vor dem Bahnhof liegt voller Nilbarsche, schön eingepackt in Gebilde aus rundgebogenen Zweigen und Gras. Die Ballen sehen so selbstverständlich aus, als würden sie schon seit tausenden von Jahren gemacht. Dennoch sehe ich sie zum ersten Mal.«

Aber hier war weit mehr geschehen als nur eine Erweiterung des Fischangebots um einen großen schmackhaften Speisefisch. Es gibt eine Regel in der Einbürgerungsbiologie, die unter Insidern das YCCJOT-Prinzip genannt wird: *You cannot change just one thing.* Alles hängt mit allem zusammen.[8]

Überall entdeckte Goldschmidt Anzeichen einer grundlegenden Veränderung. Gespenstisch waren nicht nur die riesigen Mückenschwärme, die nun, hunderte von Metern hoch, auf dem See tanzten und die es vor wenigen Jahren nicht gegeben hatte. Unter den Lampen des Institutshofes sammelten die Insekten sich zu Haufen, die Dutzende von Eidechsen und Agamen anlockten. »Der See ist leck, ist mein erster Gedanke... Im alten Ökosystem hätte die Mehrzahl dieser Mücken in einem Fisch geendet.«

Die Eisvögel, die Goldschmidt über sich hinwegfliegen sieht, tragen keine Furus in ihren Schnäbeln wie vor wenigen Jahren, als es Nilbarsche nur weiter im Norden gab. Stattdessen haben die bunten Vögel längliche, silbrig glänzende *Dagaas* gefangen, eine Art Süßwassersardine. Früher gab es das fast nie.

Der größte Schock sollte dem holländischen Zoologen aber noch bevorstehen. Er ereilt ihn, als er nach nur zweijähriger Unterbrechung wieder ein tropfendes Schleppnetz an Bord des Fischerbootes *Sangara* baumeln sieht, wie schon viele hundert Mal zuvor. Nur diesmal ist alles ganz anders. Das Netz ist bucklig ausgebeult, nicht glockenförmig rund wie früher. Und es gibt viel weniger Fische.

»Hätte ich daheim in den Niederlanden ein Foto dieses Fangs gesehen, dann hätte ich nicht glauben können, dass er aus dem Viktoriasee stammt. Kleine und große Nilbarsche liegen in einem dicken, weichen Bett von braunen Garnelchen. Hier und da glänzt ein silberfarbener Dagaa, und einige Niltilapien sind zu sehen. Das ist alles. Keine Lungenfische, keine Welse, keine Elefantenrüsselfische und nicht einmal ein einziger Furu. Eine entsetzliche Verarmung des Ökosystems. Die differenzierte Fischgesellschaft... hat sich innerhalb eines Jahrzehnts in diesen dürftigen Trümmerhaufen verwandelt.«

1987/88 waren im offenen Wasser 93 % aller Furu-Arten verschwunden. Nur in den seichteren Gebieten der Bucht, dort, wo sich Nilbarsche nur selten hinverirrten, sah es etwas besser aus. Insgesamt verlor der Mwanza-Golf 80 seiner 123 *Haplochromis*-Arten, ein Verlust von 70 %.

Stück für Stück setzten die Wissenschaftler zusammen, was sich in den trüben Fluten des Sees abspielte. Dreh- und Angelpunkt war die explosionsartige Vermehrung der großen Nilbarsche. Sie fraßen fast alle räuberischen Furu und nahmen deren Stelle ein. Dann kamen die Schnecken- und Insektenfresser an die Reihe, schließlich die Schlammschnapper, die Garnelenfresser und all die anderen. Die Lungenfische *(Protopterus)* und die alten Jäger der Furu, die Welse *(Bagrus* und *Clarias),* verschwanden ebenfalls.

Für viele der Buntbarsche gibt es bislang keinen ökologischen Ersatz. Die Mücken, die früher tausende von Fischen ernährt hätten, entwickeln sich nun weitgehend ungestört. Da die Schneckenfresser fehlen, scheint es viel mehr Weichtiere zu geben, aber niemand hat sich je die Mühe gemacht, dies zu überprüfen.[9] Ein großer Teil des absinkenden organischen Abfalls, den die vielen bodenlebenden Furu-Arten beseitigten, bleibt jetzt unentsorgt liegen und rottet vor sich hin. Der nur 70 Meter tiefe See ist durch Nährstoffeintrag aus der umgebenden Landwirtschaft stark überdüngt. Immer häufiger treten üppige Algenblüten auf und ausgerechnet jetzt gibt es kaum jemanden, der die anfallenden Reste beseitigen könnte.

Das tote organische Material, der Detritus, zersetzte sich und verbrauchte den Sauerstoff. Eine immer größer werdende Masse nahezu sauerstofffreien Wassers entstand. Zeitweilig macht sie 50 bis 70 Prozent des gesamten Viktoriasees aus. Früher hatte der See in 50 Meter Tiefe ein reges Fischleben. Heute ziehen sich mitunter selbst Nilbarsche in die Buchten zurück und hinterlassen die riesige freie Wasserfläche des Sees buchstäblich als Wasserwüste. Aufnahmen eines automatischen Tauchbootes zeigen, dass weite Areale des Seebodens von Fischleichen und anderen toten Tieren bedeckt sind.[10] Hin und wieder schwappen Blasen anoxischen Wassers aus den Tiefen des Sees in Buchten und Lagunen und verursachen ein nie gekanntes Fisch- und Garnelensterben.

Außer den Nilbarschen gibt es nur drei Lebewesen, die von der neuen Lage im Viktoriasee profitieren. Der einheimische Dagaa *(Rastrineobola argentea)* hat die Position der vielen verschwundenen Planktonfresser des freien Wassers übernommen. Zusammen mit dem Nilbarsch macht der kleine Fisch heute in Kenia bis zu 97 % des Fanggewichts aus, in den Sechziger- und frühen Siebzigerjahren waren es keine 5 %. Die Fischer haben sich mittlerweile darauf eingestellt. Der Dagaa wird zu Tierfutter verarbeitet und in praktische Tablettenform gepresst.

In Abwesenheit der Garnelenfresser und Schlammschnapper unter den Furus prosperiert auch die braune Garnele *Caridina nilotica.* Früher fanden die Fischer drei, vier Garnelen in ihren Netzen, Ende der Achtzigerjahre waren es plötzlich tausende. Sie sind die Einzigen, die den anfallenden Detritus verwerten, aber in den sich ausdehnenden Seeregionen ohne Sauerstoff können auch sie nicht leben.

Was aus den Garnelenmassen wird, erfuhr Tijs Goldschmidt, als er auf der *Sangara* einen der gefangenen Nilbarsche aufschnitt. Damit war die dringende Frage beantwortet, warum der Nilbarschboom mangels Furu-Beute nicht längst zusammengebrochen war. Die Nilbarsche fraßen jetzt Garnelen und Dagaa. Es sind opportunistische Räuber, die sich immer der häufigsten Beute zuwenden. Und sie sind Kannibalen, die, wenn nichts anderes zu finden ist, Massen des eigenen Nachwuchses vertilgen. Nilbarsche sind sehr fruchtbar. Ein einziges Weibchen erzeugt 16 Millionen Eier pro Fortpflanzungszyklus.[11] Da fällt es kaum ins Gewicht, wenn tausende von Jungfischen in den Mäulern ihrer Eltern landen. Kannibalismus ist ein unter räuberischen Tieren verbreiteter Trick, um schlechte Zeiten zu überstehen.

In den flachen Regionen des Sees breiten sich Seerosen und ein weiterer Einwanderer aus, die gefürchtete Wasserhyazinthe, *Eichhornia crassipes.* Auch für ihr Vordringen könnte nach Meinung der holländischen Forscher das Fehlen der Furu verantwortlich sein.[12] Im Boden wühlende Buntbarsche hätten einen Aufwuchs der Pflanzen lange verhindert oder verzögert, sagen sie. Wasserhyazinthen bilden dichte schwimmende Teppiche, die im Wasser unter ihnen kaum noch Leben zulassen. Manche Experten glauben, dass ihre Einschleppung, die erst in den Neunzigerjahren zu Massenvorkommen führte, das große Problem der Zukunft sein wird.

200 der 300 Furu-Arten des Viktoriasees sind heute »kommerziell« ausgestorben. Eine gerade erst im Aufbau befindliche Furu-Fischerei ist beendet, bevor sie richtig begonnen hat. Ob die Tiere tatsächlich ausgestorben sind, ist kaum mit Sicherheit festzustellen. Es könnte Refugien mit kleinen Restpopulationen geben, ein Funken Hoffnung bleibt.

Die, die übrig blieben, beginnen sich zu verändern. Sie verzwergen, erzeugen mehr Nachwuchs und weichen in ungefährdetere Biotope aus. Maß ein durchschnittliches Weibchen der Art *Haplochromis piceatus* Ende der Siebzigerjahre noch 6,3 Zentimeter, waren es 1985 nur noch 4,9. Vor allem werden sie dünner. Die holländischen Evolutionsbiologen glauben, dass dadurch Schwimmgeschwindigkeit und Wendigkeit erhöht wird, lebenswichtige Verbesserungen angesichts der Bedrohung durch die Nilbarsche.[13] Es sind Anpassungen an ein Leben auf der Flucht.

Immerhin sprang bei all den umwälzenden Veränderungen am Ende für die Evolutionsforscher etwas Verwertbares heraus. 1991 erbrachte ein Fischzug im Mwanza-Golf 84 Furu-Schlammschnapper, die sich vier Arten zuordnen ließen. Keine davon war den holländischen Experten bekannt, obwohl das Gebiet vorher jahrelang intensiv erforscht wurde. Vier mögliche Erklärungen bieten sich an. Entweder es handelt sich um neu zugewanderte unbekannte Arten aus anderen Teilen des Sees oder um vorher extrem seltene und deshalb nie gefangene Furu, die von der neuen Lage profitieren. Denkbar wäre auch, dass bekannte Arten in neuem Gewand auftreten.[14]

Am interessantesten ist die letzte Erklärungsvariante. Bei den unbekannten Buntbarschen könnte es sich um Hybride handeln, um Kreuzungen bislang strickt getrennter Arten. Ein solches Phänomen kennt man auch von den Darwinfinken der Galapagos-Inseln. Unter extremen klimatischen Bedingungen, etwa dem kräftigen El Niño der Jahre 1982/83, der die Finkenpopulationen auf klägliche Reste schrumpfen ließ, brachen die trennenden Barrieren zwischen den Arten plötzlich zusammen und die ansonsten schnell ausgemusterten Hybride erwiesen sich als Garanten eines Neuanfangs.[15]

Soweit die Version der *Haplochromis*-Forscher. Sie wird bei weitem nicht von allen Experten geteilt.

Kann es sein, dass die Buntbarschexperten blind wurden angesichts der Veränderungen in ihren Netzen, dass sie vor hilfloser Wut darüber ihren biologischen Sachverstand vergaßen? Warum schoben sie alles auf den Nilbarsch, ohne zur Kenntnis zu nehmen, dass der Viktoriasee schon seit Jahrzehnten hoffnungslos überfischt war, dass intensive Landwirtschaft den See mit Nährstoffmassen überlastete, dass Zuckerraffinerien, Papierfabriken und ganze Großstädte ihre ungeklärten Abwässer in den See leiteten und dass die größeren *Haplochromis*-Buntbarsche schon verschwanden, als der Nilbarsch gar keine Rolle spielte?

Niemand kann ernsthaft bestreiten, dass der Viktoriasee von heute kaum etwas mit dem Viktoriasee von vor dreißig Jahren gemein hat. Die Lebensgemeinschaft hat sich fundamental verändert. Aber ist nur der Nilbarsch daran schuld?

Oder sind es die anderen, die Profiteure und Fischereiwirtschaftler, die, geblendet vom Dollarsegen, der sich plötzlich über drei arme afrikanische Länder ergießt, nur die prosperierende Fischindustrie sehen und jegliche Kritik an ihrem Lieblingsfisch vehement abblocken?

Es ist unmöglich, die Vorgänge im Viktoriasee angemessen zu würdigen, wenn man die Menschen außer Acht lässt, die dort leben. 30 Millionen sind es, die in Uganda, Kenia und Tanzania direkt oder indirekt vom Viktoriasee abhängig sind. Die meisten leben von der Landwirtschaft, viele von der Fischerei.[16]

Der kommerzielle Fischfang im Viktoriasee stützt sich heute auf nur drei Arten, den Nilbarsch, den sardinengroßen Dagaa und die besonders bei den Einheimischen sehr beliebten Tilapien. Das ökologische Gefüge des Sees ist extrem vereinfacht worden, viele Sicherungsleinen wurden gekappt. Statt Vielfalt gibt es heute Masse. Und die lässt die Kassen klingeln. In Tanzania ist der Nilbarsch *mkombozi,* der Erlöser.

Die Veränderungen im größten tropischen See der Welt kamen nicht über Nacht, wie die explosionsartige Ausbreitung des Nilbarsches in den Achtzigerjahren vermuten lässt. Als der eingeführte Riese sich etablierte, waren die Fangzahlen der traditionellen Speisefische des Viktoriasees schon auf 15 % ihres ursprünglichen Wertes zurückgegangen, ein Ergebnis jahrzehntelanger unkontrollierter Überfischung.[17]

Das traditionelle Instrumentarium eines einheimischen Fischers bestand lange Zeit aus Speeren, Körben und Reusen. Sie wurden durch Netze aus Flachs ersetzt, später durch moderne Netze aus Synthetikfasern mit immer feinerer Maschenweite. Durch Außenbordmotoren wurden auch abgelegene Buchten erreichbar. Jeder technologische Fortschritt und eine immer zahlreicher werdende Bevölkerung bewirkte, dass die Fangzahlen beständig zurückgingen. Bemühungen, die Maschenweite der verwendeten Netze zu regulieren, um wenigstens die Jungfische zu verschonen und eine nachhaltigere Wirtschaftsweise durchzusetzen, scheiterten an politischen Querelen zwischen den drei Anrainerstaaten.[18] Das vom Westen dominierte Musterländle Kenia, das sozialistische Tanzania und das Uganda Idi Amins waren viel zu sehr mit sich selbst beschäftigt, als dass sie sich zu einem gemeinsamen Vorgehen hätten entschließen können. Fischereiexperten monierten, dass im Viktoriasee seit jeher »praktisch alle Management-Empfehlungen ignoriert wurden«.[19]

Da die Bestände der traditionellen Speisefische zusammenschrumpften, setzte man in den Fünfzigerjahren vier fremde Arten aus. Sie stammten aus denselben Seen wie später der Nilbarsch. Insbesondere die Niltilapie *(Oreochromis niloticus)* konnte sich erfolgreich etablieren, auf Kosten der sehr geschätzten einheimischen Tilapia-Arten. Außerdem begannen mit internationaler Hilfe erste Versuche, eine Schleppnetzfischerei aufzubauen, die vor allem die größeren fischfressenden Furu ausbeuten sollte. Sie stellten in den Siebzigerjahren einen wesentlichen Teil der Fangmenge. Die Intensität der Befischung war jedoch so hoch, dass die größeren Arten immer seltener wurden. Trotzdem konnte bis in die Siebzigerjahre von einer industriell betriebenen Fischereiwirtschaft nicht die Rede sein. Fischfang im Viktoriasee hatte nur lokale Bedeutung für die unmittelbar am See lebenden Menschen.[20]

Parallel zur Überfischung hatte noch ein anderes Ereignis zum Niedergang des traditionellen Fischfangs beigetragen: der Uhuru-Regen.[21] Die ungewöhnlich heftigen Wolkenbrüche der Jahre 1961 bis 1964 erhielten ihren Namen, weil sie zeitlich mit der Erlangung der Unabhängigkeit ostafrikanischer Staaten zusammenfielen. Die Wassermassen ließen den Viktoriasee steigen. Der See dehnte sich bis auf 75 000 Quadratkilometer aus, die Ufervegetation wurde fast völlig zerstört, Seerosenbestände und Papyrussümpfe verschwanden und mit ihnen die Laichgründe vieler Fischarten. Die großen Mengen an abgestorbener Pflanzenmasse sorgten zusammen mit der wachsenden Landwirtschaft für eine starke Überdüngung und Sauerstoffzehrung.

Dann kam der Nilbarsch, der *mkombozi*.

Innerhalb weniger Jahre übernahm er die Regie im angeschlagenen Ökosystem des Sees. Die Erträge der Fischer stiegen und stiegen. Von 1980 bis 1990 verfünffachten sich die jährlichen Fangmengen auf über 500 000 Tonnen, 60 % bestanden aus riesigen Nilbarschen. Außer den ebenfalls eingebürgerten Niltilapien und dem kleinen Dagaa waren praktisch alle anderen Fischarten ohne jede Bedeutung.

Die Zahl der Fischerboote und der darauf arbeitenden Menschen stieg auf mehr als das Doppelte. Und obwohl es immer mehr Fischer gab, stieg der Ertrag pro Boot und Jahr weiter. Es war wie das Paradies auf Erden. Man konnte noch so viel fangen, es wurde immer mehr. Rund um den See herrschte Boomtown-Atmosphäre. Die Jahre der Agonie waren zu Ende. Mkombozi, der Erlöser, war gekommen.

Besonders in Uganda und Kenia schossen Filetierfabriken und Räuchereien aus dem Boden. Straßen und Flugplätze entstanden, eine Transportwirtschaft etablierte sich, verschlafene kleine Orte wurden zu lokalen Handelszentren. Experten schätzen, dass mehr als 260 000 neue Jobs entstanden. Die Nilbarschwirtschaft kann fast dreimal so viele Menschen unterhalten wie der Fischfang der Siebzigerjahre. Der frische Fisch wird sofort nach Europa geflogen. Gefrorene Filets gehen bis nach Australien, in die USA und den Fernen Osten. Der Wert der gefangenen Fische erreichte 1989 stolze 90 Millionen US-Dollar. Wenn die Entwicklung so weitergeht, wird sich kurz nach der Jahrtausendwende ein volkswirtschaftlicher Gewinn von über einer Milliarde US-Dollar angesammelt haben.[22]

Aber kann diese Entwicklung so weitergehen? Muss dieses neue System nicht bald an Überhitzung kollabieren? Es gibt Anzeichen, die nachdenklich machen. Aber angesichts der geschilderten Veränderungen erscheint die Forderung mancher radikaler Naturschützer, den Nilbarsch wieder aus dem See zu entfernen, wie eine Verhöhnung der vom neuen Wohlstand profitierenden Menschen. Kein Wunder, dass ihnen manche Kritiker unterstellen, sie würden diesen Zusammenbruch quasi herbeiwünschen, damit sich ihre pessimistischen Prognosen erfüllen.[23]

Trotzdem muss es erlaubt sein, kritische Fragen zu stellen. Denn sozioökonomische und ökologische Ergebnisse deuten darauf hin, dass auch im Viktoriasee der Post-Nilbarsch-Periode bei weitem nicht alles Gold ist, was glänzt, und zwar unabhängig vom Verschwinden hunderter einheimischer Fischarten. Der Streit, ob die Veränderungen dem Wirken des Nilbarsches als einsamer Spitze der Nahrungskette zuzuschreiben sind oder eher der zunehmenden Eutrophierung, kann hier nicht entschieden werden. Die Auseinandersetzung läuft Gefahr, in einen Glaubenskrieg zu münden, denn wirklich entscheidende Argumente für das eine oder das andere sind nicht zu erkennen. Warum kann nicht beides zu den umwälzenden Veränderungen geführt haben? Da, wie fast immer in solchen Fällen, entscheidende Daten fehlen, die in einer Zeit hätten erhoben werden müssen, als noch niemand eine solche Entwicklung für möglich hielt, wird sich der Streit kaum klären lassen.

Eine Studie vom African Studies Center der Michigan State University hat die Veränderungen für die Menschen rund um den Viktoriasee etwas genauer unter die Lupe genommen.[24] Das nur auf Fischereistatistiken und Dollars gestutzte Bild totaler Euphorie erfährt dabei einige Eintrübungen.

An vielen einfachen Menschen sind die Veränderungen vorübergerauscht, ohne dass sie eine Chance gehabt hätten, mit auf das Boot zu springen. Die zum Fang von Nilbarschen benötigte Ausrüstung ist viel zu teuer für sie. Deshalb gehören die Fischerboote zumeist Auswärtigen, die erwirtschafteten Gewinne fließen nach Nairobi oder gar ins Ausland. Zudem müssen fast alle erforderlichen Materialien und Geräte für teures Geld importiert werden, angefangen von den Netzen über die Motoren, den Treibstoff bis hin zu den Maschinen der neu entstandenen Fabriken. Die wirklichen Gewinner sitzen in den industriellen Zentren des In- und Auslandes.

Die traditionellen Familien- und Arbeitsstrukturen zerbrechen. Die Besatzungen der Fischerboote, die früher von ortsansässigen Brüdern, Söhnen und Neffen gebildet wurden, sind heute ein bunt zusammengewürfelter Haufen. Die Männer, die aus dem ganzen Land stammen, werden oft lange von ihren Familien getrennt. Die Frauen, die früher den gefangenen Fisch auf den Märkten verkauften, arbeiten heute, wenn sie Glück haben, in den neuen Fabriken. Eintönige Fließbandarbeit hat die Fischverarbeitung in kleinem Stil, eingebunden in das soziale Leben der Dörfer, ersetzt. Allenthalben herrscht Misstrauen. Aufgrund des hohen Werts von Ausrüstung und Fang wird viel mehr gestohlen als früher. Die Fischer schlafen nicht bei ihren Familien, sondern auf den Booten, wo sie die Netze und Motoren der auswärtigen Schiffseigner bewachen. Durch die jetzt geforderte hohe Mobilität und die vielen Zugewanderten lässt das Solidaritätsgefühl innerhalb der Dorfgemeinschaften nach. Die Auswärtigen haben kein Interesse an lokaler Infrastruktur, sofern sie nicht ihr Geschäft betrifft.

Erstaunlicherweise hat sich die Versorgung mit Fisch nicht grundsätzlich verbessert. Kleine Haushalte ohne Kühlschrank können mit 50 Kilogramm schweren Nilbarschen wenig anfangen. Aber kleinere Fische gibt es kaum noch oder sie sind, wie die Tilapien, zu teuer. Das hat zwei gravierende Konsequenzen. Zum einen wird ein beträchtlicher Teil der Nilbarsche geräuchert, eine hier seit langem praktizierte Methode der Konservierung. Eine einfache Trocknung, bei kleineren Fischen möglich, scheitert beim Nilbarsch, da die Tiere zu groß und zu fett sind, sodass sie vorher ranzig werden. Zum Räuchern aber braucht man Holz und Holz ist knapp. In der Umgebung des Viktoriasees sind viele Wälder gerodet worden, auf dem verbliebenen Rest lastet nun ein umso stärkerer Druck. Fortschreitende Entwaldung fördert Erosion und weiteren Nährstoffeintrag, ein Teufelskreis.

Zum anderen führt der Mangel an Fischen geeigneter Größe zu einem wachsenden Druck auf junge Nilbarsche, auf Kosten der Fischereierträge von morgen. Bemühungen, den Fang kleiner Nilbarsche einzuschränken, hatten bislang keinerlei Erfolg.

Den Nilbarschbeständen, auf denen fast der gesamte neue Wohlstand der drei Anrainerstaaten ruht, droht noch aus anderer Richtung Gefahr. Mit dem Bau immer neuer Fabriken werden nach und nach Überkapazitäten geschaffen, die beschäftigt werden wollen. Die Intensität des Fischfangs ist sehr hoch. Außerdem konzentriert sich die Fischereiwirtschaft nicht nur auf den Nilbarsch, sondern auch auf dessen Beute, den Dagaa. Neuerdings beginnt sich auch eine Garnelenfischerei zu entwickeln. Viel hat der See außer den Riesen nicht mehr zu bieten und das wenige soll offenbar ausgebeutet werden, solange es noch geht.

Das kurzsichtige Profitdenken könnte sich fatal auswirken. Kritiker warnen, dass das nur noch auf wenigen Säulen ruhende Ökosystem des Viktoriasees überlastet werden könnte. Schon gehen die Fänge leicht zurück, werden die erbeuteten Nilbarsche kleiner. Wenn gleichzeitig unkontrolliert Jungbarsche gefangen und beide Beutetiere, Dagaa und die Garnele, intensiv befischt werden, könnte sich das auch für den siegreichen Riesenfisch als zu viel erweisen. Die Folgen wären katastrophal.

Die Kanadier Tony Pitcher und Alida Bundy haben versucht, die zukünftige Entwicklung des Nilbarschfischfangs zu prognostizieren.[25] Beide haben sich in anderen Arbeiten nicht gerade als Sympathisanten der Furu-Forscher ausgewiesen. Aber ihre Analyse scheint der pessimistischen Prognose der holländischen Zoologen Recht zu geben. Wenn alles unverändert weitergeht, so ihr Fazit, ist mit einem baldigen und totalen Zusammenbruch der Nilbarschpopulationen zu rechnen. Nur wenn die Zahl der Fischerboote auf den Stand der Achtzigerjahre zurückgefahren und eine Mindestgröße der erbeuteten Nilbarsche von 50 Zentimetern strikt eingehalten wird, ist eine nachhaltige Fischereiwirtschaft am Viktoriasee möglich. »Das entscheidende Problem im Management der Nilbarschfischerei bleibt der Mangel an Ressourcen«, schreiben die kanadischen Wissenschaftler. »Bislang waren weder finanzielle Mittel noch Menschen verfügbar, um eine Management-Politik effektiv umzusetzen. Der Fischfang ist sehr vielgestaltig und extensiv... und es sind viele Beamte erforderlich, die den Fischfang vor Ort regulieren und Fischereidaten sammeln. Zusätzlich gibt es einen Mangel an internationaler Zusammenarbeit: Gegenwärtig müssen Entscheidungen noch unabhängig in den drei Anrainerstaaten getroffen werden.«[26]

Ein auf Dauer gesicherter Wohlstand der am Viktoriasee lebenden Menschen wäre immerhin etwas gewesen, das die Furu-Forscher ein wenig über ihren (und unser aller) Verlust hätte hinwegtrösten können. Vielleicht waren die 1991 aufgetauchten unbekannten Schlammschnapper erste Vorboten eines neuen Evolutionsfeuerwerks, der Keim einer kommenden Furu-Generation, die es gelernt hat, mit dem großen Räuber aus dem Norden zu leben.

Unterdessen ist die eingeschleppte südamerikanische Wasserhyazinthe *Eichhornia* auf dem besten Wege, alle Prognosen über die Zukunft einer nachhaltigen Fischereiwirtschaft über den Haufen zu werfen. Der Viktoriasee, titulierte *Der Spiegel* im Juni 1998, ist fest im »Würgegriff der Blüten«. Vier Fünftel der Uferfläche Ugandas sind bereits zugewuchert. Immer wieder fällt der Strom aus, weil die Pflanzenmassen die Ansaugstutzen eines großen Wasserkraftwerks verstopfen. Fähren und Fischerboote haben Mühe, sich durch die dichten Pflanzenmatten zu kämpfen. Darunter verschwindet die Kinderstube der Nilbarsche. Den überall errichteten Fischverarbeitungsfabriken droht Stillstand. Bekämpfungsmaßnahmen, wie die jetzt geplante Anwendung höchst wirksamer Herbizide, erscheinen so gut wie aussichtslos. Tag für Tag transportieren Flüsse weitere *Eichhornia*-Matten in Hektargröße heran. Wieder ist der größte tropische See der Erde Opfer einer Organismeninvasion geworden, mit verheerenden Folgen. Am Ende bleibt nur eine Gewissheit: Es wird nicht die letzte gewesen sein.

19 Gene

Abgesehen von der banalen Feststellung, dass sich die spezifischen Eigenschaften jedes Individuums zu großen Teilen auf seine genetische Ausstattung zurückführen lassen, haben Genetik und Invasionsbiologie auf verschiedenen Ebenen Berührungspunkte. Es wäre denkbar, dass eine bestimmte Genkombination eine Invasion begünstigt oder überhaupt erst ermöglicht. Es könnte auch nach und während einer Invasion zu genetischen Veränderungen kommen. Der dritte Berührungspunkt besteht in der Analogie zwischen organismischen Invasionen und der Freisetzung gentechnisch veränderter Organismen. Dies wird Thema des letzten Abschnittes dieses Buches sein.

Die afrikanisierten Bienen Amerikas

Wenn er von seinem Reiseerlebnis in Guanacaste erzählt, dem trockenen Nordwesten Costa Ricas, kann der sonst so coole blonde kalifornische Sunnyboy seine Erregung kaum im Zaum halten. Schrecklich sei es gewesen, ein Alptraum. Um ihr Leben seien sie gerannt. Wenn da nicht diese Farm gewesen wäre, in der sie Zuflucht fanden, Greg hätte nicht gewusst, wie sie sich aus dieser Situation wieder befreien sollten.

Auf dem Campingplatz im costa-ricanischen Nationalpark Corcovado prasselt ein Lagerfeuer, unten rauscht die Brandung des Pazifiks und mir läuft trotz der angenehmen Abendtemperatur eine Gänsehaut über den Rücken. Ich hoffe inständig, dass mir eine ähnliche Reiseerfahrung erspart bleibt.

Ein Poster aus Panama, das vor afrikanisierten Bienen warnt

Greg und sein Freund waren arglos durch die Gegend gewandert. Es war heiß und die beiden hatten im Schatten eines Baumes Schutz vor der brennenden Sonne gesucht. Plötzlich war ein Summen in der Luft. Im nächsten Augenblick wurden sie von wütenden Bienen angegriffen. Es waren Hunderte, Tausende. Sie waren überall und ungeheuer aggressiv, fielen über die Wanderer her, als hinge ihr Leben davon ab. Die beiden Männer gerieten in Panik, rannten Hals über Kopf über das Weideland, die Bienen hinterher. Sie trieben die Menschen durch das trockene Gras und stachen und stachen. Als die Flüchtenden das einsame Farmhaus entdeckten, stürzten sie darauf zu. Sie waren, schätzt Greg, zwei Kilometer gerannt, aber die summende, stechwütige Wolke um sie herum machte keine Anstalten, die Verfolgung abzubrechen. Greg und sein Freund hatten Todesangst. Die Farm war ihre einzige Chance.

Die Bewohner hatten sie kommen sehen, zwei schreiende Gringos, die wild um sich schlugen und wie von unsichtbaren Dämonen gehetzt querfeldein auf ihr Farmhaus zustolperten. Sie wussten sofort, worum es ging. Sie ließen die beiden ins Haus, schlugen die Bienen tot, die überall auf ihnen herumkrabbelten, steckten die vor Angst und Schmerzen zitternden Amerikaner in die Badewanne und riefen einen Arzt. Greg hat seine Stiche nicht gezählt. Es sind viele gewesen, fünfzig, vielleicht hundert. Von Bienen, meint er voller Abscheu, hätte er für den Rest seines Lebens die Nase voll.

»Wir haben ein neues soziales Insekt in Amerika«, schreibt der amerikanische Bienenexperte Mark Winston zu Zwischenfällen wie diesem, »eines, das in spektakulären, rasenden Angriffen explodieren kann... und eines, das sich in spektakulärer Weise auf die einheimischen Lebensgemeinschaften bestäubender Bienen und der Pflanzen, die sie besuchen, auswirken könnte.«[1]

Greg und sein Freund waren einem Volk von Killerbienen in die Quere gekommen. Sie hatten trotz allem Glück.

Inn Siang Ooi, ein Botanikstudent von der University of Miami, bezahlte eine solche Begegnung mit seinem Leben. Es war ein Ende wie im schlimmsten Alptraum. Er wanderte 1986 in den costa-ricanischen Bergen einen steilen Pfad hinauf, als er plötzlich auf ein Nest wilder Bienen stieß. Innerhalb von Sekunden fielen sie über ihn her. Beim Versuch zu fliehen blieb er in einer Felsspalte hängen und konnte nicht mehr vor und zurück. Helfer, die versuchten, ihn zu befreien, wurden von den marodierenden Bienen vertrieben, drei so schlimm gestochen, dass sie zusammenbrachen. Erst in der Nacht, als sich die Bienen endlich zurückzogen, konnte die Leiche des Studenten geborgen werden. Eine Untersuchung ergab, dass er von achttausend Bienen gestochen wurde, auf jedem Quadratzentimeter seiner Haut sieben Stiche. Inn Siang Ooi starb nicht an einer allergischen Reaktion, sondern an einer Überdosis Bienengift. So wie ihm geht es den meisten Bienenopfern, ob Mensch oder Tier.

Genaue Zahlen gibt es nur aus Venezuela. Von 1975 bis 1988 starben dort 350 Menschen an den Bienenstichen.[2] Überträgt man diese Zahlen auf die anderen von der Bieneninvasion betroffenen Länder, könnten es weit über tausend Menschen sein, die eine Begegnung mit Killerbienen wie Inn Siang Ooi nicht überlebten. Dass die Zahl der Zwischenfälle sinkt, je länger die Menschen Zeit haben, sich an die neuen Bienen zu gewöhnen, zeigt, dass bei vorsichtigem Umgang eine Koexistenz möglich ist. Als die Bienen Panama besiedelten, wurde auf großen Plakatwänden davor gewarnt, wilde Bienenvölker durch Steinwürfe zu ärgern.

Wer mit diesen Bienen Honig produzieren will, muss sich auf einiges gefasst machen. Die Bienenstöcke können nur in großer Entfernung von Menschen und Tieren aufgestellt werden. Zwischen den einzelnen Völkern sind Sicherheitsabstände einzuhalten, damit ein Volk nicht das andere ansteckt, falls es die Angriffswut überkommt. Manipulationen müssen sich auf ein Mindestmaß beschränken. Werden die nervösen Tiere gestört, greifen sie an oder suchen samt Königin das Weite. Beides ist nicht im Interesse der Imker. Menschen, die sich den Bienen nähern oder gar ihren Honig stehlen wollen, müssen dies in einem mehrlagigen Schutzanzug tun, der aussieht, als gehöre er zur Ausstattung einer Marsexpedition.

Killerbienen haben die Honigproduktion in Amerika nicht gerade leichter gemacht. Dabei sind die aggressiven Insekten das Ergebnis eines Versuches, der die unbefriedigenden Honigerträge steigern sollte. Das missglückte Experiment veränderte einen ganzen Kontinent, gab den Startschuss für eine außerordentliche biologische Erfolgsstory und unterstreicht die Macht der Gene.

Die USA hatten eine lange Vorwarnzeit. Über Jahre konnte dort der Vormarsch der Bienen nach Norden verfolgt werden, aber der Tag war absehbar, an dem die Tiere auch die

Vereinigten Staaten erreichen würden. Anfang der Neunzigerjahre war es so weit.

Für Presse, Romanautoren und Drehbuchschreiber waren die Bienen ein gefundenes Fressen. Die Zeitungen überboten sich mit täglichen Schauergeschichten. Es war das Magazin *Time,* das die Bezeichnung Killerbienen erfand und diese »wilden brasilianischen Bienen wie eine Insektenversion Dschingis Khans« zu Millionen auf die Vereinigten Staaten zukommen sah.[3] Im 1976 erschienenen Roman *The Bees* kommt es zu einem Krieg zwischen Biene und Mensch, der Millionen Tote fordert und in einer Evakuierung ganz Südamerikas endet. Auch der Hollywood-Streifen *The Swarm* geizte nicht mit spektakulären Effekten. Ein findiger Journalist nutzte die allgemeine Aufregung und brachte einen Killerbienenhonig auf den Markt. Sein Werbespruch: »Wenn Sie diesen Honig schmecken, denken Sie an die Leben, die er gekostet hat. Und dann genießen Sie ihn. Wenn Sie können.«[4]

Wissenschaftler vermeiden Worte wie Killer und sprechen lieber von afrikanisierten Bienen. Sie sind das lebendige Resultat einer Kreuzung, die viele tausend Kilometer weiter südlich, in Campauâ im brasilianischen Bundesstaat São Paulo, durchgeführt wurde. In Amerika gibt es keine einheimischen Honigbienen. Die dort verwendeten Bienenvölker stammten aus Deutschland und Italien und kamen trotz aller Bemühungen der Imker schlecht mit den brasilianischen Verhältnissen zurecht. Als die Fachpresse von sagenhaften Honigernten in Südafrika berichtete, sollten Kreuzungsversuche mit afrikanischen Bienen helfen, die mageren Ergebnisse zu verbessern. Im Auftrag des Landwirtschaftsministeriums ließ deshalb der Bienengenetiker Dr. Warwick Kerr 1956 afrikanische Bienenköniginnen der Art *Apis mellifera scutellata* aus Südafrika und Tanzania importieren. Fünfzig Tiere gelangten lebend nach São Paulo.

Ein Jahr später, 1957, konnte die Hälfte von ihnen entkommen. Jemand hatte die Gitter von den Einfluglöchern entfernt, die die Arbeiterinnen durchließen, den größeren

Königinnen aber den Ausgang versperrten, um ein Schwärmen zu verhindern. Bis heute weiß niemand, ob Fahrlässigkeit oder Absicht dahintersteckte.

Die Königinnen machten sich mit einem Teil ihres jungen Hofstaates aus dem Staube und gründeten neue Nester. Ihre Nachkommenschaft kann sich sehen lassen. Südamerika wird heute von schätzungsweise hundert Millionen wilden Nestern der afrikanisierten Bienen bevölkert. Es wurden Dichten von über hundert Kolonien pro Quadratkilometer registriert. Mit 300 bis 500 Kilometern pro Jahr raste ihre Besiedlungsfront über den südamerikanischen Kontinent hinweg, zwängte sich durch die mittelamerikanische Landbrücke und breitete sich über Mexiko und die südlichen Staaten der USA aus. Nur die kühleren Temperaturen im Norden und Süden des Kontinents setzten ihrem Vormarsch ein Ende.

Überall, wo die afrikanisierten Bienen auftauchten, brach innerhalb weniger Jahre die örtliche Imkereiwirtschaft zusammen. In Brasilien sank die Honigproduktion von 8000 auf 5000 Tonnen, neun von zehn Imkern gaben auf. Auch in Venezuela konnte nur jeder zehnte Honigproduzent weitermachen. Der Ertrag brach innerhalb von fünf Jahren von 1300 auf 78 Tonnen im Jahr 1981 ein.[5] Danach folgte eine langsame Erholung. Die Imker lernten, wie sie mit den heiklen neuen Bienen umgehen mussten. Aber die alte Romantik ist dahin.

Vor dem Siegeszug der afrikanisierten Bienen waren wilde Bienenvölker in Südamerika praktisch unbekannt. Es gab zwar zahllose aus Europa importierte Bienenstöcke, aber diese Tiere waren vergleichsweise träge und schwärmten so gut wie nie. Einzelne Ausreißer kapitulierten schnell vor der tropischen Natur. Wie konnte es durch den Import einer Handvoll afrikanischer Bienenköniginnen zu einem so radikalen Wandel kommen?

Europäische und afrikanische Bienen sind Rassen derselben Art, der Honigbiene *Apis mellifera*. Ihre gemeinsamen Vorfahren kamen aus dem tropischen Asien und wanderten vor Millionen Jahren zuerst nach Afrika und später Europa ein. Ihr Verbreitungsgebiet reichte von Südafrika bis nach Skandinavien. Durch geographische Barrieren und Eiszeiten voneinander isoliert, entstanden zahlreiche lokale Rassen, die sich den jeweiligen klimatischen und biologischen Rahmenbedingungen anpassten. Seit langem machen sich Imker diese Vielfalt zunutze, um optimal angepasste Völker zu züchten. Auch der Versuch von Warwick Kerr in Brasilien stand in dieser Tradition. Nie zuvor hatte ein Züchtungsversuch jedoch derart durchschlagende Wirkung.

Tropische Lebensräume stellen an die Bienen ganz andere Anforderungen als das gemäßigte Klima Europas. Für europäische Bienen ist die Überwinterung das größte Problem, ihre afrikanischen Verwandten müssen sich mit einer wesentlich vielfältigeren Lebensgemeinschaft und einer großen Zahl von Räubern auseinandersetzen. Fast alle Eigenschaften der beiden Bienenrassen lassen sich als Anpassung an diese Lebensumstände interpretieren.

Sowohl die Arbeiterinnen als auch die Völker und Nester der europäischen Bienen sind größer als die ihrer afrikanischen Vettern, die Tiere sind langlebiger. Um einen Winter ohne jede Möglichkeit der Nahrungsbeschaffung zu überstehen, müssen umfangreiche Honig- und Pollenvorräte angelegt werden. Je größer die Bienenvölker, desto größer der Sammelerfolg während der kurzen europäischen Vegetationsperiode, je größer die einzelne Biene, desto mehr Pollen und Nektar kann sie zusammentragen. Auch im Winter, wenn die Tiere sich im Stock zusammenballen, ist die größere Zahl von Vorteil. Mehr Tiere können mehr Wärme erzeugen, um der äußeren Kälte zu trotzen. Da es in Europa kaum natürliche Feinde gibt, macht übertriebene Aggressivität keinen Sinn. Bienen sterben nach dem Stich, da ihr Stachel samt anhaftendem Giftdrüsenapparat in der elastischen Wirbeltierhaut stecken bleibt.

Alles hat sich dem einen Ziel unterzuordnen: Die begrenzte Zeit des europäischen Sommers in den Aufbau eines möglichst großen und gut versorgten Bienenstaates zu investieren, der den Winter überstehen kann. Individuelle Verluste müssen begrenzt bleiben, das mühsam aufgebaute Nest mit Brut und Nahrungsvorräten darf nicht aufgegeben werden. Würde ein europäischer Bienenstaat im Juli beschließen, dass er woanders besser aufgehoben wäre, reichte die verbliebene Zeit nicht mehr, um das Volk für den langen Winter auszustatten. Ein sicherer Tod wäre die Folge. Also bleiben sie an Ort und Stelle. Nur wenige Königinnen verlassen im Frühjahr schwärmend das Nest, um in der Nähe neue Völker zu gründen. Brut und Vorräte lassen sie zusammen mit vielen Arbeiterinnen im alten Nest zurück. Eine neu geschlüpfte Königin übernimmt das Regiment.

Ganz anders die afrikanischen Bienen. Gegen sie sind ihre europäischen Verwandten sture Phlegmatiker. Ihre innere Uhr läuft schneller, sie werden mit 12 bis 18 Tagen nur halb so alt und platzen in dieser kurzen Zeit geradezu vor rastloser Betriebsamkeit. Zum sprichwörtlichen Bienenfleiß kommt bei ihnen eine geballte Ladung Aggressivität und ein unstillbares Fernweh. Beides hat mit ihren Lebensumständen im tropischen Afrika zu tun.

Die höchste Schwarmrate, die jemals für europäische Bienen ermittelt wurde, lag bei gut drei Schwärmen pro Jahr. Ein Bienenvolk kann also pro Jahr höchstens drei bis vier neue Völker hervorbringen. Meistens sind es weniger. Afrikanische Bienen bringen es auf das Zwanzigfache. Mark Winston und eine Gruppe US-amerikanischer Forscher ermittelten in Französisch-Guayana, dass aus einer Kolonie afrikanisierter Bienen und ihrer Nachkommenschaft jährlich bis zu 64 Tochterkolonien ausschwärmen können.[6]

Damit nicht genug. Afrikanisierte Bienen zeigen ein Verhalten, das bei europäischen Bienenvölkern so gut wie nie zu beobachten ist. Bei Störung oder Nahrungsengpässen verlässt das gesamte Volk das Nest und zieht weiter. Die Brut wird zurückgelassen, sämtliche Honigvorräte geplündert, um lange energiezehrende Flüge zu überstehen. Sie können neunzig Kilometer und länger sein. Jährlich hält es etwa ein Drittel aller Bienenvölker nicht länger in ihrem alten Nest. Keine Frage, dass sie diese Eigenschaft bei Imkern besonders unbeliebt gemacht hat.

Der Grund für einen solchen Umzug ist meistens ein Überfall. Anders als ihre gutmütigen europäischen Verwandten müssen sich tropische Bienen einer großen Zahl von Feinden erwehren. Die Mortalität ist hoch, ob in der afrikanischen Heimat oder in Südamerika. In Französisch-Guyana ergaben Untersuchungen, dass etwa die Hälfte der wilden Kolonien räuberischen Vögeln, Ameisenbären und vor allem Ameisen zum Opfer fällt.[7] Eine wirksame Verteidigungsstrategie ist für tropische Bienen eine Überlebensfrage. Und wenn ihre wütenden Stiche keinen Erfolg haben, hilft nur der Umzug. In Afrika ist wahrscheinlich der Mensch über lange Zeit der gefährlichste Räuber gewesen. Seit hunderttausenden von Jahren beuten Menschen dort die Honigvorräte wilder Bienenvölker aus. Die Brut gilt als Delikatesse.

Es gibt einen weiteren Grund für die ungewöhnliche Reiselust der tropischen Honigbienen. In Europa werden ganze Landstriche von relativ wenigen Pflanzenarten dominiert. Blühen sie, wird auf einen Schlag ein riesiges Nahrungsreservoir verfügbar, das von den größeren europäischen Bienenvölkern effektiv ausgebeutet wird. In den tropischen Lebensräumen ist die Zahl der Pflanzenarten zwar sehr viel höher, ihre Dichte aber umso geringer. Es klingt paradox, aber die Nahrungsbeschaffung ist in der üppig anmutenden tropischen Vegetation wesentlich mühsamer. Die Nahrungsquellen sind locker über große Gebiete verstreut und müssen einzeln ausfindig gemacht werden. Unter solchen Umständen ist eine nomadisierende Lebensweise günstiger als ein festes Standortquartier. Da die Nester regelmäßig aufgegeben werden, erreichen sie nie die Größe der europäischen Kolonien. Auf diese Weise lässt sich auch der Verlust der Brut bei Aufgabe des alten Standortes besser verkraften. Zudem sind kleinere Nester für Räuber schwerer zu entdecken und lassen sich leichter verteidigen.

Killerbienen sind also alles andere als ausgeflippte Honigbienen. Sie sind in Afrika durch die harte Schule einer tropischen Lebensgemeinschaft gegangen. Ihr Erfolgsrezept heißt Aggressivität und Mobilität. Diese Anpassungen, die ihnen in Afrika ein Überleben ermöglichen, sind Teil ihres genetischen Programms geworden. Ihre Kreuzung mit den zahmen europäischen Bienen hat große Teile dieses genetischen Programms übertragen. Die afrikanisierten Bienen Südamerikas liefern den lebenden Beweis, dass die passende genetische Ausstattung ideale Voraussetzungen für den Erfolg einer biologischen Invasion bieten kann.

Aber wie afrikanisch sind die heutigen Killerbienen Südamerikas wirklich? Sind die gefürchteten afrikanisierten Bienen noch immer das Ergebnis der Kreuzung, die am Anfang ihres Siegeszuges stand? Ist ihr Genom wirklich eine Mischung europäischer und afrikanischer Gene?

Überall, wo die Bienen auftauchen, erleben Imker dasselbe Schauspiel. Zuerst geschieht gar nichts, dann zeigen einzelne europäische Bienenvölker ungewöhnliche Verhaltensweisen, erscheinen schlecht gelaunt, wie Menschen am Morgen nach einer durchzechten Nacht. Nach zwei oder drei Jahren häufen sich diese Zwischenfälle. Kurz darauf wird ein normaler Umgang mit den bislang so zugänglichen Honiglieferanten unmöglich. Die Völker sind afrikanisiert worden.

Das kann auf zweierlei Weisen geschehen. Entweder eine geschwächte europäische Kolonie wird von den Neuankömmlingen einfach übernommen, die Königin und viele der Arbeiterinnen getötet oder die von ihrem Hochzeitsflug zurückkehrenden europäischen Königinnen wurden von den immer häufiger werdenden Drohnen der Killerbienen begattet. Dieser Prozess ist unaufhaltsam. Alle Versuche, ihn zu verhindern, etwa durch massives Einsetzen von europäischen Königinnen, schlugen fehl.

Morphologisch sind afrikanisierte und europäische Bienen nur schwer auseinanderzuhalten. Man muss zeitraubende Messungen durchführen und eine Vielzahl von Merkmalen berücksichtigen. Erst als genetische Analyseverfahren verfügbar wurden, war eine sichere Unterscheidung möglich. Als man die wilden Bienenkolonien Südamerikas untersuchte, erlebten die Forscher eine Überraschung. Die Tiere waren praktisch nicht von ihren afrikanischen Vorfahren zu unterscheiden. In den untersuchten tropischen Gebieten gab es keinen einzigen Fall, in dem sich nennenswerte europäische Anteile im Genom der Wildvölker nachweisen ließen. Diese Bienen waren nicht afrikanisiert, sie waren afrikanisch.

Da es an der Front der sich ausbreitenden Bienen zweifellos zu zahlreichen Kreuzungen mit europäischen Bienen gekommen war, konnte das nur heißen, dass deren Gene innerhalb kurzer Zeit aus den Populationen herausselektioniert wurden. Die Vermutung, dass afrikanisierte Königinnen einfach sexier seien als die europäischen, bestätigte sich nicht. Für die Drohnen beider Bienenrassen gilt: Königin ist gleich Königin. Das Verschwinden europäischer Gene aus wilden Bienenvölkern ist allein Folge einer überlegenen Strategie. Unter tropischen Bedingungen sind Hybride gegenüber dem afrikanischen Original eklatant benachteiligt.

Interessanterweise gilt dies nicht überall. In Argentinien hat sich eine komplexe Durchmischungszone herausgebildet. Hier geht das tropische kontinuierlich in ein gemäßigtes Klima über. Für die Lebensgemeinschaften gilt dasselbe. Je mehr die Einflüsse gemäßigten Klimas überwiegen, desto häufiger können sich die Gene der europäischen Honigbiene durchsetzen. Jenseits dieser Zone leben nur europäische Bienen. Ähnliches erwarten die Forscher für Nordamerika. Sie rechnen mit einer quer durch die USA verlaufenden Hybridisierungszone, in der nach Norden der afrikanisierende Einfluss ab- und der europäisierende zunimmt. Die Invasion der afrikanisierten Bienen ist nicht nur von großer ökologischer und ökonomischer Brisanz, man kann es als hochinteressantes Experiment ansehen, das Selektion in Aktion zeigt.

Warwick Kerr, dem die Welt die Existenz der afrikanisierten Bienen verdankt, hat sich unterdessen einem neuen Forschungsgebiet zugewendet. Seit einigen Jahren beschäftigt er sich mit stachellosen Bienen. Auf die Frage eines Journalisten antwortete er 1991, noch einmal vor die Wahl gestellt, »würde er die afrikanischen Bienen lieber dort lassen, wo er sie gefunden hatte«.[8]

Die Unbesiegte

Das nordamerikanische Ausbreitungsbild der Roten Feuerameise *(Solenopsis invicta)* sieht aus, als ob ein großer Stein vor Mobile, Alabama, ins Wasser gefallen wäre und die resultierenden Wellenfronten sich gleichmäßig über den gesamten Süden der USA ergießen würden. Ihre Ankunft liegt mehr als sechzig Jahre zurück. Vermutlich in trockenem Schiffsballast gelangten die roten Feuerameisen damals in den Hafen von Mobile und von dort auf US-amerikanischen Boden.[1] Heute sind 106 Millionen Hektar in elf Südstaaten von der tropischen Ameise befallen und der Höhepunkt der Besiedlungswelle ist noch nicht erreicht.[2] Da sich auch die afrikanisierten Bienen nur im warmen Süden der USA wohl fühlen, müssen sich die dort lebenden Menschen und ihre Umwelt gleich mit zwei neuen und aggressiven sozialen Insektenarten herumschlagen. Sie werden sich an die beiden gewöhnen müssen. Ein Amerika ohne Killerbienen und Feuerameisen wird es nicht mehr geben.

Im August 1995 wurde in Palm Beach, Florida, eine 78-jährige Patientin in ihrem Krankenhausbett von Roten Feuerameisen angegriffen. Die alte Dame kam mit dem Schrecken davon, aber mindestens fünfzig Personen sind den aggressiven Insekten schon zum Opfer gefallen. Rote Feuerameisen dringen neuerdings in menschliche Behausungen ein, zerstören elektrische Leitungen und verhindern das Pflügen der Felder.[4]

»Einem anfänglichen intensiven Brennen folgt die Bildung einer Schwellung, die einen Zentimeter Durchmesser erreichen kann. In ungefähr 4 Stunden bildet sich am Ort des Stichs eine Blase, die eine klare Flüssigkeit enthält. Anschließend trübt sich die Flüssigkeit ein und nach 24 Stunden hat sich eine weiße Pustel gebildet, die für Stiche der Roten Feuerameise charakteristisch ist. Die sterile Pustel bleibt für 3 bis 10 Tage, bevor sie aufplatzt, wobei eine kleine Narbe am Ort des Stichs erkennbar sein kann. Wenn die Pustel aufreißt, können sekundäre Infektionen auftreten. Gelegentlich kann dem Stich eine ernste systemische Reaktion folgen, die zu einem anaphylaktischen Schock und dem Tod führen kann, wenn nicht sofort medizinische Hilfe geleistet wird.«

C. T. Adams & C. S. Lofgren[3]

Von der Belästigung der Menschen und seiner Haustiere abgesehen, hat der Siegeszug der Roten Feuerameise vor allem fatale Folgen für Natur und Landwirtschaft.[5] Wie die besprochenen Tramp-Arten ist sie sehr konkurrenzstark und dezimiert durch ihr massives und rigoroses Auftreten die einheimische Insektenwelt.[6] In Gainesville, Florida, wurden die Veränderungen der Ameisenfauna in Gegenwart der Roten Feuerameise über 21 Jahre verfolgt. Rund eine Million Ameisen wurden in Köderfallen gesammelt und bestimmt. Herausgekommen ist eine zackige, aber steil ansteigende Kurve, die Populationsentwicklung der Roten Feuerameise, und viele Linien, die nach unten zeigen, die der einheimischen Ameisenarten. Gegen Ende der Untersuchung, im April 1992, gehörten drei Viertel aller gesammelten Ameisen nur noch einer einzigen Art an.[7] Die Rote Feuerameise macht ihrem Namen alle Ehre: *invicta,* die Unbesiegte.

In den Fünfzigerjahren wurde sie durch die US-Behörden massiv bekämpft.[8] Der mit aggressiven, heute verbotenen Insektiziden geführte, 200 Millionen Dollar teure

Vergiftungsfeldzug tötete aber auch viele der einheimischen Tiere und ging als »Vietnam der Insektenkunde« in die Annalen ein. Dreißig Jahre später haben sich die Roten Feuerameisen wieder erholt und sie sind aggressiver und widerstandsfähiger als je zuvor. Ihre Arbeiter greifen alles an, was sie überwältigen können, auch viele Schadinsekten, was ihr unter Farmern immerhin einige positive Stimmen eingebracht hat. Im allgemeinen Wehklagen sind sie allerdings kaum zu hören. Auch vor Wirbeltieren schrecken die Feuerameisen nicht zurück. Sie fressen Eidechsen, die Eier von Schildkröten, töten Entenküken. Kleinere Säugetiere meiden Gebiete mit hoher Ameisendichte, sie werden von den vergleichsweise winzigen Insekten regelrecht vertrieben.

Wie viele ihrer Artgenossen unterhält die Rote Feuerameise große Blattlausherden, die unter ihrer Obhut glänzend gedeihen. Feuerameisen fressen auch Samen und andere Pflanzenkost. In natürlichen Ökosystemen kann der Samenfraß der Ameisen die gesamte Lebensgemeinschaft verändern. Es bleibt weniger Nahrung für einheimische Tiere und dadurch, dass weniger Samen keimen können und manche häufiger gefressen werden als andere, wird auf lange Sicht die Artenzusammensetzung der Vegetation verändert.[9]

Es gibt nur wenige Bereiche der betroffenen Ökosysteme, in denen die dominierende Stellung der importierten Feuerameisen keine Konsequenzen haben wird: Das alte System wird stark vereinfacht und die Rote Feuerameise selbst zur herausragenden Schlüsselart. Laut Bradleigh Vinson, einem amerikanischen Biologen, der sich intensiv mit der Invasion der Roten Feuerameise beschäftigt hat, tappt die Wissenschaft hinsichtlich der Folgen weitgehend im Dunkeln. »Welche Auswirkungen diese Veränderungen auf die Langzeitevolution des Systems haben, auf dessen Empfindlichkeit gegenüber weiteren Invasionen und gegenüber einem Systemzusammenbruch aufgrund der Dominanz einer einzigen Art, wird Jahre dauern, um es herauszufinden.«[10]

Bis hierhin hätten wir die Invasion der Roten Feuerameisen unter dem Thema Veränderungen von Ökosystemen abhandeln können. Sie bieten ein Paradebeispiel.

Aber in jüngster Zeit beginnt sich innerhalb der nordamerikanischen Völker der Roten Feuerameise eine Entwicklung abzuzeichnen, für die nur genetische Veränderungen die Ursache sein können. Entweder Nordamerika ist unbemerkt von einer weiteren Invasionswelle heimgesucht worden oder es sind die vorhandenen Ameisen, die sich verändern. Die geographische Verteilung des Phänomens spricht für Letzteres.

Die alten Feuerameisen besitzen pro Kolonie nur eine Königin. Sie sind monogyn. Die Begattung der jungen Königinnen erfolgt während eines spektakulären Hochzeitsflugs. 250 Meter und höher fliegen die Wolken der plötzlich ausschwärmenden Geschlechtstiere. Irgendwo in diesem Wirrwarr passiert es dann. Fast alle Tiere landen nach der Luftorgie innerhalb eines Kreises von zwei Kilometern Durchmesser. Aber einige trägt der Wind bis zu zehn Kilometer weit, deshalb ist die Ausbreitung der Ameise so schwer zu kontrollieren. Ungewöhnliche Ausbreitungswege scheinen ihre Spezialität zu sein. Wiederholt wurden Gruppen von Ameisen bei einer Art Wildwasserfahrt beobachtet. Die Tiere krallen sich auf Holz- und Rindenstücken fest und lassen sich vom Flusswasser transportieren.[11] Als Anpassung an die häufigen Überschwemmungen im Regenwald ihrer brasilianischen Heimat können sie sich sogar ineinander verhaken und als lebende Ameisenmatten wochenlang auf der Wasseroberfläche treiben, bis sich das Wasser zurückzieht. Was für die meisten einheimischen Ameisen in den USA einer Katastrophe gleichkommt – fast alle werden durch Überschwemmungen eliminiert –, ist für die Roten Feuerameisen nur eine vertraute, vorübergehende Erscheinung, die ihre weitere Ausbreitung begünstigt.[12]

Wildwasser-Rafting praktizieren die neuen Roten Feuerameisen noch immer, aber der Hochzeitsflug ist abgeschafft. Seit Anfang der Achtzigerjahre beobachtet man an der östlichen und westlichen Front der Besiedlungswelle das Auftreten polygyner Kolonien. Sie besitzen nicht nur eine, sondern viele Königinnen und dementsprechend breiter ist auch ihre genetische Basis. Was anfangs als bloße Kuriosität angesehen wurde, scheint langsam zur Normalität zu werden. In Texas werden schon mehr als die Hälfte aller Kolonien von dieser neuen Form gebildet.[13] Die polygynen Feuerameisen vermehren sich durch Knospung, also so, wie die Forschung es schon lange von den kosmopolitischen Tramp-Ameisen kennt. Und während die einzelnen Kolonien früher strikt getrennte Völker waren, bilden die durch Knospung entstandenen Ableger weiterhin eine lockere Einheit mit ihrer Mutterkolonie (Unikolonialität). In den neuen Ameisenvölkern nimmt die Zahl kleinerer Arbeiter stark zu, größere werden immer seltener. Mit anderen Worten: Die Rote Feuerameise entwickelt sich zu einer typischen Tramp-Art. Die Welt wird mit ihnen noch viel Freude haben.

Das alles wäre nur ein Thema für biologische Fachzeitschriften, wenn die neue Ameisenvariante nicht einige Eigenschaften besäße, die das ganze Problem in eine neue Dimension befördern. Statt nur einige Hunderttausend, können die neuen Kolonien über eine Million Tiere umfassen.[14] Und während in den Siebzigerjahren etwa 50 bis 80 monogyne Kolonien pro Hektar gezählt wurden, waren es 1990 weit über tausend der polygynen Form.[15]

Die Konsequenzen für die einheimischen Gliederfüßer sind dramatisch. Wissenschaftler von der University of Texas haben den Niedergang der Fauna auf einem Versuchsgelände der Universität dokumentiert.[16] Besonders die einheimischen Ameisen werden von den polygynen

Neuankömmlingen buchstäblich überrannt. Ihre Artenzahl wurde um 70 % reduziert. Gegenüber Vergleichsflächen, die von der Invasion verschont blieben, stieg die Zahl der gefangenen Ameisen zwar auf das Dreißigfache an, aber 99 % dieser Tiere waren Rote Feuerameisen. Nur drei einheimische Arten scheinen sich in ihrer Gegenwart behaupten zu können, für den Rest zeigt der Daumen steil nach unten. Sie werden entweder durch direkte Aggression vernichtet oder von ihren Nahrungsquellen ausgeschlossen.

Wie das funktioniert, ermittelten die Forscher durch ein einfaches Experiment. Sie legten tote Heuschrecken als Köder aus und untersuchten, wie lange es dauerte, bis diese von Ameisen entdeckt wurden. Dort, wo es keine Invasoren gab, benötigten die einheimischen Arten durchschnittlich zehn Minuten, bis sie die Heuschrecken gefunden hatten, Rote Feuerameisen waren schon nach 18 Sekunden zur Stelle. Aufgrund der hohen Koloniedichte funktioniert auch die Rekrutierung von Artgenossen wesentlich schneller. Bei den einheimischen Ameisen dauerte es über 17 Minuten, bis zehn Tiere um den Köder versammelt waren, die Feuerameisen benötigen nicht einmal ein Viertel dieser Zeit. Wer zu spät kommt, den bestraft das Leben.

Die Macht des Genoms

Es ist kaum vorstellbar, dass so grundsätzliche Veränderungen wie der Übergang zu Polygynie und Unikolonialität bei der Roten Feuerameise ohne eine genetische Basis geschehen können, obwohl ein Beweis für genetische Veränderungen aussteht. Dies hat das Beispiel der Roten Feuerameise mit vielen anderen gemein. Oft konnten sich die Forscher den überraschenden Erfolg eines Organismus nicht anders als mit genetischen Mutationen erklären, aber die Beweise dafür sind spärlich.

Das Gebiet der Genetik »ist verheißungsvoll, aber unbefriedigend«, meint der englische Invasionsexperte Mark

Williamson[1], »weil es, bis heute, in der Regel unmöglich war, die individuellen Gene zu identifizieren, die eine Invasion begünstigten oder die sich nach einer Invasion veränderten.«

Ein Invasionsgen, das einen Einbürgerungserfolg in der Fremde garantiert, gibt es mit Sicherheit nicht. Aber allein die Tatsache, dass es oft viele Versuche mit Organismen unterschiedlicher geographischer Herkunft brauchte, bis eine gewollte Einführung fremder Tiere und Pflanzen gelang, deutet darauf hin, dass es für die Inbesitznahme neuer Territorien geeignete und weniger geeignete Genkombinationen gibt.

Das Beispiel der afrikanisierten Bienen zeigt, welchen Effekt genetische Veränderungen auf den Invasionserfolg haben können. Auch die europäischen Bienen waren fremd in Südamerika, aber in die tropische Wildnis konnten sie nicht eindringen. Dazu waren nur afrikanische Bienen in der Lage. Bei beiden handelt es sich um geographische Rassen derselben Art. Ihr Genom stimmt also in großen Teilen überein. Mark Williamson schätzt, dass sie sich in etwa hundert Genen unterscheiden. Ein Unterschied mit spektakulären Konsequenzen.

Durch die Kreuzung europäischer mit afrikanischen Bienen sind auf einen Schlag viele neue Gene eingebracht worden, ein Ereignis, das unter natürlichen Bedingungen äußerst selten auftritt. Normalerweise werden genetische Veränderungen durch Mutationen hervorgerufen, die nur einen sehr kleinen Teil des Genoms betreffen. Sollen sie einem Organismus zu einem nachhaltigen Invasionserfolg verhelfen, müssten sie schon in einem ökologisch besonders sensiblen Bereich des Erbguts eintreten. Auszuschließen ist das nicht.

Ein ganz anderes Beispiel für genetische Veränderungen, die periodisch wiederkehrende Invasionen ermöglichen, liefern die Grippeepidemien. Die genetischen Veränderungen, die dabei eine Rolle spielen, sind minimal und können nur ein einziges Gen betreffen. Influenzaviren tauchen immer wieder in neuem Gewand auf und überlisten so die Immunabwehr des Menschen, mit katastrophalen Folgen. Die Grippepandemie von 1918 tötete 20 bis 40 Millionen Menschen. Hat die Bevölkerung erst einmal Antikörper gegen diese neuen Varianten gebildet, ist das Schlimmste überstanden. Bis die Viren irgendwann in neuem Kleid zurückkommen.

Auch nach einer Invasion können genetische Veränderungen auftreten. Eine Besiedlung fremder Lebensräume beginnt mit einer relativ kleinen Ausgangspopulation. Sie bringt dabei nur einen Ausschnitt des Genvorrats der ganzen Art mit. Schon dieser Gründereffekt hat zur Folge, dass sich die in der Fremde etablierende Population genetisch von den zurückgebliebenen Artgenossen unterscheidet. In erster Linie betrifft dies die Häufigkeit, in der bestimmte Genkombinationen auftreten. Zudem kann es in der Anfangsphase, wenn sich die Einwanderer gegenüber den vorhandenen Arten durchsetzen müssen, zu einer besonders harten Auslese kommen und somit zu beschleunigter Evolution. Der genetische Abstand zur Ausgangspopulation wächst.

Eine besonders heimtückische Methode, Tier- und Pflanzenarten verschwinden zu lassen, besteht in einer Art genetischer Unterwanderung. Zwischen verwandten Arten, die seit langem in einem Gebiet zusammenleben, gibt es Fortpflanzungsschranken, die eine Vermischung des genetischen Materials verhindern. Durch Kreuzung zweier Arten entstandene Hybride sind in der Regel nicht überlebensfähig oder gegenüber den reinen Arten benachteiligt. Es ist für Lebewesen, die mit knappen Ressourcen auskommen müssen, nicht sinnvoll, viel Mühe und Energie in die Erzeugung von Nachkommen zu investieren, die keine Chance haben, sich durchzusetzen. Mechanismen, die eine Vermischung verschiedener Arten verhindern, sind in den meisten Fällen eine Überlebensfrage.[3]

Wenn durch Einbürgerung oder Verschleppung Arten aufeinandertreffen, die vorher tausende Kilometer voneinander entfernt lebten, kann es sein, dass keine effektiven Fortpflanzungsbarrieren existieren. Sie waren nicht erforderlich. Im Ergebnis gelangen Gene beider Arten in die Genpools der anderen. Der Verlust genetischer Eigenständigkeit kann die Folge sein, ein Prozess, der weitgehend unbemerkt vonstatten geht. Bis sich eine solche genetische Unterwanderung auch in der äußeren Gestalt zeigt und vom Menschen erkannt wird, kann viel Zeit vergehen. Fische, die weniger als zehn Prozent Fremdgene enthalten, sind äußerlich nicht von den genetisch reinen Formen zu unterscheiden.[4] Zum Nachweis solcher Veränderungen sind aufwendige Laborverfahren erforderlich, die erst zum Einsatz kommen, wenn ausreichende Verdachtsmomente vorliegen.

Das amerikanische Montana Department of Fish Wildlife and Parks hatte achtzig Populationen einer einheimischen Forellenunterart aufgrund morphologischer Kriterien als »genetisch rein« eingestuft. Die Verblüffung war groß, als biochemische Analysen ergaben, dass knapp die Hälfte dieser Fischpopulationen Hybride mit der in diesen Gebieten nichtheimischen Regenbogenforelle waren. Die heimische Forelle hatte in diesen Gewässern aufgehört zu existieren, obwohl die Tiere noch genauso aussahen wie vorher.[5] Ein gutes Drittel aller in den letzten hundert Jahren ausgestorbenen Fischarten Nordamerikas sind Opfer solcher Hybridisierungen geworden.[6] In Artenschutzprogrammen werden genetische Mischformen sofort heruntergestuft. Sie gelten als so wertvoll wie ein gefälschter Picasso.

Die europäische Stockente *(Anas platyrhynchos)*, ein Wasservogel, der vom Menschen zu Jagdzwecken auf der ganzen Welt verbreitet wurde, interessiert sich in vielen Ländern nicht nur für ihresgleichen. In Nordamerika hat sie sich so sehr mit der Mexikanischen Ente *(Anas diezi)* angefreundet, dass die 5000 auf dem Gebiet der USA lebenden Tiere kürzlich von der Liste der gefährdeten Arten gestrichen wurden. Es hatte sich herausgestellt, dass die Vögel in Wirklichkeit Hybride zwischen Mexikanischer Ente und Stockente waren.[7]

In Neuseeland wirft die Stockente seit ihrer Ankunft vor 130 Jahren ein Auge auf die Grauente *(Anas superciliosa).* Aus dem Kulturland hat sie ihre einheimische Verwandte weitgehend verdrängt. Bei vielen Tieren handelt es sich jedoch um Hybride, die jeweils nur wie Stockenten oder Grauenten aussehen. Genetisch reine Tiere beider Arten werden immer seltener. Besonders die Zahl der Grauenten ist zusammengeschrumpft, da sie auch unter einem Verlust ihrer Lebensräume zu leiden hatte. Eine genaue Untersuchung einer Mischpopulation in der Nähe der Stadt Dunedin ergab 1981/82 folgende Verteilung: 60 % der Tiere waren im Wesentlichen Stockentenähnlich, 28 % waren Hybride und nur noch 12 % konnten als mehr oder weniger reine Grauenten gelten. 1958 hatte ihr Anteil noch bei fast 50 % gelegen. Die reinen Grauenten sind so selten geworden, dass sie unter den kritischen Schwellenwert zu fallen drohen, der für die Erhaltung einer Art notwendig ist. Beide Entenarten, so vermutet Grant Gillespie von der University of Otago, könnten in Neuseeland bald zu einem untrennbaren genetischen Mischmasch, einem so genannten *Hybridschwarm,* verschmelzen.[8]

Das Problem erfährt noch eine zusätzliche Komplikation, weil lokale Populationen ein und derselben Organismenart in spezifischen genetischen Merkmalen differieren. Infolge ihrer Anpassung an die örtlichen Gegebenheiten unterscheiden sie sich in Ausmaß und Zeitpunkt von Wanderungsbewegungen oder haben andere Temperatur- und Klimavorlieben. Europäische und afrikanische Honigbienen sind ein extremes Beispiel. Solche lokalen Varianten machen einen großen Teil der genetischen Vielfalt einer Art aus. Sie beeinflussen maßgeblich deren Fähigkeit, mit den unterschiedlichsten Umweltbedingungen zurechtzukommen. In Fachkreisen herrscht Übereinstimmung, dass diese lokalen Besonderheiten erhaltenswert sind.

Viele Populationen von Wildtieren sind so weit zusammengeschrumpft, dass man ihnen hin und wieder eine gutgemeinte Auffrischung in Form nachgezüchteter oder andernorts gefangener Artgenossen zukommen lässt. Stammen diese Tiere aus ganz anderen geographischen Regionen, können lokale Besonderheiten und damit die eigentlichen Schutzziele leicht unter die Räder kommen. Ehemals getrennte Rassen verlieren ihre besonderen Merkmalskombinationen, als Ergebnis eines allzu naiven Artenschutzes droht genetische Homogenisierung. Die seltene Smaragdeidechse ist ein solcher Fall. Bei den heute im Kaiserstuhlgebiet vorkommenden Tieren handelt es sich wahrscheinlich schon »um Mischpopulationen von Tieren unterschiedlichster Herkunft«.[9] Dadurch könnte das kleine Häufchen aufrechter Smaragdeidechsen am Kaiserstuhl genau die Eigenschaften verlieren, die ihr ein Überleben an diesem Standort ermöglicht haben.

Wenn auch die genetischen Voraussetzungen für einen Invasionserfolg noch weitgehend unverstanden sind, die neben schleichender Hybridisierung wichtigste genetische Konsequenz vieler biologischer Invasionen ist nur allzu offensichtlich. »Der primäre genetische Effekt eingeführter Exoten ist eine Abnahme genetischer Diversität einheimischer Arten.«[10]

Wenn eingeführte Räuber wie der Nilbarsch oder die Braune Nachtbaumnatter die einheimische Tierwelt dezimieren, ist dies nicht nur ein Verlust für Natur- und Artenschutz, sondern auch ein unwiederbringlicher Verlust an genetischer Vielfalt. Selbst wenn einige der Beutetiere überleben, der Tod vieler Individuen hat einen beträchtlichen Teil des genetischen Reservoirs der betroffenen

Arten mitsterben lassen. Werden die Populationen zu klein, können Inzuchtphänomene auftreten. Die Widerstandskraft gegenüber Krankheiten und Umweltveränderungen nimmt ab.

Der Verlust genetischer Vielfalt könnte sich als ein Verlust für die Menschen erweisen. Angesichts des weltweiten Artenschwundes wird viel über den Wert der Organismenvielfalt auf diesem Planeten diskutiert und immer wieder fällt das Argument der unerkannten und ungenutzten genetischen Ressourcen, die dieser Vielfalt zugrunde liegt. Der mögliche Gewinn für Medizin und Landwirtschaft könnte immens sein, aber viele Arten verschwinden, bevor ihr möglicherweise segensreicher genetischer Wert erkannt wird. Es ist dies eine der argumentativen Verrenkungen, zu denen Biologen gezwungen werden, die sich für ein Fortbestehen der Organismenvielfalt dieser Erde einsetzen.

Natürlich ist das Argument richtig, aber ihre biochemische oder gentechnische Verwertbarkeit kann unmöglich der einzige Grund sein, warum Tier- und Pflanzenarten überleben sollten. Wenn biotechnische Konzerne mit Artenvielfalt mehr Geld verdienen können als ohne sie, kann das dem Naturschutz und Tieren und Pflanzen nur recht sein. Es besteht allerdings eine starke Tendenz, diesem ökonomischen Argument eine alles überragende Bedeutung beizumessen. Naturschützer, die diese monetären Begründungen zu den ihren machen, begeben sich in sehr tückisches Fahrwasser. Gegen die eigene Überzeugung, die eher im Bereich der Ethik und anderer immaterieller Güter zu suchen ist, glauben sie, mit ökonomischen Argumenten den größten politischen Effekt zu erzielen.[11]

»Der Naturschutz befindet sich in einem Grunddilemma, das die Begründungsversuche vielfach widersprüchlich macht«, schreibt der Biologe Ludwig Trepl. »Er wird... zwar nicht nur, aber... doch vorzugsweise aus Nützlichkeitserwägungen heraus begründet. Gleichzeitig gilt aber dem ökologischen Denken die gesellschaftliche Dominanz des Utilitarismus als die eigentliche Ursache der Naturzerstörung. Diejenige Argumentation, die für die effektivste gehalten wird, wird also verdächtigt, selbst zu dem beizutragen, was verhindert werden soll.«[12]

IV

Die Mechanismen

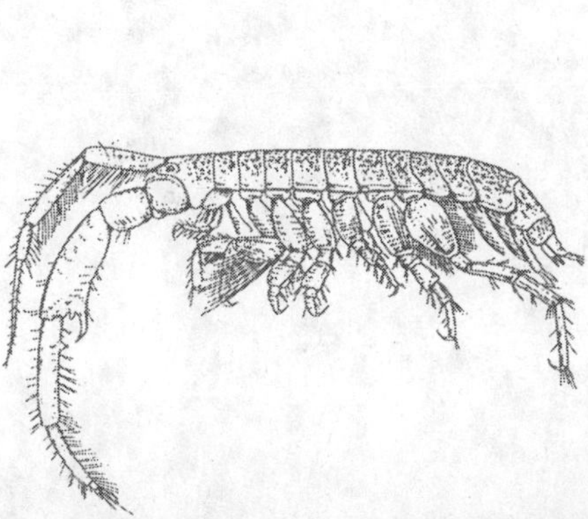

20 Die lange Leitung der Pflanzen

»Time-lag« und »tens rule«

Die Untersuchung von Jörgen Ringenberg über die Hamburger Bäume und Sträucher haben Sie schon kennen gelernt.[1] Ich möchte noch einmal darauf zurückkommen, um anhand dieses Beispiels auf eine der erstaunlichsten, vielleicht erschreckendsten Eigenschaften biologischer Invasoren einzugehen.

Die Tabelle auf der folgenden Seite zeigt die zwanzig häufigsten Gehölze in Hamburger Wohngebieten, nur einige Rosensorten habe ich weggelassen. Etwa ein Drittel dieser Pflanzen sind einheimisch. Archäophyten sind mit nur einer Art vertreten, der Pflaume. Der Rest sind Neophyten.

Was uns jetzt besonders interessieren soll, sind die drei Spalten ganz rechts in der Tabelle. Diese Daten stammen von Ingo Kowarik und haben wegen ihrer grundsätzlichen Bedeutung auch international für Aufsehen gesorgt.[2] Aus einer Vielzahl von historischen Quellen hat er in mühevoller Kleinarbeit herauszufinden versucht, wann die einzelnen Bäume und Sträucher zum ersten Mal in der Region Berlin-Brandenburg aufgetaucht oder kultiviert worden sind. Der weitaus überwiegende Teil gelangte erst im 19. Jahrhundert nach Europa und traf einige Jahre bis Jahrzehnte später in Brandenburg ein.

Spannend wird es in den letzten beiden Spalten der Tabelle. Sie geben an, wann die eingeführten Gehölze in Brandenburg zum ersten Mal spontan auftraten und wie groß die Zeitspanne ist, die zwischen der eigentlichen Einführung und dem ersten beobachteten spontanen Auftreten dieser Art vergangen ist.

Die häufigsten Gehölzarten der Hamburger Wohnbebauung und ihre Herkunft
(nach Ringenberg 1994 und Kowarik 1992)

Gehölzart	Wissenschaftl. Name	Herkunft	erstmals in Brandenburg kultiviert	erstmals in Brandenburg spontan	Time-Lag
Hängebirke	*Betula pendula*	*einheimisch*			
Forsythie	*Forsythia x intermedia*	Ostasien	1886	1974	88
Mahonie	*Mahonia aquifolium*	Nordamerika	1822	1860	38
Gr. Pfeifenstrauch	*Philadelphus coronarius*	Europa/Westasien	1656	1839	183
Rhododendron	*Rhododendron catawbiense*	Asien/Kulturform	–	–	–
Salweide	*Salix caprea*	*einheimisch*			
Eberesche	*Sorbus aucuparia*	*einheimisch*			
Gemeiner Flieder	*Syringa vulgaris*	Europa	1663	1787	124
Schwarzer Holunder	*Sambucus nigra*	*einheimisch*			
Gemeiner Efeu	*Hedera helix*	*einheimisch*			
Gemeiner Liguster	*Ligustrum vulgare*	Europa/Westasien	1594	1787	193
Europ. Feuerdorn	*Pyracantha coccinea*	Europa/Westasien	1666	1883	217
Hainbuche	*Carpinus betulus*	*einheimisch*			
Hortensie	*Hydrangea macrophylla*	Ostasien	–	–	–
Hakenkiefer	*Pinus mugo*	Europa/Westasien	–	–	–
Spierstrauch	*Spiraea x vanhouttei*	Kulturform	1920	1974	54
Spitzahorn	*Acer platanoides*	*einheimisch*			
Rosskastanie	*Aesculus hippocastanum*	Südeuropa	1663	1787	124
Pflaume	*Prunus domestica*	Westasien	1594	1787	193
Scheinzypresse	*Chamaecyparis law. Alumii*	Nordamerika	–	–	–

Betrachten wir ein konkretes Beispiel. Das nach der einheimischen Hängebirke häufigste Gehölz der Hamburger Wohnbebauung ist die aus Ostasien stammende Forsythie, nicht zuletzt deshalb so beliebt, weil sie die Gärten mit ihren gelben Blüten schon im zeitigen Frühjahr ziert. Die in Hamburg gepflanzte *Forsythia x intermedia* ist eine aus der Hybridisierung zweier chinesischer Arten hervorgegangene Kulturform, die 1878 im Botanischen Garten von Göttingen entstand. Acht Jahre später, 1886, gelangte der neu gezüchtete Strauch auch nach Brandenburg. Aber erst 1974, als der Berliner Botaniker W. Kunick im Rahmen seiner Doktorarbeit die »Veränderungen von Flora und Vegetation einer Großstadt, dargestellt am Beispiel von Berlin (West)« untersuchte, wurde das erste spontane, also nicht von Menschen gepflanzte Vorkommen der *Forsythia x intermedia* im Gebiet entdeckt und beschrieben, 88 Jahre nach ihrer Einführung.[3]

Die 88 Jahre, die es im Falle der Forsythie dauerte, bis aus einem pflegebedürftigen Zierstrauch eine bei uns auch spontan wachsende Pflanze wurde, werden von anderen Gehölzen noch weit übertroffen. Bei der Rosskastanie dauerte es 124, im Falle der archäophytischen Pflaume, die erst 1594 nach Brandenburg gelangte, sogar 193 Jahre, bis die ersten spontan gewachsenen Pflanzen auftauchten.

Aber auch das ist noch lange nicht rekordverdächtig. Selbst der Spitzenreiter innerhalb der Tabelle, der Feuerdorn, dessen erste spontane Vorkommen erst 217 Jahre nach seiner Einführung im 17. Jahrhundert entdeckt wurden, wird von den echten Spätzündern übertroffen. Bei vielen der Baum- und Straucharten, die Ingo Kowarik genauer untersuchen konnte, dauerte es bis zu 300 Jahre, bei acht Arten sogar noch länger, bis der Startschuss für ihre spontane Ausbreitung fiel. *Thuja occidentalis,* der bekannte Amerikanische Lebensbaum, benötigte 324 Jahre, bis er sich in Brandenburg richtig heimisch fühlte, und

Lavandula angustifolia, der Echte Lavendel, sogar fast vier Jahrhunderte.

Vielleicht haben die Herkunftsgebiete der verschiedenen fremdländischen Gehölze etwas mit ihrer Fähigkeit zur spontanen Ausbreitung zu tun. Es wäre möglich, dass die Eingewöhnungszeit der Pflanzen umso länger dauert, je weiter ihre Herkunftsgebiete entfernt sind. In welchem zeitlichen Verhältnis stehen zum Beispiel die Einführung ostasiatischer Gehölze und der Beginn ihrer spontanen Ausbreitung?

Dazu vergleichen wir die Ihnen schon bekannte Kurve für die Einführung ostasiatischer Gehölze mit einer zweiten, die die Zahl der Arten mit spontanem Auftreten darstellt. Weil letztere sehr viel weniger zahlreich sind und beide Kurven schlecht zu vergleichen wären, greifen wir zu einem einfachen mathematischen Trick, der beide Kurven in dieselbe Größenordnung rückt.

Das Ergebnis ist eindeutig ablesbar: Die Kurven verlaufen nahezu parallel. Der stark zunehmenden Einführung ostasiatischer Gehölze folgt mit einer gewissen Zeitverzögerung, einem so genannten *time-lag,* ihre ebenso rasant ansteigende spontane Ausbreitung. Diese Zeitverzögerung beträgt im Falle der ostasiatischen Pflanzen durchschnittlich 117 Jahre, deutlich weniger als die 147 Jahre, die sich als Mittelwert für alle fremden Gehölze Berlin-Brandenburgs ergeben. Die Erklärung ist einfach: Da die meisten ostasiatischen Bäume und Sträucher erst vor relativ kurzer Zeit eingeführt wurden, konnte bei den Arten, die zweihundert und mehr Jahre benötigen, um spontan zu wachsen, eine Ausbreitung noch gar nicht stattfinden.

Davon abgesehen ergeben sich keine nennenswerten Unterschiede zwischen den geographischen Herkunftsgruppen. Südeuropäischen Pflanzen fällt es genauso schwer oder leicht, bei uns Fuß zu fassen, wie Gewächsen aus dem fernen Asien oder Amerika. Erfolg und Geschwin-

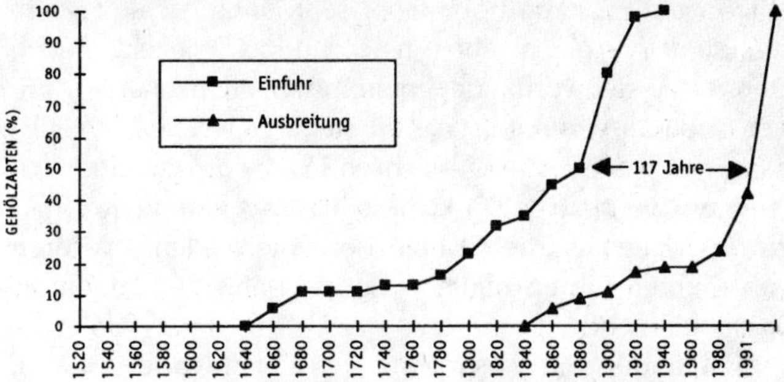

Time-lag zwischen Einfuhr und Ausbreitung ostasiatischer Gehölze in Brandenburg

digkeit der Einbürgerung exotischer Bäume und Sträucher hängen nicht von der Entfernung ihrer Ursprungsländer ab.

Eine zweite nahe liegende Vermutung erweist sich bei näherer Betrachtung ebenfalls als falsch. Besonders erfolgreiche und weit verbreitete Neophyten wie Robinie oder Eschenahorn sind keineswegs schneller zu spontaner Ausbreitung übergegangen als andere fremde Arten, die es bis heute nur zu kleinen lokalen Vorkommen gebracht haben. Die Robinie repräsentiert mit einem Time-lag von 152 Jahren ziemlich genau den Durchschnitt, der Eschenahorn war mit 180 Jahren eher ein Spätzünder.[4] Die Zeitspanne zwischen Einfuhr und Ausbreitung liefert keinen Hinweis darauf, wie erfolgreich eine Art einmal sein wird, wenn die eigentliche Invasion beginnt.

Kowariks Ergebnisse sind ein harter Brocken. Sie zeigen, dass das Verhalten fremder Pflanzen, ihre Fähigkeit, sich in ihrem neuen Lebensraum nachhaltig zu etablieren, nicht aus ihrem momentanen Status ablesbar ist. Selbst Pflanzen, die hunderte von Jahren nur in der Obhut des Menschen gediehen, können urplötzlich den Sprung in die Freiheit schaffen und zum Problem werden.

Da viele Pflanzen noch nicht sehr lange bei uns wachsen, steht die eigentliche Auswilderungswelle erst bevor. Der Anteil der vorhandenen fremden Pflanzenarten, die sich spontan verbreiten, nimmt stetig zu. Daher ist selbst dann mit weiteren wild wachsenden Neophytenarten zu rechnen, wenn ab sofort keine einzige weitere Pflanzenart zu uns finden würde.[5] Einige der potenziellen Invasoren von morgen führen heute noch ein behütetes Leben als Gartenblümchen.

Für Länder wie Australien, Neuseeland oder Hawaii, die erst in den letzten hundert oder zweihundert Jahren von organismischen Importen überschwemmt wurden, ist dieser Befund eine Katastrophe. Er könnte bedeuten, dass die große Geldmengen verschlingenden und dicke wissenschaftliche Tagungsbände füllenden Probleme mit fremden Pflanzenarten erst ein Vorgeschmack sind. Es ist nicht davon auszugehen, dass sich die in diese Länder gelangten Pflanzen prinzipiell anders verhalten werden als in Mitteleuropa. Für Ewen Cameron, den Kurator für Botanik am neuseeländischen Auckland-Museum, steht aufgrund der Ergebnisse von Ingo Kowarik fest, dass die meisten der in Neuseeland kultivierten Pflanzen noch nicht lange genug im Land sind, um mit ihrer Auswilderung zu beginnen. »Im Augenblick erleben wir nur den Anfang dieser Invasion.«

Auch von Tieren kennt man vergleichbare Phänomene. Die Regenbogenforelle, so hieß es immer, könne sich unter den klimatischen Bedingungen Mitteleuropas nicht fortpflanzen. Jetzt, ein Jahrhundert nach ihrer Einführung, sind auch bei uns die ersten reproduzierenden Populationen nachgewiesen worden.[6] Sollte sich dies bestätigen und ausweiten, könnte aus der bisher ausschließlich auf Nachschub durch Zuchttiere angewiesenen Regenbogenforelle ein etabliertes Neozoon werden, mit einer Verzögerung, die sich durchaus mit den von Pflanzen bekannten Eingewöhnungszeiten messen kann.

Die heimische Bachforelle und ihr amerikanischer Verwandter suchen dieselben Laichplätze auf. Da die Regenbogenforelle jedoch später laicht, »könnten die zuvor von den Bachforellen abgelegten Eier aus dem kiesigen Flussbett herausgeschleudert werden«.[7] Die Konkurrenz zwischen beiden Arten würde in eine neue Phase eintreten, zulasten der Bachforelle.

Auch bei Insektenarten, die zur biologischen Kontrolle von eingeschleppten Unkräutern eingeführt werden, kann es lange dauern, bis der gewünschte Erfolg eintritt.[8] Manche Arten galten schon kurz nach ihrer Einführung als verschwunden, wurden jahrelang nicht mehr gesehen und als Fehlschlag verbucht, bis sie plötzlich wieder auftauchten und sich stark vermehrten.

Wie ist diese erhebliche zeitliche Verzögerung zu erklären? Selbst Bäume brauchen keine 200 Jahre, um Samen hervorzubringen. Im Höchstfall sind es einige Jahrzehnte. Viele heute besonders erfolgreiche Baumarten, wie Robinie, Götterbaum oder Späte Traubenkirsche, benötigen dafür nur wenige Jahre. Trotzdem dauerte es meist ein Vielfaches dieser Zeit, bis aus den produzierten Samen auch neue Pflanzen wurden.

Dieses Problem ist bis heute nicht geklärt. Wie immer in solchen Fällen und bevorzugt zu einer Zeit, da es methodisch noch unmöglich war, entsprechende Behauptungen mit Fakten zu untermauern, wurden die Gene ins Spiel gebracht. Solange man sie nicht beweisen muss, sind plötzliche evolutionäre Geistesblitze für so gut wie alles verantwortlich zu machen.

Gründe für den auf lange Stagnation folgenden plötzlichen Erfolg fremder Arten sind prinzipiell auf zwei Ebenen zu suchen. Sie können in den Organismen selbst und ihrer Lebensstrategie liegen oder von äußeren Parametern abhängen. Genetische Veränderungen wären solche inneren Ursachen, aber Beweise dafür gibt es kaum. Andere Faktoren werden erst auf der Ebene von Organismengemeinschaften wirksam. Wissenschaftler gehen von der Existenz einer minimalen überlebensfähigen Populationsgröße aus, die von Art zu Art verschieden ist. Erst wenn die Individuenzahl oder -dichte einer Pflanzen- oder Tierart einen bestimmten Schwellenwert überschritten hat, kann sie sich in neuer Umgebung expansiv ausbreiten.

Die äußeren Ursachen finden sich in Klima und Lebensraum. Beides sind keine Konstanten und in beiden Bereichen sind die Eingriffe des Menschen in die natürlichen Abläufe immer gravierender geworden.

Seit Mitte des 19. Jahrhunderts wurde es in Mitteleuropa stetig wärmer. Die so genannte kleine Eiszeit, die um 1850 zu Ende ging, hatte dem Kontinent ein halbes Jahrtausend mieses Wetter beschert. In den letzten hundert Jahren ging es dann aufwärts, insgesamt um etwa 0,5 bis 0,7 Grad.[9] Die Verbreitungsgrenzen von Tier- und Pflanzenarten gerieten in Bewegung, ob einheimisch oder nicht.

Fast ein Grad Temperatursteigerung bedeutet längere Vegetationsperioden, mildere Winter, weniger Frosttage, eine Abschwächung genau der Wettereinflüsse, die einer Ausbreitung wärmeliebender Pflanzen bislang im Wege standen. Das Auf und Ab weniger Zehntelgrade im Jahresmittel kann darüber entscheiden, ob sich ein Same als keimfähig erweist. Was Jahrzehnte in einer Art Kältestarre liegen blieb, konnte plötzlich Wurzeln schlagen.

Parallel dazu explodierten die Städte, die Zentren organismischer Importe. Aus der Stadt Berlin des Jahres 1800 mit ihren 170 000 Einwohnern wurde in gut hundert Jahren eine Metropole mit 3,6 Millionen Einwohnern, die sich weitaus stärker erwärmt als das weite Land. Im Zeitraum von 1961–1980 betrug die Temperaturdifferenz zwischen dem Berliner Stadtzentrum und der Umgebung mehr als zwei Grad, die Zahl der Frosttage lag fast um die Hälfte niedriger.[10] Hier wurde die Latte, die eingeführte Arten zu überspringen hatten, um einiges tiefer gehängt.

Während den klimatischen Veränderungen eine Kombination von natürlichen und künstlichen Prozessen zugrunde lag, ging die gleichzeitige Veränderung der Lebensräume fast ausschließlich auf das Konto des Menschen. Durch massive Bautätigkeit, Intensivierung der Landwirtschaft und viele andere Aktivitäten entstanden neue Landschaftselemente, die mancher Pflanze den Raum verschafften, der ihr bisher gefehlt hatte. Gleichzeitig sorgte der Mensch für effektivere Verkehrswege. Sie erleichterten es den eingeführten Lebewesen, dorthin zu gelangen, wo für sie optimale Überlebensbedingungen herrschten.

All das liefert Hinweise, wo die Gründe für einen plötzlichen Invasionsbeginn liegen könnten. Jedes Lebewesen hat seine eigene Geschichte und für jeden Organismus fällt der Startschuss auf andere Weise und zu einem anderen Zeitpunkt. Es ist aussichtslos, nach einem Invasionsauslöser zu suchen, der für alle gilt.

Es war wiederholt davon die Rede, dass es bei weitem nicht jedem pflanzlichen und tierischen Eindringling gelingt, sich nachhaltig zu etablieren. Einen Grund dafür haben wir gerade kennen gelernt: die zum Teil erhebliche Zeitverzögerung zwischen Einführung und Ausbreitung. Bei vielen der heute schon bei uns oder irgendwo in der Welt lebenden Exoten ist demnach nicht endgültig zu beurteilen, ob sie sich erfolgreich etablieren können.

Das verfügbare Datenmaterial über biologische Invasionen offenbart eine interessante Regel, die so genannte Zehnerregel, englisch *tens rule*. Sie besagt, dass es etwa einem Zehntel aller eingeschleppten oder eingeführten Organismenarten gelingt, sich fest zu etablieren, der Rest scheitert. Wie gesagt, es handelt sich um eine Regel, kein Gesetz. Harte numerische Zusammenhänge sind in der Biologie und erst recht in der Ökologie sehr selten. Die Zehnerregel ist eine Regel mit vielen Ausnahmen, aber in sehr vielen Fällen trifft sie zu, zumal, wenn man sie nicht allzu wörtlich nimmt und auch Zahlen von 5 % oder 20 % akzeptiert.[11]

Die neophytischen Pflanzen Neuseelands illustrieren die Regel wie im Lehrbuch. Von den über 20 000 ins Land gelangten fremden Pflanzenarten konnten sich rund 2000 in der Natur etablieren.[12] Auch für die nach Großbritannien gelangten Blütenpflanzen (13 %) und die im Raum Berlin-Brandenburg wachsenden fremden Gehölzarten (7 %) trifft die Zehnerregel zu. Von 70 nach Hawaii eingeführten fremden Vogelarten konnten sich 9 in den einheimischen Wäldern behaupten, also etwa 13 %. Die Liste der Beispiele ließe sich noch lange fortsetzen.[13]

Das Interessante an dieser Regel ist, dass sie auch auf anderen Auswertungsebenen funktioniert. Mark Williamson unterscheidet vier Stufen einer biologischen Invasion

- die Einführung einer Art *(imported)*,
- erstes spontanes Auftreten im Freiland *(introduced)*,
- die Ausbildung sich selbst erhaltender Populationen *(established)* und
- die Entwicklung zum Schädling *(pest)*.

Zwischen diesen vier Stufen gibt es drei Übergänge und für jeden dieser Übergänge kann die Zehnerregel zutreffen. Das Beispiel der nach Großbritannien gelangten Blütenpflanzen zeigt dies besonders gut. Von 12 507 eingeführten Arten treten bislang 1642, also gut 13 %, auch spontan auf. Von diesen konnten sich aber nur 210 fest etablieren (12,8 %). 39 dieser 210 etablierten Neophyten (18,6 %) entwickelten sich zu Schädlingen.[15]

In diesem Fall ist die Zehnerregel also eigentlich eine

1000 : 100 : 10 : 1-Regel.

Von 1000 importierten Tier- oder Pflanzenarten treten 100 auch spontan auf, 10 können sich etablieren und ausbreiten, nur eine wird zum Schädling.

Der deutsche Botaniker Ingo Kowarik hat aus seinen Untersuchungen eine etwas andere Regel abgeleitet.[16] Seine Kritik setzt an einem interessanten Punkt an, der uns später noch ausführlicher beschäftigen wird. Williamson vermischt zwei grundverschiedene Betrachtungsebenen. Während spontanes Auftreten und Etablierung einer Art ökologische Kriterien darstellen, ist die Einstufung als Schädling ein Werturteil aus menschlicher Sicht, das sich noch dazu je nach Standpunkt erheblich verändern kann. So können ehemals gefährdete Arten plötzlich zu Schädlingen werden, wenn sie sich stark vermehren (zum Beispiel die Fisch fressenden Kormorane). Und Schadorganismen in Land- und Forstwirtschaft sind etwas völlig anderes als ökologische Schädlinge.

Mark Williamson dürfte sich über dieses Problem im Klaren sein. Seine Arbeitsgruppe hatte eine lange Liste mit bekannten Pflanzenarten zusammengestellt und an Experten unterschiedlicher Fachrichtungen verschickt. Diese sollten mithilfe einer Skala von +2 bis –2 einschätzen, ob sie diese Pflanzen für Unkräuter (+2) halten oder nicht (–2). 65 Experten antworteten und es gab nicht eine einzige Pflanzenart, bei der sie sich einig waren. Zwischen den Fachrichtungen zeigten sich auffällige Unterschiede. Während Landwirtschaftsexperten dazu neigten, besonders viele Pflanzen als Unkräuter einzustufen, waren Naturschutzfachleute eher zurückhaltend.[17]

Konsequenter wäre es, meint Kowarik, sich ausschließlich auf ökologische Kriterien zu beschränken. Er unterscheidet deshalb neben dem spontanen Vorkommen einer Art deren Etablierung in anthropogener und in naturnaher Vegetation und erhält so eine

1000 : 100 : 20 : 10-Regel.

Von 1000 eingeführten Arten kommen 100 spontan vor, 20 können sich in anthropogener, nur 10 in naturnaher Vegetation etablieren.

Dieses Spiel mit den Zahlen muss uns hier nicht in aller Ausführlichkeit beschäftigen. Festzuhalten bleibt aber, dass auf dem Gebiet der Invasionsbiologie Wissenschaft und menschliche Werturteile leicht durcheinandergeraten und dass, nach welcher Regel auch immer, die wirklich etablierten Arten nur einen Bruchteil aller in ein Gebiet gelangten fremden Organismen darstellen.

Wie so oft sind es gerade die Ausnahmen, die am interessantesten sind. Mark Williamson hat viele Fallbeispiele auf die Gültigkeit der Zehnerregel geprüft und stieß dabei auf einige bemerkenswerte Abweichungen.[18]

Betrachten wir zunächst die beiden Extremfälle. Der totale Fehlschlag, Einbürgerungserfolg gleich Null, fehlt in Williamsons Übersicht, aber er lässt sich in Gedanken leicht konstruieren. Versuchte jemand, Steppentiere Ostafrikas in Grönland einzubürgern, käme das Resultat wohl einem Fehlschlag ziemlich nahe, eine Folge absoluter klimatischer Inkompatibilität.

Für das andere Extrem, das Gelingen jedes Ansiedlungsversuches, gibt es aber konkrete Beispiele. Bisher sind alle Versuche, biogeographisch passende Säugetiere in Irland oder Neufundland anzusiedeln, geglückt. Noch von Eis und nordischer Tundra bedeckt, wurden beide Inseln nach der letzten Eiszeit durch den ansteigenden Meeresspiegel vom Festland getrennt, sodass eine stark verarmte Säugetierfauna als Eiszeitandenken zurückblieb. Durch klimatische und geologische Prozesse gerissene Lücken wurden hier mit menschlicher Hilfe wieder aufgefüllt.

Erhebliche Abweichungen von der Zehnerregel fand Williamson auch bei der Untersuchung der nach Großbritannien importierten Nutzpflanzen. Die Ansicht, diese Gewächse könnten nur in Abhängigkeit vom Menschen gedeihen, ist falsch. Nutzpflanzen sind in der Regel über viele Generationen hinweg auf optimales Wachstum hin gezüchtete Gewächse, die auch in Abwesenheit von Bewässerungssystemen und Pflanzenschutzmittelspritzungen keine schlechte Figur abgeben. Von Landwirten gehätschelt und gepflegt und meist in großer Zahl kultiviert, nutzen sie ihre günstigen Startbedingungen auch für eine Existenz jenseits der vom Menschen gesetzten Grenzen. Von den 75 importierten, kommerziell genutzten Pflanzen, von der Aubergine bis zum Apfelbaum, kommen 71, also 95 %, spontan außerhalb der Äcker und Gärten vor, über die Hälfte davon gilt als fest etabliert. Zum Schädling entwickelte sich keine.

Im Falle der biologischen Schädlingsbekämpfung ergibt sich bei Auswertung hunderter Fallbeispiele eher eine Drittel-Regel. Etwa dreißig Prozent aller vom Menschen ausgesetzten Schädlingsvertilger konnten sich etablieren. Wiederum ein Drittel davon hat die in sie gesetzten Hoffnungen erfüllt und die Zielarten, auf die sie angesetzt waren, spürbar reduziert.

Ähnlich wie die Nutzpflanzen sind die Arten der biologischen Schädlingsbekämpfung vom Menschen gezielt ausgewählt und in langen Versuchsreihen geprüft worden. Kein Wunder, dass ihr Erfolg weit über dem Durchschnitt liegt. Es ist sogar verwunderlich, dass es nur so wenige schafften, sich zu halten.

Die nach Hawaii gebrachten Vogelarten waren weit über das von der Regel vorgegebene Maß hinaus erfolgreich. In die einheimischen Wälder konnten zwar nur 9 der 70 gefiederten Neuhawaiianer eindringen, eine Bestätigung der Zehnerregel, aber im von menschlichen Aktivitäten fast völlig umgestalteten Tiefland setzte sich über die Hälfte von ihnen durch.

Halten wir fest: Ein überdurchschnittlicher Erfolg von Ansiedlungsversuchen kann auf zwei Wegen erreicht werden: durch eine sorgfältige Auswahl der infrage kommenden Tier- und Pflanzenarten und durch Empfängergebiete, deren natürliche Ökosysteme vom Menschen stark verändert oder beseitigt wurden.

Nachdem viel von Ausmaß und Folgen biologischer Invasionen die Rede war, ist es Zeit, sich über mögliche Gegenstrategien Gedanken zu machen. Die Zahl der Einbürgerungen und Verschleppungen ist so unübersehbar, dass die Kräfte dabei gut eingeteilt werden müssen. Wenn wir bei jeder neuen Invasion gleich wild um uns schlagen, werden finanzielle Mittel und Energien bald verbraucht sein. Das Ganze ist mittlerweile ein milliardenschweres ökonomisches Problem. Die Zehnerregel lehrt, dass nicht bei jeder auftauchenden fremden Pflanzen- oder Tierart die Alarmglocken schrillen müssen. Wegen der langen Zeitverzögerung zwischen Einfuhr und Ausbreitung fremder Pflanzen müssen aber selbst Jahrhunderte des Stillstandes keine Unbedenklichkeitsbescheinigung darstellen. Vielleicht ist es nur die Ruhe vor dem Sturm.

Wieso sind manche Invasionen erfolgreich und andere nicht? Welche Eigenschaften der Invasoren und der betroffenen Ökosysteme entscheiden über Sieg oder Niederlage? Kann man Voraussagen treffen, wer wann wo zum Problem wird?

Ähnliche Fragen beschäftigten auch die internationale wissenschaftliche Gemeinde, als sie 1982 ein weltweites SCOPE-Forschungsprogramm über die Ökologie biologischer Invasionen ins Leben rief. SCOPE steht für **S**cientific **C**ommitee **o**n **P**roblems of the **E**nvironment. Es ist eine Nicht-Regierungsorganisation, die der Internationalen Vereinigung wissenschaftlicher Gesellschaften (ICSU) angehört. Die Untersuchungen des Forschungsprogrammes sollten drei Fragen beantworten:[19]

1. Welche Faktoren determinieren, ob eine Art zum Invasoren wird oder nicht?
2. Welche Standorteigenschaften legen fest, ob ein ökologisches System gegenüber Invasionen empfindlich oder resistent reagiert?

3. Wie sollten möglichst effektive Managementsysteme aussehen, wenn das bei der Beantwortung der Fragen 1 und 2 gewonnene Wissen zugrunde gelegt wird?

Zwei Jahrzehnte sind seitdem ins Land gegangen und die Wissenschaft war nicht untätig. Eine Unmenge an Fallbeispielen, Analysen, Fakten und Modellen wurden zusammengetragen. Die Teilnehmer des SCOPE-Programmes haben zahllose Artikel und etliche dicke Tagungsbände veröffentlicht, um am Ende bei wenig befriedigenden Ergebnissen zu landen: Die gestellten Fragen sind nicht eindeutig zu beantworten, Verallgemeinerungen und Voraussagen sind nur mit großen Einschränkungen zu treffen und jede einzelne Invasion, jeder zum Schädling gewordene Fremdling ist nur vor dem Hintergrund der jeweiligen spezifischen Gegebenheiten zu verstehen. Mark Williamson, selbst aktiv am SCOPE-Programm beteiligt, fasst die über biologische Invasoren gewonnenen Erkenntnisse wie folgt zusammen: »Alles deutet darauf hin, dass sie als Arten über keine besonderen Eigenschaften verfügen.«[20] Ihre wichtigste Gemeinsamkeit besteht darin, dass sie vom Menschen in neue Lebensräume verbracht wurden.

Die Ökologie biologischer Invasionen ist sicher ein sehr spannendes Forschungsthema und seine Untersuchung hat viel Wissenswertes über die Biologie einzelner Arten und die Struktur und Dynamik von Ökosystemen ans Licht gebracht, aber aus praktischer Sicht hätten die Resultate kaum niederschmetternder ausfallen können. Lassen Sie uns im Folgenden einige grundlegende Fragen betrachten und sehen, warum das so ist.

21 Invasoren ohne Eigenschaften

Welche Organismen können zu Invasoren werden?

Man kann es sich mit der Beantwortung dieser Frage leicht oder schwer machen. Letzteres hieße, sich eine Tier- und Pflanzengruppe nach der anderen vorzunehmen, endlose Listen von Gewinnern und Verlierern aufzustellen, diese nach geographischen Regionen zu sortieren und nach einem verborgenen System zu suchen. Organismen, denen es bisher nicht gelang, von einem Kontinent auf den anderen oder von einer Insel auf die nächste zu gelangen, müssten auf ihre potenziellen Fähigkeiten als Eroberer getestet werden, ein Versuch, den wir nach allem, was wir bisher erfahren haben, besser unterlassen sollten.

Die einfache Antwort auf die gestellte Frage lautet: Alle, von der Rippenqualle bis zum Fuchs, vom Plattwurm bis zur Baumschlange, vom Algenwinzling bis zum Baumriesen! Irgendwo und irgendwann.

Es sind viele Merkmale aufgezählt worden, die einem Invasoren zum Erfolg verhelfen könnten. Einige davon, etwa die Fähigkeit zu schneller Ausbreitung und der Produktion vieler Nachkommen, sind sicher kein Nachteil. Aber, wie ein amerikanischer Experte treffend bemerkte, »solche Verallgemeinerungen sind so trivial, dass sie nutzlos sind, oder sie sind einfach falsch«.[1]

Nehmen wir eine der scheinbar elementarsten Voraussetzungen, die unverzichtbar und selbstverständlich erscheint: die Tatsache, dass sich die klimatischen Verhältnisse von Geber- und Empfängerland einigermaßen entsprechen sollten. Genau darauf beruht doch die überaus erfolgreiche

Etablierung neoeuropäischer Gesellschaften in vielen klimatisch gemäßigten Regionen der Erde. Welche Erfolgsaussichten würden Sie also dem Versuch prophezeien, einen im tropischen Afrika und Asien beheimateten Vogel im kühlen, trüben und regnerischen England anzusiedeln?

Nun, das Experiment ist durchgeführt worden und geglückt. Der tropische Halsbandsittich ist sowohl in England als auch im kontinentalen Mitteleuropa fest etablierter Brutvogel geworden. Andere Papageienarten könnten folgen.

Hawaii, 1992
Die Kleinblütige Königskerze *(Verbascum thapsus)* ist eine in den gemäßigten Zonen Europas und Asiens weit verbreitete krautige Pflanze, der offenbar auch das Klima in Kanada gefällt. Sie ist in British Columbia häufig und breitet sich weiter über die östlichen Landesteile aus. Ein echtes Problem ist sie aber überraschenderweise in einem ganz anderen Lebensraum: in den Hochlagen tropischer Gebirge. Die Königskerze eroberte die Berge der im Indischen Ozean liegenden Insel Reunion und bildet entlang der Bergstraßen Hawaiis dichte zusammenhängende Bestände. Zudem beobachten Wissenschaftler erstaunliche biologische Veränderungen. In Hawaii neigt die Königskerze zu Riesenwachstum, Verholzung und mehrjährigem Wachstum, allesamt völlig neue und unerwartete Eigenschaften.[2]

Das ist kein Einzelfall. Die winzige Kieselalge *Biddulphia sinensis* hat schon 1903 den weiten Weg von Hongkong in die Nordsee unternommen. Die vermeintlich tropische Alge besiedelt heute die kältesten Bereiche der europäischen Meere. Dabei hatte sie außer dem Temperaturunterschied noch eine zweite Hürde zu nehmen. Die Wassermassen ihrer Heimat weisen einen wesentlich höheren Salzgehalt auf als das Meer vor den Küsten Nordwesteuropas. Sie meisterte auch dieses für marine Lebewesen schwierige Problem spielend. Heute hat sie offenbar einen festen Platz in der Algenflora der Nordsee gefunden. Ihr Populationsmaximum fällt dabei in eine Jahreszeit, in der die alteingesessenen Arten schwächere Phasen durchmachen. Eine Voraussage in dieser Richtung ist nie geäußert worden und wäre wohl auch sehr schwierig gewesen. Der November, hierzulande die beste Zeit der *Biddulphia sinensis,* scheint für eine tropische Alge ein eher ungemütlicher Monat zu sein.

Auch der australische Siegeszug des Kaninchens war aufgrund der klimatischen Gegebenheiten nicht selbstverständlich. Die europäischen Nager waren in ihrer iberischen Heimat hohe Temperaturen gewohnt, aber das wüstenähnliche Innere Australiens stellt ganz andere Anforderungen. Trotzdem gelang es ihnen, auch im glühend heißen und trockenen Herzen des Südkontinents Fuß zu fassen.

Bastow Wilson, ein Botaniker von der auf der Südinsel gelegenen University of Otago, untersuchte 1992 neuseeländische Straßenränder. In blühender Eintracht wächst dort ein buntes Allerlei aus europäischen, südafrikanischen, australischen, amerikanischen und neuseeländischen Pflanzen. Straßengrünstreifen sind bei pflanzlichen Invasoren überall in der Welt ein außerordentlich beliebter Lebensraum.

Wilson und seine Mitarbeiter fuhren kreuz und quer durch die Südinsel Neuseelands und registrierten die Vorkommen von 24 häufigen fremden Pflanzen. Bis auf zwei amerikanische Arten stammten alle aus Europa und sind seit etwa einhundert Jahren im Land. Als die Forscher die klimatischen Verhältnisse der Herkunftsgebiete mit denen der Südinsel Neuseelands verglichen, erhielten sie sehr widersprüchliche Ergebnisse (ein Schicksal, das sie mit vielen Menschen teilen, die sich dem Studium der Ökologie verschrieben haben). Bei den meisten Pflanzen passten die klimatischen Bedingungen von alter und neuer Heimat gut zusammen (etwa beim Gemeinen Natternkopf oder dem Roten Fingerhut), aber in vielen Fällen eben nicht (zum Beispiel der Nickenden Distel und der Kleinblütigen Königskerze).[3]

Ergaben sich beim Vergleich britischer und neuseeländischer Lebensumstände noch Übereinstimmungen – beides sind Inseln mit stark maritim geprägtem Wetter –, zeigte ein Vergleich mit Kanada kaum Gemeinsamkeiten. Auch dort haben viele der 24 untersuchten Pflanzen Fuß gefasst, unter völlig anderen klimatischen Bedingungen.

Es gibt zudem zahlreiche Arten, die ohne erkennbares Eingreifen des Menschen ihre bislang vom Klima gesetzten Grenzen sprengten. Die Wanderung der Türkentaube aus Kleinasien ins kühlere Mitteleuropa ist ein Fall von vielen, der noch heute Rätsel aufgibt. Natürliche Barrieren sind selten absolut oder für alle Zeiten gültig. Andererseits haben manche Lebewesen so konservative klimatische Vorlieben, dass sich aus ihren Millionen Jahre alten Fossilien mit großer Sicherheit das Wetter der Vergangenheit rekonstruieren lässt.

Natürlich gibt es unzählige Beispiele dafür, dass Einbürgerungsversuche missglückten, weil sich die importierten Pflanzen oder Tiere nicht mit den klimatischen Bedingungen des Zielgebietes arrangieren konnten. Aber die Gegenbeispiele sind so zahlreich, dass klimatische Argumente als zuverlässiges Vorhersageinstrument unbrauchbar geworden sind. Das Klima ist offenbar ein viel schlechterer Indikator als vermutet.

Na gut, wir haben noch andere Eisen im Feuer. Zum Beispiel scheint es doch ein intelligenter Gedanke, dass gerade solche Organismen erfolgreich sind, die sich in ihrer Heimat als durchsetzungsfähig erwiesen haben.

Wer in seinem heimischen Lebensraum hohe Dichten erreicht, wer besonders große zusammenhängende Gebiete besiedelt, sollte für alle Fälle bestens gerüstet sein. Oder umgekehrt, wer es nicht mal zu Hause schafft, sich durchzusetzen, wird mit den Bedingungen einer fremden Umwelt erst recht überfordert sein.

Auch in diesem Fall hat die Forschung bewiesen, dass die Realität von geradezu salomonischer Ausgewogenheit

Deutschland, Juni 1993
Die deutsche Säugetierfauna ist um einen Winzling reicher. Gesehen hat die Weißzähnige Spitzmaus noch niemand, aber man weiß, dass sie da ist. Der Ornithologe Werner Schulz hat die Überreste des eigentlich in den Tropen und Subtropen lebenden Insektenfressers im Gewölle von Schleiereulen entdeckt. Offenbar haben die milden Winter und heißen Sommer der letzten Jahre das wärmeliebende Tier nach Norden gelockt. Ob es sich hier halten kann, muss die Zukunft zeigen. Weißzähnige Spitzmäuse weisen gegenüber ihrer Verwandtschaft einige Eigentümlichkeiten auf. Zum Beispiel beißen sich die Jungtiere bei Gefahr im Schwanz der Mutter fest und lassen sich von ihr als so genannte Mäuseschlange fortziehen.[4]

ist. Die Vermutung kann richtig sein, muss es aber nicht. Tatsächlich zeigen Untersuchungen, dass die Beziehung für manche Tiergruppen gilt: In der Heimat häufige und weit verbreitete Arten sind die besseren Invasoren.[5] Einige Wissenschaftler halten ein großes heimatliches Verbreitungsgebiet deshalb für eines der sichersten Zeichen, dass Invasoren in neuen Lebensräumen Durchsetzungskraft beweisen.[6]

Aber der Umkehrschluss gilt nicht. Arten, die in ihrer Heimat unauffällig, selten oder nur lokal verbreitet sind, müssen keineswegs chancenlos sein, wenn sie in eine neue Umgebung versetzt werden. Dafür gibt es viele Beispiele: Die für das Vogelsterben auf Guam verantwortliche, in ihrer Heimat aber unauffällige Baumschlange *Boiga irregularis* oder die Mittelmeerkilleralge *Caulerpa taxifolia*, die in ihren Heimatmeeren kaum aufzufinden ist. Die Fuchskusus, Neuseelands schlimmste tierische Plage, sind in ihrer australischen Heimat eher unbedeutend und weit davon entfernt, als Schädlinge zu gelten. Ihre Populationsdichte liegt in Neuseeland zwanzigmal so hoch wie in Australien.

Ein interessanter Fall sind die nach Europa eingeführten Springkrautarten der Gattung *Impatiens*, eine umfangreiche Pflanzengruppe, die weltweit mit 850 Arten vertreten ist, die meisten davon in tropischen und subtropischen Regionen. Die einzige in Europa vorkommende Art aus dieser Verwandtschaft ist das Rühr-mich-nicht-an, *Impatiens noli-tangere*. Die Eigenschaft ihrer Fruchtkapseln, bei Berührung zu »explodieren« und ihre Samen meterweit in die Umgebung zu schleudern, hat schon viele Kinder begeistert.

Da viele der Springkrautarten zu stattlichen Pflanzen mit schön gefärbten Blüten heranwachsen, hat man sie in europäischen Gärten kultiviert, etwa ein Dutzend sind heute noch in Gartencentern erhältlich. Drei dieser Arten gaben sich mit den Parks und Gartenanlagen nicht zufrieden. Verwildertes Indisches Springkraut, *Impatiens glandu-*

lifera, wurde erstmals 1915 beobachtet, das Kleine Springkraut, *Impatiens parviflora,* entkam um 1840 und das nordamerikanische *Impatiens capensis* hatte den Absprung in die Freiheit noch früher geschafft.

Vergleicht man nun das Vorkommen dieser Arten in ihren Heimatbiotopen mit dem in Großbritannien und Mitteleuropa, ergibt sich ein Bild, das der heimischen Verbreitung jeglichen Aussage- und Prognosewert abzusprechen scheint.[7] Ausgerechnet das Indische Springkraut, dessen Heimatareal sich auf ein etwa 800 Kilometer langes und 50 Kilometer breites Gebiet im westlichen Himalaya beschränkt, hat sich in Großbritannien am weitesten verbreitet. Es ist das einzige Springkraut, das aufgrund seiner Neigung, dichte, bis zu zwei Meter hohe Bestände zu bilden, in dem neuen Lebensraum schädlich werden kann. Das nordamerikanische Springkraut *Impatiens capensis* dagegen, das als erstes in Europa auswilderte und den bei weitem größten Heimatlebensraum aufweist, bildet heute, was Verbreitung und Ausbreitungsgeschwindigkeit angeht, das Schlusslicht.

In manchen Fällen kann heimatliche Unauffälligkeit sogar eine hervorragende Voraussetzung für spätere Invasionen sein. Es könnte Konkurrenten, spezifische Feinde oder Parasiten geben, die die heimatlichen Populationen kontrollieren. In der Fremde, wo entsprechende Antagonisten fehlen, eröffnen sich plötzlich vollkommen neue Möglichkeiten.

Die in der ganzen Welt überaus erfolgreichen Tramp-Ameisenarten spielen in ihren Heimatbiotopen keine Hauptrolle. Die Kleine Feuerameise, die auf den Galapagos-Inseln viele andere Ameisen verdrängt, muss ihren heimatlichen Lebensraum mit mindestens 14 weiteren Ameisenarten teilen, die ein ähnliches Jagdverhalten an den Tag legen und vergleichbare Ansprüche an ihre Nahrung stellen. Unter diesen ist die Kleine Feuerameise keineswegs die häufigste. Vermutlich ist es genau diese scharfe Konkurrenzsituation, der sie ihre Eigenschaften verdankt. Ihr harter Chitinpanzer, der wirkungsvolle Stich, ihre Fähigkeit, schnell viele Arbeiter zu mobilisieren, können als Anpassungen an ein Leben in harter Konkurrenz interpretiert werden. So ausgestattet konnte sie sich in der Heimat gerade einen Platz im Mittelfeld erkämpfen. In anderen Gebieten wird sie schnell zum Tabellenführer. Pro Quadratmeter findet man auf den Galapagos-Inseln zehnmal so viele Nester der Kleinen Feuerameise wie im heimischen Regenwald von Panama.[8]

Die Gründe, warum manche Arten sehr häufig, andere selten sind, warum einige nur lokal vorkommen, andere aber ganze Kontinente besiedeln, lassen sich im Einzelfall nur schwer ermitteln. Es gibt eine Vielzahl von unsichtbar wirkenden Faktoren, die Vermehrung und weitere Ausbreitung verhindern. Irgendjemand hält den Deckel drauf und wir vermögen weder Hand noch Deckel zu sehen, nur ein rätselhaftes Verharren in der Bedeutungslosigkeit. Und wer sagt, dass es für jedes natürliche Phänomen eine vernünftige kausale Erklärung geben muss? Vielleicht breiten sich manche Arten nur deshalb nicht weiter aus, weil dazu nicht die geringste Notwendigkeit besteht, vielleicht verweigern sich einige dem allgemeinen Expansionsdrang ganz ohne Grund.

Betrachten wir einen letzten vielversprechenden Ansatz, der Aufschluss darüber geben könnte, wie erfolgreich ein Organismus in fernen Ländern sein wird. Es geht um das Konzept der »ökologischen Nische«. Für eine eindringende Art könnte es von Vorteil sein, wenn sie in der neuen Heimat eine unbesetzte Nische einnimmt.

Das Szenario, das dieser Vorstellung zugrunde liegt, geht etwa so: Stellen Sie sich ein Dorf vor, das auf seinen Äckern hauptsächlich Spargel und Kartoffeln anbaut. Alle Dorfbewohner essen für ihr Leben gern Kartoffeln, aus Spargel machen sie sich nichts. Er landet Jahr für Jahr auf den Komposthaufen. Da erscheint wie aus dem Nichts ein Fremder mit seiner Frau. Solche Menschen hatte man im Dorf noch nie gesehen. Der Fremde betritt ein Lokal, sieht, dass es nur verschiedene Kartoffelgerichte gibt, rümpft die Nase, geht durch das Dorf, findet den Spargel im Kompost und ist hellauf begeistert. Er und seine Frau lieben Spargel. Kurz entschlossen baut er sich draußen vor dem Dorf ein Haus und verbringt fortan seine Zeit damit, zusammen mit seiner Frau Unmengen von Spargel zu essen.

Gibt es solche ungenutzten Überschüsse, wie in der Geschichte suggeriert wird? Existieren unbesetzte Nischen, auf die sich eingeführte Arten stürzen könnten?

Über kaum einen Begriff wurde und wird unter Biologen so heftig gestritten wie über die scheinbar so einleuchtende ökologische Nische. Kein einschlägiges Lehrbuch kommt ohne ausführliche Diskussion dieses Konzepts aus. Ein gut Teil des Problems ist dadurch entstanden, dass das Wort Nische außerhalb der Biologie eine feste Bedeutung hat und diese sich immer wieder ungebeten zu Wort meldet, wenn etwas ganz anderes gemeint ist. Zudem teilt sie mit dem Wort *Ökologie* das Schicksal, seinerseits wieder in die Alltags-

Deutschland, 1910

Manche Probleme lösen sich von selbst. Leider lässt sich nicht vorhersehen, bei welchen Invasoren man am besten die Ruhe bewahrt und beginnende Ausbreitungswellen aussitzt. Anfang des 20. Jahrhunderts war man sehr beunruhigt. Das »grüne Gespenst« ging um. Im *Hannoverschen Tageblatt* vom 9. Oktober 1910 schrieb Hermann Löns, der bekannte Heimatdichter: »Es erhob sich überall ein schreckliches Heulen und Zähneklappern, denn der Tag schien nicht mehr fern, da alle Binnengewässer Europas bis zum Rande mit dem Kraute gefüllt waren, sodass kein Schiff mehr fahren, kein Mensch mehr baden, keine Ente mehr gründeln und kein Fisch mehr schwimmen konnte.« Die Rede ist von *Elodea canadensis*, der Kanadischen Wasserpest. Hermann Löns' Befürchtung erwies sich als voreilig und auch der Name Wasserpest erscheint aus heutiger Sicht übertrieben. Mitte des 19. Jahrhunderts gelangte die Pflanze über Irland und Großbritannien nach Europa. Im Berliner Raum wurde sie in Botanischen Gärten ausgesetzt. Es folgte eine explosionsartige Ausbreitung über ganz Mitteleuropa. Heute ist die Wasserpest nur noch ein Schatten ihrer selbst. Warum die anfänglich so dramatisch anwachsenden Populationen wieder zusammenschrumpften, ist unklar. Die in solchen Fällen vielbeschworene Genetik ist wohl nicht im Spiel. Die Vermehrung der Wasserpest erfolgte ausschließlich auf ungeschlechtlichem Wege.[9]

sprache importiert worden zu sein und dort nun in derart vielen Zusammenhängen Verwendung zu finden, dass die ursprüngliche Bedeutung vollkommen verschüttet wurde.[10]

»Ein Ökosystem ist kein Parkhaus, in dem eine Nische frei wird, wenn ein Auto seinen Platz verlässt, der erst dann durch ein neues ersetzt werden kann«, erläutert ein deutscher Wissenschaftler in der Zeitschrift *Naturwissenschaften.*[11] Die ökologische Nische bezeichnet etwas viel Komplexeres als nur einen Raum. In dem imaginären Dorf ist die Nische des Spargelessers unbesetzt, aber auch die Nahrung stellt nur einen Teil dessen dar, was in der Ökologie unter einer Nische verstanden wird. Die ökologische Nische umfasst die ganze Vielfalt der Wechselwirkungen eines Organismus mit seiner belebten und unbelebten Umwelt.

Stellen Sie sich ein dreidimensionales Koordinatensystem vor. Auf der einen Achse wird der Raumbedarf eines Lebewesens aufgetragen, zum Beispiel seine Ansprüche an Nistplätze und Jagdrevier oder einen Platz zum Überwintern. Auf der zweiten Achse tragen wir das bevorzugte Nahrungsspektrum ein und auf der dritten den Temperaturbereich, in dem diese Art sämtliche seiner zum Überleben erforderlichen Aktivitäten entfalten kann. Es entsteht ein seltsam geformtes, räumliches Gebilde, das die durch die drei Parameter Raumbedarf, Nahrung und Temperatur definierte ökologische Nische dieses Organismus darstellt. Nun gibt es aber noch viel mehr Parameter, die das Leben einer Tier- oder Pflanzenart bestimmen: pH-Wert und Stickstoffgehalt des Bodens zum Beispiel, tägliche und jahreszeitliche Aktivitätsphasen, das Vorhandensein von Nistmaterial, die Tageslänge, Salzgehalt und vieles andere mehr. Wir zeichnen also weitere Achsen, tragen alle diese Parameter ein und erhalten ein multidimensionales Gebilde, das unsere Vorstellungskraft auf das äußerste strapaziert: die ökologische Nische.

Vielleicht fallen Ihnen sogleich die eingeführten Säugetiere Neuseelands ein. Es gab keine Säugetiere in Neuseeland. Aber leider ist die Sache so einfach nicht. Womit wir es hier zu tun haben, ist die Einfuhr einer ganzen, systematisch definierten Organismengruppe, die vorher in Neuseeland nicht vorhanden war. Das ist etwas anderes als eine bislang unbesetzte ökologische Nische. Eine Säugetiernische oder eine Insektennische gibt es nicht. Es gibt, vereinfacht ausgedrückt, nur so etwas wie Blatt-, Samen- oder Fruchtfresser, nachtaktive Stocherer oder tagaktive Räuber.

Wenn es in Neuseeland keine Säugetiere gab, dann heißt das nicht, dass die später von ihnen eingenommenen Nischen vorher samt und sonders unbesetzt waren. Es gab auch vor den Sängern große und kleine Raubtiere, es gab auch vorher große und kleine Pflanzenfresser, nur waren es allesamt Vögel. Überhaupt ist man meist erst hinterher schlauer. »Wie vakant eine Nische ist, ist in der Praxis eine im Nachhinein konstruierte Erklärung«, gibt Mark Williamson zu bedenken.[12] »Solche Erklärungen sind weder intellektuell zufriedenstellend noch von großem Nutzen in der Vorhersage.«

Wer hätte es für möglich gehalten, dass *Pinus radiata*, dieser an nebligen kalifornischen Küsten beheimatete Baum, sich im trockenen kontinentalen Klima des Australian Capital Territory durchsetzen würde.[13] Die Kalifornische Kiefer wandert dort aus nahe gelegenen Pflanzungen in die einheimischen Eukalyptuswälder ein. Ihre Wachstumsrate übertrifft die der einheimischen Bäume um das Zehnfache.[14]

Aus Neuseeland eingeschleppte räuberische Plattwürmer leben in Irland nicht in Wäldern wie in ihrem Herkunftsgebiet, sondern besiedeln Äcker und Wiesen, also völlig anders geartete Ökosysteme und demzufolge auch völlig andere Nischen. Die Plattwürmer sterben bei Temperaturen von über zwanzig Grad, sodass sie in Neuseeland nur im Schatten der Bäume leben können. Das kühle, feuchte Klima der nordischen Länder Europas dagegen ermöglicht ihnen ein Überleben in offener Landschaft.[15]

Offenbar stellt die heimatliche Lebensweise von Organismen nicht deren einzig mögliche Existenzform dar. Vielleicht kommen sie gar nicht dazu, ihre wahren Stärken auszuspielen. Ohne dass wir etwas davon ahnen würden, besitzen sie Voranpassungen, die ihnen auch unter ganz anders gearteten Umständen ein Überleben ermöglichen.

Experten für biologische Schädlingsbekämpfung beschäftigen sich sozusagen professionell mit der Einfuhr fremder Lebewesen. Sie müssen zu einer Entscheidung kommen, welche tierischen Helfer zur biologischen Kontrolle geeignet sind und welche nicht, wo es sich lohnt, viel Geld und Zeit zu investieren, und wo nicht. Wie wir gesehen haben, ist das nicht so einfach, von Zuchtproblemen und einer zu fordernden Spezifität der neuen Nützlinge ganz zu schweigen. Selbstverständlich erscheinende Voraussetzungen wie ein passendes Klima oder nachdrückliche Empfehlungen wie der außerordentliche Erfolg im Heimatlebensraum reichen alleine für eine Beurteilung nicht aus. Um überhaupt Entscheidungskriterien zur Hand zu haben, entwickelten Forscher komplizierte Bewertungssysteme, bei denen zahlreiche Eigenschaften der potenziellen Helfer abgefragt und mit Punkten bewertet werden. Eine Erfolgsgarantie gibt es nicht. Die Trefferquote liegt am Ende nur bei etwa zehn Prozent.[16]

Der Versuch, die Aussichten von biologischen Invasoren an einzelnen vorteilhaften Merkmalen und Eigenschaften festzumachen und daraus eine Möglichkeit der Vorhersage abzuleiten, muss als gescheitert angesehen werden. Einige der Kriterien sind etwas besser als andere, aber keines ist wirklich gut. Michael Gilpin, der die Ergebnisse des SCOPE-Forschungsprojekts 1990 für die renommierte Wissenschaftszeitschrift *Science* zusammenfasste, kam zu einer wenig optimistischen Einschätzung: »Wir werden niemals ein Schema haben, um den Erfolg eindringender Arten vorherzusagen.«[17]

Keine besonders rosigen Aussichten. Wir scheinen dazu verdammt zu sein, erst reagieren zu können, wenn die Natur über Erfolg oder Misserfolg schon entschieden hat, zum Leidwesen der Staatskasse und einheimischer Pflanzen und Tiere.

Es bleiben nur wenige Orientierungspunkte. Ein Wissenschaftler, der in einem konkreten Fall gefragt wird, wie sich eine fremde Art in einem bestimmten Gebiet verhalten könnte, muss eine Vielzahl von Faktoren berücksichtigen. Die Prognose, die er letztlich abgibt, wird mit großen Unsicherheiten behaftet sein. Das charakteristischste Merkmal biologischer Invasionen scheint zu sein, dass sie so wenig charakteristische, verallgemeinerbare Merkmale aufweisen.

Als sicherstes Zeichen für einen möglichen Einbürgerungserfolg hat sich etwas herauskristallisiert, das die davon Betroffenen kaum trösten wird: Wer es einmal geschafft hat, schafft es wahrscheinlich wieder.[18] Auf berühmt-berüchtigte Invasoren sollte deshalb mit besonderer Sorgfalt geachtet werden. Das Auftauchen der für das Vogelsterben auf Guam verantwortlichen Baumschlange *Boiga irregularis* hat auf Hawaii große Besorgnis ausgelöst. Schon häufen sich auch hier die Stromausfälle durch Schlangen, die auf Überlandleitungen herumklettern. Überall, wo berüchtigte Schadarten auftauchen, schrillen, wie im Falle der Alge *Caulerpa taxifolia* geschildert, die Alarmglocken. Die Probleme, die vielerorts durch wild lebende Füchse, Mangusten, Minks, Nutrias, Bisamratten und Streifenhörnchen verursacht wurden, haben die neuseeländische Regierung dazu veranlasst, die Einfuhr dieser Säugetierarten explizit zu verbieten.[19]

Erforderlich ist ein reger internationaler Informationsaustausch. Wie sich eine exotische Art in Nordamerika verhält, ist nicht nur vor Ort von Interesse, sondern auch in Australien oder Argentinien. Wissenschaftler, die in ihren Ländern mit neuen Pflanzen- oder Tierarten konfrontiert werden, wissen in der Regel nichts über deren Lebensweise und Ökologie. Sie brauchen verlässliche Ansprechpartner. Das SCOPE-Programm hat in dieser Hinsicht wichtige Vorarbeit geleistet. Die Internationale Vereinigung zur Erhaltung der Natur (IUCN) hat dieser Notwendigkeit durch Einrichtung so genannter Species Specialist Groups Rechnung getragen. Bei überall in der Welt arbeitenden Spezialisten laufen die Informationsfäden über einzelne spezielle Tier- und Pflanzengruppen zusammen. Die viel beschworene Globalisierung ist auf dem Gebiet der biologischen Invasionen schon lange Realität.

22 Top oder Flop

Warum so viele Einbürgerungsversuche scheitern

Über erfolgreiche biologische Invasoren ist die Wissenschaft wesentlich besser informiert als über die Versager unter den reisenden Tieren und Pflanzen. Entpuppt sich eine neue Organismenart als rasender Eroberer, gibt es sehr viel mehr Gründe, sich mit ihrer Biologie und Ausbreitung zu beschäftigen, als wenn sie sich mit Mühe und Not in einigen Gärten halten kann. Stirbt eine solche Art aus, wird man ihr in der Regel keine Träne nachweinen und erst recht kein Geld ausgeben, um die Gründe für den Misserfolg herauszufinden. Dabei können Fehlschläge wichtige Hinweise über die Natur biologischer Invasionen liefern. Wenn man versteht, warum Einbürgerungen scheitern, wird vielleicht verständlicher, warum andere Arten so erfolgreich sind.

Geht man von der heutigen Situation aus, scheint die Einbürgerung von Säugetieren in Neuseeland kein großes Problem gewesen zu sein. Es gibt dort kaum eine Säugetierart, die sich nicht so stark vermehrt hätte, dass sie zumindest zeitweilig oder lokal zum Problem wurde.

Aber die Liste der Tierarten Neuseelands hätte noch viel länger werden können. Verschiedene Beuteltiere und Hörnchen, Indische Mangusten, Waschbären, Meerschweinchen, Zebras, Gnus, Lamas, Alpakas, Strauße und andere lebten zeitweilig ebenfalls im Land.[1] Keiner dieser Arten gelang es, sich zu etablieren. Sie starben aus. Warum blieb ihnen versagt, was anderen in so überzeugender Weise glückte?

Die Gründe, warum biologische Invasionen fehlschlagen, sind Legion. Manchmal sind sie unendlich kompliziert, oft banal. Die zugereisten Spargelesser in der Nischengeschichte könnten von einer Krankheit dahingerafft werden. Ein Feuer könnte das gerade erst errichtete Haus samt Familie zerstören, ein tragischer Autounfall der glücklichen Spargelesserexistenz ein Ende bereiten. Englischsprachige Autoren haben dafür eine griffige Formel gefunden: *Bad genes or bad luck*. Schlechte Gene oder Pech.

Bei Erfolg oder Misserfolg biologischer Invasionen kann es um das Überleben von vielen Tier- und Pflanzenarten gehen, um unabsehbare Folgekosten von vielen Millionen Mark, und doch spielen Glück und Pech eine nicht zu unterschätzende Rolle. Der falsche Zeitpunkt, ein zu üppiger Regenguss, ein paar Minusgrade in den frühen Morgenstunden, das hungrige Maul eines Pflanzenfressers, die scharfen Eckzähne eines Räubers, die Hand, die den Keimling aus dem Boden reißt, all das und viel mehr vermag eine Invasion zu beenden, bevor sie überhaupt beginnt. Dass die im vorangegangenen Abschnitt diskutierten Eigenschaften potenzieller Invasoren keine sicheren Voraussagen über deren Einbürgerungserfolg ermöglichen, heißt nicht, dass nicht viele pflanzliche und tierische Exoten an genau diesen Voraussetzungen scheitern: an einem völlig ungeeigneten Klima oder dem Mangel an nutzbaren Ressourcen.

Wenn das Verhalten von Tieren und Pflanzen in fernen Ländern manch ungeahnte Entwicklung nahm, sollte das nicht zu dem falschen Schluss verleiten, das ganze Thema hielte nur Überraschungen bereit. Vieles ist nur allzu vorhersehbar. Was Wiesel in Neuseeland anrichten würden, haben viele Fachleute vorher prophezeit und es gehört kein Mut zu der Behauptung, dass Giraffen in Deutschland einen schweren Stand hätten. Ein Süßwasserorganismus wird – mit an Sicherheit grenzender Wahrscheinlichkeit – nur in einem See oder Fluss leben können, an Schmetterlingen parasitierende Schlupfwespen brauchen in aller Regel ihre Wirtstiere, um zu Überleben.

Die Zehnerregel besagt, dass neunzig Prozent aller Ansiedlungsversuche scheitern. So einfach scheint die Sache also nicht zu sein. Auch bei Organismen, deren vom Menschen gewollte Einbürgerung letztlich gelang, auch bei später überaus erfolgreichen Invasoren wie dem europäischen Star mussten oft zahlreiche Versuche unternommen werden, bis sich die neuen Arten etablierten.

Mitunter sind einfache Wahrheiten die besten. Ein Doktorand von Mark Williamson wertete die historischen Daten von 95 Vogelarten aus. Alle sollten in Neuseeland angesiedelt werden, aber nur in 41 Fällen gelang das Vorhaben. Das Ergebnis: Je mehr Vögel freigelassen werden, desto besser die Erfolgsaussichten.[2] Endlich ein klarer numerischer Zusammenhang!

Das Ergebnis wurde in zahlreichen Studien bestätigt. Eine der wichtigsten Voraussetzungen für eine erfolgreiche Ansiedlung einer Tier- oder Pflanzenart scheint die Größe der Anfangspopulation zu sein. Das liegt nicht nur am größeren Vermehrungspotenzial. Je größer die Gründerpopulation, desto umfassender ist ihr Genpool. Zufallseffekte, die sich aus der begrenzten Auswahl an genetischen Variationen ergeben, werden durch größere Individuenzahlen abgemildert. Was stark reduzierte Wildtierbestände an den Rand des Aussterbens führt, weil bestimmte Reaktionsmöglichkeiten im genetischen Fundus der Art nicht mehr zur Verfügung stehen, kann auch für zu kleine Anfangspopulationen zum Problem werden. Es gibt keinen Grund, daran zu zweifeln, dass Entsprechendes für Pflanzen und für die ungewollte Einschleppung von Organismen gilt.

Williamson nennt dieses Phänomen den *propagule pressure,* die von der puren Zahl abhängende Macht, mit der eine neue Art Bestehendem entgegentritt. *Propagules* sind die Organismenstadien, die als Verbreitungseinheiten für die Besiedlung neuer Landstriche sorgen. Das können sowohl ausgewachsene Tiere als auch deren Larvenstadien und Eier oder Samen von Pflanzen sein. Für den Erfolg einer Organismeninvasion gilt ausnahmsweise: Viel hilft viel. Da sich die Biologie mit Gesetzen schwer tut, heißt all dies nicht, dass im Extremfall nicht eine einzige befruchtete Wespenkönigin, eine einzige schwangere Ratte oder ein einziger im Profil von Schuhen verschleppter Pflanzensamen ein äußerst erfolgreiches Millionenheer von Nachkommen erzeugen kann.

»Aussetzungen von Wild- und Hauskaninchen auf über 800 Inseln, von Alaska bis zum Äquator, liefern ein faszinierendes Spektrum an Experimenten zur ökologischen Toleranz. Die Verbreitung der Kaninchen ist weiter in Bewegung, da sie aus manchen Regionen als Schädlinge entfernt werden, während Jäger damit fortfahren, sie zu Jagdzwecken auszusetzen. Im Vergleich zu anderen Arten ist das Kaninchen nicht so sehr ein erfolgreicher Kolonisator als vielmehr ein Tier, das sich sehr bequem transportieren lässt.«

John E. C. Flux[3]

Bei unabsichtlich eingeschleppten Arten, und das ist die große Masse der heute zu beobachtenden Beispiele, ist es meist unmöglich herauszufinden, wie viele Individuen einmal die Vorhut einer Invasion bildeten, ob die Etablierung im ersten Anlauf gelang oder ob mehrere Versuche nötig waren. Wenn die Ansiedlung einer fremden Art aber gewollt ist, lässt sich die Mühsal der Einbürgerungspraxis im Detail verfolgen. So leicht manche Tiere und Pflanzen ungebeten in neuer Umgebung zu Massenvermehrungen neigen, so schwer kann es im Einzelfall sein, biologische Kontrollprogramme zu etablieren.

In der Rückschau scheint es fast unglaublich, dass die Einführung der Kaninchen in Australien und Neuseeland keineswegs so reibungslos verlief, wie ihr späterer Siegeszug vermuten lässt. Bilder riesiger Kolonien von tausenden Nagern, die über das von ihnen durchlöcherte Weideland hoppeln, haben sie nicht nur zum unerwünschten Invasoren schlechthin gemacht, sondern zum Inbegriff tierischer Vermehrungsfreude. In Wirklichkeit begann die rasende Eroberung des Südkontinents erst nach zahlreichen Fehlstarts.

Die ersten fünf Kaninchen gelangten 1788 nach Australien. Später kümmerten sich die Akklimatisationsgesellschaften um weiteren Nachschub. Zu nennenswerter Verwilderung kam es nicht. Jahrzehntelang tummelten sich die putzigen Nager nur in unmittelbarer Nähe der menschlichen Siedlungen. Es handelte sich um Hauskaninchen, die für ein Leben in der australischen Wildnis schlecht gerüstet waren. Bad genes, schlechte Gene.

Das sollte sich erst siebzig Jahre und damit viele Nagergenerationen später ändern. 1859 brachte das Schiff *Lightning* 24 Wildkaninchen nach Australien. Sie wurden in Victoria im Südosten Australiens freigelassen und entzündeten einen regelrechten Flächenbrand, eine der dramatischsten Tierinvasionen, die jemals aufgezeichnet wurde. Durch weitere Aussetzungen zusätzlich angefacht, bewegte sich die hoppelnde Besiedlungsfront mit 100 bis 300 Kilometern pro Jahr voran und eroberte drei Viertel des Südkontinents.[4] Bald wollten die Akklimatisationsgesellschaften von der selbstbetriebenen Einbürgerung nichts mehr wissen.

Die Nager durchwühlten den Boden, fraßen die Pflanzen, die eigentlich die Schafe ernähren sollten, und lieferten die entblößte Erde der Erosion aus. Die Schäden für die Landwirtschaft und die Kosten der Bekämpfungsmaßnahmen summierten sich zu hunderten von Millionen Dollar. Kein Wunder, dass sich die Australier händeringend nach wirksamen Methoden umsahen, um die Kaninchenplage einzudämmen.

1918 empfahl der brasilianische Veterinär Dr. H. de Beaurepaire Aragão der australischen Regierung das Myxoma-Virus. Südamerikanische Wissenschaftler hatten das hochinfektiöse Pockenvirus in erkrankten Laborkaninchen entdeckt. In der freien Natur lebt das Virus in bestimmten südamerikanischen Nagetieren. Während es für normale Kaninchen in der Regel nach zehn Tagen zum Tode führt, verursacht es bei seinem natürlichen Wirt nur harmlose Krankheitssymptome. Hasen sind nicht betroffen. Die Spezialität des Erregers schien auf den ersten Blick ausreichend.

Die Australier, jahrzehntelang von keinerlei Zweifeln an ihrer Akklimatisationspraxis geplagt, zeigten sich jedoch ungewohnt zurückhaltend. Obwohl es einige prominente Fürsprecher gab, wurde die Einfuhr des Virus nicht gestattet. Die durch die allgegenwärtigen Invasionsschäden alarmierte Öffentlichkeit ließ weitere Organismenimporte nicht zu, die Akklimatisation der Vergangenheit war für viele zum roten Tuch geworden. Ein infektiöser Krankheitserreger, der womöglich die einheimischen Beuteltiere befiel oder gar Schaf- und Rinderzucht unmöglich machte, hatte den Australiern noch gefehlt. Paradoxerweise regte sich ausgerechnet bei Farmern Widerstand, den Hauptleidtragenden der Kaninchenplage. Der Handel mit Kaninchenfleisch und Fellen war zu einem bedeutenden Wirtschaftsfaktor geworden – man hatte aus der Not eine Tugend gemacht. Viele Menschen fürchteten um wichtige Einnahmequellen. Es war besser, in einer schwierigen Gegenwart zu leben, mit der man sich arrangiert hatte, als sich auf eine ungewisse Zukunft einzulassen. So wurde die bis heute einzige effektive Kaninchenbekämpfungsmethode in Australien zunächst nicht zugelassen. Man entschloss sich allerdings, einige Tests durchführen zu lassen, möglichst weit weg, im Mutterland Großbritannien.

Die Ergebnisse der 1936 und 1937 in Wales durchgeführten Untersuchungen bestätigten die Skeptiker. Mehrere Versuchsserien endeten als Fehlschläge. Der Erreger der Myxomatose richtete zwar keinen Schaden an, konnte sich aber in den Kaninchenpopulationen nicht etablieren. Jahre später wurden die Versuche in trockenen Gebieten Südaustraliens wiederholt. Einige Kaninchen starben, aber die Epidemie brach schnell wieder zusammen. Das Virus war zwar für australische Beuteltiere nicht ansteckend, aber die Forscher stellten der Myxomatose als Kontrollinstrument trotzdem kein gutes Zeugnis aus: »Myxomatose kann unter den meisten natürlichen Bedingungen Australiens nicht benutzt werden, um Kaninchen mit irgendeiner Aussicht auf Erfolg zu kontrollieren.«[5] Damit war das Thema vorerst vom Tisch.

Als die Kaninchenplage Ende der Vierzigerjahre katastrophale Ausmaße annahm, startete man 1950 einen erneuten Anlauf, diesmal an verschiedenen Stellen des Murray-River-Tals im Südosten Australiens. Wieder schien alles in einem Misserfolg zu enden, aber plötzlich, im Dezember, flammte in einer der Versuchsflächen eine tödliche Epidemie auf, die sich in rasendem Tempo im Tal verbreitete. Von überall kamen nun Meldungen von verendenden Kaninchen mit auffälligen Geschwüren. Innerhalb weniger Monate befiel die Myxomatose die Kaninchenkolonien entlang des Fluss-Systems und eroberte von dort den gesamten Südosten des Kontinents. Die Folgen für die Nager waren katastrophal. Die Mortalität lag bei 99 %, in manchen Gegenden überlebte kein einziges Kaninchen. Seitdem ist das Myxoma-Virus in Australien präsent und sorgt trotz nachlassender Infektiosität für eine wirksame Kontrolle. Schätzungen gehen davon aus, dass die australische Kaninchenpopulation heute nur noch 1 bis 10 % ihrer ursprünglichen Größe erreicht.[6] Die Behörden beschleunigten die Ausbreitung der Krankheit, indem hunderttausende von Wildkaninchen eingefangen, infiziert und wieder freigelassen wurden.

Wenn plötzlich alles ganz von selbst geht, woran scheiterten dann die ersten Versuche? Diesmal lag es nicht an schlechten Genen oder Pech, sondern an ausbleibendem Regen und einem fehlenden biologischen Bindeglied. Das Myxoma-Virus kann sich nur von einem Kaninchenbau zum nächsten ausbreiten, wenn geeignete Überträger anwesend sind. Ansonsten bricht die Epidemie mit dem Tod einer Kaninchenfamilie zusammen. In den trockenen Gebieten, in denen die ersten Versuche durchgeführt wurden, fehlten solche Überträger. Es stellte sich heraus, dass Myxoma in Australien vor allem von zwei Mückenarten übertragen wird und Mückenlarven leben im Wasser. Das Murray-River-Fluss-System ist ein Brutschwerpunkt dieser Insekten. Mit der Wahl des zweiten Versuchsgebietes lag man also goldrichtig. Die Moskitos können erstaunliche Entfernungen zurücklegen. Man hat durchschnittliche Flugdistanzen von drei bis sieben Kilometern festgestellt, unter günstigen Umständen können es leicht 15 Kilometer und mehr sein.[7]

Die Übertragung ist rein mechanisch. Die Myxoma-Viren haften am Stechrüssel der Mücken und gelangen so von einem Kaninchen auf das nächste. Anders als etwa der Malariaerreger durchlaufen sie in der Mücke keine weiteren Vermehrungszyklen. Die Bindung an den Überträger ist nicht spezifisch. In anderen Gegenden der Welt können andere Insekten die Rolle der Mücken übernehmen. In Großbritannien wird die Myxomatose hauptsächlich von Kaninchenflöhen übertragen. Ausgerechnet auf der walisischen Insel Skokholm, wo die ersten Tests mit dem Myxoma-Virus durchgeführt wurden, sind die Nager jedoch frei von Flöhen. Die Epidemie blieb deshalb im Anfangsstadium stecken.

Neuseeland,
1976, 1987, 1993

In Neuseeland, wo das Myxoma-Virus etwa zur selben Zeit wie in Australien ausgesetzt wurde, scheiterte die Etablierung an den fehlenden Überträgern. In den Siebziger-, Achtziger- und Neunzigerjahren lehnte die Regierung weitere Aussetzungsversuche ab. In der Öffentlichkeit, wo radikale Tierschutzgruppen an Einfluss gewannen, galt die Seuche als inhuman. Trotz aller Probleme wollte die Bevölkerung nicht mit Massen von entstellten Kaninchen konfrontiert werden, die qualvoll an Geschwüren zugrunde gingen.

Seitdem Wissenschaftler die Rolle der Flöhe erkannt haben, interessieren sich die Australier für die winzigen Insekten. Die ins Land gelangten Nager hatten keine Flöhe mitgebracht, also mussten sie eingeführt werden. In der Hoffnung, die Effektivität der Myxomatose in Gebieten zu steigern, in denen es keine Mücken gibt, entwickelte man in den Sechzigerjahren Zuchtmethoden, um massenhaft Kaninchenflöhe heranzuziehen. Die Flöhe werden zusammen mit einer konzentrierten Viruslösung geschüttelt (1 Milliliter auf 5000 Flöhe), anschließend auf Filterpapier abgetrocknet und ausgesetzt. Mittlerweile sind auch sie in Australien etabliert und sorgen für eine hohe Sterblichkeit unter den Jungkaninchen.

23 Achillesfersen

Gibt es besonders empfindliche Ökosysteme?

Wie die Frage nach den Merkmalen biologischer Invasoren gehörte das Problem der Empfindlichkeit verschiedener Ökosysteme zu den wichtigsten Inhalten des weltweiten SCOPE-Forschungsprogramms. Wenn es so etwas gäbe wie Achillesfersen, besondere Schwachstellen in den Lebensräumen der Erde, könnten die Forscher ihre Kräfte besser bündeln und gezieltere Schutzmaßnahmen ergreifen.

Biologische Invasionen sind in allen Gegenden der Welt aufgetreten. Ein besonderes Sorgenkind sind die ozeanischen Inseln. Viele internationale Schutzprogramme konzentrieren sich heute auf die Rettung bedrohter Inselarten. Aber Invasionen betrafen auch das Festland, Wälder ebenso wie Wiesen und Weiden, Meere, Küsten, Seen und Flüsse. Forscher, die verschiedenste Ökosysteme verglichen, kamen zu dem Ergebnis, dass potenziell alle Lebensräume betroffen sein können. Vermutungen, dass der feuchtheiße Tropengürtel widerstandsfähiger sei als die kühleren Erdregionen, haben sich als falsch erwiesen. Auch die Invasionsstorys aus den Tropen füllen mittlerweile dicke Tagungsbände.[1]

Damit könnte man das Problem frustriert zu den Akten legen, aber es lohnt sich, auf einige Aspekte einen genaueren Blick zu werfen. Zweifellos gibt es Ökosysteme, die stärker betroffen sind als andere. Ist der Grund dafür in ihrer größeren Empfindlichkeit zu suchen oder gibt es andere Erklärungen? Die Diskussion konzentriert sich auf eine Frage: Sind vom Menschen veränderte und geprägte

Ökosysteme anfälliger gegenüber biologischen Invasionen als ungestörte Lebensgemeinschaften?

Trotz der vielen nach Neuseeland verbrachten Pflanzen und Tiere haben es nur wenige geschafft, in den verbliebenen Urwäldern Fuß zu fassen. Zwar sind Wespen, Fuchskusus, Wiesel und andere Arten dorthin vorgedrungen, aber fremde Vögel und Pflanzen scheinen einen großen Bogen um die alten Wälder zu machen. Sie dominieren stattdessen die vom Menschen geschaffene Kulturlandschaft.

Den sonst so erfolgsverwöhnten Tramp-Ameisen ist es kaum gelungen, in die naturbelassenen Bergwälder Hawaiis einzudringen. Fast vierzig neue Ameisenarten besiedeln heute die früher ameisenfreien Inseln. Sie konzentrieren sich auf das vom Menschen durch Rodung und Urbanisation umgestaltete Tiefland, nur wenige dringen in Höhen über 1000 Meter vor, keine einzige über 2000 Meter. Nur die Argentinische Ameise hat es geschafft, in den natürlichen Feuchtwäldern der Inseln zu überleben.[2]

Sind diese Beispiele ein Beleg dafür, dass naturbelassene Ökosysteme Invasoren mehr entgegenzusetzen haben als durch menschliche Eingriffe veränderte Landschaftsformen? Wie so oft lautet die Antwort: ja und nein, denn leider gibt es auch viele Gegenbeispiele.

Der nordwalisische Nationalpark Snowdonia hat große Probleme mit vordringenden Neophyten, vor allem mit einer wuchernden Variante des Rhododendrons, der seit zwei Jahrhunderten Objekt züchterischen Fleißes ist wie kaum eine andere Pflanze. Irgendwann – tatsächlich weiß niemand so genau, wie – entstand dabei eine violettblühende Sorte, die den Sprung in die Freiheit schaffte. Wo sie sich einmal angesiedelt hat, bleibt nicht viel Platz für andere Pflanzen. Sie ist nur unter größten Problemen wieder zurückzudrängen und selbst im vom Rhododendron befreiten Boden steckt eine chemische Hinterlassenschaft, die anderes Pflanzenwachstum hemmt. Wissenschaftler schätzen die Aussichten, den aggressiven Rhododendron zurückzudrängen, skeptisch ein. »Es ist sehr wahrscheinlich«, meint Rod Gritten vom Snowdonia Nationalpark[3], »dass die Pflanze sich im Park schneller ausbreitet, als sie kontrolliert werden kann.« Die Kosten, um allein die Region am Mount Snowdon wieder in ihren ursprünglichen, das heißt rhododendronfreien Zustand zu versetzen, werden auf mehr als 100 Millionen Mark geschätzt.

Auch die berühmten Nationalparks der USA mit ihrer weitgehend naturbelassenen Vegetation sind keineswegs immun gegen das Vordringen fremder Pflanzenarten. In einer Studie des Office of Technology Assessment für den amerikanischen Kongress wird befürchtet, dass »nichteinheimische Organismen genau die Charakteristika bedrohen, derentwegen die Nationalparks eingerichtet wurden«. Eine weltweite Untersuchung von Naturschutzgebieten verschiedenster Art zeigte, dass kein einziges von fremden Tier- oder Pflanzenarten verschont geblieben ist.[5]

Sogar auf den berühmten Galapagos-Inseln sind ein knappes Viertel aller dort wachsenden Pflanzen nichtheimische Arten. Dazu kommen eingeschleppte Feuerameisen und tausende von verwilderten Haustieren, allen voran die gefräßigen Ziegen, die man neuerdings mit so genannten Artenschutzjagden zahlungskräftiger Touristen zu bekämpfen versucht.

Von natürlicher im Sinne von ursprünglicher Natur kann also selbst in diesen Perlen unter den Lebensräumen der Erde keine Rede mehr sein.

Der Anteil gebietsfremder Pflanzenarten in verschiedenen amerikanischen Nationalparks:[6]

Sequoia/Kings Canyon	6–9 %
Shenandoah	19–24 %
Rocky Mountains	7–8 %
Everglades	15–20 %
Yellowstone	11–12 %
Haleakala (Hawaii)	47 %
Acadia	21–27 %
Hawaii Volcanoes	64 %

Sieht man vom Sonderfall Hawaii ab, liegt der Anteil fremder Pflanzenarten in Großstädten, Ballungsräumen und Agrarflächen wesentlich höher. Vergleichen wir verschiedene Lebensräume, die zunehmendem menschlichen Einfluss unterliegen, ergibt sich eine klare Tendenz. Die folgende Abbildung zeigt die Ergebnisse zweier Untersuchungen, die in völlig unterschiedlichen Gegenden der Welt gewonnen wurden. In der oberen Hälfte sind die Anteile neophytischer Sträucher in fünf verschiedenen Lebensraumtypen der Großstadt Berlin dargestellt.[7] Die untere Grafik zeigt die Zahl der Säugetierarten in den Regenwäldern Südostasiens und in dem, was davon übrig bleibt, wenn Menschen mit Motorsägen und Bulldozern anrücken.[8]

In beiden Fällen nimmt der menschliche Einfluss von links nach rechts ab. In Berlin reicht das Spektrum von den vergleichsweise ungestörten Feuchtgebieten der Peripherie, die fast alle unter Naturschutz stehen und in denen neophytische Sträucher keine Rolle spielen, bis zur dicht bebauten Innenstadt mit ihren Brachflächen, Parks und Vorgärten, in denen mehr als zwei Drittel aller Sträucher Neophyten sind.

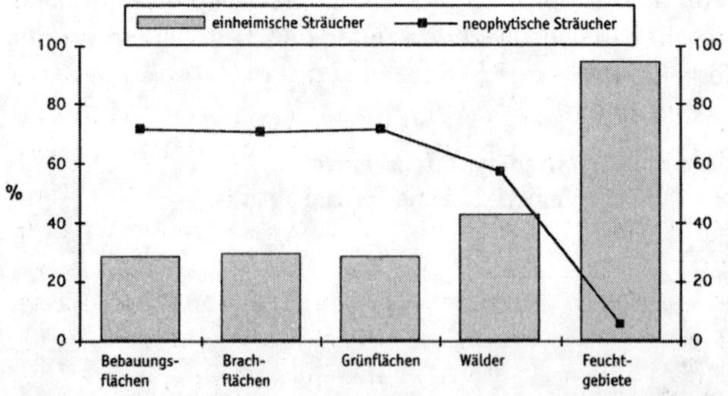

Anteile fremder und einheimischer Straucharten (in %) an fünf Standortgruppen in Berlin (nach Kowarik 1992)

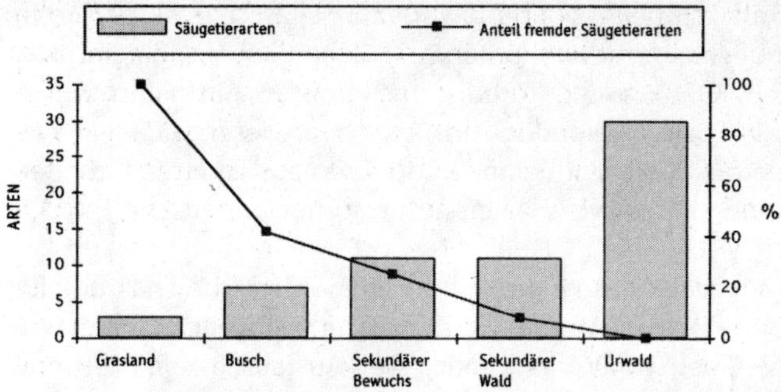

Säugetierarten und Anteil fremder Säugetierarten in unterschiedlich stark veränderten Urwäldern Südostasiens (nach Primack 1995)

In den intakten Regenwäldern Südostasiens leben dreißig ausschließlich einheimische Säugetierarten. Wird dieser Wald gerodet, sinkt die Zahl der Tierarten, die dort leben können, vom ungestörten Urwald über verschiedene Stufen der Entwaldung bis zum Endstadium, dem monotonen Weideland. Gleichzeitig steigt der Anteil gebietsfremder Säugetierarten dramatisch an. Trauriger Endpunkt ist das Grasland, in dem es nur eine einzige Gruppe von wild lebenden Säugetieren gibt: eingeschleppte Ratten.

Das Resultat ist in beiden Fällen verblüffend ähnlich. Je größer der menschliche Einfluss, desto stärker dominieren fremde Pflanzen- und Tierarten. Untersuchungen wie diese sprechen eindeutig dafür, dass menschliche Eingriffe die Abwehrkräfte der Lebensgemeinschaften schwächen. Je ungestörter natürliche Ökosysteme sind, desto besser scheinen sie sich gegenüber eindringenden Arten zu behaupten.

Interessanterweise kam der amerikanische Evolutionsbiologe Geerat Vermeij zu ähnlichen Ergebnissen, als er den natürlichen Organismenaustausch während der letzten zwanzig Millionen Jahre untersuchte. Geologische Ereignisse wie die Bildung der mittelamerikanischen Landbrücke oder die Öffnung der Beringstraße führten zum Aufeinandertreffen unterschiedlicher Lebensgemeinschaften. Ökologische Turbulenzen größten Ausmaßes waren die Folge. Besonders erfolgreich erwiesen sich einwandernde Tiere und Pflanzen dort, wo aus anderen Gründen schon vorher viele Arten ausgestorben waren.[9]

Möglicherweise bietet dieses Phänomen eine Erklärung für die seltsame Unausgewogenheit im weltweiten Geben und Nehmen von Organismen. Der Austausch von Tier- und Pflanzenarten zwischen der Alten Welt und den neoeuropäischen Ländern in Amerika, Australien und Neuseeland ist bis heute nahezu eine Einbahnstraße geblieben. Warum waren europäische Organismen dort so überaus erfolgreich? Und warum sind biologische Invasionen in Europa bislang so unspektakulär verlaufen?

Natürlich ist dieses Ungleichgewicht unter anderem ein Resultat der menschlichen Auswanderungsströme, die einseitig von Europa in alle Welt gerichtet waren. Neuseeländer, Argentinier oder Amerikaner haben nie einen vergleichbar gut sortierten biologischen Musterkoffer nach Europa gebracht.[10] Aber kann es sein, dass die Europäer mit ihren Organismen auf angeschlagene, verarmte Ökosysteme und deshalb auf so wenig Widerstand stießen?

Die ersten Menschen, die späteren Indianer, Aborigines und Maoris, die zu ganz unterschiedlichen Zeiten nach Amerika, Australien und Neuseeland kamen, trafen dort auf eine reiche Großtierwelt, unter ihnen riesenhafte Arten wie Mammuts, Riesenfaultiere, Pferde und Kamele in Nordamerika, die Moas in Neuseeland und Riesenkänguruhs in Australien. Keine dieser Arten hat bis heute überlebt. Es gibt namhafte Wissenschaftler, die menschliche Großtierjäger dafür verantwortlich machen. Die frühen menschlichen Jägerhorden beseitigten das vorgefundene Bestiarium mitsamt ihren Räubern und Parasiten. Diese so genannte Overkill-Hypothese des Paläontologen

Paul S. Martin von der University of Arizona ist umstritten, aber sie stützt sich auf zahlreiche überzeugende Indizien und findet immer mehr Befürworter.[11] Ihre Aussage lässt sich in einem einzigen lakonischen Satz Paul Martins zusammenfassen: »Die großen Säugetiere verschwanden nicht, weil sie ihre Nahrungsquellen verloren, sondern weil sie selber eine wurden.«[12]

»Diese Theorie stellt... auf intellektuell herausfordernde Weise eine neue Beziehung zwischen den Indianern, Aborigines und Maoris einerseits und den europäischen Invasoren andererseits her«, meint Alfred W. Crosby.[13] »Sie stehen sich nun nicht mehr stereotyp als *die passiven Eingeborenen* und *die aktiven Weißen* gegenüber, vielmehr müssen wir von zwei Wellen von Eindringlingen derselben Spezies ausgehen – die erste Welle bereitete als Stoßtrupp den Weg für die zweite Welle, die kompliziertere ökonomische Strukturen und größere Menschenmassen mit sich brachte.«

Trifft die Overkill-Hypothese zu, dann herrschte in den zukünftigen neoeuropäischen Ländern seit der Ausrottung der heimischen Großtierwelt ein Vakuum, das erst die Weidetiere der Europäer füllten. Sie fraßen eine Flora, die es seit Jahrtausenden verlernt hatte, sich mit intensiver Beweidung zu arrangieren, und deshalb auf breiter Front den Rückzug antrat. Stattdessen folgte den Rindern, Pferden, Schafen und Ziegen in allen neoeuropäischen Ländern ein grüner Teppich aus kosmopolitischen Weidegräsern. Nur 40 Gräserarten bedecken 99 % des gesamten Weidelandes der Erde. 24 dieser Gräser stammen aus Europa, Nordafrika und dem Nahen Osten. Dort, wo eine reiche Großtierfauna überlebt hatte, in Afrika und den Prärien Nordamerikas, ist den europäischen Arten ein vergleichbarer Erfolg nie oder nur mit erheblicher Verzögerung gelungen.[14]

Zudem besitzt die europäische Organismenwelt, die Pflanzen, Tiere, Mikroben und die Menschen mit ihrer

Landwirtschaft, eine Eigenschaft, die ihr zu Hause beachtliche Stabilität und Flexibilität und in der Ferne, unter bestimmten Bedingungen und massiv an den Start gebracht, einen entscheidenden Vorteil verschafft: Sie hat nach der neolithischen Revolution einige tausend Jahre Zeit gehabt, sich aneinander zu gewöhnen und eine aufeinander eingespielte Gemeinschaft zu bilden. Die »einzelnen Exemplare der biologischen Musterkofferkollektion funktionieren nicht isoliert, sondern im Zusammenwirken, sozusagen als Team« und werden so zu erfolgreichen Eroberern.[15]

Werden Ökosysteme geschwächt, entstehen Lücken und Schlupflöcher. So wie offene Wunden das Eindringen von Krankheitserregern ermöglichen, weil der Schutzmantel der Haut zerstört ist, bieten Kahlschlag und andere menschliche Eingriffe genauso wie natürliche Katastrophen neue Angriffsflächen, die aggressive Invasoren begünstigen. Sobald der noch ameisenfreie Bergwald Hawaiis durch Straßenbaumaßnahmen oder Rodung geschwächt wird, sind die Tramp-Ameisen zur Stelle. Sie nutzen die menschengemachten Zugangsschneisen, siedeln in den zerstörten Randbereichen und dringen von dort zu Raubzügen in die angeschlagene Natur ein. Experten fordern deshalb, dass jegliche Störung der verbliebenen Bergwälder unterbleiben muss.[16]

Auf gerodeten Flächen werden die Karten neu gemischt. Die alte Lebensgemeinschaft ist zerstört, eine neue muss sich erst herausbilden. Der Entwicklungsvorsprung einheimischer Platzhalter ist dahin. Sie waren oft Spezialisten, die in ihren Existenznischen unangefochten dominierten. Unter den neuen Bedingungen haben sie kaum eine Überlebenschance. Eine ganz andere Gruppe von Lebewesen übernimmt das Regiment, unter ihnen viele invasive Fremdlinge, die für genau diese Situation optimal gerüstet sind. Sie verfügen über schnelles Wachstum, hohe Nachkommenzahlen, kurze Generationszeiten und verschiedene

Formen ungeschlechtlicher Vermehrung. Ihre Vorherrschaft muss nicht von Dauer sein. Auf lange Sicht könnte die natürliche Sukzession der ursprünglichen Lebensgemeinschaft wieder zu alter Dominanz verhelfen. Das gelingt aber nur, wenn ungestörte Lebensräume als Ausgangspunkte einer Neubesiedlung überleben.

Wie ein roter Faden zieht sich dieses Phänomen durch viele der behandelten Beispiele: die gerodeten Wälder Neuseelands, die Umwandlung natürlicher australischer Vegetation in Weideland, die durch Überfischung, Überdüngung und chemische Abwässer belasteten Lebensgemeinschaften von Meeren, Flüssen und Seen in Afrika, Amerika und Europa. Viele, nicht alle, der erfolgreichsten biologischen Invasionen haben ein ökologisches Vakuum gefüllt, das Lebensraumzerstörung und andere Belastungen überall in der Welt hinterlassen haben. Fatalerweise bereitet der Mensch der grassierenden Homogenisierung gleich auf zwei Ebenen den Boden: durch Import und Verschleppung fremder Arten in die entlegensten Gebiete der Welt und durch die Zerstörung und Schwächung der vorhandenen Lebensgemeinschaften. Der Fischbiologe Peter Moyle entdeckte eine Parallele zum Boxen: »Es ist wie eine Rechts-links-Kombination.«[17]

So überzeugend diese Sicht der Dinge sein mag, es gibt noch eine andere, sehr einfache Erklärung für die auffällige Häufung fremder Organismenarten in anthropogen beeinflussten Lebensräumen. Sie könnte eine Konsequenz der Einwanderungswege sein. Diese führen geradewegs in die Häfen, Lagerhallen und Flughäfen der Ballungsräume, die in der Regel von ausgedehnten Agrarflächen und Kulturlandschaft umgeben sind. Hier leben die Menschen, die Haustiere halten und gepflegte Gärten mit exotischen Pflanzen anlegen. Die Tatsache, dass Ballungsräume weltweit die höchsten Anteile fremder Pflanzenarten aufweisen, ist ein deutlicher Beweis für ihre Rolle als Startpunkt für eine mit wachsender Entfernung immer schwächer werdende Invasorenwelle. In Berlin gibt es wesentlich mehr spontan wachsende fremde Gehölze als im umgebenden Land Brandenburg. Nur auf der Insel Oahu, wo der wichtigste Hafen Hawaiis liegt, findet man alle vierzig eingeschleppten Ameisenarten.

Deutschland, 1998
Ein neuer Fall missbräuchlicher Straßennutzung lässt sich gerade in natura beobachten. Die Kastanien-Miniermotte dringt immer weiter nach Norden vor. Der gefürchtete Schädling stammt aus dem Himalaya, gelangte auf ungeklärte Weise nach Europa und arbeitet sich über Mazedonien, Österreich und Bayern bis nach Berlin vor. Welche Ausbreitungswege die Miniermotte dabei benutzt, konnte man in Bayern gut verfolgen. Dort traten die Infektionen zuerst an den Kastanien von Autobahnraststätten auf. Bäume, die weiter entfernt von größeren Verkehrswegen wuchsen, blieben zunächst verschont.[19]

Die verbliebenen ungestörten Ökosysteme liegen dagegen weit entfernt in den Randbereichen der Zivilisation. Sie sind für eindringende Arten viel schwieriger zu erreichen. Erst wenn die Menschen ihnen Straßen und Bahntrassen bauen, können sich einige entlang dieser linearen Störungen ins umgebende Land ausbreiten. In hochentwickelten Industriestaaten wie der Bundesrepublik Deutschland herrscht daran kein Mangel. Die Mittel- und Randstreifen, Bankette und Böschungen deutscher Straßen nehmen etwa 3,2 % der Landesfläche ein, dreimal so viel wie alle ausgewiesenen Naturschutzgebiete zusammen, und im Gegensatz zu diesen bilden Straßen ein dicht verwobenes Netz, das alle Teile der Kulturlandschaft Mitteleuropas verbindet.[18]

Auf welche überraschende Weise die menschliche Umgestaltung der Natur neuen Pflanzenarten den Weg ebnen kann, zeigt die moderne Erfolgsstory des Götterbaums in Berlin. Sein heute zu beobachtender Aufschwung liefert zudem eine mögliche Erklärung, wie es möglich ist, dass lange Zeit unauffällige Gewächse plötzlich zu rasanter Ausbreitung übergehen.

Der Götterbaum, *Ailanthus altissima,* stammt aus Ostasien. Er wurde vor etwa 250 Jahren als Garten- und Straßenbaum nach Europa eingeführt und gelangte gegen 1780 nach Berlin-Brandenburg. Erst 1902, also 122 Jahre später, wurden die ersten spontan wachsenden Götterbäume registriert.[20] Dieser Time-lag ist nicht besonders imposant, aber viel länger, als ein Götterbaum benötigt, um seine ersten Samen zu produzieren. Die neu erworbene Fähigkeit, bei uns spontan zu wachsen, änderte an seiner Verbreitung zunächst nicht viel. Der Götterbaum blieb eine seltene Erscheinung. Erst nach dem Zweiten Weltkrieg setzte eine stürmische Populationsentwicklung ein, die ihn bis heute zu einem der häufigsten Bäume des Berliner Stadtgebiets gemacht hat.

Die Bombennächte des Krieges hatten Berlin in ein Trümmerfeld verwandelt. Noch bis in die Fünfziger- und Sechzigerjahre gehörten Ruinen und verwilderte Grundstücke überall zum Stadtbild. Schlagartig waren Freiflächen in großer Zahl verfügbar geworden und der bis dahin unauffällige Götterbaum gehörte zu den Ersten, die diese Chance nutzten. Er war nicht der Einzige. Robinie, Eschenahorn, Schmetterlingsstrauch und *Clematis vitalba*, das *old man's beard* Neuseelands, verzeichnen nicht nur in Berlin seit den Fünfzigerjahren rapide Zuwächse.[21]

Phänomene wie die plötzliche Ausbreitung des Götterbaums werden durch zwei grundverschiedene Faktoren ermöglicht[22]: durch gesetzmäßige Prozesse wie die Temperaturerhöhung seit dem Ende der kleinen Eiszeit, die wärmebedürftigen Arten bei uns einen besseren Stand verschaffte. Und durch zufällige Ereignisse. Dazu gehören aus biologischer Sicht auch technische Innovationen oder der

USA

Ende des 18. Jahrhunderts wurde der eurasische Tamariskenbaum nach Amerika eingeführt. Die Tamariske sollte Holz liefern und diente an Flussufern als Hochwasserschutz. Lange Zeit blieb der Baum unauffällig, aber Anfang des zwanzigsten Jahrhunderts begann plötzlich eine rasante Ausbreitung auf eine halbe Million Hektar. Was war geschehen? Botaniker vermuten, dass der Bau von Staudämmen am überraschenden Erfolg der Tamariske schuld war. Durch den Rückgang der Überschwemmungen gerieten die natürlichen Konkurrenten, vor allem Pappeln und Weiden, ins Hintertreffen. Die Tamariske leistet einer Versalzung des Bodens Vorschub und verbraucht ungeheure Wassermengen. Angeblich verdunsten die Tamarisken im Südwesten der USA mehr Wasser als alle Städte Südkaliforniens zusammen. Eine Bekämpfung des Baumes ist extrem arbeitsaufwendig.[23]

Ausbruch eines Weltkrieges mit seinem ungeheuren Zerstörungspotenzial. Sie stellen zumindest lokal die Verhältnisse auf den Kopf und führen zu völlig überraschenden und unvorhersehbaren Ergebnissen.

Die möglicherweise entscheidende Rolle des Zufalls hat außerordentlich schwerwiegende Konsequenzen. Eine langfristige Vorhersage über Möglichkeit, Ausmaß und Zeitpunkt von biologischen Invasionen wird durch ihn nicht nur problematisch, sondern prinzipiell unmöglich. Niemand hätte im letzten Jahrhundert den heutigen Erfolg des Götterbaumes vorhersagen können.[24]

Experimentelle Tests können nur unter den jeweils herrschenden Bedingungen durchgeführt werden. Ihre Aussagen sind dementsprechend nur für diese Verhältnisse gültig. Wenn sich aber die Umwelt ändert, wenn Klima, Politik und die fremden Organismen selbst abrupt oder schleichend neue Rahmenbedingungen schaffen, bleiben als Vorhersageinstrumente nur noch vage Spekulationen. Sogar die immer beliebter werdenden Computermodelle können trotz üppigster Speicherausstattung kaum alle möglichen Drehungen und Wendungen der Zukunft berücksichtigen.

Bei den heutigen Temperaturverhältnissen dürfte für den Götterbaum *Ailanthus* an der Stadtgrenze Endstation sein. Er ist eine wärmeliebende Art, die auch nach dem Ende der kleinen Eiszeit das künstlich aufgeheizte Großstadtklima braucht. Im ländlichen Brandenburg ist es zu kalt. Aber wer will in Zeiten globaler Erwärmung vorhersagen, ob und wie lange das so bleibt?

V

Die Antwort

24 Warten wir doch ab, wer gewinnt

Schätzungsweise 18 Millionen Haus- und Wildkatzen gibt es in Australien und jährlich fallen ihnen etwa drei Millionen Vögel und andere Kleintiere zum Opfer. Naturschützern ist das ein Dorn im Auge. Ein Parlamentsabgeordneter schlug kürzlich vor, im Laufe der nächsten zwanzig Jahre alle Katzen zu töten. John Wamsley, Geschäftsführer der Umweltorganisation »Erdheiligtümer«, hatte auch gleich eine sinnvolle Verwendung für die vielen toten Katzen: Man solle sie kurzerhand aufessen, in Form von Katzenschwanzsuppe zum Beispiel. Zu dem von ihm kreierten Rezept brauche die Hausfrau etwa zwanzig Katzenschwänze. Davon würde eine vierköpfige Familie satt werden. Fangen sollte man die Vogelmörder mit Hunden und Fallen aus Schlingen.[1]

Auch in Mitteleuropa gibt es viele Katzen und auch hier töten streunende Katzen Vögel. Trotzdem käme bei uns wohl niemand auf die Idee, derartige Vorschläge zu machen. Durchsetzbar sind sie hier wie dort nicht. Schon haben sich australische Katzenfreunde zu einer schlagkräftigen Gegenbewegung formiert.

In Neuseeland – anders als hierzulande – gibt es wohl niemanden, der nicht sofort eine ganze Liste von eingeführten Tieren und Pflanzen aufzählen könnte. Schon am Flughafen mahnen Plakate mit ins Riesenhafte vergrößerten Käfern vor den Gefahren durch eingeschleppte Schädlinge und drohen mit drastischen Strafen. Überall im Land fordern Plakatwände zu erhöhter Wachsamkeit auf. Vor dem Kauf bestimmter Pflanzenarten wird gewarnt, Gartencenter werden angehalten, potenzielle Invasoren aus dem Sortiment zu nehmen. Das Department of Conservation und seine regionalen Abteilungen führen Aufklärungskampagnen über *pest*-Arten durch und verteilen Informationsbroschüren. In den Nationalparks informieren gut ausgestattete Pavillons über die heimische Natur, über Probleme mit Räubern und invasiven Pflanzen. Auf Schautafeln, in Ausstellungen und Filmen werden Bekämpfungsmaßnahmen demonstriert.

Neuseeland ist ein Agrarland. Jeder Farmer kennt das giftige Jacobs-Greiskraut, um das die Schafe einen Bogen machen, und die Disteln, die in die Weiden eindringen. Die Kaninchenplage ist ein Thema von nationaler Bedeutung. Keine Frage, dass in solchen Fällen mit aller Entschiedenheit reagiert werden muss. Die Mitarbeiter des Department of Conservation, die nicht für landwirtschaftliche Schädlinge zuständig sind, sondern sich um den Schutz natürlicher Lebensräume kümmern, haben es da wesentlich schwerer.

John Sawyer von der Naturschutzbehörde in Wellington bezweifelt, dass das Bewusstsein für den Wert intakter einheimischer Natur in Neuseeland ausgeprägter ist als andernorts. »Es gibt hier das ganze Spektrum von Leuten«, sagt er, »von den Puristen, die strikt gegen jede fremde Art vorgehen wollen, bis hin zu denen, die meinen, zum Teufel, was kümmert mich das, lasst uns alles hereinholen und sehen, wer gewinnt.«[2]

Old man's beard ist für naturentwöhnte Großstädter kaum zu übersehen, aber es ist fraglich, ob sie und Naturschützer angesichts der wuchernden Ranken der verwilderten Gartenpflanze dasselbe wahrnehmen. Wo der eine einen strangulierten Baum sieht, freut sich der andere über den dichten weißen Blütenvorhang. Das daraus hervorragende kahle Baumskelett wird zu einer Art natürlichem Klettergerüst. Das Pflanzenwachstum an Neuseelands Straßenrändern wird von den einen misstrauisch beäugt, die Touristen und viele neuseeländische Normalos sind von der bunten Blumenvielfalt schlicht begeistert. Was von den einen rigoros bekämpft wird, wird von anderen großzügig ausgesät, um Neuseeland noch schöner zu machen.

An Beispielen wie diesen lässt sich ablesen, wie weit nicht nur in Neuseeland die Sicht des Naturschutzes und die öffentliche Wahrnehmung auseinanderklaffen. Die Erwartungen, die von beiden Seiten an die Natur gestellt werden, könnten unterschiedlicher nicht sein. Wenn Erholung suchende Bürger zufrieden durch einen neophytendominierten deutschen Forst schlendern und anschließend erklären, sie seien im *Wald* spazieren gegangen, verziehen manche Naturschützer nur mitleidig das Gesicht: Die Armen, sie wissen es eben nicht besser. Wo die einen Lebensraum für eine möglichst ungestörte standortgemäße Tier- und Pflanzenwelt sehen, suchen die anderen nach spektakulärer Blütenpracht für die heimische Vase, Vogelgezwitscher und beruhigendem Grün und fragen nicht nach deren Herkunft. Während die Verantwortlichen des walisischen Snowdonia-Nationalparks einen verzweifelten Kampf gegen den Rhododendron führen, müssen sie sich mit einer ignoranten Öffentlichkeit im Blütenrausch herumschlagen. Immer wieder bitten hingerissene Rhododendron-Touristen um Ableger des wuchernden Strauches. Das Wort National*park* bietet hier Anlass zu einem bezeichnenden Missverständnis.

Bad Pyrmont,
Deutschland, 1998

Am 11. August entkam das Känguruh »Manni« aus dem Tierpark von Bad Pyrmont. Wochenlang hüpfte das Beuteltier einsam durch deutsche Lande, tauchte mal hier, mal da auf und beschäftigte eine entzückte Presse wie schon andere entlaufene Tiere vor ihm. Bürger forderten den Tierpark auf, für den einsamen Manni eine Gefährtin freizulassen. Der Tierpark lehnte ab. Am 1. September wurde 200 Kilometer südlich ein männliches Känguruh mit einem Betäubungsgewehr narkotisiert. Die Größe stimmte, aber Mannis Fell war bräunlich und das bei Erkelenz betäubte Tier, Manni 2, eher grau. War Manni am Ende gar nicht so einsam? Im September wurde auch Manni 1 gefunden, tot, von einer Bahn überfahren. Einige Tage später untermalten heimische Didgeridoo-Klänge die Beisetzung auf dem Tierfriedhof von Bockenem. Etwa 200 Personen erwiesen Manni 1 die letzte Ehre.[3]

Der Durchschnittsbürger, in den westlichen Industriestaaten in der Regel ein Städter, kann kaum eine Handvoll Tier- und Pflanzenarten auseinanderhalten, aber er ist grundsätzlich tierlieb und eine Wohnung ohne Grünpflanzen ist undenkbar. Ohne *Natur* geht es eben nicht. Seine bedingungslose Liebe zum Mitgeschöpf, etwas, das Konrad Lorenz einmal sinngemäß als »soziale Sodomie« bezeichnet hat, »die nicht weniger ekelerregend ist als die geschlechtliche«[4], steht in krassem Gegensatz zur weit verbreiteten Unkenntnis ökologischer Zusammenhänge. Abertausende von Hunde- und Katzenhaltern, von Aquarianern und Vogelfans geben Milliarden für ihre Lieblinge aus, verzieren das wohlriechende Edelfutter liebevoll mit Petersilienblättern und empören sich über Tierversuche. Einige hindert das nicht daran, ihre Schützlinge in Massen vor die Tür zu setzen und auch das als Ausdruck ihrer Tierliebe anzusehen. In einem Bambi-Bild der Natur hat auch die Massentötung von Hirschen oder anderen tierischen Sympathieträgern keinen Platz.

Italien, 1996
Jüngst berichteten mehrere überregionale Zeitungen Italiens von einem seltsamen Fall zoologischer Unkenntnis. »Ein Ehepaar hatte aus einem Urlaub in Südamerika (versteckt in einer Tasche, um die Flughafenkontrollen zu umgehen) ein anmutiges Tier mitgebracht, das sie für ein Hündchen hielten und, zu Hause angekommen, in Gesellschaft ihres geliebten Fido in einem Zimmer allein ließen. Nach ein paar Stunden entdeckte das Ehepaar mit Entsetzen, dass Fido von dem anmutigen südamerikanischen Tierchen zerfleischt worden war. Sie sperrten es in einen Käfig und brachten es zu einem Tierarzt, der bei seinem Anblick aufsprang und rief: ›Aber Signora, das ist doch kein Hund, das ist eine *Ratte*!‹ Woraufhin er das Tier mit einer Giftinjektion tötete.«[7]

»Diese Zivilisation mit dem Gemüt und dem Glitzern eines Neonfisches ist krank nach Natur«, schrieb Horst Stern.[5] »In der dumpfen Ahnung einer wachsenden Entfremdung von ihr begünstigt sie die Vermehrung der Tiere, ob wild oder zahm, das ist ihr aus Mangel an Wissen gleich. Und wer ihr diese Vermehrung bietet, ist ihr Freund.«

Für das fehlende Problembewusstsein in Politik und Öffentlichkeit gibt es vor allem drei Gründe: eine generelle Ignoranz gegenüber der Biologie, das fehlende Bewusstsein für den Wert einheimischer Tier- und Pflanzenarten und die Unfähigkeit der Öffentlichkeit, zwischen einheimischen und fremden Organismen zu unterscheiden.[6]

Wie sollen die Menschen für ein schwieriges Thema sensibilisiert werden, das sie im Grunde herzlich wenig interessiert und noch dazu einige ihrer liebsten Haustiere und Gartenpflanzen zu potenziellen Killern abstempelt? Weil die Probleme auf den Nägeln brennen und durchgreifende Bekämpfungsmaßnahmen öffentliche Akzeptanz und Gelder erfordern, stellt sich diese Frage in Neuseeland viel dringender als in Europa. Radikale Naturschützer fordern seit langem die Beseitigung der beiden Herden verwilderter Pferde, die mit ihren Mäulern und Hufen empfindliche Grasbiotope der Nordinsel zerstören, aber ihr Ruf verhallt ungehört. Nichts wäre aussichtsloser (und vielleicht auch unnötiger), als den Neuseeländern einen Abschuss der Pferde begreiflich zu machen.

Forderungen wie diese vertiefen nur das Unverständnis zwischen Naturschutz und Bevölkerung. Besonnene Wissenschaftler wissen das. Sie lassen den Wildpferden ihre Freiheit und beschränken sich auf das Machbare und wirklich Erforderliche. Es war schon schwer genug, von einer naturzerstörenden, aber abgöttisch tierliebenden Öffentlichkeit die Zustimmung für die Massentötung von Fuchskusus, Katzen, Rotwild, Ziegen und vielen anderen fremden Tier- und Pflanzenarten zu gewinnen. Dass nur eine tote Ratte eine gute Ratte ist, muss man Gott sei Dank niemandem erklären.

»Naturschutz in Neuseeland heißt in erster Linie töten«, sagt Doug Mende[8] vom Mt. Bruce National Wildlife Centre. Die neuseeländische Bevölkerung habe diese traurige Notwendigkeit dank intensiver Aufklärungsarbeit weitgehend akzeptiert, aber europäische Touristen, die in der Regel ohne jede Vorinformation ins Land kämen, zeigten sich schwer schockiert. Den preiswerten Hirschbraten aus Neuseeland im heimischen Tiefkühlregal kaufen sie indes, ohne zu zögern. Ehe man in Neuseeland zur Zucht des Rotwildes überging, dem so genannten Game-farming, wurden die Resultate der landesweiten Abschusskampagnen in Form von Hirschsteaks exportiert.

Besonders die Deutschen meinen, sich als Oberlehrer aufführen zu müssen. Sie kommen, um die versprochenen Naturschönheiten dieses dünn besiedelten Landes zu genießen, nicht um am anderen Weltende mit blutigen Realitäten konfrontiert zu werden. Unter dem treuen Blick der pelzigen Fuchskusus erleiden sie heftige Anfälle von Tierliebe. Ihre Entrüstung angesichts der im Informationszentrum ausgestellten tödlichen Kusufalle bekommen dann die Mitarbeiter des Wildlife Centre zu spüren. »Sie sehen die kleinen Monster«, sagt Doug Mende, »setzen das zu ihrer Umwelt in Beziehung und sagen: schützen, schützen, das muss geschützt werden. Das ist typisch europäisch. Unser Job ist es, unsere ganz spezielle neuseeländische Natur zu erhalten, diese einzigartige Ökologie. Jemand muss die harte Linie fahren. Sollen wir etwa sagen: Lasst uns unser Naturerbe vergessen, schützen wir diese kleinen Kusus?«[9]

Würde die Entrüstung der Europäer über das blutige Geschäft des neuseeländischen Naturschutzes nicht schnell in begeisterte Zustimmung umschlagen, wenn eingeschleppte Räuber auch bei uns die heimischen Vögel dezimierten? Wie würden wir reagieren, wenn einige Zehnmillionen Fuchskusus Nacht für Nacht den deutschen Wald auffräßen?

Wir sollten uns hüten, über andere die Nase zu rümpfen. Es ist nicht unser Verdienst, dass uns Erfahrungen, wie sie Neuseeland, Australien, Hawaii oder Guam machen mussten, erspart geblieben sind. Unsere in Jahrtausenden entstandene Kulturlandschaft erwies sich als erstaunlich widerstandsfähig. Das muss nicht für immer so bleiben. Außerdem waren es Europäer, die die schlimmsten tierischen Plagen als Gefährten und blinde Passagiere in der ganzen Welt verteilten. Wären wir Heutigen an ihrer Stelle gewesen, wir hätten es vermutlich genauso gemacht.

Oder ist es doch andersherum? Sind Neuseeländer und die Bewohner anderer invasionsgeschädigter Länder notorische Welt- oder Naturverbesserer, die nichts so belassen können, wie es ist, die aussetzen, was ihnen fehlt, und abschießen, was sie stört? Würden sie an unserer Stelle die in Europa lebenden amerikanischen Waschbären bejagen und vergiften, anstatt ihrer Ausbreitung tatenlos zuzusehen? Würden sie gegen die Robinien und die anderen fremden Pflanzen vorgehen wie gegen ihr *old man's beard*? Würden sie versuchen, die Invasoren der mitteleuropäischen Binnengewässer loszuwerden?

Mitunter hat man den Eindruck, dass die hiesige Wissenschaft über Terminologie und Aktionismus der Kollegen auf der Südhalbkugel und in Amerika den Kopf schüttelt. Während prominente Wissenschaftler rund um den Globus keinen Moment zögern, eingeschleppte Organismen als eine der größten Bedrohungen der weltweiten Artenvielfalt zu bezeichnen und die gravierenden Konsequenzen für Forschung und Ökologie diskutieren, haben die hiesigen wissenschaftlichen Autoren dafür oft nur einen Nebensatz übrig. Am weltweiten SCOPE-Forschungsprojekt über die Ökologie biologischer Invasionen nahmen in den Achtzigerjahren zahllose Wissenschaftler aus aller Welt teil, aber

Amrun, Deutschland, 1977

Bis vor kurzem war die Welt auf der Nordseeinsel noch in Ordnung. Im Sommer kamen die Seevögel und die Touristen. Ansonsten hatte man seine Ruhe. Damit ist jetzt Schluss. Der Fuchs ist los. Es wird wohl für immer ungeklärt bleiben, wie die sieben Tiere im letzten Jahr auf die Insel gekommen sind. Zu Fuß über die zugefrorene See, sagen die einen, in Kisten auf der Fähre, als heimtückischer Anschlag auf den Inselfrieden durch fanatische Gegner des Nationalparks Wattenmeer, mutmaßen die anderen. Bleiben können sie jedenfalls nicht. Die Kolonien der Seevögel seien gefährdet, besonders der Eiderenten. Wenn die brüten, könne man sie einfach hochheben und wegtragen. Ideale Fuchsbeute. Auf Amrum gab es keine Füchse und das soll auch so bleiben. Das Ministerium in Kiel reagierte gelassen. Eigentlich sei das ja eine philosophische Frage, ließ man verlauten, aber die Insulaner würden damit schon selbst fertig werden. Für den Naturschutzbeauftragten von Amrum steht fest: »Das ist ein Super-GAU der Natur. Der Bruterfolg 1996 war gleich Null.« Dreißig Jäger haben sieben Füchsen nun den Kampf angesagt, nach gründlicher Schulung und mit straff organisierter Telefonkette. Einer der Störenfriede wurde überfahren, einer angeschossen, zwei sind verschollen, bleiben noch drei.[10]

in dem Tagungsbericht, der sich mit den Ereignissen in Europa beschäftigt, findet sich unter 47 Autoren aus Frankreich, England, Israel, Niederlande, USA, Marokko, Spanien, Polen und Italien kein einziger deutscher Name.[11]

Was ist da los? Hält die Wissenschaft hierzulande die weltweite Aufregung um biologische Invasionen für eine ansteckende Hysterie, von der man sich besser fern hält? Während vor allem im englischsprachigen Ausland starke Worte zu hören sind, ist der Ton in Deutschland eher beschwichtigend und zurückhaltend. Wissenschaftler verschanzen sich hinter komplizierten Fachausdrücken und Terminologiediskussionen. Andernorts wird Tacheles geredet.

Immigrant Killers hat die angesehene neuseeländische Zoologin Carolyn King ihr Buch über die Räuber unter den eingeführten Säugetieren genannt[12] und der amerikanische Wissenschaftler Stanley Temple gab einem Aufsatz in der renommierten Zeitschrift *Conservation Biology* den Titel: »Die häßliche Notwendigkeit: Ausrottung von Exoten.«[13]

Worte wie *Ausrottung, Exoten* oder *Killer* wird man in keiner deutschen Publikation zum Thema finden. Selbst *Invasion* und *Invasoren,* Begriffe, die der ganzen Forschungsdisziplin ihren Namen gaben und in den Überschriften maßgeblicher internationaler Literatur Verwendung finden, werden in deutschsprachigen Veröffentlichungen geschickt umgangen. Da ist von etablierten Neozoen und Neophyten die Rede, noch besser von Hemerochoren und Agriophyten, Begriffe, die im englischen Sprachraum unüblich sind. Statt von ökologischen Schäden spricht man von unerwünschten Nebenwirkungen, die Neophytie wird dem Neophytismus gegenübergestellt, der Ökologie mit Ökologismus gedroht. Viele haben sogar mit dem Wort *einheimisch* Schwierigkeiten, *fremd* kann nicht für sich alleine stehen, sondern wird zu *gebietsfremd* abgeschwächt.

Deutsche Wissenschaftler scheinen diese Worte zu meiden wie der Teufel das Weihwasser, natürlich aus ehrenhaften Motiven. Umso verwunderlicher ist es, dass sich dieselben Autoren, die diese Wortklippen in ihren deutschen Texten so elegant umschiffen, in englischen Veröffentlichungen plötzlich ungeniert über *invasions* und *invaders,* ja, sogar über *exotics* und *aliens* auslassen. Meinen sie, den deutschen Lesern, sofern sie sich überhaupt in biologische Fachliteratur verirren, derart ungeschminkt verwendete Begrifflichkeiten nicht präsentieren zu dürfen?

Die Wissenschaftler sagen selbst, was sie befürchten: Eine von den unvermeidlichen Zuspitzungen der Medien in Aufregung versetzte Öffentlichkeit könnte sich als unfähig erweisen, mit dem Thema rational umzugehen. Offenbar halten sie es für möglich, dass marodierende, mit Knüppeln, Gewehren, Sägen und Schaufeln bewaffnete Trupps ausziehen könnten, um Neophyten und Neozoen und, aus Mangel an Wissen, auch gleich vieles andere auszuradieren. »Sprachliche Radikalisierungen« sollten möglichst vermieden und »ethische Grundsätze nicht vergessen werden, denn auch Neophyten sind Mitgeschöpfe«, mahnen sie. »Grundsätzlich«, schreiben die Herausgeber eines Tagungsbandes[14] über *Gebietsfremde Pflanzenarten* weiter, »sollte auch die Massenausbreitung oder das Massenvorkommen einer Art zu keinen militanten Reaktionen führen.«

Der Vorwurf des Biologismus, dem sich prominente Wissenschaftler ausgesetzt sahen, als sie sich mit ihrer Sicht der Dinge in gesellschaftliche Diskussionen einmischten, scheint so tief getroffen zu haben, dass sich die Biologen nun zu überhaupt keinen dezidierten Äußerungen mehr hinreißen lassen, selbst wenn sie ihr ureigenes Fachgebiet betreffen.

Die deutschen wissenschaftlichen Fachgesellschaften sind für eine breitere Öffentlichkeit nicht existent. Man beschäftigt sich dort fast ausschließlich mit sich selbst.

Die Deutsche Zoologische Gesellschaft (DZG) bot ein besonders unrühmliches Schauspiel, als sie ihre Mitglieder erstmals für eine Unterschriftenaktion mobil machte, als es darum ging, das geplante neue Tierschutzgesetz zu kippen. Tierversuche werden darin mit erheblichen bürokratischen Hürden versehen. Die wissenschaftlich arbeitenden Zoologen, von deren Organisation in der Öffentlichkeit noch nie ein klares Wort zum Niedergang ihrer eigenen Forschungsobjekte zu hören war, scheinen erst dann aktiv zu werden, wenn man damit droht, ihnen ihre Spielzeuge wegzunehmen. Die wichtigsten öffentlichkeitswirksamen ökologischen Aufklärer der letzten Jahrzehnte waren keine Biologen. Es waren biologische Laien, wie der Psychologe Hoimar von Ditfurth und der Journalist Horst Stern.

Josef Reichholf, prominenter Buchautor und leitender Mitarbeiter der Zoologischen Staatssammlung in München, schlägt seinen deutschen Lesern einen Satz wie »Praktisch jede Art war irgendwo einmal fremd« um die Ohren.[15] Der Satz ist trivial, wird dem Thema in keiner Weise gerecht und beschwört eine Analogie herauf, die andere peinlich zu vermeiden suchen. Der Begriff Neozoen, wie sein Pendant Neophyten außerhalb des deutschen Sprachraumes unbekannt, wurde eingeführt »einerseits präzisierend, andererseits entschärfend für die überwiegend aggressiven und distanzierenden Bezeichnungen wie Neuankömmlinge, Eindringlinge... invaders, newcomers, aliens usw.«[16]

Also doch: Die Deutschen sind die besseren Wissenschaftler, die ganze Welt ist auf dem Holzweg. »Es ist weiterhin Sorge zu tragen, dass die Abwehr eingewanderter Tiere oder ein allein auf einheimische Arten ausgerichteter Naturschutz nicht Überfremdungsängste in der Gesellschaft rechtfertigt oder gar fördert.«[17]

Es sind unter anderem Beiträge wie der folgende, die die Wissenschaftler so zurückhaltend argumentieren lassen.

Vor dem Hintergrund der deutschen Geschichte hat man Angst, schlafende Hunde zu wecken, befürchtet, sich auf der falschen Seite wiederzufinden.

1909 veröffentlichte ein gewisser R. Fischer in der Zeitschrift *Gartenflora* einen Artikel über die zukünftige Gestaltung des Schiller-Parks in Berlin-Wedding. Darin heißt es: »Die pflanzliche Ausgestaltung des Parkes soll einen durchaus heimischen Charakter tragen, ausländische Gehölze sind verpönt. Der Schillereiche, dem deutschesten aller Bäume, werden also nur heimische Pflanzen folgen. So wird Berlin hier einen Volkspark zu Eigen nennen, dessen Wesen ebenso urdeutsch ist wie sein Name.«[18]

Tatsächlich machen in der Diskussion um Neophyten Begriffe wie Gehölzrassismus die Runde. Selbst die seriöse *Zeit*[19] titelt: »Kein Schlagbaum hält die grüne Flut.« Prominente US-amerikanische Gartenfreunde werfen der starken Naturgartenbewegung »krypto-faschistische Tendenzen« im Umgang mit fremden Pflanzenarten vor.[20] In die oft emotional geführte Debatte kommt nicht nur in Deutschland allzu leicht ein äußerst fragwürdiger Unterton. »Der Bergahorn, ein erfolgreicher Cross-Channel-Einwanderer, ist da erfolgreich, wo Hitler versagte«, schrieb der englische *Guardian* am 14. Dezember 1990. »Dieser Faschist in Baumgestalt scheint dazu bestimmt zu sein, unsere einheimischen Eschen und Eichen zu verdrängen.«[21] Acht Jahre später, als von radikalen Tierschützern aus einer Pelzfarm befreite Minks marodierend durch die Gegend zogen, sah der *Guardian* schon wieder Nazis am Werke, diesmal »Nazis im Pelz«.[22]

»Wir wollen unsere Fauna und Flora in ihrem Ursprung erhalten und verhindern, dass irgendwelche Exoten die einheimischen Wildtiere verdrängen«, sagte der Schweizer Nationalparkdirektor Heinrich Haller.[23] In dem idyllischen Alpenland zeigt man sich besonders ungnädig gegenüber fremden Arten. Sie sind, wie die Waschbären, generell zum Abschuss freigegeben. Beliebt macht man sich mit der Umsetzung dieser Regelung allerdings nicht. Anders als in England sind es hier nicht die fremden Arten, die beschimpft werden, sondern die Naturschützer, die sie wieder loswerden wollen.

»Fremde Vierbeiner? Feuer frei!«, titelte die Zürcher *Weltwoche* unlängst. »Rassistische Wildbiologen rufen zum Kampf gegen tierische Immigranten auf.« Der in ironischem Ton gehaltene Artikel macht die Motive der Biologen lächerlich und unterstellt ihnen eine »spezielle Art von Fremdenfeindlichkeit«.[24] Auch Josef Reichholf schlägt in diese Kerbe, wenn er die Mahner pauschal als »konservativ-anthroponationalistisch denkende Naturschützer« bezeichnet.[25]

Wenn irregeleitete fremdenfeindliche Rechte aus rassistischen Motiven zum Kampf gegen menschliche Immigranten aufrufen, heißt das noch lange nicht, dass Wildbiologen, die vor fremden Tierarten warnen, automatisch Rassisten sind. Umgekehrt kann die aus humanistischen Gründen getroffene Entscheidung, menschlichen Flüchtlingen Schutz und Hilfe zu gewähren, nicht die Konsequenz haben, auch sämtlichen durch menschliche Aktivitäten verfrachteten Pflanzen- und Tierarten ein Existenzrecht einzuräumen. Die erforderliche öffentliche Sensibilität gegenüber einer wiedererstarkten politischen Rechten darf nicht dazu führen, dass besorgte Wissenschaftler nicht mehr den Mund aufmachen, weil sie fürchten müssen, als Rassisten diffamiert zu werden. Muss man wirklich darauf hinweisen, dass Traubenkirschen, Ratten, Plattwürmer und Mufflons keine Menschen sind?

Der Fehler liegt in der Gleichsetzung zweier grundverschiedener Problemfelder. Das Verhalten fremder Pflanzen- und Tierarten hat nichts mit der Ausländerproblematik unter Menschen zu tun und schon gar nichts mit Faschismus, wie es so manches dumme Zitat suggeriert. Selbst wenn man versuchte, aus den organismischen Invasionen Lehren für die Probleme der Menschen zu ziehen, käme dabei nichts heraus als eine triviale Wahrheit, die wir schon immer gewusst haben: Unter den Tieren und Pflanzen gibt es wie unter den Menschen, egal, woher sie kommen, so 'ne und solche.

Frankreich, Belgien
Im Rathausteich des Pariser Vororts Fontenay sous Bois oder im See Saint-Cassien an der Côte d'Azur hat die Präsenz ausgesetzter Rotwangenschildkröten solche Ausmaße angenommen, dass eine lautstarke Anglerlobby sich zu Wort meldete und rigorose Gegenmaßnahmen forderte. Man solle starke Stromschläge durch den See jagen, das werde den Fischräubern schon den Garaus machen. In Brüssel schleppten erboste Biologen kübelweise exotische Schildkröten in EU-Gebäude, um gegen den ungehinderten Import der Tiere zu protestieren. Verboten ist nur die Einfuhr gefährdeter Arten. Davon sind die Rotwangenschildkröten weit entfernt. In amerikanischen Zuchtfarmen werden jährlich fünf Millionen Jungtiere herangezogen.[26]

Die Befürchtung, dass die Menschen angesichts fremder Tier- und Pflanzenarten auch ohne ideologische Indoktrination zu überzogenen Reaktionen neigen könnten, ist nicht unbegründet. In den seltenen, einer größeren Öffentlichkeit bekannt gewordenen Fällen, in denen eingebürgerte Pflanzenarten bei uns für Probleme sorgten, zeigte sich, was zur Zurückhaltung mahnende Wissenschaftler vermeiden wollen.

Die Silberlinde *(Tilia tomentosa)*, ein aus dem Balkan stammender Baum, der wegen seiner Widerstandskraft seit langem in Städten angepflanzt wird, geriet in schlechten Ruf, weil sich im Spätsommer unter ihrer Blätterkrone Massen von verendenden Hummeln ansammelten. Das Bild rührte die Menschen. Hunderte der beliebten, weil stechunwilligen Brummer versuchten mit letzter Kraft auf die Beine zu kommen und sich wieder in die Lüfte zu erheben, aber sie taumelten, fielen um, strampelten auf dem Rücken liegend hilflos herum, starben.

Die Indizienlage war klar. Die Silberlinde vom Balkan war ein »Mörderbaum«. Sie lockte die arglosen einheimischen Hummeln mit reichem Nektarangebot, um sie dann mit einem verdauungsblockierenden Zucker heimtückisch zu vergiften. Bei den Gartenbauämtern liefen im Spätsommer regelmäßig die Telefone heiß. Tierliebende Bürger forderten empört: Die hummelmordende Silberlinde muss weg. In vielen Städten heulten schließlich die Motorsägen auf. 1993 meldete die *Neue Westfälische* zumindest für die Stadt Bielefeld Vollzug: »Alle Silberlinden beseitigt.«[27] Deutsche Hummeln konnten wieder ungestraft Zuckersaft schlecken.

Die Bäume wurden umsonst geopfert. Wissenschaftler aus Münster haben seit 1990 viele tausend unter Silberlinden verendete Hummeln gesammelt und keinerlei Vergiftung feststellen können. Auch als sie reinen Silberlindennektar an Hummeln verfütterten, streckten diese keineswegs alle sechse von sich. Die Silberlinde hat das Pech, dass sie zu einer Zeit blüht, in der ansonsten für die Hummeln nicht mehr viel zu holen ist. Die hungrigen Tiere, die sich Energiereserven für die Überwinterung anfressen müssen, stürzen sich auf diese letzte ergiebige Nahrungsquelle. Der Andrang an den Blüten der Silberlinde wird so groß, dass viele Tiere nicht mehr ausreichend zum Zuge kommen und entkräftet aus dem Geäst purzeln.[28]

England, 1971
Die Rockgruppe GENESIS widmete dem *Giant Hogweed,* zu deutsch Riesen-Bärenklau, einen eigenen düsteren Endzeit-Song. »Sie sind unbesiegbar, immun gegen all unsere herbiziden Schläge«, heißt es im Refrain. Das Lied spielt auf einen Vorfall an, der sich kurz zuvor in Großbritannien ereignet hatte. Mehrere Kinder wurden vergiftet, weil sie sich aus den hohlen Stengeln der Pflanze Blasrohre gebastelt hatten.[29]

Der vermeintliche Mörderbaum ist rehabilitiert. Er ist kein Hummelkiller, das Gegenteil ist der Fall. Gäbe es keine Silberlinden, hätten die Hummeln in den ausgeräumten Stadtbiotopen noch schlechtere Karten. Für die auf Druck der Öffentlichkeit gefällten alten Silberlinden kommt diese Erkenntnis freilich zu spät.

Der aus dem Kaukasus stammende Riesen-Bärenklau, *Heracleum mantegazzianum,* wurde seit 1890 gern als Bienenweide und Gartenpflanze ausgesät. Nachdem die ersten Kinder mit bösen Brandblasen nach Hause kamen, ist das Staunen über das imposante Gewächs in unverhohlenen Hass umgeschlagen. »Kopf ab! Exterminieren durch Entdolden!« heißt der auf Flugblättern verbreitete Schlachtruf der Freiburger BBB, der Bürgerinitiative für Bärenklau-Bekämpfung.

Diesmal könnte die Aufregung sogar berechtigt sein. Zum ersten Mal ist in Mitteleuropa mit dem über drei Meter hohen Riesendoldenblütler eine wild wachsende Pflanze aufgetaucht, die für den Menschen selbst äußerst unangenehm werden kann. In einigen Dörfern Tschechiens dürfen Kinder nicht mehr im Freien spielen, weil die Häuser von der Pflanze regelrecht umzingelt wurden. In Polen nennt man die Riesenstaude aus dem Kaukasus »Stalins Rache«. Für den Biologen Helgo Bran, den Vorsitzenden der BBB, ist sie eine »übermächtige Horrorpflanze«, der er mit Flammenwerfern zu Leibe rückt. »Mitleid ist nicht angebracht.«[30]

Schuld an den verbrennungsähnlichen Hautirritationen sind Stoffe namens Furanocumarine. Gelangt Pflanzensaft des Riesen-Bärenklau auf Menschenhaut, tut sich zunächst gar nichts. Bei Sonneneinstrahlung aber, möglicherweise Tage nach dem Kontakt, bilden sich aufgrund einer phototoxischen Reaktion Entzündungen und Brandblasen, die erst nach Wochen abheilen und hin und wieder hässliche Narben hinterlassen. Kein Wunder, dass sich die Menschen von der schönen großen Pflanze wenig begeistert zeigen und selbst zu Spaten, Sensen oder gar Flammenwerfern greifen. Die Bekämpfung der verwilderten Gartenpflanze gestaltet sich allerdings sehr schwierig.

Im Falle des Riesen-Bärenklaus sind sich Fachwelt und betroffene Öffentlichkeit einig. Diese Pflanze ist »eindeutig unerwünscht«, »eine Bekämpfung ist zu befürworten«.[31] Notruftelefone wurden eingerichtet und die Bevölkerung aufgefordert, neue Vorkommen der auffälligen Pflanze sofort zu melden. Plötzlich ziehen Wissenschaft, Behörden, Naturschutz und Bevölkerung an einem Strang. Das erinnert fast an die Situation in Ländern wie Neuseeland.

Der Schluss, der daraus zu ziehen ist, liegt auf der Hand: Die unterschiedliche Behandlung des Themas hat auch mit dem kaum vergleichbaren Grad an Betroffenheit zu tun. Deutsche Wissenschaftler haben im Gegensatz zu ihren Kollegen in Übersee wenig Anlass zur Aufregung. Viele mitteleuropäische Tier- oder Pflanzenarten wurden zurückgedrängt oder seltener, aber bis heute ist nicht eine einzige nachweislich durch fremde Organismen ausgerottet worden. Und anders als die uralte Fauna und Flora Neuseelands und Australiens ist die in Europa existierende Lebensgemeinschaft ohnehin das Ergebnis einer großen nacheiszeitlichen Einwanderungsstory. Die von den Gletschern gerissenen Lücken konnten nie wieder ganz aufgefüllt werden.

Zudem lebt bei uns nichts, was es nicht auch in Polen, Österreich, den Niederlanden oder Dänemark gibt. Mitteleuropa bietet nur wenigen weltweit bedrohten Arten Rückzugsgebiete.[32] Dagegen sind 80 % der Pflanzen, 90 % aller Gliederfüßer und die meisten Vögel Neuseelands endemische Arten. Hawaii kann mit ähnlich imposanten Zahlen aufwarten. Traurig, aber wahr: Im weltweiten Maßstab betrachtet, bieten die mitteleuropäische Fauna und Flora nur unteres Mittelmaß.

Das sind grundverschiedene Voraussetzungen. Die mitteleuropäischen Beiträge zur Invasionsbiologie bestehen weniger in der Darstellung weiterer Katastrophenszenarien und der Suche nach Gegenstrategien als in detaillierten Bestandsaufnahmen und Analysen der zugrunde liegenden ökologischen Mechanismen.

Das Ausbleiben schwerwiegender Fehlentwicklungen spiegelt sich in einer äußerst liberalen deutschen Gesetzeslage wider. Das Bundesnaturschutzgesetz regelt zwar, dass gebietsfremde Pflanzen- und Tierarten nur mit Genehmigung der zuständigen Länderbehörden ausgesetzt und in der freien Natur angesiedelt werden dürfen.[33] Davon ausdrücklich ausgenommen sind aber die Siedlungsgebiete und die Land- und Forstwirtschaft, mithin genau
 jene Bereiche, denen wir die Anwesenheit der meisten

neuen Pflanzen und Tierarten zu verdanken haben. Schaffen es die wie auch immer ins Land gelangten Organismen, am Leben zu bleiben und sich zu vermehren, genießen sie den vollen Schutz des Gesetzes. Sie gelten als *heimisch,* wenn sich »verwilderte oder durch menschlichen Einfluss eingebürgerte Tiere und Pflanzen der betreffenden Art im Geltungsbereich dieses Gesetzes in freier Natur und ohne menschliche Hilfe über mehrere Generationen als Populationen erhalten«.[34] Mit anderen Worten: wenn aus ihnen etablierte Neophyten und Neozoen geworden sind.

25 Auch Einheimische können uns ärgern

> »Wenn plötzlich... eine Gigantenhand über unsere Stadt führe und mit einem Schlage von Pflanzen alles entfernte, was nicht schon seit Menschengedenken von selbst bei uns gewachsen ist, da würden wir dann hinaustreten in eine abschreckende Wildnis.«
>
> *G. Kraus* [1]

Was der Direktor des Botanischen Gartens in Halle schon vor hundert Jahren bei Entfernung aller fremden Pflanzenarten herannahen sah, ist vielleicht etwas zu schwarz gemalt – gäbe man den einheimischen Pflanzen ausreichend Zeit, könnten sie die entstandenen Lücken sicher schließen –, aber solche Gedankenexperimente sind mitunter sehr aufschlussreich. In den Städten und Siedlungen bliebe ja tatsächlich kaum noch etwas übrig von der grünen Pracht, viel Birke und Ahorn, ansonsten kahle Alleen, leere Beete, Asphalt, Beton und Häuserschluchten, ganze Wälder würden verschwinden und Brachflächen veröden, von üppigen Staudenfluren bliebe nur nackter Boden und ein paar kümmerliche Halme. Die Entfernung aller eingebürgerten Tiere hätte dagegen bei uns kaum sichtbare Konsequenzen. Die übergroße Mehrzahl von ihnen lebt im Wasser.

Fast überall in der Welt würde dieses Gedankenexperiment zu einem ähnlichen Ergebnis führen, nur dass sich andernorts auch große Teile der Tierwelt in Luft auflösten. Ist es bei derart verdeutlichter, massiver Präsenz fremder Organismen nicht ein Wunder, dass überhaupt noch irgendetwas funktioniert?

Neben ihren oben diskutierten, historisch bedingten Befürchtungen haben die hiesigen Biologen auch gute Argumente für einen gelassen-distanzierten Umgang mit neuen

Pflanzen und Tieren. Denn gerade die Tatsache, dass trotz massiver anthropogener Durchmischung von Arten aller Kontinente Natur noch immer existiert und nicht schon lange flächendeckend zusammengebrochen ist, zeigt, dass ihr ein Konstruktionsprinzip zugrunde liegt, das sehr viel flexibler ist, als manche glauben. Glücklicherweise! Die Natur und ihre Ökosysteme funktionieren eben nicht nur mit den als einheimisch bezeichneten Protagonisten, sondern sind durchaus in der Lage, ohne zu kollabieren, beträchtliche Zahlen von neuen Arten zu verkraften. Einige Wissenschaftler sehen darin einen Beweis für ihre ungebrochene Funktionsfähigkeit.

Erinnern wir uns an die Zehnerregel. Nur ein Bruchteil der eindringenden fremden Arten wird zu dem, was wir Menschen Schädlinge nennen. Der größte Teil scheitert, der Rest bleibt unauffällig und wird in die bestehenden Lebensgemeinschaften integriert. So gesehen, führen biologische Invasionen lokal auch zu einer Erhöhung der Artenvielfalt. Ob sich das Gummiband allerdings endlos dehnen lässt, ob es nicht vielleicht auch in Europa irgendwann reißt, ist eine Frage, die niemand beantworten kann.

Immer wieder ist heute davon die Rede, dass der Mensch auf vielfältige Weise in der Lage sei, die Natur zu vernichten. Das ist Unsinn, typische menschliche Selbstüberschätzung. Die Natur wird den Menschen in jedem Fall überleben, so wie sie alle Katastrophen und alle bisher existierenden Pflanzen- und Tierarten überlebt hat. Ganz egal, was wir auf diesem Planeten noch anstellen werden, irgendein Rest der alten Lebensgemeinschaften wird übrig bleiben und der nie endende Prozess der Evolution wird weitergehen, ob mit oder ohne uns. Natur wird bleiben, nur wird es nicht mehr die Natur sein, die wir kennen.

Wenn wir die Natur, die uns (noch) umgibt, in ihrem momentanen Zustand schützen wollen, gibt es dafür streng genommen keine naturwissenschaftliche Begründung. Auch andere Pflanzen als die jetzt wachsenden treiben Photosynthese, bieten Nahrung, schützen Berghänge und Flussufer. Fast alle Lebensgemeinschaften der Welt bestehen mittlerweile zu einem mehr oder weniger großen Teil aus eingeschleppten, eingebürgerten oder eingewanderten Arten. Das hat im konkreten Fall erhebliche Turbulenzen ausgelöst, Arten starben aus oder wurden ins Abseits gedrängt, neue oder bislang unscheinbare traten hervor, aber die Ökosysteme existieren in veränderter, oft verarmter Form weiter.

Wir können das Gedankenexperiment weitertreiben und nicht nur die fremden Pflanzen, sondern gleich alles entfernen, was in Europa kreucht und fleucht, und stattdessen Nachschub aus Nordamerika holen. Auch das ergäbe Natur, womöglich sogar viel artenreicher als alles, was uns die europäische Tier- und Pflanzenwelt jemals geboten hat. Ließe man ihm genug Zeit, wäre dieses Europa ein Kontinent voller Naturschönheiten. Es wüchsen Wälder, Wiesen und Moore. Flüsse, Seen und Kleingewässer sähen unverändert aus. Und, Hand aufs Herz, wie viele Europäer, in Tiefschlaf versetzt und nach hunderten von Jahren wieder aufgeweckt, würden überhaupt merken, dass da eine Natur durch die andere ersetzt wurde?

Es gibt kein Naturgesetz, dass Lebensgemeinschaften nur aus ganz bestimmten, nämlich einheimischen Arten bestehen müssen, um zu funktionieren, auch wenn manche Autoren das behaupten. Die heutige Verteilung von Fauna und Flora der Erde ist der lebende Beweis. Noch vor hundert (oder tausend oder einer Million) Jahren sah sie anders aus. Es gibt nur unsere Entscheidung, dass wir auch in Zukunft weiterhin von einheimischer Natur umgeben sein wollen. Es gibt auch kein Naturgesetz, dass eine Pflanzen- oder Tierart sich mit ihrer Entstehung gleichzeitig ein Existenzrecht für immer und ewig erworben hat, ganz im Gegenteil. Das Aussterben gehört zum Leben einer Art, wie der Tod zum Leben eines Individuums. Es gibt nur unsere Entscheidung, dass wir bestimmte Tier- und Pflanzenarten vor einem Aussterben, jetzt und durch unsere Aktivitäten, bewahren wollen. Am besten gelingt das, wenn wir ihre Heimatlebensräume schützen.

Der lange Zeit praktizierte Naturschutz, dem ein konservierendes, statisches Konzept zugrunde lag, erweist sich heute mehr und mehr als unzureichend.[2] Was macht es für einen Sinn, kleine und kleinste Natureinheiten unter Schutz zu stellen und ringsherum so weiterzumachen wie bisher? Warum sollte man einen Teich schützen, wenn dieser doch über kurz oder lang verlandet? Will man ihn erhalten, muss er immer wieder entschlammt werden. Ist das *natürlich*? Wird hier Natur geschätzt oder versucht, einen bestimmten Zustand eines sich stetig verändernden Systems für immer festzuschreiben?

Welchen Sinn hat es, einzelne Flussläufe zu schützen, wenn diese um ein Vielfaches anschwellen oder durch Erdrutsche einen völlig anderen Verlauf nehmen können und in einem riesigen Gebiet elementare zyklische Prozesse der Zerstörung und Wiederbesiedlung in Gang setzen? Und welchen Sinn macht es, die Zusammensetzung einer Lebensgemeinschaft festschreiben zu wollen, wenn Untersuchungen ein permanentes Kommen und Gehen der Arten belegen *(turnover)*? »Faunen sind daher, wie auch die Floren, abstrakte, auf einen bestimmten Zeitquerschnitt durch einen höchst dynamischen Strom bezogene Konstrukte«, schreibt Josef Reichholf[3], »die sich nicht als ›naturgegeben‹ festlegen lassen.«

Natur war zu keiner Zeit etwas Statisches. Stillstand ist ihr wesensfremd. Modern verstandener Naturschutz versucht – zumindest gedanklich –, diese Prozesshaftigkeit der Natur zu berücksichtigen. Es steht auf einem ganz anderen Blatt, ob wir Menschen ihr den dafür nötigen Platz zur Verfügung stellen und die Nerven haben, dieses Konzept durchzuhalten. Es ist nicht die Natur, sondern der Mensch, der sich nach einer gleichbleibenden natürlichen Umgebung sehnt, in der er sich zu Hause fühlt. Nicht zuletzt deshalb wurden viele aus der Heimat vertraute Tiere und Pflanzen von Siedlern in alle Welt verschleppt.

Herrschte Jahre oder Jahrzehnte Ruhe, schließen wir mit unserem begrenzten Zeithorizont, dass alles immer so bleibt, wie es ist. Wir lassen uns an den Hängen von Vulkanen nieder, besiedeln Bergtäler und Auenlandschaften und bezeichnen es als Katastrophe, wenn das geschieht, was schon immer geschehen ist: Vulkane explodieren, Berghänge rutschen zu Tal und Flüsse treten über die Ufer. Begriffe wie *Katastrophe* und *Schaden* sind Werturteile aus menschlicher Sicht. Sie beziehen sich in der Regel auf materielle, also ökonomische Verluste, werden aber schwammig und unbestimmt, wenn sie auf Naturräume und auf Tiere und Pflanzen bezogen werden. Arten starben immer und zu jeder Zeit aus, manchmal mehr, manchmal weniger. Ihr Verschwinden wird nur dadurch zum *Schaden,* weil es jemanden gibt, der bedauert, dass sie nicht mehr da sind. Wir empfinden ihr Aussterben als Verlust, fühlen uns vielleicht sogar schuldig, weil wir insgeheim befürchten, an ihrem Ableben nicht ganz unbeteiligt gewesen zu sein.

Zudem können sich Werturteile ändern und je nach Interessenlage ganz unterschiedlich ausfallen. Der Riesen-Bärenklau, von Leidtragenden erbittert bekämpft, wurde und wird von Imkern, die ihn als ergiebige Bienenweide schätzen, durch Aussaat aktiv verbreitet. Dass es zwischen Land- und Forstwirtschaft und Naturschutz unüberbrückbare Meinungsverschiedenheiten gibt, ist allgemein bekannt. Zum Beispiel ist es sehr fraglich, wer in Australien und Neuseeland die größeren Schäden angerichtet hat: der »Schädling« Kaninchen oder das »Nutztier« Schaf. Natürlich im Sinne von einheimisch sind dort weder die einen noch die anderen.[4]

Wer hat in solchen Interessenskonflikten Recht? Wer soll entscheiden, was wo ein Existenzrecht beanspruchen kann? In jedem Fall ist klar ersichtlich, dass Pauschalverurteilungen nicht weiterhelfen. Für die geplagten Neuseeländer scheint die Vorstellung, nicht nur Exoten, sondern auch einheimische Arten könnten in einer vom Menschen geprägten Umwelt zu Schädlingen werden, so ungewöhnlich, dass ein Reporter des *New Zealand Herald* seinem Artikel über einen einheimischen Gartenschädling die Überschrift gab: *Natives can bug us too* (Auch Einheimische können uns ärgern).[5] Die einheimische Natur ist normalerweise gut, Ärger machen nur die Eindringlinge. So einfach sind ökologische Zusammenhänge in der Regel nicht. Hier wird Ökologie tatsächlich zum Ökologismus.

Was bleibt, ist die überaus zeitraubende, mühselige und aufgrund des Ausmaßes ausufernde Einzelfallprüfung.[6] Vor- und Nachteile, Kosten und Nutzen, positive und negative Werturteile müssen abgewogen werden. Das gilt nicht nur für jede einzelne fremde Tier- und Pflanzenart, sondern auch für jedes betroffene Gebiet. Schließlich müssen Entscheidungen getroffen werden. Und die können je nach Sachlage und Wertung völlig unterschiedlich ausfallen.

Grundlage des Naturschutzes in Deutschland ist seit langem, dass alle Arten zu erhalten sind, die in überlebensfähigen Populationen vorkommen.[7] Als schutzwürdig gelten bei uns, die wir in einer in Jahrtausenden entstandenen Kulturlandschaft leben und kaum noch über echte Naturlandschaft verfügen, auch Zeugnisse der Kulturgeschichte. Dazu gehören in Gestalt alter Tierrassen und seit langem kultivierter Zier- und Nutzpflanzen viele nichteinheimische Arten.[8] An Extremstandorten, wie sie in Städten und anderen Ausprägungen unserer Industrielandschaft zu finden sind, besteht kaum eine Alternative zur Anpflanzung von fremden Gehölzen oder der spontan aufwachsenden, von Neophyten dominierten Vegetation. Alte Robinienwälder gelten in Berlin als schutzwürdig, weil sie besonders gut an die anthropogenen Ausgangsbedingungen angepasst sind.[9]

Wir können einem solchen Prinzip folgen, weil wir es so wollen und weil wir es uns leisten können. Es bleibt allerdings abzuwarten, wie lange sich dieser Grundsatz noch aufrechterhalten lässt.

In jedem Fall haben wir zu akzeptieren, dass die Menschen andernorts völlig anderen Leitlinien folgen. So wurden aus europäischen Emigranten im Verlauf von Generationen Amerikaner, Australier und Neuseeländer, die spät, aber nicht zu spät den Wert ihrer eigenen Fauna und Flora entdeckten. Sie sind heute bereit, um das, was davon übrig geblieben ist, zu kämpfen.

Dabei kann eine alles in allem äußerst unbefriedigende Datengrundlage kein Hinderungsgrund sein. Nur in den seltensten Fällen waren Biologen vor Ort, um die Ausrottung oder Verdrängung einheimischer Tier- oder Pflanzenarten durch fremde Arten zu verfolgen und zu belegen. Harte Beweise sind in der Biologie und erst recht in der Ökologie ein generelles Problem. Auch unter störungsfreien Verhältnissen gibt es zu viele Einflussfaktoren. Tritt der Mensch auf den Plan, wird die Lage vollends unübersichtlich. E. O. Wilsons Reiter der ökologischen Apokalypse treten meist im Trupp auf.

»Im letzten Jahrhundert konnten Naturforscher die Prozesse des Aussterbens beobachten und über die Folgen spekulieren; heute können wir die Folgen beobachten und spekulieren über den Prozess.«

Carolyn King [10]

Selbst in Guam, wo Julie Savidge und ihre Kollegen Jahre damit zubrachten, die Braune Nachtbaumnatter zu überführen, ist das Resultat nur eine Art Indizienbeweis: Die Schlange frisst Vögel, sie ist überaus häufig und überall da, wo sie auftaucht, verschwinden die Vögel. Das ist nicht schlecht, aber kein echter Beweis. Auch am Viktoriasee, wo Dutzende von Wissenschaftlern zugegen waren, als die Populationen des Nilbarsches explodierten, ist man von einer allgemein akzeptierten Theorie, die das Ganze erklären könnte, weit entfernt.

Auf hundertprozentige Beweise zu warten könnte aber bedeuten, mit hundertprozentiger Sicherheit zu spät zu kommen. Das Aussterben einer Art ist unwiderruflich.

In der Präambel des *Übereinkommens zum Schutz der Biologischen Artenvielfalt,* das auf der UN-Umweltkonferenz in Rio de Janeiro (3.–14. Juni 1992) von 155 Staaten unterzeichnet wurde, heißt es: »Soweit eine erhebliche Reduzierung oder der Verlust der biologischen Vielfalt droht, soll der Mangel an voller wissenschaftlicher Gewissheit nicht als Grund genommen werden, Maßnahmen zur Verhinderung oder Minimierung solcher Gefahren aufzuschieben.« Nur so wird zu erreichen sein, was Artikel 8 des Übereinkommens vorschreibt, nämlich »die Einbringung nichtheimischer Arten, welche Ökosysteme, Lebensräume oder Arten gefährden, zu verhindern, diese Arten zu kontrollieren und zu beseitigen«.

Relativierende Überlegungen können und dürfen nicht dazu führen, den Dingen einfach ihren Lauf zu lassen. Es ist wichtig, dieses Hintergrundwissen im Kopf zu haben und wenn möglich weiter zu vertiefen. Das Feld darf nicht Fanatikern überlassen werden. Auf diese Art wurden schon zu viele Fehler gemacht. Auch wenn man das Gefühl hat, den Problemen weitgehend machtlos gegenüberzustehen, wäre es verhängnisvoll, in eine resignierte Apathie oder Laisser-faire-Haltung zu verfallen. Einfach abzuwarten und darauf zu vertrauen, dass am Ende der Richtige oder vielleicht alle Beteiligten gewinnen, mag in manchen Fällen tatsächlich die beste Lösung sein, ein Patentrezept ist es mit Sicherheit nicht. Eines der größten ökologischen Probleme unserer Zeit löst man nicht mit verbalen Allgemeinplätzen und Däumchendrehen. Sehen wir uns an, was überhaupt getan werden kann.

26 Therapien

Ökologische Schulmedizin

Das Instrumentarium zur Bekämpfung unerwünschter fremder Arten ist nicht besonders originell. Es ist im Prinzip dasselbe, das jedem Jäger, Gärtner oder Landwirt zur Verfügung steht: Gewehre, Spaten, Hacken, Sensen, Gifte, Fallen. Die Erfolge sind zumeist bescheiden. Bisher ist es nur in Ausnahmefällen und unter günstigsten Umständen gelungen, eine einmal begonnene Ausbreitung einer invasiven Art zu stoppen oder diese gar vollständig zu beseitigen. Selbst große Tiere wie Hirsche, Schweine oder Ziegen sind nur schwer zu kontrollieren, wenn die betroffenen Gebiete weiträumig und schwer zugänglich sind.

Häufig bleibt als einziges langfristig wirksames Mittel nur die biologische Bekämpfung. Wird sie unter Berücksichtigung aller Vorsichtsmaßnahmen praktiziert, bietet sie im günstigsten Fall eine nachhaltige Kontrolle, ohne das Problem jemals aus der Welt zu schaffen. Die Entwicklung solcher Methoden ist langwierig und teuer und bedarf regelmäßiger Erfolgskontrolle. Wenn sich die herbeigeholten Helfer etablieren und ihre Funktion wahrnehmen, sind die Folgekosten relativ gering, weil der Kontrollierte den Kontrolleur am Leben erhält. Oft geschieht allerdings gar nichts, im ungünstigsten Fall hat man nachher mehr Probleme als zuvor.

Bei allen anderen Methoden besteht die Gefahr, dass die Bekämpfung zu einer nie endenden Daueraufgabe wird, deren Kosten sich von Jahr zu Jahr in astronomische Höhen summieren und mitunter in keinem Verhältnis zum erzielten Effekt stehen. 120 Jahre nach seinem ersten Auftreten in

Nordamerika ist der gefürchtete europäische Schwammspinner *(Lymantria dispar)* noch immer in Ausbreitung begriffen. Obwohl 1990 nicht zum ersten Mal ein 20 Millionen Dollar teures Bekämpfungsprogramm durchgeführt wurde, haben die Schmetterlingsraupen weitere drei Millionen Hektar amerikanischen Wald in kahles Geäst verwandelt.[2] Nichts deutet darauf hin, dass es in zehn oder dreißig Jahren anders sein wird.

Die europäische Geschichte der Spätblühenden Traubenkirsche *(Prunus serotina)* liest sich wie ein gelungener Schildbürgerstreich. In den Niederlanden wird der nordamerikanische Baum schon seit dreihundert Jahren kultiviert. In den Zwanzigerjahren dieses Jahrhunderts begann man mit großflächigen Anpflanzungen. Die Späte Traubenkirsche sollte die Bodenfruchtbarkeit in Nadelholzkulturen erhalten, diente als Windschutz und war bei Aufforstungen von Heideflächen sehr beliebt. »Die Anpflanzungen wurden bis in die erste Hälfte der 50er Jahre durchgeführt«, schreibt der Botaniker Uwe Starfinger in seiner Arbeit über den amerikanischen Baum.[3] »Fast unmittelbar danach wurde mit der Bekämpfung begonnen.«

Die Späte Traubenkirsche wird in Teilen Deutschlands und der Niederlande bekämpft, weil sie durch die Ausbildung einer dichten Strauchschicht forstlichen Arbeiten im

Ikpinle, Benin,
Oktober 1997

Die biologische Schädlingsbekämpfung kann einen ihrer größten Erfolge feiern. Die erst 1993 in Benin ausgesetzte Raubmilbe *Typhlodromalus aripo* hat in nur vier Jahren mit einem der größten Schädlingsprobleme Afrikas aufgeräumt. In einer Art Milbenkrieg hat sie die Grüne Maniokmilbe derart dezimiert, dass der wirtschaftliche Nutzen des Winzlings alleine in Westafrika auf sechzig Millionen US-Dollar beziffert wird. Maniok ist seit dem 16. Jahrhundert zu einem unverzichtbaren Nahrungsmittel für 200 Millionen Afrikaner geworden. Portugiesische Handelsleute hatten die Pflanze aus Südamerika mitgebracht. Von dort stammt auch das Duo Maniokmilbe–Raubmilbe. Fünfzehn Jahre brauchten die Forscher, bis sie endlich eine Lösung für das in den Siebzigerjahren eingeschleppte Schädlingsproblem gefunden hatten. Konventionelle Bekämpfungsmethoden sind für die betroffenen Kleinbauern viel zu teuer und unpraktikabel. Die Raubmilben, die sich in rasender Geschwindigkeit über elf afrikanische Länder ausgebreitet haben, kosten sie keinen Pfennig. Für die Bauern ist ein göttliches Wunder geschehen. Ihre Erträge schossen um dreißig Prozent in die Höhe, obwohl sie alles genauso machten wie in den Jahren zuvor.[1]

Wege steht. In ehemals lichten Wäldern verdrängt sie durch Beschattung einheimische Kräuter und behindert die Naturverjüngung der Bäume. In den Niederlanden gilt die in Ungnade gefallene Traubenkirsche heute als Waldpest *(bospest)*[4]. Ihre Bekämpfung ist eine teure und bislang wenig effektive Sisyphusarbeit.

Was kann man tun, um eine solche Pflanze zu beseitigen? Den meisten Menschen fallen zuerst die Brachialmethoden ein: Absägen und Ausreißen. Das Resultat ist ein promptes Erfolgserlebnis. Große Holzhaufen zeigen, was geleistet wurde. Der Blick kann anschließend zufrieden durch den ausgelichteten Wald wandern.

Die Freude ist von kurzer Dauer. Denn in Wirklichkeit kann man der Späten Traubenkirsche kaum einen größeren Gefallen tun. Das Absägen »führt sicher und sofort zu vielfachen Stockausschlägen, die eine dichtere Schicht bilden als die Kernwüchse, schwerer zu bekämpfen sind, schneller wachsen und wahrscheinlich mehr Früchte produzieren«. Auch das Ausreißen hat Nachteile. Es wurden spezielle Maschinen entwickelt, die ganze Bäume aus dem Boden zerren. »Dabei bleiben besonders oft Wurzelstücke im Boden. Der daraus wachsende Wurzelausschlag ist schwer zu bekämpfen, da er sich beim Ausreißen von der Wurzel trennt, die dann erneut ausschlägt.«

Blieben die Segnungen der modernen Chemie. Verschiedene Herbizide, zur richtigen Zeit und am richtigen Ort appliziert, sollten der Pflanze ihre Grenzen aufzeigen. Zunächst sprühte man das Pflanzenschutzmittel 2,4,5-T auf die Blätter. Tatsächlich starben die *Prunus serotina*-Pflanzen, aber leider auch andere Laubbäume. Zudem zeigten sich »hohe Nebenwirkungen, z. B. auf verschiedene Bodenorganismen«. Alles in allem auch nicht die ideale Methode. »Das Sprühen von Herbiziden wird gegen *Prunus serotina* nicht mehr eingesetzt.«[5]

Heute greift man zu komplizierten Verfahren, die mechanische, chemische und biologische Bekämpfung kombinieren. In Berliner Naturschutzgebieten werden die Stämme der Späten Traubenkirsche dicht über dem Boden abgesägt und die Stümpfe dann für mindestens zwei Jahre mit Plastikfolie abgedeckt. Sie soll Stockausschläge verhindern. In den Niederlanden werden die Stümpfe mit Chemikalien oder einem pflanzenpathogenen Pilz behandelt. Das hat mit äußerster Vorsicht zu geschehen, damit die Gifte nicht auf andere Pflanzen oder den Boden gelangen. Bei Verwendung des Pilzes besteht Ansteckungsgefahr, zum Beispiel für nahe gelegene Obstbäume.

Ob mechanisch, biologisch, chemisch oder eine beliebige Kombination davon, jegliche Bekämpfung muss nach einigen Jahren wiederholt werden, »sonst kommt *Prunus serotina* aus Samen, Stubben, Wurzelstücken oder überlebenden Exemplaren zurück«.[6]

In den Niederlanden betrugen die Kosten 1976 je nach Maßnahme zwischen 300 und 2000 Gulden pro Hektar. Schätzungen gingen schon damals davon aus, dass die Pflanze auf 61 000 Hektar vorkommt, auf über 10 000 Hektar bedeckt sie mehr als 50 % des Bodens.[7] Wollen die Niederländer die Späte Traubenkirsche wieder loswerden, steht ihnen noch viel Arbeit ins Haus.

Dabei ist durchaus fraglich, ob derartige Anstrengungen überhaupt sinnvoll sind. Uwe Starfingers Untersuchungen ergaben, dass die rasende Ausbreitung, die *Prunus serotina* aufgrund ihrer Allgegenwart unterstellt wurde, womöglich nie oder nur in viel geringerem Ausmaß stattgefunden hat. Er geht davon aus, dass das, was wir heute an Vorkommen kennen und aufwendig bekämpfen, weitgehend von Menschenhand gepflanzt wurde. Die natürliche Ausbreitung der Späten Traubenkirsche scheint auf die unmittelbare Nachbarschaft älterer Bestände beschränkt zu sein. Der offenbar undokumentierte Fleiß früherer Förstergenerationen wurde weit unterschätzt.

Zudem bliebe abzuwarten, ob das mit der Anpflanzung der Späten Traubenkirsche selbstgeschaffene Problem tatsächlich so groß ist, wie vielfach erklärt wird. Bisher existieren kaum Langzeiterfahrungen. Fachleute fordern, ausgewählte Gebiete sich selbst und damit einer ungestörten Sukzession zu überlassen. Nur so könnten sie herausfinden, ob die Artengemeinschaft des einheimischen Waldes nicht doch auf lange Sicht die Nase vorn hat.

Abgesehen von den hohen Kosten und den methodischen Schwierigkeiten bringen Bekämpfungsmaßnahmen immer auch ein weiteres Problem mit sich: Sie drohen das zu schädigen, was man eigentlich schützen will.

> »Es scheint, als gäbe es genau so viele Vorschläge zur Kontrolle von Feuerameisen wie Feuerameisenkolonien. Diese reichen von Hausmitteln bis zur Hightech. Bei den meisten Hausmitteln geht es darum, einzelne Nester mit einem Sortiment von Produkten zu behandeln, zu denen Benzin und andere Petroleumderivate, Lösungen von Seifen und Detergentien, Bleichmittel, Holzasche, Essig, Kies, Hefe, Zitronenschalen und Rinden von Wassermelonen gehören. Die Hightech-Lösungen involvieren den Gebrauch von Mikrowellen, elektrischen Sonden und Explosivstoffen, alle von zweifelhaftem Nutzen für die Kontrolle von Feuerameisen. Ein weiteres Mittel besteht darin, ein Nest auszugraben und es auf ein zweites Nest zu kippen, in der Erwartung, dass die Ameisen kämpfen und so beide Kolonien vernichtet würden. Es ist wie bei den meisten Hausmitteln, die große Mehrzahl funktioniert einfach nicht.«
>
> *David F. Williams*[8]

Mit Ausnahme des gezielten Abschusses größerer Tiere treffen fast alle Bekämpfungsstrategien auch andere Pflanzen und Tiere: schwere Maschinen, die Boden und Vegetation zerstören, Pflanzenschutzmittel, die, großflächig ausgebracht, das gesamte Ökosystem belasten, Fallen, in denen sich auch andere Tiere fangen, Giftköder, an denen einheimische Vögel zugrunde gehen. All das richtet möglicherweise mehr Schaden als Nutzen an. Umfangreiche Vor- und Begleituntersuchungen beschäftigen viele Wissenschaftler rund um die Welt und münden in hunderte von wissenschaftlichen Veröffentlichungen. Sie handeln von Applikationsformen und Giftdosierungen, den Vergleichen verschiedener Pflanzenschutzmitteln, Nebenwirkungen im Ökosystem und komplizierten Kosten-Nutzen-Analysen. Die dabei anfallenden erheblichen Kosten, die Arbeitszeit und geistigen Ressourcen, die für diese von der Not diktierten Arbeiten aufgewendet werden, stehen für andere wichtige Projekte nicht mehr zur Verfügung und tauchen in keiner Statistik auf. Viele der Bekämpfungsmaßnahmen müssen immer wieder angewendet werden, verursachen eine zusätzliche chronische Belastung ohnehin angeschlagener Systeme und nehmen schon allein deshalb tendenziell zu, weil die Zahl biologischer Invasoren ständig wächst. Die Gefahr, bei derart verwickelten Verhältnissen in resigniertes Nichtstun oder hektischen Aktionismus zu verfallen, liegt auf der Hand.

Kapiti und Inseln auf dem Festland

Neuseeland, Südinsel, Nelson Lakes National Park. Es ist Sonntagvormittag, 11 Uhr. Über dem von steilen Berghängen eingefassten See erstreckt sich ein strahlend blauer Himmel. Im Hintergrund tschilpen die Spatzen. Ein paar hundert Menschen sind gekommen, um bei der Eröffnung des Lake-Rotoiti-Nature-Recovery-Projekts dabei zu sein, in- und ausländische Touristen, Anwohner aus dem kleinen Ort St. Arnaud am See-Ende, wo sich das Informationszentrum des Nationalparks befindet, und zahlreiche Mitarbeiter des Department of Conservation samt ihrem Chef, dem jungen Minister Smith.

Sie alle müssen zunächst eine lange Maori-Begrüßungszeremonie überstehen, ein seltsamer monotoner Wechselgesang von Gast und Gastgebern, eine Beschwörung der langen Ahnenkette, die selbst die entferntesten Verwandten zum gemeinsamen Ursprung zusammenführt. Es folgen Politikerreden, Dankesworte, gegenseitiges Schulterklopfen. Die Zuschauer sitzen ringsherum auf dem Rasen und versuchen, sich die penetranten Sandfliegen vom Leib zu halten. Es herrscht Picknickatmosphäre, unter Zeltdächern brutzeln schon die Bratwürste.

Endlich ist es so weit. Er tritt ans Mikrophon, der Mann, wegen dem wohl die meisten hierhergekommen sind: Sir

David Attenborough, der berühmte englische Naturfilmer. Seine Serien sind in Neuseeland ein Hit. Er enttäuscht seine Fans nicht. Er hält die Rede, die sie von ihm erwartet haben.

»Ich vermute, Sie wissen, wie berühmt Neuseeland in der ganzen Welt für seine Vögel ist, bemerkenswerte Vögel, die nirgendwo sonst leben. Was Sie vielleicht nicht wissen, ist, dass die Reputation des neuseeländischen Naturschutzes weltweit erstaunlich ist. Neuseeländische Experten haben gezeigt, dass man stark, einfallsreich, entschlossen und produktiv sein muss. Man muss etwas *tun*!«, sagt David Attenborough und ballt die Hand zur Faust. »Wenn Sie zu irgendeinem Europäer sagen würden, da ist eine Insel, 10 Meilen lang, sie ist mit Ratten verseucht, beseitigen Sie die Ratten, würde der Europäer antworten: Unmöglich! Das ist nicht zu schaffen. All diese Ratten, sie graben Löcher, klettern auf Bäume, wir werden sie nie alle fangen. Es muss nur ein einziges trächtiges Weibchen übrig bleiben, und das ganze Unternehmen war umsonst. Nun..., Neuseeländer haben bewiesen, dass es geht.« Wieder ballt er die Faust. Vor Erregung fallen ihm ständig graue Haarsträhnen in die Stirn. Er ist mitreißend. Die Leute sind begeistert.

»Aber jetzt...«, fährt Attenborough nach einer wohlkalkulierten Pause fort, »jetzt sind Sie im Begriff, sogar noch einen Schritt weiterzugehen. Sie wenden diese erstaunlichen, diese mutigen, diese entschlossenen Techniken auf einem Feld an, von dem niemand von uns je auch nur zu träumen gewagt hätte, dass es Wirklichkeit werden könnte: auf dem Festland. Für mich ist es ein Privileg, hier bei etwas anwesend sein zu dürfen, das – ich bin sicher – einen historischen Moment des Naturschutzes darstellt.«

Donnernder, lang anhaltender Beifall. In diesem Moment gibt es hier niemanden, der noch am Erfolg des ehrgeizigen Projektes zweifeln würde.

Das Büfett ist eröffnet, die Erwachsenen balancieren überquellende Teller mit Salat und Würstchen und Tassen mit Kaffee, Kinder rennen laut krakeelend quer über das Gelände. David Attenborough und der Minister verschwinden genauso dezent, wie sie gekommen sind. An der angekündigten Führung durch den Wald, der hier wiederhergestellt werden soll, nehmen etwa zwanzig Personen teil. Wenig später stehen wir neben Lindsey, dem Parkranger, unter den stillen Kronen des Honigtauwaldes und lauschen dem Gesumm der eingeschleppten Wespen.

»Wir können uns doch nicht einfach zurücklehnen und dieses Land sterben lassen«, sagt Lindsey. »Genau das passiert nämlich!«

Doug Mende vom Mt. Bruce National Wildlife Centre berauscht sich an den rühmlichen und unrühmlichen Superlativen seines Landes: größte Zahl gefährdeter und ausgestorbener Arten, höchster Flächenanteil an Schutzgebieten.

»Unsere Naturschutzforschung und Managementmethoden sind Weltspitze«, sagt er. »Sogar die Chinesen kommen hierher. Letzten Freitag hatten wir Besuch von einem Beamten des japanischen Umweltministeriums. Wir haben hier Leute aus der ganzen Welt, die sehen wollen, wie wir arbeiten. In Sachen Ökotourismus und Umwelt sind wir anderen meilenweit voraus. Wir sind erfolgreich und wir verdienen Geld damit. Man braucht Wissenschaftler, Spezialisten, aber man braucht auch Manager und Marketingleute, die den Blick für das Ganze behalten.«[1] Damit meint er Menschen wie ihn. Für Öffentlichkeitsarbeit ist Mende zweifellos der richtige Mann am richtigen Ort.

Bei aller Übertreibung, Mendes selbstbewusster Optimismus ist nicht auf Luft gebaut. Naturschutzforschung hat in Australien und Neuseeland einen hohen Stand erreicht. Ihr guter Ruf gründet sich auf Projekte, die andernorts vor lauter Bedenken und Wenn und Aber nie in Angriff genommen worden wären. Deutsche Experten, die sich kürzlich vor Ort informierten, zeigten sich beeindruckt und empfahlen einige der dort praktizierten Konzepte zur

Nachahmung.[2] Die Neuseeländer haben Entscheidungen getroffen, gehandelt und sie haben gewonnen, zumindest vorläufig und lokal. Was nun am Lake Rotoiti und an fünf weiteren Standorten erstmals auch auf dem Festland versucht werden soll, stützt sich auf jahrelange Untersuchungen und Erfahrungen. Es gibt erste, optimistisch stimmende Teilerfolge.

Es begann mit den Inseln. Viele von ihnen waren ohnehin letzte Refugien für Arten, die auf den beiden Hauptinseln längst verschwunden oder stark bedroht sind. Neuseeländische Inseln sind Brutgebiet für drei Viertel aller Pinguin- und der Hälfte aller Albatrosarten dieser Welt.[3] Es galt diese Schätze zu erhalten und neue Lebensräume zurückzugewinnen.

»Anstatt die Situation als hoffnungslos anzusehen, nahmen die Naturschutzeinrichtungen der Regierung eine zuversichtliche pragmatische Haltung ein«, sagte der neuseeländische Naturschutzexperte Bill Mansfield anlässlich eines Vortrags im kanadischen Montreal.[4] Um das Überleben von Inselarten langfristig zu sichern, seien drei Voraussetzungen nötig: »Wir müssen aggressive und koordinierte Eingriffe unternehmen, um *pests* – insbesondere eingeschleppte Räuber – von Inseln zu entfernen. Wir müssen die Geisteshaltung überwinden, dass eine solche Entfernung unmöglich ist, und wir müssen sicherstellen, dass die *pests* nicht wieder zurückkommen.«

Kleine, nur wenige Hektar große Felsklötze mit dichter Vegetation, die den Hauptinseln vorgelagert sind, boten ein ideales Trainingsfeld. Dort wurden die Methoden entwickelt, getestet und eingesetzt, um eingeschleppte Räuber und Nagetiere vollständig auszurotten. Fremde Pflanzenarten wurden beseitigt, heimische angepflanzt; bedrohte Vogelarten nachgezüchtet oder auf dem Festland eingefangen und wieder ausgesetzt. Als sich erste Erfolge einstellten, wagte man sich an größere Inseln: Mangere Island (113 ha), Tiritiri Matangi Island (221 ha), Cuvier Island (170 ha).

Chronik der Ereignisse auf Cuvier Island, Neuseeland[5]

1957	Freilaufende Rinder, Schafe und Ziegen haben den Unterwuchs des Inselwaldes fast völlig zerstört. Viele Pflanzen sind ausgestorben. Ratten und Katzen haben die Vogelwelt dezimiert. Mehrere Arten, u.a. Saddlebacks und Sittiche, sind verschwunden. Es gibt nur noch sieben erwachsene Brückenechsen (Tuataras).
1961	Abschuss der Ziegen
1963	Neuer Zaun für die Siedlung am Leuchtturm, Reduzierung des Viehbestandes
1964	Tötung der verwilderten Katzen
1968	Saddlebacks werden wieder ausgesetzt.
1970	Verbot der Haltung von Hauskatzen
1974	Sittiche werden wieder ausgesetzt.
1993	Ausrottung der Polynesischen Ratte. Eine neue Technologie zur Verteilung von Giftködern durch Helikopter wird eingesetzt. Modernste Satellitennavigationssysteme stellen sicher, dass die Köder auf der gesamten Insel verteilt werden.
1996	Brückenechsen werden in Gefangenschaft nachgezüchtet.

Gegenwärtig laufen etwa zwanzig Inselprojekte gleichzeitig.[6] Das Meisterstück wurde 1996 abgeliefert: Kapiti Island, ein Name, der in Neuseeland in vielen Reden, Artikeln und Büchern als grüner Hoffnungsschimmer heraufbeschworen wird. An ihm können sich alle Beteiligten aufrichten und orientieren. Wir haben es geschafft, ist die Botschaft: Kapiti, eine zerklüftete, an der höchsten Stelle fast 600 Meter aus dem Meer ragende Insel von 1965 Hektar, zehnmal so groß wie alles, was wir bisher in Angriff genommen haben, Kapiti Island ist rattenfrei!

In der Hauptstadt Wellington arbeitet die vielbeschäftigte Frau, die das Kapiti-Projekt für das DoC maßgeblich betreute: Raewyn Empson. Die sportliche Enddreißigerin wirkt energisch. Eine dynamische Kämpferin, die an einer echten Erfolgsstory mitgeschrieben hat. Man traut ihr ohne weiteres zu, noch sehr viel größere Inseln von sehr viel größerem Getier zu befreien.

Raewyn Empson erzählt von der langen Vorgeschichte des Projekts. Kapiti Island vor der Südwestküste der Nordinsel war schon Mitte des 19. Jahrhunderts weitgehend gerodet und in Farmland umgewandelt worden. Rinder, Schafe, Ziegen, Rotwild, Fuchskusus, Katzen und zwei Rattenarten gaben Vögeln und Pflanzen den Rest. Kurz vor der Jahrhundertwende wurde die Insel unter Schutz gestellt, die Nutztiere entfernt, später auch das Rotwild abgeschossen. Kapiti wurde zum Vogelschutzgebiet. Seitdem ist die Vegetation sich selbst überlassen, gepflanzt wurde wenig. Ausgehend von einigen übrig gebliebenen Reservaten, eroberten die Bäume das Grasland zurück. Schließlich wurde der junge Wald 1986 von seiner letzten Plage, den Fuchskusus, befreit, schon das ein Erfolg, den kaum jemand für möglich gehalten hatte. Übrig blieb die schwierigste aller Aufgaben: die Ratten. Sie waren eine permanente Bedrohung für die geschätzten Vögel und andere Tiere.

Man kann über einer von vielen bedrohten Tieren bewohnten Insel nicht einfach tonnenweise Giftköder auskippen oder hunderte von Fallen aufstellen. Jahre vergingen mit aufwendigen Voruntersuchungen. Sollte man besser aus der Luft oder auf dem Lande operieren? Auf welche Tiere musste besonders geachtet werden? Von einigen einheimischen Vogelarten war bekannt, dass sie sich ebenfalls für die Köder interessierten. Es auf gab Kapiti Island zwei Kiwiarten, unter anderem etwa 1000 Tiere des einen Gepunkteten Kiwi, der auf den Hauptinseln ausgestorben ist, es gab viele Waldvögel, das Takahe, Kakas, Wetas. Es wäre eine Tragödie, wenn eine unsachgemäße Rattenbekämpfung auch diese letzten Populationen dezimierte. Von den flügellosen Riesenheuschrecken, den Wetas, und den Eidechsen hatten die Ratten kaum noch etwas übrig gelassen. Sie waren so selten geworden, dass die Wissenschaftler erst nach langer Suche fündig wurden. Es blieb nur die Hoffnung, dass die Bestände groß genug waren, um sich in Abwesenheit der Ratten zu erholen. Die Untersuchungen ergaben, dass die Nager in bestimmten Jahreszeiten extrem hohe Dichten erreichten, viel höher als irgendwo auf dem Festland. Es gab auf Kapiti außer einigen einheimischen Eulen nichts, was sie gefährden konnte.

Neben der Polynesischen Ratte lebte auf Kapiti auch die Wanderratte, mit der man bisher überhaupt keine Erfahrungen hatte. Bei Tests mit Köderfallen, einer Methode, die auf kleineren Inseln mit Erfolg angewendet worden war, stellte sich heraus, dass Polynesische Ratten die Fallen mieden, die vorher von Wanderratten aufgesucht wurden. Sie witterten die Gegenwart des größeren Konkurrenten und zogen sich zurück. Auf diese Weise würde man also nie beide Rattenarten loswerden, nur der einen auf Kosten der anderen Vorteile verschaffen. Es blieb die aufwendige Verteilung von Ködern aus der Luft.

Wieder mussten zahlreiche Vorversuche durchgeführt werden. Wie groß durften die Köder sein, damit sie das Blätterdach durchdrangen und auf den Boden gelangten? Kamen die Köder bei denen an, für die sie gedacht waren, oder verrotteten sie unbeachtet auf dem Waldboden? Sie wurden mit einem speziellen Stoff markiert, der sich in gefangenen Ratten und im Kot von Vögeln nachweisen ließ. Wann musste der Köder ausgebracht werden und wie viel, damit Risiko und Wirkung in einem sinnvollen Verhältnis standen?

Und dann gab es da noch die Menschen, die auf Kapiti leben, die Maoris. Ihnen gehörte ein Teil der Insel. Für sie hat die Polynesische Ratte eine besondere Bedeutung, auch wenn sie heute nicht mehr verzehrt wird. Natürlich machten sie sich Sorgen wegen der großen Giftmenge, die auf dem Boden landen würde. Außerdem besaßen sie Boote, pendelten zwischen dem Festland und der Insel. Die Boote könnten Trittsteine für eine Wiederbesiedlung durch Ratten sein. Ohne die Zustimmung und Mitarbeit der Maoris war an eine Durchführung des Projektes nicht zu denken.

»Während der ganzen Jahre stand ich immer in engem Kontakt mit den dort lebenden Menschen«, erzählt Raewyn Empson[7]. »Drei, vier Jahre lang habe ich ihnen immer wieder erklärt, was wir machen wollen und dass wir nicht wissen, ob es funktionieren wird. Nachdem die Untersuchungen abgeschlossen waren, bin ich zu ihnen gegangen und habe gesagt, okay, das sind die Nachteile, das sind die Vorteile, so wollen wir es machen, was denkt ihr darüber? Wir sind noch mal alle Punkte durchgegangen und sie gaben ihre Zustimmung, was wirklich großartig war.«

Auch die neuseeländische Öffentlichkeit wollte erst überzeugt werden. Das Projekt fand nicht nur Zustimmung. So viel Geld, meinten die einen, so viel Gift, beschwerten sich andere. Es gab viele Gespräche, aber am Ende herrschte Konsens. Die Operation Kapiti Island konnte starten. Nach Jahren der Vorbereitung verlief die eigentliche Durchführung kurz und schmerzlos. Nur die Ratten hatten zu leiden und Raewyn Empson.

»Im Winter '96 waren wir dann in der Lage, die Operation durchzuführen. Wir hatten einige Probleme. Wir wollten eigentlich im Juli beginnen, aber es wurde August und es regnete und regnete...« Heute kann Raewyn Empson darüber lachen, aber besonders spaßig war ihr damals nicht zumute. »In drei Gebieten mussten wir die Köder per Hand ausstreuen. Dort hatten wir Gehege für Vögel angelegt, Takahes, Enten und Wekas, die wir gefangen hatten, um sie vor den Ködern zu schützen. Der Helikopter überquerte die Insel dann zweimal, im Abstand von etwa einem Monat. Wir hatten keine Hinweise darauf, dass es trächtige Weibchen gab, wir hatten die Rattenpopulationen ja vier Jahre lang untersucht, aber jedes Jahr ist anders und wir wollten ganz sicher sein. Ursprünglich sollte es nur eine Vergiftungsaktion geben. So dauerte alles viel länger. Die Kontrolluntersuchungen, die Versorgung der eingefangenen Vögel mussten weiterlaufen, die Leute mussten den ganzen Zeitraum über motiviert werden.«

Nach der Ausbringung der Köder wurde der Abbau des Giftes regelmäßig analysiert. Bevor die besonders gefährdeten Vögel wieder freigelassen werden konnten, musste man ganz sicher sein, dass die Giftkonzentration auf unbedenkliche Werte abgesunken war. Rattenkadaver wurden entfernt, damit die Vögel sie nicht fressen konnten. Auch auf andere Tierarten wurde ein Auge geworfen, sogar das Meer wurde untersucht, weil aufgrund der steilen Küsten Giftköder ins Wasser gelangt sein könnten. Bisher sind keine Probleme bekannt geworden.

»Und die Ratten?«, frage ich vorsichtig. »Sie haben wirklich keine Ratten mehr gefangen?«

»Nein, keine Ratten. Aber die Insel ist ziemlich groß. Wir werden im kommenden Herbst oder Winter, wenn wir normalerweise höhere Zahlen erwarten würden, eine umfangreiche Untersuchung durchführen. Im Augenblick ist es wie die Suche nach der Nadel im Heuhaufen. Wenn wir nichts finden, heißt das nicht, dass es wirklich keine Ratten mehr gibt.«

Alles in allem waren im Laufe der Jahre mehr als hundert Menschen an der Operation Kapiti Island beteiligt, viele davon Freiwillige, die die Köder verteilten, Vögel fingen und sie bis zu ihrer Freilassung betreuten. Und die Kosten? Raewyn Empson zuckt mit den Achseln. Es gab Sponsoren. Das DoC alleine hätte die Operation nicht bezahlen können. Sie habe die Endsumme noch nicht berechnet, sagt sie, aber es klingt mehr nach: Geld? Was bedeutet in diesem Zusammenhang schon Geld? Eine knappe halbe Million Mark vielleicht, plus Personalkosten, plus die vorbereitende Forschung, plus die Nachbereitung. Einige Millionen werden schon zusammengekommen sein. Jetzt reifen Pläne, sich an noch größeren Inseln zu versuchen: Little Barrier und Codfish, dort, wo die letzten Kakapos angesiedelt wurden.

Der Zugang zur Insel war vor der Rattenvertilgung limitiert und ist es noch heute: fünfzig Menschen pro Tag, höchstens. Mitgebrachtes Gepäck wird in einem rattensicheren Raum ausgepackt. Man muss die Kontrolle behalten, sonst melden sich die Nager bald wieder zurück. Um die touristischen Einrichtungen herum wurden überall Köderfallen ausgebracht, um sofort Alarm schlagen zu können. Die Menschen akzeptieren die Vorsichtsmaßnahmen, spätestens, wenn sie von ihrem Inselausflug zurückkommen. »Es gibt dort eine sehr dichte Vogelpopulation«, sagt Raewyn Empson. »Die Menschen kennen das gar nicht mehr vom Festland. Dort ist es vergleichsweise tot.«

Im Augenblick stehen die Ratten ganz oben auf der Prioritätenliste. Raewyn Empson und ihre Mitarbeiter haben keine Zeit, sich auch noch um die fremden Pflanzen zu kümmern, die dort wachsen oder von den Besuchern eingeschleppt werden könnten. Auf anderen Inseln müssen sich die Gäste mit kräftigen Bürsten die Schuhe reinigen, bevor sie in die Boote springen. Zur Illustration wurden Gärten angelegt und die Samen zum Keimen gebracht, die zusammen mit Sand und Lehm aus den Profilsohlen der Inseltouristen gekratzt wurden.

Staunend stehen die Besucher vor den üppigen Beeten. Kichernd die einen, murrend die anderen, hatten sie den Anweisungen des Personals Folge geleistet und kräftig geschrubbt. Fast alle reagieren verblüfft und nachträglich voller Verständnis angesichts der Pflanzenvielfalt, die unter ihren Fußsohlen unbemerkt den Weg auf die Inseln gefunden hätte und hier in den Demonstrationsbeeten zur Entfaltung kommt. Wir hatten ja keine Ahnung, sagen sie. Jetzt werden sie es nicht mehr vergessen.

»Wir müssen aufpassen, dass aus den Inseln keine Zoos werden«, gibt Raewyn Empson am Ende zu bedenken. Bei aller Freude über den Erfolg, was nützt es, wenn diese Naturschönheiten auf abgelegenen Inseln zu bewundern sind, die nur von wenigen Menschen besucht werden können? Nur wer den Unterschied zu den verarmten Lebensräumen der Hauptinseln mit den eigenen Sinnen erfahren hat, weiß, was dort verloren ging. Zudem ist der Vorrat an geeigneten Inseln selbst in der Inselrepublik Neuseeland begrenzt. Eine nachhaltige Verbesserung der Situation ist nur dann zu erreichen, wenn bedrohte Arten dort eine Überlebenschance erhalten, wo ihr eigentlicher Lebensraum liegt und wo viele Menschen sich daran erfreuen können: auf dem Festland.

Die Erfolge gaben den Neuseeländern Mut, auch den nächsten Schritt zu wagen, einen historischen, wie David Attenborough bei der Eröffnung des Nature Recovery Projects sagte. Wie in dem 800 Hektar großen Teil des Honigtauwaldes um den Lake Rotoiti versuchen sie nun auf dem Festland Inseln zu schaffen, in denen die Zeiger der Uhr zurückgedreht werden, ein ungleich schwierigeres Unterfangen. Denn anders als ozeanische Inseln besitzen die Wälder des Festlandes keine scharf gezogenen Grenzen. Sie sind nicht von einem kilometerbreiten Sicherheitsgürtel aus Wasser umgeben. Was unter großen Anstrengungen in deren Zentrum beseitigt wird, kann von den Rändern immer wieder nachdiffundieren. Will man sich nicht gleich zu Anfang übernehmen, müssen diese Festlandinseln mit Bedacht ausgewählt werden. Sie dürfen nicht zu groß sein und müssen aufgrund ihrer »strategischen« Lage leicht zu »verteidigen« sein. Neuseeländer sind in ihrer Wortwahl keineswegs zimperlich.

Am Lake Rotoiti sind die Voraussetzungen günstig, um eines von sechs dieser Programme zu starten. Das Gelände ist von drei Seiten gut abgeschirmt. Das Seeufer bildet die westliche Begrenzung, ein baumloser Gebirgskamm die östliche, im Norden grenzt der Wald an Farmland. Die Anstrengungen werden sich also vor allem auf die etwa zwei Kilometer lange Grenze im Süden konzentrieren, die mitten durch den gestörten Bergwald führt.

Lindsey, der Parkranger, zeigt uns das Tötungsinstrumentarium, das hier zum Einsatz kommen soll. Die Giftköderspender für die Fuchskusus sind mittlerweile so weit perfektioniert, dass Vögel keinen Zugang haben. Lindsey demonstriert unter eindrucksvollen Verrenkungen, dass nur vierfüßige Krallenbesitzer an die tödlichen Leckerbissen herankommen. Das verwendete Gift (1080 oder Natriummonofluoracetat) wirkt schmerzlos, versichert er. Herzstillstand. Manche Tiere fressen so lange, bis sie an Ort und Stelle zusammenbrechen. Ein deutscher Tourist fragt, ob die Tiere denn tatsächlich noch zu den Köderstationen kämen, wenn ringsum ihre toten Artgenossen herumlägen. Kein Problem, meint Lindsey. Die Köder würden auch flächendeckend aus der Luft abgeworfen. Außerdem seien Fuchskusus nicht besonders clever, sogar regelrecht dumm, dächten nur ans Fressen, sie würden die Gefahr nicht erkennen. Ganz anders die Wiesel. Die Räuberfallen müssten deshalb regelmäßig kontrolliert werden. Man werde sie massiv an der gefährdeten Südfront aufbauen, damit die Einwanderung dort sofort zum Stillstand kommt.

Neuseeland, 1984
Fuchskusus sind Einzelgänger und besonders in jungen Jahren sehr unternehmungslustig. Hat man sie durch Vergiftung aus einem Gebiet vertrieben, besteht die Gefahr, dass sie aus der Umgebung schnell wieder zuwandern. Im Zentrum der Nordinsel wurde 1974 ein 24 Hektar großes Gebiet so massiv mit Giftködern versehen, dass kaum ein Fuchskusu überlebte. Nur ein Jahr später gab es dort schon wieder halb so viele Kusus wie vor der Vergiftung. Die Tiere waren keine Überlebenden der Vergiftungskampagne, sondern ausnahmslos Zuwanderer, mehrheitlich junge Männchen.[8]

Jede Tier- oder Pflanzenart, jedes Biotop erfordert andere Methoden. Auf dem Waldboden stehen seltsame kleine Zelte aus weißem Plastik. Auf ihrem Giebel thront eine flüssigkeitsgefüllte Plastikdose, in der tote Insekten schwimmen. Malaise-Fallen, erklärt Lindsey. Mit ihnen wird die Dichte der Wespen ermittelt, der Räuber, die ihnen hier im Honigtauwald am meisten Kopfzerbrechen bereiten. Getötet würden sie auf andere Weise. Auf flachen Schalen werden Giftköder präsentiert, die von den Arbeiterinnen eingesammelt und in die Nester transportiert werden.[9] Auf diese Weise, so hofft man, werden ganze Völker und nicht nur einzelne Arbeiterinnen ausgelöscht.

Wer solche Projekte in Angriff nimmt, muss einen langen Atem haben. Mindestens fünf bis zehn Jahre, so schätzen die Verantwortlichen, wird das Fangen und Töten am Lake Rotoiti andauern. Auch danach wird man sich nicht auf den errungenen Lorbeeren ausruhen können. Die »Südfront« wird eine permanente Bedrohung bleiben.

Parallel sollte sich die einheimische Natur langsam erholen. Im Jahr 2000 oder etwas später hofft man auf die ersten kleinen Erfolge. Frühestens in zehn, zwanzig Jahren werden Besucher nicht mehr bis in die entlegensten Nationalparkregionen wandern müssen, um einen Kaka oder einen Mohua rufen zu hören.

Bei aller Euphorie sollte nicht vergessen werden, dass solche Festlandprojekte immer nur eine seltene Ausnahme bleiben werden. Sie bieten berechtigten Anlass zur Freude, aber sie betreffen nur kleine Gebiete in günstiger Lage. Das große weite Land wird davon fast nichts haben. Ralph Powlesland, ein Ornithologe vom Wissenschaftszentrum des DoC in Wellington, spricht die traurige Wahrheit aus: »Es gibt keinen Weg, Ratten in ganz Neuseeland zu kontrollieren.«[10]

Prophylaxe

Bei all dem jahrelangen und millionenschweren Aufwand, der getrieben werden muss, um den Status quo zu erhalten oder gar zu verbessern, wird nur allzu offensichtlich, dass die beste Methode der Gefahrenabwehr die Prophylaxe ist. Für die schon lange verschleppten oder eingeführten Tier- und Pflanzenarten kommt diese Erkenntnis um Jahrzehnte zu spät. Aber wenigstens in Zukunft sollte eine weitere Verbreitung fremder Arten durch den Menschen verhindert werden. Dies ist der Minimalkonsens, der unter Aktivisten und Pragmatikern überall auf der Welt unumstritten ist. Seiner Umsetzung stehen allerdings mächtige Hindernisse im Weg.

Es gibt heute kein Land der Erde mehr, das die Einfuhr fremder Lebewesen uneingeschränkt gestattet oder diese nicht zumindest mit erheblichen bürokratischen Hürden versehen hätte. Die Hochzeit der bewussten Einbürgerung fremder Tier- und Pflanzenarten ist vorbei. Wer in Neuseeland versucht, an den Grenzkontrollen vorbei lebende Tiere oder Pflanzen (oder deren Fleisch und Früchte) einzufahren, muss mit drastischen Geld- und Freiheitsstrafen rechnen. Am Flughafen drohen große Tafeln mit bis zu 100 000 NZ-$ Strafe und bis zu fünf Jahren Gefängnis. Auch wer in den USA erwischt wird, muss tief in die Tasche greifen.[2] In der Realität zeigen sich die Grenzwächter meist milde gestimmt. Fast alle Fälle werden vor Ort mit einer kleineren Geldstrafe beigelegt.[3]

Wo sich Geld verdienen lässt, in Land- und Forstwirtschaft, Pelzzucht, Fischerei und dem riesigen Markt für Haustiere und Zierpflanzen, überall gibt es reichlich Schlupflöcher und Ausnahmeregelungen. Und es stellt sich die Frage nach der Kontrolle gesetzlicher Vorschriften. Es ist nirgendwo gestattet, lebende Haustiere in freier Natur zu entsorgen und trotzdem geschieht es überall und in steigendem Ausmaß. Wo werden zahlungskräftige Touristen wirklich daran gehindert, in ihren Koffern und Taschen, wissentlich oder nicht, lebende Andenken mit nach Hause zu bringen?

Indianapolis, USA, 1991

Die Indiana Academy of Science veranstaltete im Oktober 1991 ein Symposium über den Einfluss und die Kontrolle invasiver fremder Organismen in den USA. Im Abschlussreferat forderte Faith Thompson Campbell vom *Natural Resources Defence Council* in Washington die beteiligten Wissenschaftler zum Brückenschlag zu jenen Interessengruppen auf, die gegen Kontrollstrategien und gesetzliche Verbote opponieren. »Wenn wir diese Gruppen nicht überzeugen können«, sagte Campbell, »dann müssen wir uns darauf vorbereiten, sie zu bekämpfen. Diese Gruppen sind:

1. Jäger und Sportfischer,
2. Gärtner... und Landschaftsarchitekten,
3. Farmer und Rancher (die vor allem im Westen, um ihr Vieh zu ernähren, auf exotische Gräser angewiesen sind),
4. Aquakultur,
5. Besitzer und Verkäufer von exotischen Haustieren,
6. Umweltschützer, die sich wegen der Verwendung von Pestiziden und der Einführung weiterer Exoten oder genetisch veränderter Organismen Sorgen machen,
7. Tierschutzorganisationen, die gegen das Töten oder Quälen empfindungsfähiger Tiere opponieren.«[1]

Nach welchen Kriterien entscheiden die Verantwortlichen, ob eine Art eingeführt werden darf oder nicht? Außer bei bekannten Übeltätern ist eine Invasionsprognose nahezu unmöglich. Wenn Politiker, die sich mit Einfuhr- und Handelsbestimmungen beschäftigen, über einschlägige Informationen verfügen, Invasionsbiologen wären sicher neugierig, sie zu erfahren. Die Studie des US-Kongresses über nichteinheimische Organismen nahm auch den geltenden Gesetzesdschungel unter die Lupe. Ihr ernüchterndes Ergebnis: »Zehntausende verschiedener Arten (der größte Teil der Weltfauna, abgesehen von den Insekten) könnten potenziell legal in die Vereinigten Staaten importiert werden.«[4]

Angesichts der Tatsache, dass die Verschleppung fremder Arten heute weitgehend unabsichtlich geschieht, als Nebeneffekt eines explodierenden Reiseverkehrs und Welthandels, sind Einfuhrverbote ohnehin kein besonders effektives Kontrollinstrument. Die Einschleppung der Braunen Nachtbaumnatter nach Guam und jetzt nach Hawaii hätte kein noch so strenges Gesetz verhindert, es sei denn, es schriebe vor, grundsätzlich jede ins Land kommende Kiste in besonders gesicherten Räumen auszupacken. Die Kontrolle der Besucher von Kapiti Island als Modell für die Welt?

Vielen Kritikern gehen die bestehenden Regelungen nicht weit genug. Kevin Smith, der Vorsitzende der neuseeländischen Forest & Bird Protection Society, der ältesten und mitgliederstärksten Naturschutzorganisation des Landes, ist einer von ihnen, und für seine Gegner im Lande sicher einer der unbequemsten.

Forest & Bird wurde 1923 gegründet, pikanterweise in Zusammenhang mit Kapiti Island. Das schon lange bestehende Schutzgebiet wurde damals von Ziegen überrannt und eine Gruppe besorgter Bürger tat sich zusammen, um deren Abschuss durchzusetzen. Seitdem ist Forest & Bird ein ständiger Unruheherd in der neuseeländischen Gesellschaft. Forderungen nach der Beseitigung exotischer Arten standen ganz am Anfang und, wie könnte es anders sein in einem Land wie Neuseeland, sie spielen auch heute für die auf 50 000 Mitglieder angewachsene Organisation eine zentrale Rolle. In den Sechziger- und Siebzigerjahren kämpfte Forest & Bird gegen die großen Holzfirmen. Sie hatte maßgeblichen Anteil daran, dass die einheimischen Wälder geschützt wurden und die Zerstörung der Lebensräume aufhörte. Mittlerweile, so Kevin Smith, stellt sich aber heraus, dass die Vogelpopulationen weiter in erschreckender Geschwindigkeit zusammenschrumpfen. Die damals unter Schutz gestellten Wälder regenerieren sich nicht. Solange sie von Wespen, Rotwild, Ratten, Wieseln und Kusus in unverträglichen Zahlen bevölkert werden, wird sich daran auch nichts ändern. Die fremden Tier- und Pflanzenarten sind heute wie damals unbestritten das Thema Nummer eins.

Die *International Maritime Organisation* hat 1991 Richtlinien zum Umgang mit Schiffsballastwasser herausgegeben.[5] Sie empfehlen unter anderem einen Verzicht der Wasseraufnahme in sedimentreichen Gewässern und das Entleeren und Spülen der riesigen Tanks auf hoher See bei mindestens 2000 Meter Wassertiefe. Auf diese Weise wird die Verschleppung von Meereslebewesen zwar nicht ganz verhindert, man verspricht sich davon aber eine Schonung der besonders gefährdeten Küstenregionen. In Nordamerika, Australien und Neuseeland werden Studien durchgeführt, um effektivere Schutzmaßnahmen auszuarbeiten. Denkbar wäre eine Erhitzung oder Bestrahlung des Ballastwassers. Eine Verwendung von Chemikalen, z. B. von Chlor, würde beim Abpumpen der Wassermassen zu weiteren Umweltbelastungen führen. Möglicherweise können neue Schiffstypen in Zukunft eine Aufnahme von Ballastwasser ganz überflüssig machen.[6]

Kapiti Island und die anderen Inselprojekte sind auch für Kevin Smith ein Lichtblick, ansonsten aber sieht er die Lage ziemlich düster. Die Sicherheitsvorkehrungen, die gegen eine Wiederbesiedlung der Inseln getroffen wurden, sind für ihn bei weitem nicht ausreichend, genauso wenig wie die, die das ganze Land betreffen.

»Obwohl wir ein Lehrbuchbeispiel für die Probleme sind, die eingeführte Arten verursachen können, haben wir noch immer nicht alle Lektionen daraus gelernt«, sagt Kevin Smith.[7] »Es gibt noch immer Lobbys, die ein Interesse an der weiteren Ausbreitung einiger Arten haben, besonders wenn sie gejagt werden, Rotwild oder Schweine. Manche *pests* werden in Farmen gezüchtet, von wo sie immer wieder entkommen, Rotwild, Ziegen und Frettchen zum Beispiel. Es gibt ein starkes wirtschaftliches Interesse, dieses auszuweiten. Auch wir werden immer mehr zu einer urbanen Gesellschaft, die den Kontakt zu den ländlichen Realitäten verliert. Das Töten von *pests* wird umstritten. Plötzlich wird etwa gefordert, vor langer Zeit verwilderte Ziegen zu schützen.«

Die Belange des Naturschutzes spielen in der Politik nur eine untergeordnete Rolle, kritisiert Kevin Smith. Das ist in Neuseeland nicht anders wie überall in der Welt. Wirtschaftliche und andere Lobbyinteressen haben Vorrang. Zum Beispiel die Jagd. Das vorhandene Geld fließt fast ausschließlich in die Kontrolle der Fuchskusus, aber für eine Bekämpfung der viel zu hohen Rothirschbestände werde derzeit keine einzige Mark ausgegeben. Dabei bestätigen viele Wissenschaftler Kevin Smiths Einschätzung, dass deren Einfluss mindestens so hoch einzuschätzen ist wie der der Kusus. Der einzige Unterschied bestände darin, dass die einen gejagt würden und ein Geweih trügen und die anderen nicht.

Ein großes Problem sieht Kevin Smith in den Bestrebungen zur Liberalisierung des Welthandels. Die Grenzkontrollen seien viel zu lax, wie die jüngst aufgetretenen Schädlingskalamitäten durch eingeschleppte Fruchtfliegen und die Tussock-Motte, eine Schmetterlingsart, beweisen. »Die Konsequenz könnte die Zerstörung der primären Produktion und damit der Wirtschaft dieses Landes sein.« Smith lacht bitter. »Diese Politiker da draußen, die internationales Wirtschaftswachstum durch freien Welthandel erreichen wollen, verteilen fremde Arten überall in der Welt und die wirtschaftlichen Auswirkungen dieser Arten sind riesig. Wenn sich irgendwo ein neuer Schädling etabliert, sind für alle Zeiten Bekämpfungsmaßnahmen erforderlich.

Eine Ausrottung ist so gut wie nie möglich. Diese ganzen Bestrebungen zerstören nicht nur unsere Ökologie, sie gefährden auch unsere wirtschaftliche Basis. Neuseeland hat sich für den freien Handel besonders stark gemacht, weil wir so unter den früheren Handelshindernissen gelitten haben. Der Preis, den wir jetzt dafür zahlen, ist der Import von Schädlingen aus anderen Ländern.«

Er erzählt von den Schiffsladungen voller japanischer Gebrauchtwagen, die nach Neuseeland importiert werden. Sie standen in Japan Wochen und Monate auf verwilderten Plätzen herum. In ihren Radprofilen, auf dem Unterboden und der Karosserie klebt noch der Dreck des Heimatlandes und mit ihm viele Pflanzensamen. Insekten und andere kleine Tiere haben sich in Ritzen und Hohlräumen verkrochen. Dreckig, wie sie sind, werden die Wagen mitsamt ihren blinden Passagieren in Neuseeland ausgeladen und unter die Leute gebracht. Kürzlich kamen forstwirtschaftliche Maschinen aus Nordamerika an, in denen noch Äste und Blätter steckten.

»Wenn die Leute freien Welthandel wollen, dann müssen sie viel bessere Garantien dafür bieten, dass ihre Lieferungen frei von möglichen Schädlingen sind. Jedes Land braucht strenge Kontrollen gegen den Import neuer Arten. Warum müssen die importierten japanischen Autos nicht als schädlingsfrei zertifiziert werden, damit wir sie gleich zurückschicken können, wenn sie verdreckt hier ankommen? Warum werden sie nicht einfach vorher gewaschen? Es gibt bisher keinen internationalen Qualitätsausweis, dem man wirklich trauen kann.«

Dazu käme der Personenreiseverkehr, unzählige Reisemitbringsel, Früchte, Pflanzensamen, Fleisch, Holzprodukte.

»Manchmal bin ich wirklich verzweifelt«, sagt Kevin Smith und langsam erwacht sein Temperament. »Wir brauchen so etwas wie eine Festungsmentalität. Nicht, dass wir Handel und Reiseverkehr vollkommen einstellen sollen, aber wir brauchen viel rigorosere Kontrollen, sonst sind alle Bemühungen, unsere Lebensgemeinschaften hier zu erhalten, reine Zeitverschwendung. Je mehr Geld wir für neue Schädlinge ausgeben müssen, desto weniger haben wir für die Programme zum Schutz unserer bedrohten Arten übrig. Die Kampagne gegen die Tussock-Motte kostet jetzt 10 Millionen Dollar und vielleicht schlägt sie fehl.«

»Man kann nicht garantieren, dass Sie mit einem Sicherheitsgurt und all den anderen Sicherheitseinrichtungen eines Autos einen Unfall überleben. Und doch werden all diese Vorkehrungen eingebaut, weil wir wissen, dass es unsere Chancen zumindest verbessert. Genauso könnten wir einiges an den Grenzen tun. Wir können vor der Einfuhr neuer Arten genaueste Prüfungen vornehmen und, falls nicht ein überwältigendes ökonomisches Interesse vorliegt, in den meisten Fällen nein sagen. Arten werden heute für nichts und wieder nichts eingeführt. Pflanzen wachsen ein paar Jahre in einigen Gärten, dann verlieren die Menschen das Interesse, aber die Pflanze hat sich vielleicht schon ausgebreitet. Leute haben südamerikanische Chinchillas zur Pelzzucht eingeführt, aber die Unternehmen brachen schnell zusammen. Die Tiere wurden dann als Haustiere verkauft und einige landeten im Freiland. Wir wissen nicht, ob sie zu Schädlingen werden, aber immerhin besteht die Möglichkeit. Hier lag kein überragendes wirtschaftliches Interesse des Landes vor.«

USA, 1992

Die Vereinigten Staaten sind der Welt größter Importeur von exotischen Vogelarten. Zwischen 1986 und 1988 wurden fast zwei Millionen lebende Vögel aus 85 Ländern importiert, vor allem Papageien und Finken. Da auf dem Transport viele Tiere sterben, liegen die tatsächlichen Zahlen vermutlich dreimal so hoch. Mittlerweile sind zwei Drittel aller in den USA freilebenden exotischen Vogelarten entkommene Haustiere. Die von Wissenschaftlern als Alternative vorgeschlagene Haltung häufiger einheimischer Vogelarten ist dagegen verboten. Während viele der entflogenen fremden Vogelarten in den USA als unerwünscht und schädlich eingestuft werden, führt der Handel gleichzeitig zu einer starken Gefährdung der Tiere in ihren Heimatländern. Fast alle Papageien sind Wildfänge oder aufgezogene Nestlinge. 42 der 140 Papageienarten der amerikanischen Tropen sind stark bedroht, die Hälfte vor allem durch die Aktivitäten der Vogelfänger.[8]

Wer an Handel und Reiseverkehr Hand anlegt, rührt an die Lebensadern der modernen Welt. Will man effektive

Kontrollen einführen, hätte das Einschränkungen zur Folge, die jeder zu spüren bekäme. Kevin Smith weiß das, aber er fordert trotzdem Regelungen, die weit über die gängige Praxis hinausgehen.

»Wenn Sie zu uns nach Neuseeland kommen, dann möchten wir gerne sicher sein, dass Sie uns nichts ins Land bringen, was wir hier nicht haben wollen. Wenn Leute weiterhin Dinge ins Land schmuggeln – und das geschieht in großem Ausmaß –, dann muss die Zollabfertigung eben zwei Stunden dauern. Es gibt Metalldetektoren, Durchleuchtungsmaschinen usw. Wir brauchen Methoden, um Menschen ausfindig zu machen, die Früchte und Pflanzenprodukte einschmuggeln. Und die Strafen müssen weh tun, weil die Folgen für Ökologie und Wirtschaft so immens sein können.«

Natürlich wüssten die Menschen um das Problem, aber die staatlichen Kontrollen und die Trägheit menschlichen Verhaltens würden mit der Schnelligkeit der Entwicklung nicht Schritt halten. Auch Forest & Bird könne sich nicht um alles kümmern. Man konzentriere sich auf bestimmte Aufgaben wie die Kontrolle von Rotwild oder Fuchskusus und gleichzeitig seien andere Leute mit aller Kraft bemüht, exotische Fischarten ins Land zu holen, um diese hier zu züchten und zu exportieren.

»Es gibt so viele Themen und so wenige Menschen, die sich darum kümmern«, sagt er. »Die Politiker haben nicht das geringste Interesse, bis der öffentliche Druck so groß wird, dass sie etwas unternehmen müssen. Viele sind einfach ignorant. Sie sehen irgendetwas Grünes, irgendein Umweltthema, und würden am liebsten Steine danach werfen. Und das, obwohl viele Initiativen in der Schädlingskontrolle und Gefahrenvermeidung essenziell sind, für den Fortbestand ihrer Plantagen, ihrer Farmindustrie und ihrer Forstindustrie. Das sind Dinge, die mich deprimieren.«

Zwei Stunden für eine Zollabfertigung, und das nach einem zwanzigstündigen Flug? Ist Kevin Smith ein Fanatiker? Einer dieser miesepetrigen Ökofreaks? Oder ein Realist, der Wahrheiten ausspricht, um die sich andere herumdrücken?

Nachrichten, die jüngst in deutschen Presseorganen zu lesen waren, lassen erahnen, dass Kevin Smiths Forderungen mehr mit der Realität zu tun haben, als viele Menschen glauben.

Vielleicht kennen Sie dieses Bild. Auf Langstreckenflügen gehen Stewardessen durch die Gänge und sprühen freundlich lächelnd fragwürdig riechende Nebel unter die Kabinendecke. Grund ist nicht die Bekämpfung unangenehmer Gerüche, die den schlaftrunkenen Fluggästen entströmen. Was hier, zumeist ohne Wissen der Passagiere, versprüht wird, sind Insektizide, die mitreisende Moskitos abtöten sollen. Zur Zeit ermittelt die Frankfurter Staatsanwaltschaft gegen die Lufthansa und die Philippine Airways, weil Fluggästen nach dem Sprühen schlecht wurde. »Nervengift über den Wolken«, meldete das *Hamburger Abendblatt.* Aber die Flugzeugbesatzungen haben gar keine Wahl. Gemäß einer Empfehlung der WHO schreiben Länder wie Indien, Australien, Argentinien, Neuseeland und die Philippinen diese Luftvergiftung zwingend vor, weil sie die Einschleppung gefährlicher Krankheitsüberträger fürchten. Ansonsten wird die Landeerlaubnis verweigert. Unberechtigt sind diese Ängste nicht. Auf dem Pariser Flughafen Orly wurden mittlerweile zwanzig Flughafenangestellte mit Malaria infiziert. Keiner von ihnen hatte in seinem Leben je eine Fernreise unternommen.[9]

Biologisches Hightech

Die ausufernden Kosten, das massenhafte Töten und die hohen Giftmengen, die auch die einheimischen Arten belasten, all das hat die Suche nach billigeren, humaneren und weniger belastenden Alternativen stimuliert. Allein 1995 wurden auf 2,5 Millionen Hektar Land, einem knappen Zehntel der Landmasse Neuseelands, 4,5 Tonnen des Giftes 1080 ausgebracht.[1] Obwohl 1080 im Boden rückstandslos abgebaut wird, ist die von Jahr zu Jahr steigende, tonnenweise Ausbringung eines hochwirksamen unspezifischen Stoffwechselgiftes auf Dauer keine besonders elegante Lösung. 1080 kann viele Wirbeltierarten töten. Ein erwachsener Mensch müsste zwanzig der gegen Fuchskusus verwendeten Giftköder essen, um daran zu sterben, ein Kleinkind nur zwei.[2] Die über Neuseeland jährlich verteilte Giftmenge würde ausreichen, um viele tausend Menschen zu töten. Verständlich, dass sich in der Bevölkerung Unmut rührt.

Spricht man mit Neuseeländern über das Problem der fremden Arten, kommt unweigerlich ein Forschungsgebiet zur Sprache, von dem viele die Lösung aller Probleme erwarten: die moderne Biotechnologie. Eine neue Qualität raffinierter biologischer Bekämpfungsmethoden, so hört man, werde die Gifte bald überflüssig machen und Mittel und Wege eröffnen, um ein für alle Mal aufzuräumen mit den Kusus, den Ratten, den Kaninchen und all den anderen *pests.* Ungeduldig wird der Zeit entgegengesehen, da die neuen Waffen der Molekularbiologen endlich die Labors verlassen. Das wird allerdings noch zehn, vielleicht zwanzig Jahre dauern.

Eine dieser modernen Forschungsschmieden liegt in der Nähe der Südinsel-Metropole Christchurch, das Landcare-Research-Institut. 400 Frauen und Männer arbeiten hier, davon 300 hochqualifizierte Wissenschaftler, ein riesiges Gelände mit modernen Laborgebäuden, Versuchsfeldern, Gewächshäusern und einer umfangreichen Bibliothek.

John Parkes, ein renommierter Tierökologe und Autor eines Buches über verwilderte Ziegen, führt mich durch das Nationale Herbarium, große Räume voller mannshoher grauer Stahlschränke, die vollständigste neuseeländische Sammlung einheimischer und eingeführter Pflanzen. Auf den Korridoren des Haupthauses stehen die meisten Türen offen, erlauben Blicke in die Arbeitszimmer, auf überquellende Schreibtische und Bücherregale. In einem Raum lehnt eine Gitarre an der Wand, in einem anderen stehen zwei dicke, vollgepackte Rucksäcke. Ihre Besitzer sind gerade von Untersuchungen im Freiland zurückgekehrt.

An den Wänden hängen Poster mit Darstellungen wissenschaftlicher Projekte. Komplizierte Metallkonstruktionen stellen neu entwickelte Fallentypen dar, die schnell und effektiv töten. Einige Fotos zeigen, was die Fallen mit ihren Opfern anstellen. Die Neuentwicklungen sind nicht nur für Kusus gedacht. Sie finden in den verschiedensten Orten der Welt Verwendung. Stolz zeigt Parkes auf eine Weltkarte mit vielen roten und blauen Punkten. Landcare-Mitarbeiter sind überall engagiert, gern gesehene Experten in einer von ökologischen Problemen gebeutelten Welt. Die meisten Punkte kleben im pazifischen Raum, einer mitten im riesigen Russland, ein weiterer in Mitteleuropa.

Geforscht wird auch auf allen Gebieten der biologischen Kontrolle. Klassische biologische Schädlingsbekämpfung hat genauso ihren Platz wie die Entwicklung der neuen Wundermittel. Letztere gelten seit Anfang der Neunzigerjahre als nationales Forschungsziel höchster Priorität.[3] Die Wissenschaftler konzentrieren sich auf zwei Ansätze: die Suche nach spezifischen und hochwirksamen Krankheitserregern und Möglichkeiten der Fruchtbarkeitskontrolle.

Dass solche Projekte nicht ohne Risiko sind, zeigte sich 1995. Mitte der Achtzigerjahre war in China eine neue tödliche Kaninchenkrankheit aufgetreten. Sie wird durch das Calici-Virus verursacht. Die Seuche verbreitete sich damals rasch über vier Kontinente. Allein in den kommerziellen Kaninchenfarmen Italiens starben 64 Millionen Tiere. Das Virus schien alle Voraussetzungen zu erfüllen, die an ein spezifisches und wirksames biologisches Kontrollagens gestellt werden. 1989 begann man deshalb in Australien und Neuseeland mit entsprechenden Untersuchungen. Nach positiv verlaufenden Spezifitätstests wurden im März 1995 auf einer vorgelagerten australischen Insel erste Freilandversuche durchgeführt, unter Quarantäne, wie es hieß.

Falls es tatsächlich intensive Vorsichtsmaßnahmen gegeben hat, dann waren sie nicht besonders wirksam. Noch im September desselben Jahres traten die ersten Infektionen unter Kaninchen des australischen Festlandes auf. Seitdem sind in Südaustralien Millionen von Kaninchen an dem Calici-Virus gestorben. Wie es zu der nicht beabsichtigten Freisetzung auf dem Festland kommen konnte, ist bis heute ungeklärt. Hartnäckig halten sich Gerüchte, nach denen genervte Farmer nicht darauf warten wollten, bis die Wissenschaftler ihre langwierigen Untersuchungen abgeschlossen hatten. Sie könnten auf die Insel gefahren sein, infizierte Kaninchen eingefangen und diese auf dem Festland freigelassen haben, ein unglaublicher Vorgang, wenn man die möglichen katastrophalen Folgen bedenkt. Die Forscher machen aus der Not eine Tugend und verfolgen die Epidemie. Ihre Ausbreitung hat sich 1996 verlangsamt. Noch ist nicht abzusehen, ob sie von Dauer sein wird.[4]

In Neuseeland wird die Farmerlobby unruhig. Sie fordert vehement, was nach ihrer Auffassung nicht mehr aufzuhalten ist. Auf Grund der intensiven Handels- und Reisebeziehungen zwischen beiden Staaten sei es nur eine Frage der Zeit, bis das Calici-Virus eingeschleppt werde. Da könne man es auch gleich offiziell tun, meinen viele Farmer. Vielerorts würden die Kaninchenpopulationen außer Kontrolle geraten. Zudem gäbe es einen regelrechten Karottenengpass. Da die Farmer mit einer baldigen Zulassung des Viruspräparats rechneten, sind viel zu wenig Karotten angebaut worden. Das Wurzelgemüse wird in so genannten *poison baits*-Programmen benutzt, um Giftköder gegen die Kaninchenplage herzustellen.[5]

Aber die Regierung zögert. Die Bedingungen in Neuseeland sind anders, die Kaninchendichte ist geringer, die Rolle der Überträgerorganismen unklar. Sich einen hochinfektiösen fremden Virus ins Land zu holen macht nur Sinn, wenn Erfolg und Sicherheit gewährleistet sind. Es bleibt abzuwarten, ob die neuseeländischen Farmer schließlich zur Selbsthilfe greifen werden. Noch ist offen, ob biologische Bekämpfungsmethoden hier auf einen neuen Erfolg oder ein neues Fiasko hinauslaufen werden.

Auch für die Fuchskusus wird intensiv nach passenden Krankheiten und Parasiten gesucht, die sich für eine biologische Bekämpfung eignen. Vielversprechender scheint allerdings ein anderer Weg, die so genannte übertragbare Immunokontrazeption. Auf ähnliche Weise wollen die Australier gegen Füchse und Kaninchen vorgehen. Gegen die Nager kann es offenbar gar nicht genug Vernichtungswaffen geben. Noch stecken diese Projekte in den Kinderschuhen, von einem Einsatz im Freiland ist man noch viele Jahre entfernt. Aber die Idee klingt so verblüffend und vielversprechend, dass sich laut Meinungsumfragen viele Neuseeländer längst mit ihr angefreundet haben. Anstatt zu töten würden sich diese Methoden darauf beschränken, die Fruchtbarkeit der Tiere einzuschränken.

Im Detail könnte das so aussehen: In einen Überträgerorganismus, etwa einen Virus, wird ein fremdes Gen eingeschleust. Dieses Gen bewirkt die Produktion eines Proteins, das ansonsten zur Ausstattung der Spermien gehört. Wenn dieses genetisch veränderte Virus seinen Wirt, zum Beispiel ein Fuchskusu-Weibchen, befällt, zeigt das Opfer nur einen milden Krankheitsverlauf. Das Virus veranlasst aber die Produktion des Spermienproteins. Der Wirtsorganismus wird darauf genauso reagieren wie auf jedes andere nichtkörpereigene Protein auch. Er produziert Antikörper gegen den Fremdstoff. Das Tier wird auf diese Weise gegen einen Stoff immunisiert, mit dem es normalerweise nur durch ein Männchen in Kontakt kommt. Erfolgt später eine Begattung dieses Weibchens, werden sich die Antikörper auf die Spermien stürzen und eine Befruchtung verhindern. Die Nachkommen bleiben aus, die Population nimmt ab. Das manipulierte Virus wird von Tier zu

Tier übertragen und sorgt so für eine immer größere Verbreitung des neuen Gens.

Der Plan ist gut. Was fehlt, ist die Ausführung unter Beachtung höchster Sicherheitsstandards. Es muss ein geeignetes Virus gefunden werden, das ansteckend genug ist, um eine ausreichende Zahl von Wirtstieren zu infizieren. Es müssen Spermiengene identifiziert werden, die die erforderliche Immunreaktion auslösen. Schließlich werden Methoden benötigt, um diese Gene in das Virus zu befördern. Das sind nur einige der Nüsse, die die Forscher zu knacken haben.

Die Freisetzung gentechnisch veränderter Viren ist ein sehr heißes Eisen. Es steht außer Frage, dass hier größtmögliche Sicherheitsvorkehrungen getroffen werden müssen. Wie spezifisch ist ein solches Virus? Kann es seine Wirtsspezifität verändern? Wenn nicht unter Normalbedingungen, dann vielleicht unter Umständen, die wir heute noch gar nicht absehen können? Können diese Gene auf andere Arten übertragen werden? Es ist Vorsorge zu treffen, dass solche Viren nicht in das Heimatland der bekämpften Arten gelangen. Nutzen und Risiko sind gewissenhaft abzuwägen. Beim geringsten Zweifel muss auf solche Methoden verzichtet werden. Denn – es kann nicht oft genug gesagt werden – eine einmal erfolgte Freisetzung ist nicht wieder rückgängig zu machen. Der Druck der Öffentlichkeit nach schnellen Problemlösungen darf in keinem Fall dazu führen, dass erforderliche Sicherheitstests vernachlässigt werden. Die ungeklärten Umstände der Freisetzung des Calici-Virus in Australien sollten Warnung genug sein.

Im Falle der Fuchskusus sind neue Bekämpfungsmethoden dringend erforderlich, aber neuseeländische Experten dämpfen die hochgesteckten Erwartungen der Öffentlichkeit. »Biotechnologische Biokontrolle bietet Hoffnung für das 21. Jahrhundert, aber ein kritisches Kusu-Problem existiert jetzt in diesem Moment.«[6]

27 Natur am Tropf

Der Maschendrahtkäfig, der im Mt. Bruce National Wildlife Centre die Gehege der seltenen Campbell-Island-Enten schützt, ist nichts gegen die Begrenzung des nahe gelegenen Kiwi-Freigeländes. Angesichts dieser monströsen Konstruktion aus Mauer und Stacheldraht beschleichen einen Berliner ungute Erinnerungen. Das Kiwi-Gehege ist ein Hochsicherheitstrakt der besonderen Art. Hier wird nicht ein-, sondern ausgesperrt, nach allen Regeln der Kunst. Das Gelände liegt in dem Teil des Waldes, der auch den Besuchern zugänglich ist. Sie sollen sehen, wie viel Mühe man sich hier gibt, geben muss. In dem großen Freigehege wachsen die geschlüpften Kiwis behütet heran, bis sie alt genug sind, angreifenden Raubtieren eine anständige Tracht Prügel zu verpassen. Dann werden sie im Regenwald auf der anderen Seite des Hügels ausgesetzt, der den Publikumsbereich des National Wildlife Centre von einem 900 Hektar großen Schutzgebiet trennt.

Doug Mende erläutert die Sicherheitsvorkehrungen. Die Basis der Mauer-Zaun-Konstruktion ist ein massiver, 1,40 Meter hoher Betonsockel. Wiesel und Ratten können bis zu einem Meter hoch springen. Da die Krallen der Räuber an dem rauen Gestein Halt finden könnten, ist der Sockel mit Metallplatten verkleidet, ohne Nähte, versteht sich. Wiesel nutzen für ihre Kletterpartien selbst kleinste Unebenheiten.

Auf dem Beton sitzt ein stabiler Maschendrahtzaun. In Kopfhöhe schließt sich ein Überhang an, ein dreißig Zentimeter breiter, nach außen ragender Metallkragen, an dem sich Kletterkünstler die Zähne ausbeißen können. Wird auch diese Hürde genommen, wartet eine weitere Überraschung: Hochspannungsdrähte am Kragenaußenrand und darüber, gleich mehrere an der Zahl. »Brrr...«, macht Doug Mende und deutet an, welches Schicksal auf die wartet, die es bis hierhin geschafft haben.

Das ist nicht alles. Außen, entlang der Mauer, und im gesamten Innenraum sind zahllose Räuberfallen aufgestellt worden. Das Gehege ist von einem breiten Weg umgeben. Er dient nur in zweiter Linie den Besuchern, die ohnehin kaum Chancen haben, die nachtaktiven Kiwis in der dichten Vegetation zu Gesicht zu bekommen. Der Weg gewährleistet einen Sicherheitsabstand zu den umgebenden Bäumen. Fuchskusus sind nicht nur gute Kletterer. Sie können mühelos von Baum zu Baum springen, wenn diese nicht weiter als 2,50 Meter voneinander entfernt sind. Um ganz sicherzugehen, hat man einen Abstand von 3,50 Meter zwischen Gehegemauer und Bäumen eingehalten. Es könnte ja Kusus geben, deren Sprungvermögen über dem Durchschnitt liegt.

Ich bin mir angesichts dieser Vorkehrungen nicht sicher, ob ich lachen oder weinen soll. Hier ist sie schon Realität, eine Natur, die mit Beton und Stacheldraht geschützt werden muss. Darauf wird es wohl vielerorts hinauslaufen: ökologische Intensivstationen, menschengemachte Krücken als Gehhilfe einer Restnatur, Hightech fürs Überleben, Natur am Tropf.

Wenn er dereinst im Himmel weilen würde, sagte einmal der englische Naturkundler und Buchautor Gerald Durrell, wünschte er sich einen Kakapo zu Unterhaltung. »Der Kakapo ist ein extrem dicker Vogel«, erzählt sein Landsmann Douglas Adams. »Ein durchschnittlicher ausgewachsener Kakapo wiegt zwischen sechs und sieben Pfund und kann mit seinen Flügeln bestenfalls ein bisschen herumwackeln... Traurig ist nur, dass der Kakapo anscheinend nicht bloß vergessen hat, wie man fliegt, sondern zudem vergessen hat, dass er vergessen hat, wie man fliegt. Ein ernstlich beunruhigter Kakapo bringt es zwar fertig, auf einen Baum zu flitzen und von oben abzuspringen, fliegt dann aber wie ein Stein und landet als wenig eleganter Haufen am Boden.«[1]

Hat es ein so exzentrischer Vogel wie der große neuseeländische Nachtpapagei verdient, das 21. Jahrhundert zu erleben?

Ob wir wollen oder nicht, immer öfter sind wir gezwungen, uns solche Fragen zu stellen. Vielen Tier- und Pflanzenarten steht das Wasser bis zum Hals. Wir werden kaum alle retten können, müssen notgedrungen Prioritäten setzen.

Der Kakapo jedenfalls soll leben, hat die neuseeländische Regierung beschlossen und finanziert seit Jahrzehnten ein Kakapo-Überlebensprogramm. Ob der komische Papagei mitspielen wird, steht allerdings auf einem ganz anderen Blatt. Er macht es seinen menschlichen Rettern nicht gerade leicht. Um die Populationsbiologie des Kakapo zu verstehen, braucht es keine komplizierten Gleichungen. Es reicht das kleine Einmaleins.

Die bekannte Gesamtpopulation des Kakapo *(Strigops habroptilus)* besteht heute aus genau fünfzig Tieren. Vor hundert Jahren waren es noch Tausende, die vor allem die Westhälfte der Südinsel bevölkerten. Sowohl die polynesischen als auch die europäischen Siedler jagten den Kakapo mithilfe von Hunden. Wiesel, Ratten und Katzen dezimierten die Tiere, die den Jägern entkamen. Ziegen, Rotwild und Fuchskusus konkurrierten mit dem Kakapo um dessen Nahrung. Selbst heute, in seinem von Menschen geschaffenen Inselexil, bleibt der Kakapo vor Nachstellungen nicht verschont. Die Kiore, die Polynesische Ratte, bedroht weiterhin seine Eier und die wehrlosen Jungtiere.

Anfang des 20. Jahrhunderts war der Kakapo auf der Nordinsel ausgestorben. Von 1949 bis 1969 wurden mehr als 60 Expeditionen durchgeführt, die überlebende Kakapos aufspüren sollten. Nur in Fjordland, der wildesten Gegend der Südinsel, wurde man fündig. Versuche, die Tiere in Gefangenschaft zu züchten, schlugen fehl. Die letzten Kakapos dieser Festlandpopulation, deren man habhaft werden konnte, wurden schließlich evakuiert und auf einer Insel ausgesetzt. Es waren allesamt Männchen. Ein Tier namens Richard Henry lebt noch heute auf Little Barrier Island. Das Schicksal des größten Papageien der Erde schien besiegelt.[2]

Die letzte natürliche Kakapo-Population wurde erst 1977 auf der ganz im Süden Neuseelands liegenden Stewart Island entdeckt und zu ihr gehörten auch weibliche Tiere, eine Sensation. Als klar wurde, dass auch dort ein Tier nach dem anderen verwilderten Katzen zum Opfer fiel, entschlossen sich die Verantwortlichen zu einer riskanten Rettungsaktion. Alle noch lebenden Kakapos wurden eingefangen und via Luftbrücke auf drei weit auseinander liegende Inseln verfrachtet, um das Aussterberisiko zu minimieren. Die Umsetzung gelang. Umsorgt und mit Argusaugen bewacht, dämmert dort nun die dreigeteilte Restpopulation ihrem drohenden Untergang entgegen.

Die heutige Verteilung der letzten Kakapos:[3]

Codfish-Island:	10 Weibchen und 16 Männchen
Little Barrier Island:	6 Weibchen und 12 Männchen
Maud Island:	3 Weibchen und 3 Männchen

Mit diesen Tieren die Art retten zu wollen könnte sich als sehr schwierig, wenn nicht gar unmöglich erweisen. Es entspricht etwa dem Versuch, die endgültige Ausrottung der Menschheit mithilfe der Einwohner eines Seniorenheims zu verhindern. Nur sechs Tiere sind jünger als 17 Jahre. Die meisten haben ihre besten Jahre hinter sich. Die Lebenserwartung des Kakapos ist nicht bekannt. Vermutlich liegt sie bei einigen Jahrzehnten.

Zudem kann von normalen Lebensumständen kaum noch die Rede sein. 14 der 19 kostbaren Weibchen werden mittlerweile mit zusätzlicher Nahrung versorgt. Seitdem nehmen Körpergewicht und Brutaktivitäten der Tiere zu, aber ihr Wohlergehen wurde mit einem Verlust an Natürlichkeit erkauft.

Dabei hätte es eine junge, kräftige Kakapo-Gruppe den Artenschützern schon schwer genug gemacht. Unglücklicherweise gehören Kakapos zu den fortpflanzungsträgesten Vögeln der Welt. Sie brüten nur alle zwei bis fünf Jahre und legen maximal vier Eier. Die Steigerung der Nachkommenzahlen genießt deshalb bei allen Anstrengungen um den Erhalt der Kakapos höchste Priorität. Die Jungen bleiben Monate von der Versorgung durch die Mutter abhängig. Der Beitrag der Männchen zur Fortpflanzung erschöpft sich im monatelangen *boomen,* dem charakteristischen tiefen, kilometerweit tragenden Paarungsruf und der im Erfolgsfall sich anschließenden Begattung. Welche Faktoren das Brutverhalten auslösen, ist unbekannt. Die Tiere brauchen viel Zeit, um geschlechtsreif zu werden. Das jüngste Weibchen, das nachweislich Eier legte, war schon neun Jahre alt.

Der bisher erzeugte Nachwuchs gibt wenig Anlass zu Optimismus. In den letzten zehn Jahren legten nur 8 der 19 Weibchen fruchtbare Eier. Auf diesen acht Weibchen ruht die ganze Hoffnung, nur zwei davon sind relativ junge Tiere. Aus den zwanzig Eiern schlüpften nur fünf Jungvögel. Drei überlebten, zwei Männchen, ein Weibchen.[4]

Trotz allem ist das Department of Conservation fest entschlossen, alles zu tun, um den Kakapo zu retten. Ein detaillierter neuer Hilfsplan, der Kakapo Recovery Plan 1996–2005, wurde ausgearbeitet und verabschiedet, eine imposante Vielzahl von zentral koordinierten Arbeitsgruppen installiert. Das National Kakapo Team, NKT, besteht aus der Kakapo Management Group, KMG, und den vor Ort arbeitenden Kakapo Programme Officers. Beratung und wissenschaftliche Aktivitäten übernimmt ein Kakapo Scientific and Technical Advisory Commitee, KSTAC. Bleibt nur zu hoffen, dass der Fortpflanzungserfolg der Kakapos mit dem kaum noch zu steigernden wissenschaftlichen Aufwand Schritt hält. Wie lange es sich Neuseeland leisten kann, derart aufwendigen Artenschutz zu betreiben, steht in den Sternen. Der Kakapo Recovery Plan ist nur eines von 21 derartigen Projekten. Auch anderen Vogelarten geht es schlecht. Eine der vier Kiwi-Arten ist auf dem Festland ausgestorben. Der Bestand des größten Rallenvogels der Welt, des Takahes, besteht nur noch aus 150 Tieren.[5]

Mauritius, 1997

Auch in der ehemaligen Heimat des legendären Dodo wird mit großem Aufwand und Freiwilligen aus aller Welt versucht, bedrohte Vogelarten zu retten. Der Mauritius-Falke, der Mauritius-Sittich und die Rosa Taube waren schon so gut wie ausgestorben. Nur 15 Sittiche hatten die Rodung des Waldes und die Invasion von Ratten, Katzen und Indischen Mangusten überlebt. Die Population der Rosa Taube war sogar auf zehn Tiere zusammengeschrumpft. Heute scheinen alle drei Arten auf dem Weg der Besserung. Aus Wildnestern werden Eier gesammelt und Tierammen untergeschoben. So brüten Halsbandsittiche die Eier der Mauritius-Sittiche aus und Ringeltauben kümmern sich um den Nachwuchs der Rosa Taube. Über dreihundert Rosa Tauben konnten auf diese Weise aufgezogen und wieder ausgesetzt werden.[6]

Die Auswilderung in Gefangenschaft aufgezogener Tiere macht nur Sinn, wenn das Freiland für sie eine Überlebensmöglichkeit bietet. Wenn der im Mt. Bruce National Wildlife Centre und in ähnlichen Institutionen in der ganzen Welt aufgezogene Tiernachwuchs keine Nahrung findet oder nach wenigen Tagen in der Schnauze einer verwilderten Hauskatze landet, grenzt dieses Verfahren an Tierquälerei und man kann sich den Aufwand sparen. So genannte *captive breeding*-Programme müssen daher immer von Schutz- oder Regenerationsmaßnahmen für die natürlichen Lebensräume begleitet werden. Vielleicht kann die Nabelschnur, die diese Tiere mit ihren menschlichen Pflegeeltern verbindet, nie mehr ganz durchschnitten werden. Pessimisten sehen das Überleben der spektakulärsten Säugetierarten, von Gorillas, Orang-Utans, Nashörnern und Tigern, auf lange Sicht nur in Zoos und ähnlichen Einrichtungen gewährleistet. Die prachtvollsten Kreaturen verkommen zu Kostgängern einer mitleidsvollen und von Schuldgefühlen geplagten Menschheit. »Die Fauna der Zukunft«, prophezeit der Rostocker Zoologe Ragnar Kinzelbach[7], »wird total vom Menschen gemanagt und von ihm abhängig sein.«

Schon jetzt leben einige Arten nur noch in Terrarien, Aquarien, Gehegen und Volieren von Wissenschaftlern. Darunter befinden sich alte Bekannte, Furu-Buntbarsche aus dem Viktoriasee genauso wie die vor der Raubschnecke *Euglandina* geretteten *Partula*-Schnecken Mooreas und Tahitis. Manchen von ihnen geht es nicht schlecht, für andere ist die Zeit endgültig abgelaufen. Von *Partula affinis* und *Partula aurantia* lebte 1991 jeweils noch ein Tier.[8]

Die letzten Guam-Rallen, die vor der Braunen Nachtbaumnatter gerettet wurden, haben es etwas besser. Während etliche Tiere in Zoologischen Gärten noch für Nachwuchs sorgen sollen, fanden einige ihrer Nachkommen 1991 auf Rota, der schlangenfreien Nachbarinsel von Guam, ein sicheres Exil unter freiem Himmel. Solange die Nachtbaumnatter in Guam herrscht und niemand weiß, wie ihr Regiment zu beenden wäre, ist an eine Rückkehr der Vögel nicht zu denken.

Die deutsche Verhaltensforscherin Corinna Hölzer beschreitet einen anderen Weg. Ihr höchst ungewöhnlicher Job besteht darin, einst arglosen Vögeln eine Heidenangst einzujagen. Sie betreibt Angst-Training.[9] Zu ihren Untersuchungsobjekten gehören auch neuseeländische Vogelarten. Seit Millionen Jahren darauf programmiert, dass Gefahr nur aus der Luft droht, haben sie bis heute nicht gelernt, beim Anblick eines Wiesels oder einer Katze die Beine in die Hand zu nehmen und schleunigst das Weite zu suchen. Sie sind säugetiernaiv, wie die Wissenschaftler sagen. Das soll sich nach dem Willen von Corinna Hölzer und ihrem neuseeländischen Betreuer, dem Biologieprofessor Ian McLean, ändern, zumindest bei Tieren, die in Gefangenschaft aufgezogen wurden.

Zunächst versetzte Corinna Hölzer allerdings nicht die neuseeländischen Vögel, sondern die zuständigen Behörden in Angst und Schrecken. Als sie versuchte, die Erlaubnis für eine Arbeit mit Kakapos zu erhalten, schrillten dort die Alarmglocken. Völlig ausgeschlossen! Die letzten angejahrten Kakapos womöglich von Herzattacken dahingerafft, so weit sollte es nicht kommen. Kakapos sind für solche Experimente, so sinnvoll sie auch sein mögen, tabu. Immerhin gestattete ihr das Department of Conservation, mit Takahes zu arbeiten, der größten Ralle der Welt und wie der Kakapo extrem gefährdet. Aus Takahe-Nestern im Freiland werden seit langem Eier gesammelt und an einem geheimen Ort künstlich aufgezogen. Man fürchtet, dass sich fanatische Vogelsammler für die Tiere interessieren könnten. Die Jungtiere, die später wieder ausgesetzt werden, sollten nun zunächst Corinna Hölzers Angst-Seminar absolvieren.

Der verwendete Versuchsaufbau will gut überlegt sein, sonst richtet sich die antrainierte Angst womöglich auf das falsche Objekt. Solche Erfahrungen machten australische Forscher, die seltenen kleinen Känguruhs Respekt vor Füchsen einimpfen wollten. Während die Beuteltiere arglos schmausten, katapultierten die Forscher Fuchsattrappen durch eine Papierwand mitten in das friedliche Gelage. Die Känguruhs reagierten mit gesunder Panik, aber Angst hatten sie fortan nicht vor lebendigen Füchsen, sondern vor toten Papierwänden.

Der, wie es im Wissenschaftsdeutsch heißt, »negative physische Stimulus«, den Corinna Hölzer ihren Takahes verpasste, kam direkt von dem Objekt, das später Angst auslösen sollte, einem Hermelin. Natürlich handelte es sich um eine mit Watte gut ausgepolsterte Attrappe, die an der Spitze einer langen Holzstange befestigt war. Unsichtbar für die Vögel, konnte die Biologin außen vor dem Käfig hocken und die Räuberattrappe bewegen. Die Takahes reagierten auf das Auftauchen des Hermelins bestenfalls mit Neugier. Das änderte sich erst, als sie den großen Vögeln mit der Wieselattrappe, wie sie selbst sagt, »eine reinhaute«.

So seltsam es anmutet, die ersten Ergebnisse sind ermutigend. Das Angst-Training funktioniert. Fünf dieser mit Nachdruck ausgeteilten Knüffe genügen, dann reicht es den Takahes. Taucht die Hermelinpuppe ein weiteres Mal auf, rasen sie schreiend davon. Wird ihre Erinnerung nach einigen Monaten aufgefrischt, hat sich eine neue, lebenswichtige Erkenntnis für immer in ihren Gehirnen festgesetzt: Hau ab, wenn du einen Hermelin siehst. Nachdem sie die Angst-Schule absolviert haben, können die jungen Tiere beruhigt ins Freiland entlassen werden.

Das Beispiel soll Schule machen. Die Zoologin arbeitet an einem Bericht, der Aufzuchtprogrammen in der ganzen Welt vermitteln soll, wie sie ihre Schützlinge wissenschaftlich korrekt in Panik versetzen können. Setzen sich ihre Methoden international durch, könnte die Freisetzung ungeschulter Tiere bald der Vergangenheit angehören.

VI

Die Zukunft

28 Transgene Invasoren

Was immer man von der Gentechnik und ihren transgenen Geschöpfen halten mag, darüber, dass auch gentechnisch manipulierte Pflanzen, Tiere und Mikroben lebende Organismen sind, kann nicht der geringste Zweifel bestehen. Sie funktionieren nach denselben Prinzipien und Regeln wie natürliche Lebewesen, und einmal im Freiland, wird für sie dieselbe Ökologie gelten wie für alle anderen Organismen auch.

Manche Lebewesen wurden allerdings durch jahrhundertelange Züchtung oder jüngste genetische Eingriffe derart verändert, dass ein dauerhaftes Überleben im Freiland unmöglich geworden ist. Der amerikanische Ökologe P. J. Regal von der University of Minnesota nennt sie ökologische Krüppel.[1] Dazu gehören neben zahllosen Mikroorganismen, die nur in der künstlichen Umgebung der Industriefermenter existieren können, auch viele Zier- und Nutzpflanzen, etwa der Mais, dessen Samen am Kolben verbleiben und nicht mehr zu Boden fallen, um neue Pflanzen keimen zu lassen. Die Distanz solcher ökologischen Krüppel zu Wildformen ist allerdings nicht unüberwindlich. So kann Kulturmais durch eine einzige Mutation derart verändert werden, dass er wie eine Wildpflanze aussieht.[2]

In der Frühphase der Gentechnologie gab es eine Zeit, in der die interessierte Öffentlichkeit von der neuen Technik nur solche ökologischen Krüppel erwartete, extrem spezialisierte und veränderte Lebensformen, die unter den Bedingungen der freien Natur ohne intensive Betreuung durch den Menschen keine Überlebenschance hätten. Schon allein die Tatsache eines Eingriffs in ein seit Urzeiten eingespieltes genetisches Gleichgewicht konnte, so die weit verbreitete Ansicht, nichts anderes als eine gravierende ökologische Schwächung zur Folge haben.

Diese Vorstellungen einer generellen Unbedenklichkeit gentechnisch veränderter Organismen waren eine Gegenreaktion zu den apokalyptischen Visionen, die ihnen in den Siebzigerjahren vorausgingen. Regal spricht von einer Biohazard-Debatte und dem Andromeda-Modell, in Anlehnung an einen bekannten Sciencefiction-Roman von Michael Crichton.[3] Ein außerirdischer Mikroorganismus gerät darin außer Kontrolle und gefährdet die gesamte Erde. Glücklicherweise mutiert dieser frühe Mini-Alien unverhofft zu einer harmlosen Kreatur, bevor es zum Äußersten kommt.

Zu einer Zeit, da kaum absehbar war, in welche Richtung sich die neue Wissenschaft bewegen würde, schossen die Fantasien wild ins Kraut. Bis heute malen Romane und Spielfilme actionreiche Untergangsszenarien an die Wand. Alles, was in Horror, Fantastik und Sciencefiction Rang und Namen hat, von Stephen King *(The Stand)* bis Frank Herbert *(Die weiße Pest)*, lieferte beim Publikum seine eigene Gentechnikkatastrophe ab. Von wahnsinnigen Wissenschaftlern oder versteckten Geheimlabors entwickelte Superkeime drohen die Biosphäre zu zerstören und die ganze Menschheit auszurotten. Zumeist wird der gentechnische Super-GAU im letzten Moment verhindert oder es überlebt ein Häufchen Aufrechter, damit es auch nach erfolgtem Weltuntergang noch jemanden gibt, der sich verlieben oder umbringen kann.

Im Verlauf der Achtzigerjahre wurde deutlich, dass weder das düstere Andromeda-Modell noch eine generelle Unbedenklichkeitsbescheinigung dem aufziehenden biotechnischen Zeitalter gerecht werden würde. Was aus den geheimnisumwitterten Labors über konkrete Vorhaben an die Öffentlichkeit sickerte, klang wesentlich unspektakulärer, mitunter geradezu langweilig pragmatisch oder, wenn es den medizinischen Sektor betraf, durchaus vielversprechend. Generelle Verteufelung oder Begeisterung wich angesichts der Vielfalt der Anwendungsmöglichkeiten allgemeiner Verwirrung. Die Bedenken der Öffentlichkeit konzentrieren sich spätestens seit der Geburt des Klon-Schafs Dolly vor allem auf zwei anthropozentrische Fragen: Wird, darf, soll man Menschen klonen? Und können von gentechnisch erzeugten Produkten, Lebensmitteln, Medikamenten irgendwelche Gefährdungen für den Menschen ausgehen?

Beide Fragen können nicht Gegenstand eines Buches über biologische Invasionen sein. Genauso wenig wie die Frage, ob der Mensch überhaupt das Recht hat, in die fundamentalsten aller Lebensvorgänge einzugreifen. Die Versprechungen der Gentechnik sind alles andere als bescheiden, die hinter ihr stehende wirtschaftliche Macht beträchtlich, das auf unterschiedlichsten Ebenen angesiedelte Gefahrenpotenzial enorm. Niemand sollte sich der Illusion hingeben, eine derart weitreichende Technologie ließe sich in großem Maßstab praktizieren ohne gravierende und unumkehrbare Konsequenzen für Mensch und Natur.

Dass im Zusammenhang mit biologischen Invasionen überhaupt von Gentechnik die Rede sein muss, hat einen einfachen Grund. Als die Ökologen erkannten, dass die auf ihre Marktreife zusteuernden transgenen Pflanzen und Tiere keineswegs nur ökologische Krüppel sein würden, sondern Lebewesen, die konkurrenzfähig und wie ihre natürlichen Vorläufer zu Vermehrung und Ausbreitung in der Lage sein könnten, begann eine Suche nach Möglichkeiten der Risikoabschätzung. Die Öffentlichkeit erwartet eine Antwort auf die Frage, welche Konsequenzen die Freisetzung gentechnisch veränderter Organismen, so genannter GVOs, haben kann. Diese Antwort kann nicht aus den Reihen der Gentechniker kommen, sondern muss von Ökologen erarbeitet werden.

Die ökologische Risikoforschung steht vor einem Dilemma. Sie soll Voraussagen über das Verhalten neuartiger

Organismen unter den Bedingungen der Natur machen, ohne selbst die Gefahr heraufzubeschwören, die sie eigentlich ausschließen will. Sie darf daher keine risikoreichen Feldversuche durchführen. Sie muss sich weitgehend auf die jetzt bekannten grundlegenden Kenntnisse aus Ökologie und Evolutionsbiologie stützen und kann allenfalls auf Wissenslücken hinweisen, die von der Grundlagenforschung noch zu schließen sind. Die wichtigste Frage lautete zunächst, ob es für diesen völlig neuartigen Eingriff des Menschen in die natürlichen Zusammenhänge irgendwelche Modelle, Vorbilder oder Analogien gibt, die mögliche Gefahren aufzeigen könnten.

Es war die amerikanische Biologin J. Sharples, die 1982 in einer Studie für die US-amerikanische Environmental Protection Agency (EPA) erstmals über die Einführung exotischer Organismen als geeignetem Modell nachdachte. Das *exotic species*-Modell fand seinen Weg in die Wissenschaft. Seitdem sind es auf ökologischer Seite vor allem Experten der Invasionsbiologie, die sich in die Diskussion eingemischt haben.

Der Amerikaner P. J. Regal wurde zu einem seiner entschiedensten Befürworter. Im Rahmen des SCOPE-Projektes zur Invasionsbiologie nahm er zehn verschiedene Modelle unter die Lupe und kam zu dem Ergebnis, dass das *exotic species*-Modell die beste verfügbare Analogie zur Freisetzung transgener Organismen sei.[4] Regal ist davon überzeugt, dass die von ihm als »entspannt, aber vorsichtig« charakterisierte Grundhaltung der zuständigen amerikanischen Regierungsbehörden nicht zuletzt auf die Überzeugungskraft des *exotic species*-Modells zurückzuführen ist. Die bedeutende Studie über die von nichteinheimischen Organismen angerichteten Schäden, die der US-Kongress anfertigen ließ, bestätigt diese Analogie. »Die Freisetzung von nichteinheimischen Arten und gentechnisch veränderten Organismen wird in vielen Fällen durch dieselben Vorschriften geregelt.«[5]

Anderen, besonders von Gentechnikbefürwortern ins Gespräch gebrachten Überlegungen attestierte Regal, sie seien »oberflächlich, erstaunlich simplifizierend und theoretisch falsch«.[6] In vielen Fällen lägen ihnen veraltete ökologische und evolutionsbiologische Vorstellungen zugrunde. Und, dieser Verdacht sei hier angefügt, eine Verharmlosungsstrategie, die auf mangelndes biologisches Verständnis einer überforderten, verunsicherten oder desinteressierten Öffentlichkeit vertraut.

Besonders beliebt ist die in unterschiedlichster Verkleidung auftretende Feststellung, Gentechnik sei im Grunde nichts wirklich Neues. Bei jeder Verschmelzung von Ei- und Samenzelle käme es zu einer Neukombination von Genen. Seit vielen Millionen Jahren spiele die Evolution mit dem vorhandenen Erbmaterial und hätte so gut wie alle Möglichkeiten bereits irgendwann realisiert. Und schließlich betreibe der Mensch seit Jahrhunderten eine »alte Biotechnologie«, indem er Pflanzen und Tiere nach seinen Bedürfnissen züchte.

Die Behauptung, Gentechnik sei nichts prinzipiell Neues, nur eine Art Turbo-Züchtung, findet eine interessante Parallele auf dem Gebiet der Invasionsbiologie. Auch die vom Menschen ermöglichte Verschleppung von Organismen wird mitunter als ein im Grunde natürlicher Prozess dargestellt, der unter der Regie der Menschen nur etwas schneller ablaufe. Beide Feststellungen sind unsinnig. Mit derselben Logik könnte man einen ICE als besonders schnelle Pferdekutsche bezeichnen, einen Computer als rasante Schreibmaschine. Hier geht es nicht um Althergebrachtes in beschleunigter Form, sondern um völlig neue Qualitäten. Im Vergleich zu den natürlichen Prozessen verlaufen sie in einer atemberaubenden, nie zuvor erreichten Geschwindigkeit. Sie überschreiten Grenzen, die ohne Eingriff des Menschen unüberwindlich wären: zwischen stammesgeschichtlich weit entfernten Arten und geographisch weit entfernten Kontinenten.

Auch Mark Williamson, der der britischen Beratungskommission zur Freisetzung von gentechnisch veränderten Organismen angehörte, weist nachdrücklich darauf hin, dass die Industrie nicht deshalb so große Anstrengungen unternimmt, weil durch die Gentechnik konventionelle Züchtungsziele schneller erreichbar werden. Gentechnisch veränderte Organismen »bieten die Möglichkeit zu wirklichen Novitäten. Neuheiten für landwirtschaftliche Prozesse, Neuheiten in Form von Produkten und«, fügt Williamson unmissverständlich hinzu, »Neuheiten in Gestalt invasiver Arten.«[7]

1997 wurden weltweit auf 12,7 Millionen Hektar genmanipulierte Pflanzen kommerziell angebaut. Diese Fläche verteilte sich auf nur sechs Länder:[8]

USA	8,1 Mill. Hektar
China	1,8 Mill. Hektar
Argentinien	1,4 Mill. Hektar
Kanada	1,3 Mill. Hektar
Australien	50 000 Hektar
Mexiko	30 000 Hektar

Die angebauten Pflanzen waren

herbizidresistent	54 %
insektenresistent	31 %
virusresistent	14 %
qualitätsverändert	1 %

Exotische Lebewesen, die in neue Lebensräume gelangen, und freigesetzte transgene Pflanzen und Tiere sind nicht dasselbe. Aber das *exotic species*-Modell geht davon aus, dass es sich um analoge Phänomene handelt. In beiden Fällen trifft Neues, in dieser Form Unbekanntes auf Altes. Für die betroffenen Lebensgemeinschaften ist es ohne Belang, ob das Neue aus fernen Ländern eingeschleppt wurde oder aus den Gewächshäusern und Labors der Gentechniker stammt. Sie haben es in beiden Fällen mit Organismen zu tun, die über neue Eigenschaften oder Merkmalskombinationen verfügen.

Die wesentlichen Voraussagen und Konsequenzen des *exotic species*-Modells lassen sich in wenigen Sätzen zusammenfassen. Als Leser dieses Buches werden sie Ihnen bekannt vorkommen. Nur ein kleiner Teil der genmanipulierten Pflanzen- und Tierarten wird sich in der Natur etablieren können, die große Masse wird scheitern (Zehnerregel). Einem Teil dieser Arten wird es gelingen, in naturnahe Lebensräume einzudringen. Die meisten dieser sich in Natur- und Kulturlandschaft etablierenden Arten werden »ökologisch harmlos«[9] bleiben, aber einige wenige können zu Schädlingen werden, manche immense wirtschaftliche und ökologische Probleme verursachen. Es wird nahezu unmöglich sein, diese Arten wieder aus der Natur zu entfernen. Die Wahrscheinlichkeit, dass es zu einer Etablierung im Freiland kommt, steigt mit der Zahl der ausgebrachten Individuen. Eine Risikoabschätzung muss durch sorgfältige Einzelfallprüfung erfolgen, in die sowohl die spezifischen Eigenschaften des transgenen Organismus als auch die der Ökosysteme eingehen müssen, in die das Lebewesen freigesetzt werden soll oder in die es gelangen könnte.

Berlin, Deutschland, 1995
Auf einer Tagung des Berliner Umweltbundesamtes beklagte eine Mitarbeiterin des Hauses, dass die Behörde das Verhalten gentechnisch veränderter Organismen in der Umwelt prognostizieren und bewerten solle, obwohl »experimentell abgesicherte Daten, insbesondere aus Langzeituntersuchungen, fehlen«.[10] Zudem gäbe es keine gesetzliche Handhabe, beantragte Freisetzungsexperimente mit Auflagen zu versehen, damit eine begleitende Sicherheitsforschung durchgeführt wird. Die überwiegende Mehrzahl der von der Industrie beantragter und bislang ausnahmslos genehmigten Freisetzungsexperimente sind nicht darauf ausgelegt, ökologische Fragestellungen zu klären. Die profilierte Gentechnik-Kritikerin Beatrix Tappeser vom Freiburger Öko-Institut fand unter 5000 Freisetzungsversuchen keine 50, in denen ökologische Fragestellungen überhaupt bearbeitet wurden.

Nach allem, was wir über die Prognosequalität in der Invasionsbiologie gehört haben, dürfte diese Einzelfallprüfung nicht ganz unproblematisch sein. Auch das ist eine Folgerung, die sich aus dem *exotic species*-Modell ableiten lässt. Das Ermutigende des Modells liegt darin, dass transgene Lebewesen nicht als Monster aus einer anderen Welt angesehen werden. Die Art der Probleme, die sie verursachen könnten, ist der Wissenschaft in der Gestalt der biologischen Invasionen im Prinzip bekannt. Der Forschung wird ein klarer Weg vorgezeichnet und auf diesem Weg muss nicht ein einziger gentechnisch veränderter Organismus freigesetzt werden. Weniger erfreulich, ja, alarmierend sind die ernüchternden Ergebnisse, die jahrzehntelange intensive weltweite Forschungsarbeit diesbezüglich erbracht hat.

Unter den amerikanischen Befürwortern der Gentechnik stieß das *exotic species*-Modell auf gemischte Gefühle. Obwohl es vorhersagt, dass die große Masse der freigesetzten GVOs keine oder nur geringfügige ökonomische und ökologische Probleme verursachen wird, befürchteten die Gentechniker, dass in der Öffentlichkeit ein ganz anderes Bild hängenbleibt.[11] Schon alleine die Verwendung des Begriffes *exotic species* könnte bei Laien das Horrorbild der Aliens heraufbeschwören, mit denen die Natur Nordamerikas bereits reichlich gesegnet ist, diesmal allerdings gentechnisch optimiert. Kudzu-Bohnen, Feuerameisen, Killerbienen, Wasserhyazinthen und die fast völlige Ausrottung der einheimischen Edelkastanienwälder durch einen Anfang des Jahrhunderts aus Asien eingeschleppten Pilz haben die amerikanische Öffentlichkeit nachhaltig sensibilisiert. Die eigentliche Aussage des *exotic species*-Modells drohe unter diesen negativen Assoziationen verschüttet zu werden. Dabei wird die Aussage desselben Modells vergessen, dass mit wenigen, aber möglicherweise katastrophalen Fehlentwicklungen gerechnet werden muss.

Andere Einwände gegen das *exotic species*-Modell sind ernster zu nehmen als die Furcht vor Imageverlust. Fremde Organismen brächten tausende von neuen Genen ins Land, sagen die Kritiker, während gentechnisch veränderte Arten sich nur in einem oder sehr wenigen Genen von den schon lange bekannten Ausgangsformen unterschieden. Dementsprechend sei auch das von ihnen ausgehende Gefährdungspotenzial wesentlich geringer, als es das Modell prognostiziert.

Dieses Argument beruht auf der Annahme, die bloße Quantität an neuen Genen würde darüber entscheiden, wie gut einer Art die Anpassung an ihre neue Umgebung gelingt und wie groß ihr Einbürgerungserfolg sein wird. Entscheidend ist jedoch nicht die Zahl der neuen Eigenschaften, sondern ob diese eine bessere Nutzung der vorhandenen Ressourcen, einen besseren Schutz vor Feinden oder andere Konkurrenzvorteile mit sich bringen. Ein einziges neues Gen, das einer Pflanzen- oder Tierart zu einem entscheidenden Selektionsvorteil verhilft, kann ausreichen, ihre Population außer Kontrolle geraten zu lassen. Pflanzensorten, die durch Resistenzgene vor Herbiziden, Krankheiten oder Fressfeinden geschützt sind oder über eine größere Trockenheits- oder Kältetoleranz verfügen, gehören zu den Lieblingsobjekten der Gentechniker. Die ersten werden schon heute großflächig angebaut. Alle diese Merkmale sind geeignet, ihren Besitzern unter Umständen einen erheblichen Selektionsvorteil zu verschaffen.

Geringfügige genetische Unterschiede können erhebliche Auswirkungen haben.[12] In vielen Fällen ist für einen nachhaltigen und möglicherweise kostspieligen Invasionserfolg überhaupt keine genetische Veränderung erforderlich. Die Invasionsbiologie wäre als Wissenschaft überflüssig, wenn es nicht zahllose Beispiele von seltenen, unauffälligen und harmlosen Tier- und Pflanzenarten gäbe, die allein dadurch zum Problem werden, dass sie der Mensch in einen neuen Lebensraum verschleppt. Für frisch aus dem Labor entlassene, gentechnisch veränderte Pflanzen und Tiere ist zunächst jeder Lebensraum neu[13] und auch sie werden, wenn ihnen die Etablierung im Freiland gelingt und sofern sie nicht ohnehin für einen globalen Markt produziert werden, am weltweiten Reiseverkehr der Organismen teilnehmen. Gentechniker, die behaupten, ihre transgenen Pflanzen seien ungefährlich, müssten gleichzeitig erklären, wie sie verhindern wollen, dass diese, wie tausende andere Pflanzenarten auch, in alle Welt und damit in die unterschiedlichsten Ökosysteme und Klimaverhältnisse transportiert werden.

Ein weiteres Argument der Modellkritiker bezieht sich auf die vermeintlich geringere Fitness domestizierter Tier- und Pflanzenarten. Exotische Arten seien in der Regel Wildtiere und -pflanzen. Gentechnische Eingriffe würden aber vor allem an Nutzorganismen vorgenommen, die schon eine lange Züchtungstradition hinter sich haben. Diese Arten hätten den Menschen keinerlei Probleme, sondern nur Vorteile gebracht und könnten sich in der freien Natur nicht halten. Die künstliche Auslese durch Zucht und/oder Gentechnik habe zu einer starken Ausprägung gewünschter Merkmale geführt, die eine »Verminderung der Überlebensfähigkeit außerhalb der Kulturstandorte« zur Folge hat.[14] Mit anderen Worten: sie sind mehr oder weniger ökologisch verkrüppelt.

Auf den vorangehenden Seiten war ausführlich davon die Rede, welche Probleme verwilderte Haustiere wie Katzen, Hunde, Ziegen und Schweine überall in der Welt verursachen. Auch viele Pflanzen, auf die sich zunächst die stärksten Anstrengungen der Gentechniker richten, haben sich als wesentlich robuster erwiesen als behauptet. Von den 75 nach Großbritannien importierten Nutzpflanzen, vom Apfelbaum über die Kartoffel bis zum Raps, gedeihen 71 auch außerhalb der Äcker und Gärten. Das sind 95 %, eine mehr als auffällige Abweichung von der Zehnerregel. Sie deutet auf grundsätzliche Unterschiede zu Wildformen hin. Die Hälfte von ihnen gelten in Großbritannien mittlerweile als vermutlich oder definitiv etablierte Wildpflanzen. In Kanada werden einige von ihnen sogar als Unkräuter eingestuft.[15] Mindestens 36 der 300 nichteinheimischen Unkrautarten in den westlichen USA wurden einmal selbst als Nutzpflanzen für Landwirtschaft und Gartenbau ins Land geholt.[16]

Auch in Deutschland und Mitteleuropa sind viele ursprünglich als Kulturpflanzen eingeführte Arten zum festen Bestandteil der Wildflora geworden. Die beiden deutschen Botaniker Wilhelm Lohmeyer und Herbert Sukopp führen in ihrer grundlegenden Arbeit eine Liste von 61 Pflanzenarten an, die sich sogar in naturnaher Vegetation etablieren konnten. Dazu gehören viele Baumarten, aber auch Stauden, Sträucher und krautige Pflanzen.[17]

Viele Zierpflanzen, die in Gärten und Parks angepflanzt werden, haben ebenfalls eine lange Züchtungstradition hinter sich und auch sie haben sich in der Natur trotz dieses vermeintlichen Handicaps als sehr durchsetzungsfähig erwiesen. *Old man's beard,* Rhododendron, die Springkrautarten sind nur einige der Beispiele, die in diesem Buch schon erwähnt wurden.

Das Argument, Kulturarten seien grundsätzlich nicht zur Ausbreitung in der Lage, ist nicht haltbar. Für den Aachener Ökologen Detlef Bartsch, der sich intensiv mit den möglichen Folgen des Anbaus transgener Zuckerrüben befasst, steht fest, »dass transgene Pflanzen sich zumindest in derselben Weise wie konventionelle Pflanzen einbürgern und ausbreiten werden«.[18]

Auch deutsche Wissenschaftler haben sich das *exotic species*-Modell zu Eigen gemacht. Der Berliner Ökologe, Vegetationskundler und Naturschutzexperte Herbert Sukopp, hierzulande einer der Pioniere der Erforschung fremder Pflanzenarten, brachte das Modell in die Anhörungen der Enquete-Kommission des Deutschen Bundestages ein, die sich mit den Chancen und Risiken der Gentechnologie befasst.[22]

Wie sein Schüler Ingo Kowarik legt Sukopp besonderes Gewicht auf einen bedeutenden, bisher unerwähnten Aspekt des *exotic species*-Modells: den Faktor Zeit. Jede Sicherheitsforschung, die sich mit den ökologischen Auswirkungen gentechnisch veränderter Organismen beschäftigt, kann nur Aussagen liefern, die für die jeweils herrschenden Bedingungen gelten. Keine noch so aufwendige Untersuchung kann Verhältnisse zugrunde legen, wie sie in fünfzig oder hundert Jahren herrschen werden, zumal wir uns die Vorhersage zukünftiger Lebensbedingungen durch massive Freisetzung von Treibhausgasen nicht gerade leichter gemacht haben. Der Aussagewert solcher Studien ist deshalb prinzipiell nur von begrenzter örtlicher und zeitlicher Aussagekraft.[23]

Deutschland, Dänemark, Niederlande

Mehrere aktuelle Studien zeigen, dass sich die neuen Eigenschaften transgener Nutzpflanzen nicht wirksam eingrenzen lassen. Das niedersächsische Landesamt für Ökologie entdeckte die neuen Gene einer Rapssorte in normalen Pflanzen, die in 200 m Entfernung vom Versuchsfeld wuchsen. Genehmigungsbehörde und Antragsteller hatten den Versuch für völlig unproblematisch erklärt und wissenschaftliche Begleitforschung abgelehnt. Das Ministerium, so Ministerin Griefahn, »habe diese Sorglosigkeit nicht hinnehmen wollen« und selbst ein Forschungsprogramm aufgelegt.[19] Transgener Raps kann seine Merkmale auch an wilden Rübsen und Hederich weitergeben. Eine niederländische Studie an 42 Nutzpflanzenarten hat ergeben, dass bei der Hälfte dieser Pflanzen mit einem Gentransfer auf Wildpflanzen zu rechnen ist. Die Autoren prognostizieren »erhebliche Auswirkungen auf die Natur«.[20] Für Ökobauern, die versuchen, ihren Biokohl aufzuziehen, ist die Sache klar: »Wir müssen uns gegen diesen Gensmog wehren.«[21]

Das *exotic species*-Modell bietet die einzige Möglichkeit, diese historische Dimension mit in die Diskussion einzubringen. Die Verbreitung exotischer Arten liefert hunderte von Beispielen groß angelegter Feldexperimente, die über einen Zeitraum von Jahrzehnten bis Jahrhunderten abliefen und deren (Zwischen-)Ergebnisse heute zu beobachten sind. Beteiligt waren die unterschiedlichsten Lebewesen und Lebensräume. Zusammen mit anderen Faktoren haben diese biologischen Invasionen zu einer grundlegenden Veränderung der Ökosysteme dieser Erde geführt. Gerade diese mittel- bis langfristig angelegte Sichtweise lässt für das, was gentechnisch veränderte Lebewesen in der Natur bewirken könnten, wenig Erfreuliches erwarten.

Erinnern Sie sich an den Götterbaum? Ihm und anderen Pflanzen bereiteten in Deutschland die Verwüstungen des Zweiten Weltkriegs den Boden, obwohl er schon viel länger im Lande war. Eine Vorhersage in dieser Richtung ist nie geäußert worden und wäre auch nahezu unmöglich gewesen.[24] Viele exotische Pflanzen benötigten Jahrhunderte, um außerhalb der Kulturstandorte zu keimen. Erst Klimaschwankungen und die von Menschen bewirkte Umgestaltung der Landschaft ließen sie aus ihrem langen Schattendasein heraustreten.

Das jüngste Beispiel dieser Art liefern die Galapagos-Inseln. Der starke El Niño des Winters 1997/98 hat ihr Erscheinungsbild völlig verändert. Ungewöhnlich hohe Temperaturen und starke Regenfälle haben Spuren hinterlassen. »Selbst die trockensten Inseln sind mit einem grünen Teppich überzogen«, sagt Michael Bliemsrieder, ein Wissenschaftler der berühmten Charles-Darwin-Forschungsstation auf Santa Cruz. Schon beim letzten El Niño, 1982/83, war zu beobachten, dass die Profiteure dieser Veränderungen fast ausschließlich unter den eingeschleppten fremden Arten zu finden sind. Während die einheimische, an lange Trockenzeiten angepasste Tier- und Pflanzenwelt um ihr Überleben kämpft, sind zwei Arten von Feuerameisen, Ratten und andere invasive Arten stark auf dem Vormarsch. Für Robert Bensted-Smith, Direktor der Darwin-Forschungsstation, steht fest, dass »eingeführte Arten die bei weitem größte Bedrohung der Artenvielfalt der Galapagos-Inseln darstellen«. Früher, ohne die vom Menschen eingeschleppten Tiere und Pflanzen, konnte sich die Organismenwelt der Inseln wieder erholen. Jetzt drohen die Klimaturbulenzen des neuen El Niño die Verhältnisse endgültig auf den Kopf zu stellen.[25]

Wenn man das Wort Prognose ernst nimmt, ist ein Zeithorizont von wenigen Jahren völlig unzureichend. Eine wirkliche Vorhersage kann ja wohl nicht darin bestehen, die Entwicklung der kommenden drei, vier oder gar zehn Jahre abzuschätzen. Chemikalien, die in die Natur gelangen, werden über kurz oder lang abgebaut, selbst radioaktive Stoffe sind irgendwann zerfallen. Lebende Organismen werden sich dagegen nicht plötzlich in Luft auflösen. Sie selbst oder ihre auf andere Arten übertragenen Gene werden auf unabsehbare Zeit Teil der natürlichen Prozesse bleiben. Auch wenn wir es uns einmal anders überlegen sollten, wird sich daran nichts mehr ändern lassen. Gerade diese fatale Unumkehrbarkeit der eingeleiteten Veränderungen ist eine der wichtigsten Aussagen, die wir aus dem *exotic species*-Modell ableiten können.

Wenn es nach den Vorstellungen der Industrie und weiten Teilen der Politik geht, werden gentechnisch veränderte Pflanzen und Tiere nicht nur punktuell, sondern flächendeckend und in den verschiedensten Formen zum Einsatz kommen. Ohne dass auch nur eine einzige wirkliche gentechnische Katastrophe geschieht, wird dies Veränderungen der Natur zur Folge haben. Was das konkret bedeutet, in welcher Geschwindigkeit und in welchem Ausmaß diese Veränderungen ablaufen, welchen Verlauf sie nehmen und wie sie sich auf das Leben der Menschen auswirken werden, all das sind vollkommen offene Fragen, die niemand beantworten kann, am wenigsten die Genetiker, die für ökologische Zusammenhänge oft nur ein müdes Lächeln übrig haben. Da wir zudem erst am Anfang dieses Prozesses stehen, ist damit zu rechnen, dass zukünftige Generationen von Laborwundern über weit komplexere neue Fähigkeiten verfügen werden, als das in der heutigen gentechnischen Steinzeit der Fall ist. Trifft das *exotic species*-Modell im Kern zu, und es gibt kaum Ökologen, die daran zweifeln, dann hat mit der Freisetzung gentechnisch veränderter Organismen ein weltumspannender Freilandversuch begonnen, der auf lange Sicht kaum eine Pflanzen- und Tierart dieser Welt unbeeinflusst lassen wird.

Nach uns die Sintflut. Diesem Prinzip scheinen Politiker zu folgen, die bereits nach den Erfahrungen weniger Jahre vehement eine weitere Lockerung der Zulassungsbestimmungen fordern. Die Gentechnikindustrie und ihre Lobby drängt nach milliardenschweren Investitionen auf eine rasche und unbürokratische Markteinführung. Wirklich verantwortungsvolle Politik, die das Land auch vor anderen als ökonomischen Schäden bewahrt, ist das nicht. Ein hastiger Rückzug aus den aus gutem Grund eingenommenen Positionen ist unverantwortlich und wird dem Problem in keiner Weise gerecht. Vorsicht muss für lange Zeit, vermutlich für immer das wichtigste Prinzip im Umgang mit transgenen Organismen bleiben.

Die in der Bevölkerung vorhandenen Vorbehalte gegen die Gentechnik werden oft als weitgehend irrationale Technikangst abgetan, als Zeitgeisterscheinung von vorübergehendem Charakter, die man bekämpfen oder aussitzen müsse. Auch das ist unverantwortlich und spricht zudem den ernst zu nehmenden Bedenken einer großen Zahl international anerkannter Wissenschaftler Hohn, die sehr schwerwiegende Gründe für ihre Skepsis vorzubringen haben. Ein erstes, wirklich fundiertes Resümee wird sich erst in ein, zwei Generationen ziehen lassen. Alles, was bis zu diesem Zeitpunkt den Weg in die Lebensgemeinschaften des Freilandes gefunden hat, wird dort auf unabsehbare Zeit verbleiben. Wann werden wir endlich begreifen, dass der Zeittakt der Natur nicht von Bilanzpressekonferenzen und Wahlterminen diktiert wird?

Reckenholz, Schweiz, 1997
Eine aufsehenerregende Studie der Eidgenössischen Forschungsanstalt für Agrarökologie und Landbau bei Zürich hat ergeben, dass gentechnisch veränderter Mais weitere Kreise zieht als vermutet. In die Pflanzen wurde das Gen eines Bakteriums *(Bacillus thuringiensis)* eingeschleust, das sie befähigt, ein bakterielles Insektengift zu produzieren. Die Larven des Maiszünslers, die an der Pflanze fressen, sterben daran. Nun hat sich herausgestellt, dass auch Nützlinge betroffen sein können, die eigentlich geschont werden sollen. Im Experiment der Schweizer Forscher waren das die räuberischen Larven der auch als Goldaugen bekannten Florfliegen. Als sie Käferlarven fraßen, die an dem schädlingsresistenten Mais genagt hatten, starben sie doppelt so häufig wie ihre Artgenossen, die sich von unbelasteten Schädlingen ernährt hatten.[26]

Ökologen weht in Zeiten ökonomischer Krisenstimmung ein kalter Wind ins Gesicht. Sie können sich der Aufgabe, die Risiken der neuen Technik abzuschätzen, kaum entziehen, auch wenn sie ihr mehrheitlich skeptisch gegenüberstehen. Es besteht besonders in Deutschland eine starke

Tendenz zur Fundamentalopposition. Aus Angst, letztlich nur Akzeptanzforschung zu betreiben, als Feigenblatt für eine politisch gewollte und ökonomisch mächtige Technologie zu dienen, neigen viele Ökologen zur Verweigerung. Sie wissen selbst am besten, zu welcher Art von Ergebnissen ihre Untersuchungen bestenfalls führen werden. Ökologie kann keine 100-Prozent-Aussagen liefern. Ergebnisse wie: Wenn wir dies oder das machen, wird exakt jenes dabei herauskommen, sind kaum zu erbringen oder unseriös. Das ist nicht oder nicht nur die Schuld der Wissenschaftler, sondern liegt in der äußerst komplizierten Natur der Sache. Ökologische Untersuchungen liefern immer nur Wahrscheinlichkeitsaussagen, die mit vielen Unsicherheiten behaftet sind. Zudem können sich entscheidende Parameter jederzeit ändern. Wer mehr von den Wissenschaftlern fordert, hat noch immer nicht begriffen, wie die Welt, in der wir leben, beschaffen ist.

Afrika

Die Wege der Gene sind noch in vielen Aspekten unergründlich. Eine weitgehend ungeklärte Frage ist die des so genannten horizontalen Gentransfers. In welchem Ausmaß und wie können Gene von einer Organismenart auf die andere gelangen? Obwohl man die Wahrscheinlichkeit für eher gering hält, herrscht Unsicherheit, inwieweit ein solcher Gentransfer bei höheren Organismen eine Rolle spielt. Bei Bakterien ist das Phänomen weit verbreitet. So konnten in der Darmflora von Pavianen, die Kontakt mit dem Müll von Safaritouristen hatten, Bakterien nachgewiesen werden, die gegen verschiedene Antibiotika resistent waren. Vermutlich haben sie diese in Pavianbäuchen eher überflüssigen Fähigkeiten durch Gentransfer von anderen Bakterienarten erworben, die mit der menschlichen Zivilisation vertrauter sind.[27]

Bis heute ist es unmöglich, exakt vorherzusagen, welchen Effekt die Ausbringung einer bestimmten Chemikalie in einem Ökosystem haben wird. Um wie viel schwieriger wird es sein, die Auswirkungen lebender Organismen vorherzusagen, deren Wechselwirkungen mit der Umwelt um Größenordnungen komplexer sind. Die Gefahr ist tatsächlich groß, dass die mit vielen Annahmen und Wenn-und-aber-Einschränkungen behafteten Resultate der Sicherheitsforscher letztlich nichts bewirken. Schon jetzt vorliegende Studien lassen viele der im Vorhinein geäußerten Befürchtungen gerechtfertigt erscheinen. Geändert hat das nichts. Die eindeutige politische Weichenstellung wird wohl, wenn überhaupt, erst nach schwerwiegenden Fehlentwicklungen korrigiert werden.

Nichts deutet darauf hin, dass Gentechniker darauf warten werden, bis die wissenschaftlichen Ökologen am Sankt-Nimmerleins-Tag zu einem abschließenden Ergebnis gekommen sind. Sie verkaufen ihre Produkte, mit oder ohne Rückendeckung durch die Ökologie, die Unterstützung der Politik ist ihnen, von wenigen Ausnahmen abgesehen, sicher. Der Zug ist längst in Bewegung geraten und alles deutet darauf hin, dass die ökologische Forschung, wenn sie denn mitspielt, auf absehbare Zeit dazu verurteilt sein wird, ihm mit hechelnder Zunge hinterherzuhetzen. Es könnte sogar sein, dass die Waggons schon außer Sichtweite sind.

Letztlich stehen sich zwei sehr unterschiedlich beleumundete biologische Wissenschaftszweige gegenüber. Die klassische Disziplin der Ökologie, die aus der Mode zu kommen scheint, die, zur Weltanschauung mutiert, als eher rückwärts gewandt wahrgenommen wird und deren Protagonisten das Image der ewigen Nörgler anhaftet. Eine Wissenschaft, die nur verzögert und kostet und nichts einbringt. Sie nähert sich damit dem Status der Ethik, die sich einem allzu forschen Einsatz der Gentechnik in anderen Teilbereichen entgegenstellt. Auf der anderen Seite die Gentechnologie, eine Zukunftswissenschaft, eine Milliarden- und Schlüsseltechnologie. Ein ungleicher Kampf in Zeiten weltweiter Strukturkrise. Dabei wäre nichts dringender als ein intensiver und vorurteilsfreier Dialog beider Wissenschaften. Weder Gentechniker noch Ökologen sind unfehlbar.

Regal diskutiert noch eine weitere Lehre aus dem *exotic species*-Modell, eine Lehre, die weniger mit Biologie als mit der Tatsache zu tun hat, dass auch Wissenschaft Fehler macht. Sie ist ein Fall für Wissenschaftshistoriker, die sich damit beschäftigen, wie wissenschaftliche Forschung funktioniert und warum manche Erkenntnisse umgesetzt werden und andere nicht. »Die Lektion, die eingeführte Arten erteilt haben, ist eine Lektion über die Gefahren von zu starker Vereinfachung, von idealistischen Erwartungen und institutioneller Dynamik und Triebkraft«, meint Regal und fährt fort: »Aus solchen tragischen Erfahrungen hat die Gesellschaft zu lernen begonnen, dass Wissenschaft und Regierung vorsichtiger sein müssen. Aber jetzt, im Zusammenhang mit der Gentechnik, gibt es in der Gesellschaft eine neue Mannschaft, die diese Geschichte nicht sehr gut kennt.«[28]

Regal fordert eine Analyse der Barrieren, die den Informationsfluss zwischen wissenschaftlichem Grundlagenwissen und dem politischen Prozess der Entscheidungsfindung verhindern. In vielen Fällen haben Wissenschaftler vor der Einführung fremder Tier- und Pflanzenarten gewarnt. Warum wurde nicht auf sie gehört?

»Das Leben wird insgesamt zum Gegenstand eines Experiments, von dem man nur eines sagen kann, dass es uns tendenziell immer mehr von dem wegführt, was wir waren und was wir zu sein glauben«, schrieb der Schriftsteller Paul Valéry schon 1944.[29] Es liegt an uns Heutigen zu verhindern, dass die Menschen in zwanzig, fünfzig oder hundert Jahren erneut vor den ungewollten, aber unabänderlichen Folgen einer blind betriebenen Akklimatisationspraxis stehen wie die Neuseeländer heute. Damals waren es die herbeigesehnten Tiere und Pflanzen der Heimat, morgen könnten es die angeblich so segensreichen Produkte gentechnologischer Laboratorien sein.

Nachwort

Nach der Arbeit an einem solchen Buch bleibt der naturwissenschaftlich geschulte Autor zwangsläufig mit einem mulmigen Gefühl zurück. Von Vollständigkeitswahn und Beweiszwang gepeinigt, wurden vermutlich genau die falschen Beispiele ausgewählt, bedeutsame Details vergessen und entscheidende Überlegungen vernachlässigt. Bei der ungeheuren Komplexität des Themas, den vielen hundert Fallbeispielen, Beinahekatastrophen und Theorien ist eine rigorose, notgedrungen subjektive Auswahl unvermeidlich. Dieses Buch präsentiert die meine. Es ist eine seltsame und für das Thema typische Vorstellung, dass ein anderer Autor ein Buch verfassen könnte und dabei kaum auf die von mir geschilderten Ereignisse zurückgreifen müsste. Statt von den Raubzügen des Nilbarsches und dem Untergang der Furu im Viktoriasee zu erzählen, könnte man das Meerneunauge und sein spektakuläres Festmahl im Lake Michigan in den Mittelpunkt stellen. Statt Guam könnte Mauritius traurige Vogelstorys beisteuern, statt der Robinie wäre auch der Feuerbaum kein schlechtes Thema, an verschleppten Killeralgen herrscht ohnehin kein Mangel und statt Neuseeland gäbe Australien oder Hawaii einen ergiebigen Themenschwerpunkt ab.

Was bleibt am Ende außer der wenig aufmunternden Erkenntnis, dass bedeutende biologische Invasionen jederzeit aus heiterem Himmel über jeden Ort dieser Erde hereinbrechen können?[1]

Auch nach jahrzehntelanger Forschung kennen wir keinen überzeugenden und zuverlässigen Weg, eine solche Entwicklung vorherzusagen, zu stoppen oder ihre Folgen zu beseitigen, und trotz dieser ungelösten Fragen sind wir im Begriff, den herkömmlichen biologischen Invasoren noch eine gentechnisch manipulierte Variante hinzuzufügen. Überall stoßen wir auf erstaunliche Wissenslücken, ganze Lebensräume und Organismengemeinschaften, die nie untersucht, nie erfasst wurden. In diesem hochtechnisierten globalen Dorf gibt es riesige weiße Flecken auf der biologischen Landkarte, für die sich niemand zu interessieren scheint.

Und einmal mehr gelangt man zu der Erkenntnis, dass die einfachen Lösungen keine Lösungen sind. Zur ermüdenden Einzelfallprüfung gibt es keine Alternative. Jedes Gebiet, jede Tier- und Pflanzenart muss für sich betrachtet und bewertet werden. Wahllose Rundumschläge und Pauschalurteile würden den entstandenen Schaden noch vergrößern. Wir müssen uns im Einzelfall im aufmerksamen Nichtstun üben, damit wir bei anderer Gelegenheit mit aller Entschiedenheit handeln können. Die dabei zu verrichtende Arbeit kann sehr blutig oder sehr dreckig sein, aber sie muss getan werden, wenn wir der schleichenden Erosion der weltweiten Artenvielfalt wenigstens auf dieser Ebene etwas entgegensetzen wollen. Wo durch biologische Invasoren wertvolle Naturschätze zu verschwinden drohen, müssen wir handeln, wo, wie in Mitteleuropa, eine Jahrtausende alte Kulturlandschaft viele fremde Pflanzenarten mit einschließt, müssen sie als Teil einer kulturellen Überlieferung akzeptiert werden.

Arten schützt man am besten in ihren Heimatbiotopen. Deshalb und nicht aus irgendwelchen ideologischen Gründen ist der Erhalt einheimischer Organismen so wichtig. Wenn es in der Heimat, und das heißt an jedem Ort dieser Erde, niemanden gibt, der sich für ihren Erhalt einsetzt, wer sollte es sonst tun? Die organismische Vielfalt der Erde ist unser aller Reichtum, ihr jeweils wichtigster Teil lebt vor der eigenen Haustür.

Nichts liegt mir ferner, als mich zum Fürsprecher einer von Ingo Kowarik diagnostizierten »gehölzrassistischen Fremdenfeindlichkeit« zu machen.[2] Aber aus den hier vorgelegten Überlegungen zum Thema folgt zwingend eine gewisse Mitverantwortung jedes einzelnen Menschen, als Reisender, als Tierhalter oder Gärtner. Ob wir es wollen oder nicht, wir alle sind im weltweiten ökologischen Roulette mit fremden Tier- und Pflanzenarten nicht nur passive Beobachter. Um Verheerendes anzurichten, braucht es keine Tier- oder Pflanzentransporte in großem Maßstab. Für den größten tropischen See der Erde reichte ein Mann mit einem Eimer voller Fischbrut.

Dass das um sich greifende Aussetzen von Haustieren durch nichts zu rechtfertigen ist, dürfte zur Genüge deutlich sein. Hinter dieser Art der Entsorgung von lebendem Tiermüll verbirgt sich völlige Gleichgültigkeit oder der selbstbetrügerische Schlussakt einer pervertierten Tierliebe, meilenweit von jedem Naturverständnis entfernt und feige dazu, weil sie sich vor der Verantwortung gegenüber dem angeblich so geliebten Haustier und der betroffenen Natur drückt. Wenn dieses massenhafte Aussetzen nicht zu verhindern ist, dann muss die Frage erlaubt sein, ob es Sinn macht, dass Tierarten wie Ochsenfrösche oder Rotwangenschildkröten ohne jede Einschränkung als Haustiere verkauft werden dürfen, wenn viele von ihnen keine Haustiere bleiben.

Was die Pflanzen betrifft, ist die Lage sicher komplizierter. Es kann nicht darum gehen, irgendjemandem, und schon gar nicht uns Europäern, die wir in einer Jahrhunderte langen Tradition der Gärten und Parks stehen, die Freude an exotischen Pflanzen zu vermiesen. Angesichts der Tatsache, dass überall in der Welt einzelne Garten- und Nutzpflanzen zu gefährlichen und kostspieligen Invasoren geworden sind, muss aber auch hier ein vorsichtiges Umdenken einsetzen. Es kann nicht sein, dass der riesige Markt für Zier- und Nutzpflanzen einzig von der Schönheit ihrer Blätter und Blüten und der Süße ihrer Früchte reglementiert wird. Es wäre schon ein großer Fortschritt, wenn die gartenliebenden

Menschen dieser Welt um das Problem invasiver Pflanzen wüssten, und genauso, wie sie jeden Joghurtbecher auf die vergleichsweise banale Tatsache hin überprüfen, ob sein Inhalt Konservierungsstoffe enthält, und gegebenenfalls auf andere Marken ausweichen, auch bei Gartenpflanzen fragen, ob es nicht vielleicht Alternativen gibt unter den einheimischen Pflanzen oder unter den Arten, die schon seit Jahrhunderten bei uns kultiviert werden. Die Auswahl bliebe noch immer riesengroß.

Unterdessen mehren sich die Anzeichen, dass der Mensch zu einem bedeutsamen Klimafaktor geworden ist und damit alle Versuche torpediert, zu effektiven Vorhersagen zu kommen. Treibhausgase heizen unseren Planeten auf und die nicht zuletzt von der globalen Temperaturverteilung diktierten Verbreitungsgrenzen von Tier- und Pflanzenarten werden ungewohnt heftig in Bewegung geraten. Die ersten Anzeichen dafür zeigen sich schon jetzt. Die Teilnehmerliste dieses weltumspannenden Wettlaufs um einen Platz in den Lebensräumen der Zukunft ist allerdings eine ganz andere, als sie es noch vor fünfzig, hundert oder fünfhundert Jahren gewesen wäre. Tausende von Tier- und Pflanzenarten befinden sich an Orten, an die sie ohne uns Menschen nie gelangt wären. Es sind neue Mitbewerber am Start. Wie die einheimischen Arten werden sie, jede an ihrem Platz, versuchen, aus den sich ändernden Bedingungen das Beste zu machen. Das Ergebnis wird keine schlechtere, mit Sicherheit aber eine andere, und ich fürchte eine ärmere Natur sein.

Anhang

Anmerkungen

Einleitung

1 Elton 1958
2 Urania-Tierreich 1995, S. 73/74
3 Gilpin 1990
4 US Congress OTA 1993
5 Ebenda. Allein in der Sojabohnenkultur sind 23 der 37 wichtigsten Unkräuter nicht einheimisch.
6 Ebenda
7 Tenner 1997
8 Die bedeutende historische Dimension der Einführung und Verschleppung von Organismen durch europäische Eroberer hat der Amerikaner Alfred W. Crosby in seinem Buch *Ecological Imperialism* dargestellt (1986). Das Werk erschien 1991 auch auf Deutsch, allerdings ohne das Kapitel über Neuseeland.
9 Crosby 1986
10 Rifkin 1986

1 Großstadtdschungel

1 Zit. n. *Die Zeit,* 30. 5. 1997
2 Ringenberg 1994
3 Kowarik 1992
4 Ringenberg 1994
5 *ZEITmagazin 36,* 18. 8. 1992
6 Goeze 1916
7 Kowarik 1992
8 Mack 1991, S. 197
9 Natürlich wurden auch viel krautige Pflanzen bewusst eingeführt. Allein das amerikanische Office of Plant Introduction hat 200 000 verschiedene Pflanzenarten und -unterarten in die USA importiert (Sukopp 1995).
10 Sukopp 1995
11 Sukopp 1976

2 Von alten und neuen Pflanzen

1 Zit. n. Kowarik 1992
2 Ebenda
3 Ebenda, gemeint ist das Werk von F. A. L. von Burgsdorf.
4 Ebenda
5 Darwin 1860, S. 104 der deutschen Ausgabe
6 Kowarik 1992
7 *Die Zeit,* 27. 8. 1993
8 Korneck & Sukopp 1988, für die alten Bundesländer
9 Bundesamt für Naturschutz 1996, für alte und neue Bundesländer
10 Kowarik, 1992, S. 39
11 Ellenberg 1982, S. 371
12 Kowarik 1991
13 Jäger 1988
14 In Florida erreicht er 27 %, in Neuengland 29 %, auf Hawaii sogar 45 % (US Congress OTA 1993).

3 Tabula Rasa – Mitteleuropa nach der Eiszeit

1 Die Gesamtzahl der höheren Pflanzenarten ist im östlichen Nordamerika und in Mitteleuropa mit 4000 Arten etwa gleich. In den amerikanischen Wäldern wachsen aber viel mehr Baumarten. Zum Beispiel gibt es in Europa nur vier Eichenarten, in Amerika sind es zwanzig und statt zwei wachsen dort fünf verschiedene Birken.
2 Zit. n. *Die Zeit,* 5. 2. 1993
3 Küster 1995, S. 61
4 Ellenberg 1982, S. 30, vgl. Remmert 1988, S. 3
5 Küster 1995, S. 82
6 Ebenda

4 Pests!

1 Keri Hulme, *Unter dem Tagmond.* 1987, S. 233
2 Crosby 1991
3 Department of Conservation 1997
4 Heywood 1989
5 Flannery 1994, S. 13
6 Ebenda, S. 21
7 Ebenda, S. 17
8 Reichholf 1996
9 Flannery 1994, S. 16
10 Henle & Kaule 1993

5 Moas und Maoris

1 King 1984, S. 21–23
2 Ebenda
3 Flannery, 1994
4 King 1984
5 Ebenda
6 Ebenda, S. 52
7 Crosby 1986, S. 227

6 Gondwanas Arche

1 Tim Halliday nach King 1984, S. 19
2 Victoria University 1995
3 King 1984, S. 20
4 King 1984, Tab. 6
5 Flannery 1994
6 Ebenda, S. 55
7 Douglas Adams & Mark Carwardine 1991, S. 146
8 Flannery 1994
9 Ebenda, S. 61/62
10 Luther 1995
11 King 1984, S. 73

7 Tierisch erfolgreich – Die Akklimatisation

1 Zit. n. Crosby 1991, S. 13/14
2 Crosby 1986. Heute leben über 450 000 Maoris in Neuseeland. Sie stellen etwa 13 % der Bevölkerung.
3 Crosby 1991, S. 179
4 William Colenso 1885, zit. n. Crosby 1991, S. 234
5 Tenner 1997
6 McDowall 1994, S. 217
7 Ebenda, S. 7
8 Ebenda
9 Ebenda, S. 12
10 Tenner 1997, S. 178
11 McDowall 1994
12 Ebenda
13 Geoffroy Sainte-Hilaire 1849, zit. n. Tenner 1997
14 Tenner 1997
15 Crosby 1986, S. 194
16 Temple 1992
17 McDowall 1994, S. 1
18 Crosby 1986, S. 256
19 McDowall 1994, S. 24

20 Ebenda, S. 30
21 King 1990
22 *Otago Daily Times* vom 2. 4. 1933, zitiert n. McDowall 1994
23 Zit. n. McDowall 1994
24 Ebenda
25 Ebenda, S. 39
26 MacKenzie 1991

8 Pelze und Halali – Neue Säugetiere in Europa

1 Lutz 1996, S. 298
2 *Berliner Zeitung,* 12. 8. 1998, S. 8. Der englische Journalist Peter Chippindale hat über Amerikanische Nerze, die von Tierschützern aus einer Pelzfarm befreit werden, einen umfangreichen Roman geschrieben: *Nerz!*
3 Lutz 1996
4 Ebenda
5 Poglayen-Neuwall 1988
6 *Der Tagesspiegel,* 10. 11. 1997
7 Lachenmaier 1996
8 Stern 1997, S. 208/209
9 Claus-Peter Lieckfeld, *Süddeutsche Zeitung Magazin* 11, 13. 3. 1998, S. 15
10 Stern 1997, S. 222/223

9 Gefiederte Freunde – Die Vögel

1 Bezzel 1996
2 In den Niederlanden wurden bei einer Umfrage weit über 30 000 Enten und Gänse aus 32 nichteinheimischen Arten gezählt. Die tatsächliche Zahl dürfte weit höher liegen. In Großbritannien wurden über 85 000 freilebende exotische Gänse und Enten registriert. Sie haben untereinander 18 verschiedene Hybridkombinationen hervorgebracht (Bezzel 1996).
3 Ebenda
4 Mahler 1996
5 Bezzel 1996
6 Mahler 1996
7 Williamson 1996
8 Bezzel 1996
9 Gebhardt, Kinzelbach & Schmidt-Fischer 1996
10 Bezzel 1996
11 Temple 1992
12 Bezzel 1996
13 Temple 1992
14 Ornithological Society of New Zealand 1990

15 King 1984
16 Ribeiro, *Das Lächeln der Eidechse.* 1994, S. 114
17 Lever 1987
18 Tenner 1997
19 Ebenda
20 Lever 1987
21 Tenner 1997, S. 148

10 Unter Wasser

1 Geiger & Waitzmann 1996
2 Ebenda
3 *Der Spiegel* 18, 1993, *Der Tagesspiegel,* 6. 4. 1993
4 Kremer 1997
5 Jahresmittelwert, Kremer 1997
6 Kinzelbach 1995
7 Tittizer 1996
8 Kinzelbach 1995
9 Tittizer 1996
10 *Die Zeit,* 7. 6. 1996
11 Jungbluth 1996
12 Bernauer et al. 1996
13 Kremer 1997
14 Tittizer 1996

11 Killeralgen, Rippenquallen und die Last mit dem Ballast

1 *Focus* 23, 1995, S. 146
2 James Carlton nach Travis 1993
3 Williamson 1996
4 Mee 1992
5 Travis 1993
6 Williamson 1996
7 Travis 1993
8 Mark Dammer, Gefährliche Reisende, *Mare* 1, 1997
9 Gollasch & Dammer 1996
10 Gollasch 1996
11 Carlton & Geller 1993
12 Gollasch 1996, Gollasch im Druck
13 Carlton & Geller 1993, S. 8

12 Schnell und stark – Die Fische

1 Welcomme 1988
2 *Der Spiegel* 52, 1996
3 Arnold 1990
4 Remmert 1988, S. 133/134
5 Miller et al. 1989. Die Zahlen ergeben mehr als hundert Prozent, weil jeweils mehr als ein Faktor beteiligt war.
6 Welcomme 1988
7 Ebenda, S. 8
8 Lelek 1996
9 Spencer et al. 1991
10 Nach Welcomme 1988
11 Arnold 1990
12 Welcomme 1988
13 Lelek 1996
14 Nowak et al. 1994
15 US Congress OTA 1993
16 Löffler 1996
17 Tenner 1997, S. 195/196
18 Arnold 1990, S. 15

13 Die Lessepsche Migration

1 *Der Tagesspiegel,* 4. 8. 1991
2 W. Steinitz, zit. n. Por 1971
3 Aron & Smith 1971
4 Por 1971
5 Por 1971, 1978
6 Ebenda
7 Vermeij 1991, S. 1101
8 Por 1978
9 Aron & Smith 1971
10 Ebenda
11 Por 1978
12 Lelek 1996, S. 210

14 Die heimlichen Herrscher – Insekten und andere Kleintiere

1 *Der Tagesspiegel,* 28. 11. 1995
2 Kalisz 1993
3 Gebhardt, Kinzelbach & Schmidt-Fischer 1996
4 Brechtel 1996, S. 149
5 Simberloff 1989
6 US Congress OTA 1993

7 Ebenda, Williamson 1996
8 Asquith & Messing 1993
9 US Congress OTA 1993. Die genannte Summe stellt 96 % der in der Studie ermittelten Verluste durch nichteinheimische Organismen dar. Im ungünstigsten Fall werden nur 6 ausgewählte Insektenarten in Zukunft weitere Verluste in Höhe von 74 Milliarden Dollar verursachen.
10 Zitate nach Brechtel 1996
11 ES Congress OTA 1993
12 Bogenschütz 1996
13 Albert 1996. Bei Transporten innerhalb der EU verlässt man sich auf einen Pflanzenpass, der Befallsfreiheit garantieren soll.
14 Ebenda
15 Simberloff 1986
16 Zebitz 1996
17 Zitate nach Hobhouse 1988, S. 271, 273, 280/281

15 Die *Tramp*-Ameisen

1 Hölldobler & Wilson 1990
2 Passera 1994
3 Reimer 1994
4 Passera 1994
5 Bueno & Fowler 1994
6 Williams 1994
7 Lubin 1984
8 Passera 1994
9 Lieberburg et al. 1975
10 Haines et al. 1994
11 Fowler et al. 1994
12 Haines et al. 1994
13 *BZ*, 21. 5. 1997
14 Bueno & Fowler 1994

16 Natürliche Helfer

1 Williamson 1996, S. 123/124
2 *Die Zeit*, 19. 2. 1993
3 Interview des Autors
4 Stand 1982, Franz & Krieg 1982
5 US Congress OTA 1993
6 *Der Tagesspiegel* 15. 6. 1990, *Die Zeit* 28. 7. 1995
7 Franz & Krieg 1982, S. 42
8 Interview des Autors
9 Zitate nach Lever 1994, S. 110
10 Ebenda

11 Welcomme 1988
12 Arnold 1990
13 Lever 1994
14 Ebenda
15 Easteal 1981
16 Flannery 1994, S. 259
17 Lever 1994, S. 195

17 Aussterben

1 Adams & Carwardine 1991, S. 146/147

Die stillen Wälder von Guam

2 Reid & Miller 1989
3 Jaffe 1994
4 Ebenda, S. 21
5 Savidge 1987
6 Dryden 1965, nach Savidge 1987
7 Rodda et al. 1992
8 Savidge 1987
9 Jaffe 1994
10 Ebenda, S. 103
11 Ebenda
12 Ebenda, S. 67
13 Ebenda, S. 69, 71
14 Ebenda, S. 91
15 Ebenda, S. 95/96
16 Savidge 1987
17 Ebenda, S. 667
18 Rodda & Fritts 1992
19 Rodda et al. 1992
20 Savidge 1987
21 Jaffe 1994
22 Fritts et al. 1994
23 Jaffe 1994
24 *Der Spiegel* 25, 1997
25 US Congress OTA 1993
26 Jaffe 1994, S. 259

Schlacht der Schleimer

1 Gould 1991
2 Clarke et al. 1984
3 Williamson 1996, S. 148

4 Gould 1991
5 Clarke et al. 1984
6 Ebenda
7 Murray et al. 1988
8 Gould 1991, S. 12
9 Clarke et al. 1984
10 Cowie 1992
11 Ebenda
12 Gould 1991, S. 12
13 Wells 1995

Inseln

1 MacArthur & Wilson 1967
2 Inselbiogeographie ist das Thema des jüngst auf Deutsch erschienenen, monumentalen Werks *The Song of the Dodo* des amerikanischen Journalisten David Quammen (Quammen 1996).
3 Wilson 1992, S. 271/272
4 Wilson & Simberloff 1969
5 Wilson 1992, S. 273
6 Quammen 1996, S. 430
7 Wilson & Simberloff 1969
8 Simberloff & Wilson 1969, 1970
9 King 1985
10 Ebenda
11 Gillespie & Reimer 1993
12 King 1985
13 World Conservation Monitoring Centre 1992
14 Wilson 1992

18 Veränderungen von Ökosystemen

Laufmaschen

1 Spencer et al. 1991
2 Williamson 1996
3 Jaffe 1994
4 Kerr 1993
5 Ebenda

Im Honigtauwald

1 Innes 1995
2 Ein Neuseeland-Dollar entsprach im Oktober 1998 ca. 0,90 DM.
3 Sutherland et al. 1997
4 McKelvey 1995

Sandbirke und Robinie

1 Fuentes et al. 1983
2 Kowarik 1992
3 Ebenda
4 Vitousek et al. 1987, Vitousek 1990
5 Kowarik 1992
6 Ebenda, S. 128
7 Kowarik 1996
8 Kowarik 1992, S. 140

Die fehlende Made

1 Hill et al. 1995
2 Kowarik 1996
3 Baker 1986, zit. n. Tenner 1997, S. 215
4 Platen & Kowarik 1995
5 Janssen & Klein 1992 nach Kowarik 1996
6 Kolbe 1991
7 Kennedy & Southwood 1984
8 Ebenda

Furu und Mkombozi – Der Viktoriasee

1 Williamson 1996, S. 173
2 Pitcher & Hart 1995
3 Goldschmidt 1997
4 Pitcher 1995
5 Goldschmidt 1997, S. 12. Falls nicht anders angegeben, stammen alle Zitate dieses Kapitels aus dem Buch von Tijs Goldschmidt.
6 Goldschmidt 1997
7 Witte et al. 1995
8 Harris et al. 1995
9 Witte et al. 1995
10 Ochumba 1995
11 Kudhongania & Chitamwebwa 1995
12 Witte et al. 1995
13 Ebenda
14 Ebenda
15 Weiner 1994
16 Ochumba 1995
17 Kudhongania & Chitamwebwa 1995
18 Twongo 1995
19 Bundy & Pitcher 1995
20 Reynolds et al. 1995
21 Kudhongania & Chitamwebwa 1995

22 Reynolds et al. 1995
23 Pitcher & Bundy 1995
24 Harris et al. 1995
25 Pitcher & Bundy 1995
26 Ebenda, S. 178
27 *Der Spiegel* 25, 15. 6. 1998, S. 208

19 Gene

Die afrikanisierten Bienen Amerikas

1 Winston 1992, S. 49
2 Ebenda
3 *Time,* 18. 9. 1972
4 Winston 1992
5 Ebenda
6 Ebenda
7 Ebenda
8 Tenner 1997, S. 200

Die Unbesiegte

1 US Congress OTA 1993
2 Williams 1994
3 Adams & Lofgren 1981, S. 378
4 *Die Zeit* 13. 5. 1994, *Der Tagesspiegel* 31. 8. 1995
5 Vinson 1994
6 Porter & Savignano 1990
7 Wojcik 1994
8 US Congress OTA 1993
9 Vinson 1994
10 Ebenda, S. 250
11 Hölldobler & Wilson 1990
12 Tschinkel 1993
13 Porter & Savignano 1990
14 Patterson 1994
15 Vinson 1994
16 Porter & Savignano 1990

Die Macht des Genoms

1 Williamson 1996, S. 150
2 Ebenda
3 Ausnahmen bestätigen die Regel. Im Kapitel über den Viktoriasee und seine Furus wurde schon darauf hingewiesen, dass Hybridisie-

rung zwischen verschiedenen Arten in extremen Situationen eine Art letzter Rettungsanker sein kann.

4 Ferguson 1990

5 Ebenda. Es handelte sich um *Oncorhynchus clarki lewisi.*

6 Miller et al. 1989

7 Williamson 1996

8 Gillespie 1985

9 Geiger & Waitzmann 1996

10 Ferguson 1990, S. 1054

11 Trepl 1993

12 Ebenda, S. 424

20 Die lange Leitung der Pflanzen

1 Ringenberg 1994

2 Kowarik 1992, 1995 a

3 Kunick 1974

4 Kowarik 1995 a

5 Kowarik 1992

6 Löffler 1996

7 Lelek 1996

8 Myers 1987

9 Kowarik 1995 a

10 Ebenda

11 Williamson 1996

12 DoC 1997. Etwa 170, knapp 9 %, der etablierten fremden Pflanzen Neuseelands werden vom DoC als ökologische Unkräuter *(ecological weeds)* eingestuft.

13 Williamson 1996

14 Ebenda

15 Williamson 1993

16 Kowarik 1995 a, b, 1996

17 Williamson 1993

18 Williamson 1996

19 Ebenda

20 Ebenda, S. 43

21 Invasoren ohne Eigenschaften

1 Lewin 1987

2 Juvik & Juvik 1992 nach Williamson 1996

3 Wilson et al. 1992

4 *Der Tagesspiegel* 27. 6. 1993

5 Hanski & Camberfort 1991

6 Daehler & Strong 1993

7 Williamson 1996
8 Tennant 1994
9 Sukopp 1995
10 Kuttler 1994
11 Wöhrmann 1991, S. 210
12 Williamson 1996, S. 74
13 Chilvers & Burdon 1983
14 Kalifornische *Pinus-radiata*-Wälder wurden umgekehrt durch australische Eukalyptusforste ersetzt, weil diese in Kalifornien bessere Wuchsleistungen erbringen (Kowarik & Sukopp 1986).
15 MacKenzie 1991
16 Goeden 1983, Williamson 1996
17 Gilpin 1990
18 Dachler & Strong 1993
19 King 1990

22 Top oder Flop

1 King 1990
2 Dawson 1984 nach Williamson 1996
3 Flux 1994 in Thompson & King 1994, S. 17
4 Thompson & King 1994
5 L. B. Bull & M. W. Mules 1944, zit. n. Fenner & Ross 1994
6 Fenner & Ross 1994
7 Ebenda
8 Ebenda

23 Achillesfersen

1 Ramakrishnan 1991
2 Reimer 1994
3 Gritten 1995, S. 216
4 US Congress OTA 1993, S. 11
5 Usher et al. 1988
6 Loope 1992 nach Vitousek 1992
7 Kowarik 1992
8 Primack 1995
9 Vermeij 1991
10 Crosby 1991
11 Ward 1997
12 Martin 1963 nach Ward 1997
13 Crosby 1991, S. 225
14 Ebenda
15 Ebenda, S. 232
16 Reimer 1994
17 Culotta 1991

18 Schmidt 1993, S. 298
19 *Der Tagesspiegel* 30. 7. 1998
20 Kowarik 1992
21 Kowarik 1995 a
22 Kowarik 1996
23 Tenner 1997
24 Kowarik 1995 a

24 Warten wir doch ab, wer gewinnt

1 *Der Tagesspiegel* 21. 10. 1996
2 Interview des Autors
3 *Süddeutsche Zeitung* 28. 8. 1998, *Der Tagesspiegel* 2. 9. 1998, *Hamburger Abendblatt* 23. 9. 1998
4 Zit. n. Stern 1997
5 Ebenda, S. 218
6 Campbell 1993
7 Zit. n. Santoianni 1997, S. 10
8 Interview des Autors
9 Interview des Autors
10 *Das Sonntagsblatt* 21. 3. 1997
11 Di Castri et al. 1990
12 King 1984
13 Temple 1990
14 Böcker et al. 1995, S. 213
15 Reichholf 1996, S. 47
16 Kinzelbach 1996, S. 6
17 Ebenda, S. 12
18 Zit. n. Kowarik 1992
19 *ZEITmagazin* 36, 28. 8. 1992
20 Pollan 1994
21 Zit. n. Sukopp 1995
22 *Der Spiegel* 36, 1998
23 *Der Spiegel* 6, 1998
24 *Weltwoche* 7. 8. 1997
25 *Der Spiegel* 6, 1998
26 *Der Spiegel* 27, 1995, *Der Tagesspiegel* 18. 8. 1993
27 *Die Zeit* 8. 9. 1995
28 Ebenda, *Focus* 35, 1995
29 *Der Spiegel* 30, 1996
30 Ebenda
31 Kowarik 1996, Kübler 1995
32 Henle & Kaule 1993
33 In § 20 d Abs. 2 BNatSchG
34 § 20 a Abs. 4 BNatSchG

25 Auch Einheimische können uns ärgern

1 G. Kraus, 1892, zit. n. Kowarik 1995 b
2 Sukopp 1996
3 Reichholf 1996, S. 43
4 Ebenda
5 *NZ Herald* 15. 1. 1997
6 Lodge 1993
7 Sukopp 1972
8 Kowarik 1995 b
9 Ebenda
10 King 1984, S. 11

26 Therapien

Ökologische Schulmedizin

1 *Die Zeit* 41, 3. 10. 1997
2 US Congress OTA 1993
3 Starfinger 1990, S. 38/39
4 Ebenda
5 Ebenda, S. 77–79
6 Ebenda, S. 80
7 Eijsackers & Oldenkamp 1976, zit. n. Starfinger 1990
8 Williams 1994, S. 283

Kapiti und Inseln auf dem Festland

1 Interview des Autors
2 Henle & Kaule 1993
3 Mansfield 1996
4 Ebenda, S. 2
5 Ebenda
6 Ebenda
7 Interview des Autors
8 Clout & Efford 1984
9 Als Wespengift wird Finitron verwendet.
10 Interview des Autors

Prophylaxe

1 Campbell 1993, S. 246/247
2 US Congress OTA 1993. In Hawaii sind im Wiederholungsfall bis zu 25 000 $ zu zahlen, auf dem Festland drohen 20 000 $ und 5 Jahre Gefängnis.
3 Ebenda

4 Ebenda, S. 20
5 IMO 1991
6 Gollasch & Dammer 1996
7 Interview des Autors
8 AOU Conservation Committee 1991, Temple 1992
9 *Die Welt* 30. 8. 1996, *Frankfurter Rundschau* 12. 10. 1996, *Hamburger Abendblatt* 4. 2. 1997, *Bleib gesund* 6/1998; US Congress OTA 1993

Biologisches Hightech

1 Sutherland et al. 1997
2 DoC 1994
3 Sutherland et al. 1997
4 Ebenda
5 *The Press,* Christchurch, 4. 2. 1997
6 Kelton 1995, S. 60/61

27 Natur am Tropf

1 Adams & Carwardine 1991, 146/47
2 Kakapo Management Group 1996
3 Ebenda
4 Ebenda
5 DoC Fact Sheet: Takahe, Dezember 1996
6 Film von Eberhard Meyer, Bayerischer Rundfunk 1997
7 Kinzelbach 1995
8 World Conservation Monitoring Centre 1992
9 *Süddeutsche Zeitung Magazin* 44, 30. 10. 1997

28 Transgene Invasoren

1 Regal 1993
2 Wöhrmann 1991
3 Regal 1993
4 Regal 1986
5 US Congress OTA 1993, S. 19
6 Regal 1986
7 Williamson 1993, S. 223
8 *Der Spiegel* 12, 1998
9 Regal 1993
10 Nöh 1996, S. 13
11 Regal 1993
12 Williamson 1993
13 Williamson 1996

14 Kowarik 1992, S. 12
15 Williamson 1996
16 US Congress OTA 1993
17 Lohmeyer & Sukopp 1992
18 Bartsch 1996
19 AFP 5. 12. 1997
20 de Vries et al. 1992, zit. n. Kowarik 1992
21 *Der Spiegel* 2, 1998
22 Enquete-Kommission 1987
23 Sukopp & Sukopp 1993, Kowarik 1992, 1996
24 Kowarik 1996
25 *New Scientist* 2116, 10. 1. 1998, S. 4
26 Hilbeck et al. 1998
27 Wöhrmann 1991
28 Regal 1993, S. 233
29 zit. n. Tenner 1997, S. 12

Nachwort

1 Williamson 1996
2 Kowarik 1989

Tabellen

Einführung neuer Säugetiere in Neuseeland (King 1990):

Polynesische Ratte	*Rattus exulans*	ca. 900 / Polynesien	blinder Passagier, Jagd ?	lokal
Polynesischer Hund	*Canis familiaris*	ca. 900 / Polynesien	Haustier, Jagd ?	ausgestorben
Hausratte	*Rattus rattus*	ca. 1760 / Eur./Austr.	blinder Passagier	weit verbreitet
Europäischer Hund	*Canis familiaris*	ca. 1760 / Europa	Haustier	–
Hauskatze	*Felis catus*	1769 / Europa	Haustier, verwildert	weit verbreitet
Hausschwein	*Sus scrofa*	1775 / Europa	Nutztier, verwildert	weit verbreitet
Kaninchen	*Oryctolagus cuniculus*	1777 / Europa	Nutztier, verwildert	weit verbreitet
Wanderratte	*Rattus norvegicus*	ca. 1790 / Eur./Austr.	blinder Passagier	weit verbreitet
Hausmaus	*Mus musculus*	ca. 1790 / Eur./Austr.	blinder Passagier	weit verbreitet
Ziege	*Capra hircus*	ca. 1775 / Eur./Austr.	Nutztier, verwildert	weit verbreitet
Schaf	*Ovis aries*	ca. 1800 / Eur./Austr.	Nutztier, verwildert	lokal
Pferd	*Equus caballus*	1814 / Europa	Nutztier, verwildert	lokal
Rind	*Bos taurus*	1814 / Europa	Nutztier, verwildert	lokal
Hase	*Lepus europaeus*	1851 / Europa	Jagd	weit verbreitet
Rothirsch	*Cervus elaphus scoticus*	1851 / Europa	Jagd	weit verbreitet
Fuchskusu	*Trichosurus vulpecula*	1858 / Australien	Fell	weit verbreitet
Damhirsch	*Cervus dama*	1860 / Eur./Tasmanien	Jagd	lokal
Axishirsch	*Axix axis*	1867 / Indien	Jagd	ausgestorben
Igel	*Erinaceus europaeus*	1870 / Europa	Schädlingskontrolle	weit verbreitet
Tammarwallaby	*Macropus eugenii*	1870 / Australien	Jagd	lokal
Parmawallaby	*Macropus parma*	1870 / Australien	Jagd	lokal
Rückenstreifwallaby	*Macropus dorsalis*	1870 / Australien	Jagd	ausgestorben
Sumpfwallaby	*Wallabia bicolor*	1870 / Australien	Jagd	lokal
Felskänguruh	*Petrogale penicillata*	1873 / Australien	Jagd	lokal
Bennett's Wallaby	*Macropus rufogriseus*	1874 / Australien	Jagd	lokal
Sambarhirsch	*Cervus unicolor*	1875 / Sri Lanka	Jagd	lokal
Frettchen	*Mustela furo*	1882 / Europa	Schädlingskontrolle	weit verbreitet
Hermelin	*Mustela erminea*	1885 / Europa	Schädlingskontrolle	weit verbreitet
Mauswiesel	*Mustela nivalis*	1885 / Europa	Schädlingskontrolle	lokal
Himalajatahr	*Hemitragus jemlahicus*	1905 / Asien	Jagd	lokal
Sikahirsch	*Cervus nippon*	1905 / Asien	Jagd	lokal
Wapiti	*Cervus elaphus nelsoni*	1905 / Nordamerika	Jagd	lokal
Weißschwanzhirsch	*Odocoileus virginianus*	1905 / Nordamerika	Jagd	lokal
Gemse	*Rupicapra rupicapra*	1907 / Europa	Jagd	weit verbreitet
Rusahirsch	*Cervus timorensis*	1908 / Indonesien	Jagd	lokal
Elch	*Alces alces andersoni*	1910 / Nordamerika	Jagd	selten

Zum Vergleich: 3 einheimische Fledermausarten, davon ist eine ausgestorben.

Einbürgerung neuer Säugetiere in Deutschland (nach Novak et at. 1994):

Streifenhörnchen	*Tamias sibiricus*	> 1900 / Nordeuropa/-asien	?
Bisamratte	*Ondatra zibethicus*	1905 / Nordamerika	Fell
Nutria	*Myocastor coypus*	ca. 1920 / subtr. Amerika	Fell
Marderhund	*Nyctereutes procyonoides*	ca. 1928 / Ostasien	Fell
Waschbär	*Procyon lotor*	ca. 1920 / Nordamerika	Fell
Mink	*Mustela vision*	ca. 1920 / Nordamerika	Fell
Damhirsch	*Cervus dama*	ca. 1600? / Kleinasien ?	Jagd
Sikahirsch	*Cervus elaphus*	? / Asien	Jagd
Mufflon	*Ovis ammon*	? / Korsika/Sardinien	Jagd

Zum Vergleich: 85 einheimische Säugetierarten, davon sind zehn ausgestorben.

Etablierte neozoische Vögel Europas (nach Bezzel 1996):

(D = Deutschland)

D	Kanadagans	*Branta canadensis*	Nordamerika
	Nilgans	*Alopochen aegyptiacus*	Trop. Afrika
D	Mandarinente	*Aix galericulata*	Ostasien
D	Brautente	*Aix sponsa*	Nordamerika
	Schwarzkopf-Ruderente	*Oxyura jamaicensis*	Nordamerika
D	Fasan	*Phasanus colchicus*	Asien
	Goldfasan	*Chrysolophus pictus*	Ostasien
	Diamantfasan	*Chrysolophus amherstiae*	Zentralasien
	Virginiawachtel	*Colinus virginiatus*	Nordamerika
D	Halsbandsittich	*Psittacula krameri*	Trop. Afrika/Asien
	Wellenastrild	*Estrilda astrild*	Trop. Afrika
	Tigerfink	*Amandava amandava*	Asien

(Noch) nicht etablierte neozoische Vögel Europas (Auswahl):

	Schwarzschwan	*Cygnus atratus*	Australien
	Streifengans	*Anser indicus*	Zentralasien
	Schwanengans	*Anser cygnoides*	Ostasien
	Moschusente	*Cairina moschata*	Südamerika
D	Ringelgans	*Branta bernicla*	Arktis
	Chileflamingo	*Phoenicopterus chilensis*	Südamerika
	Heiliger Ibis	*Threskiornis aethiopicus*	Afrika
D	Truthuhn	*Meleagris gallopavo*	Nordamerika
	Großer Alexandersittich	*Psittacula eupatria*	Südasien
	Mönchssittich	*Myiopsitta monachus*	Südamerika

Etablierte neozoische Vögel Neuseelands (Orn. Soc. N. Z. 1990):

Höckerschwan	*Cygnus olor*	Europa
Schwarzschwan	*Cygnus atratus*	Australien
Kanadagans	*Branta canadensis*	Nordamerika
Hühnergans	*Cereopsis nevaeholandiae*	Australien
Stockente	*Anas platyrhynchos*	Europa
Kalifornische Wachtel	*Callipepla californica*	Nordamerika

Virginiawachtel	*Colinus virginianus*	Nordamerika
Rothuhn	*Alectoris rufa*	Europa
Klippenhuhn	*Alectoris chukar*	Europa/Asien
Rebhuhn	*Perdix perdix*	Europa
Braune Wachtel	*Synoicus ypsilophorus*	?
Fasan	*Phasanus colchicus*	Asien
Pfau	*Pavo cristatus*	Asien
Truthuhn	*Meleagris gallopavo*	Nordamerika
Helmperlhuhn	*Numida meleagris*	Afrika
Felsentaube	*Columba livia*	Afrika/Asien
Lachtaube	*Streptopelia roseogrisea*	Afrika
Spotted dove	*Streptopelia chinensis*	Asien
Gelbhaubenkakadu	*Cacatua galerita*	Australien
Pennantsittich	*Platycercus elegans*	Australien
Rosella	*Platycercus eximius*	Australien
Steinkauz	*Athene noctua*	Europa
Lachender Hans	*Dacelo nevaeguineae*	Australien
Feldlerche	*Alauda arvensis*	Europa
Bülbül	*Pycnonotus cafer*	Asien ?
Heckenbraunelle	*Prunela modularis*	Europa
Amsel	*Turdus merula*	Europa
Singdrossel	*Turdus philomelos*	Europa
Goldammer	*Emberiza citrinella*	Europa
Zaunammer	*Emberiza cirlus*	Europa
Buchfink	*Fringilla coeleps*	Europa
Grünfink	*Carduelis chloris*	Europa
Stieglitz	*Carduelis carduelis*	Europa
Birkenzeisig	*Carduelis flammea*	Europa
Haussperling	*Passer domesticus*	Europa
Star	*Sturnus vulgaris*	Europa
Hirtenmaina	*Acridotheres tristis*	Asien
Schwarzer Flötenvogel	*Gymnorhina tibicen*	Australien
Saatkrähe	*Corvus frugilegus*	Europa

Glossar

Aquakultur – Zucht von Wassertieren, zum Beispiel von Fischen, Krebsen oder Muscheln

Archäophyten – Pflanzenarten, die vor 1500 n. Chr. durch den Menschen nach Mitteleuropa gelangten

Arealeffekt – Zusammenhang von Größe und Artenzahl eine Gebiets, speziell von Inseln

Benthos – die Lebewesen des Bodens in Salz- und Süßwasser

Biologismus – Biologie als Weltanschauung

captive breeding – Zucht in Gefangenschaft

Detritus – tote organische Substanz

DoC – Department of Conservation, das neuseeländische Ministerium für Naturschutz

endemisch – Pflanzen- und Tierarten (so genannte Endemiten), die nur in einem bestimmten Gebiet leben, zum Beispiel einer Insel oder einem Tal

escapees – Gefangenschaftsflüchtlinge, zum Beispiel Vögel

Genpool – Gesamtheit aller Gene in einer Population

Gondwana – der riesige Südkontinent des Erdmittelalters. Er umfasste unter anderem die Antarktis, Australien, Afrika und Südamerika.

Gründereffekt – zufällige Auswahl des Genpools bei Besiedlungsvorgängen durch relativ kleine Individuenzahlen

GVOs – gentechnisch veränderte Organismen

indigen – einheimisch

Koevolution – Evolution unter wechselseitiger Beeinflussung zweier Arten oder Artengruppen, zum Beispiel Räuber-Beute, Bestäuber-Blütenpflanze

limnisch – im Süßwasser

marin – im Meer

Neophyten – Pflanzenarten, die erst nach 1500 n. Chr. durch den Menschen nach Mitteleuropa gelangten

Neozoen – das zoologische Pendant zu den Neophyten

Ökologismus – Ökologie als Weltanschauung

Ökosystem – Beziehungsgefüge der Lebewesen untereinander und mit ihrem Lebensraum

Ozeanische Inseln – Inseln, die nicht auf den Festlandssockeln liegen und daher bei sinkendem Meeresspiegel nicht mit den Kontinenten verbunden werden

Plankton – im Wasser schwebende Tiere und Pflanzen, die mehr oder weniger passiv verdriftet werden. Dazu können auch größere Tiere wie Quallen gehören.

Polygynie – gleichberechtigte Koexistenz von mehr als einer, meistens vielen Königinnen in Ameisennestern. Monogyne Völker besitzen nur eine Königin.

Population – Summe aller Pflanzen oder Tiere, die in einem bestimmten Gebiet leben, zum Beispiel die Vogelpopulation eines Waldes, die Forellenpopulation eines Sees

Segetalflora – Begleitflora, die ohne Zutun des Menschen auf Ackerflächen und ähnlichem wächst

Sukzession – mehr oder weniger gesetzmäßige Aufeinanderfolge von Pflanzengesellschaften an einem Standort, zum Beispiel das Verlanden eines Sees, die Bewaldung einer Brachfläche

Symbiose – Vergesellschaftung von Organismenarten zum gegenseitigen Vorteil

Tens rule – hier als *Zehnerregel* bezeichnet. Nur etwa jeder zehnten fremden Art gelingt es, sich zu etablieren.

terrestrisch – an Land

Tierstämme – großer, übergeordneter Begriff für Tiergruppen, die demselben Bauplan folgen

Time-lag – Zeitverzögerung, in unserem Zusammenhang zwischen Einfuhr und Ausbreitung einer Pflanzenart

Tramp-Arten – kosmopolitische, vom Menschen verschleppte Ameisenarten

Turnover – Veränderungen der Artenzusammensetzung bei gleichzeitiger Konstanz der Gesamtartenzahl

Unikolonialität – die im Gebiet verteilten Nester einer Ameisenart bilden eine lockere Einheit, keine Aggression zwischen Tieren unterschiedlicher Nester. Häufig bei Tramp-Ameisen.

Wirbellose – Tiere, die keine Wirbelsäule oder deren Vorstufe, die Chorda, besitzen

Literatur

Adams, C. T. & Lofgren, C. S. 1981. *Red imported fire ants (Hymenoptera: Formicidae): Frequency of sting attacks on residents of Sumter County, Georgia.* Journal of Medical Entomology 18: 378–382

Adams, Douglas & Carwardine, Mark 1991. *Die letzten ihrer Art. Eine Reise zu den aussterbenden Tierarten unserer Erde.* Hoffmann und Campe, Hamburg

Albert, Reinhard 1996. *Bedeutung eingeschleppter Arthropoden für die gärtnerische Praxis.* In: Gebhardt, Kinzelbach & Schmidt-Fischer 1996

AOU Conservation Committee 1991. *International trade in live exotic birds creates a vast movement that must be halted.* Auk 108: 982–984

Arnold, Andreas 1990. *Eingebürgerte Fischarten.* Neue Brehm-Bücherei 602, Ziemsen, Wittenberg

Aron, W. I. & Smith, S. H. 1971. *Ship canals and aquatic ecosystems.* Science 174: 13–20

Asquith, Adam & Messing, Russel H. 1993. *Contemporary Hawaiian insect fauna of a lowland agricultural area on Kaua'i: Implications for local and island-wide fruit fly eradication programs.* Pacific Science 47: 1–16

Baker, H. G. 1986. *Patterns of plant invasions in North America.* In: Mooney & Drake 1986

Bartsch, Detlev 1996. *Welche unerwünschten Folgen für die Umwelt können durch gentechnisch veränderte Zuckerrüben hervorgerufen werden?* In: Bartsch & Haag 1996

Bartsch, Detlev & Haag, Christine (Hrsg.) 1996. *Langzeitmonitoring von Umwelteffekten transgener Organismen.* Umweltbundesamt Texte 58/96, Berlin

Bernauer, Dietmar; Kappus, Berthold & Jansen, Wolfgang 1996. *Neozoen in Kraftwerksproben und Begleituntersuchungen am nördlichen Oberrhein.* In: Gebhardt, Kinzelbach & Schmidt-Fischer 1996

Bezzel, Einhard 1996. *Neubürger in der Vogelwelt Europas: Zoogeographisch-ökologische Situationsanalyse – Konsequenzen für den Naturschutz.* In: Gebhardt, Kinzelbach & Schmidt-Fischer 1996

Böcker, R.; Gebhardt, H.; Konold, W. & Schmidt-Fischer, S. 1995. *Neophyten – Gefahr für die Natur? Zusammenfassende Betrachtung und Ausblick.* In: Böcker et al. 1995

Böcker, R.; Gebhardt, H.; Konold, W. & Schmidt-Fischer, S. (Hrsg.) 1995. *Gebietsfremde Pflanzenarten. Auswirkungen auf einheimische Arten, Lebensgemeinschaften und Biotope. Kontrollmöglichkeiten und Management.* ecomed, Landsberg

Bogenschütz, Hermann 1996. *Die Bedeutung eingeschleppter Insektenarten für die Forstwirtschaft Südwestdeutschlands.* In: Gebhardt, Kinzelbach & Schmidt-Fischer 1996

Boye, Peter 1996. *Der Einfluß neu angesiedelter Säugetierarten auf Lebensgemeinschaften.* In: Gebhardt, Kinzelbach & Schmidt-Fischer 1996

Brandão, Carlos Roberto & Paiva, Ricardo 1994. *The Galapagos Ant Fauna and the Attributes of Colonizing Ant Species.* In: Williams 1994

Brechtel, Fritz 1996. *Neozoen – neue Insektenarten in unserer Natur?* In: Gebhardt, Kinzelbach & Schmidt-Fischer 1996

Bueno, Odair & Fowler, Harold 1994. *Exotic Ants and Native Ant Fauna in Brasilian Hospitals.* In: Williams 1994

Bundy, Alida & Pitcher, Tony 1995. *An analysis of species changes in Lake Victoria: did the Nile perch act alone?* In: Pitcher & Hart 1995

Campbell, Faith Thompson 1993. *Legal avenues for controlling exotics.* In: McKnight 1993

Carlton, J. T. & Geller, J. B. 1993. *Ecological roulette: the global transport of nonindigenous marine organisms.* Science 261, 78–82

Chilvers, G. A. & Burdon, J. J. 1983. *Further studies on a native Australian eucalypt forest invaded by exotic pines.* Oecologia 59: 239–245

Chippindale, Peter 1996. *Nerz!* Albrecht Knaus, Berlin, München

Clarke, B.; Murray, J. & Johnson, M. S. 1984. *The Extinction of Endemic Species by a Program of Biological Control.* Pacific Science 38: 97–104

Clement, E. J. & Foster, M. C. 1994. *Alien Plants of the British Isles.* Botanical Society of the British Isles, London

Clout, M. N. & Efford, M. G. 1984. *Sex differences in the dispersal and settlement of Brushtailed Possums* (Trichosurus vulpecula). Journal of Animal Ecology 53: 737–749

Cowie, R. H. 1992. *Evolution and extinction of Partulidae, endemic Pazific island snails.* Philosophical Transactions of the Royal Society B 335: 167–91

Crosby, Alfred W. 1986. *Ecological Imperialism. The Biological Expansion of Europe, 900–1900.* Cambridge University Press, Cambridge (Dt.: *Die Früchte des weißen Mannes.* Campus, Frankfurt/Main 1991)

Culotta, E. 1991. *Biological immigrants under fire.* Science 254: 1444–1447

Daehler, Curtis C. & Strong, Donald R. 1993. *Prediction and biological invasions.* Trends in Ecology and Evolution 8: 380

Darwin, Charles 1859. *On the Origin of Species by Means of Natural Selection.* London (Dt. Ausgabe 1967, Reclam, Stuttgart)

Dawson, J. C. 1984. *A Statistical Analysis of Species Characteristics Affecting the Success of Bird Introductions.* BSc., Thesis, University of York

Di Castri, F. Hansen, A. J. & Debussche, M. (Hrsg.) 1990. *Biological Invasions in Europe and the Mediterranean Basin.* Kluwer, Dordrecht

DoC, Department of Conservation 1994. *Possum control in native forests.* Wellington

DoC, Department of Conservation 1997. *Ecological weeds on conservation land in New Zealand: a database.* Wellington

Drake, J. A.; Mooney, H. A.; di Castri, F.; Groves, R. H.; Kruger, F. J.; Rejmanek, M. & Williamson, M. (Hrsg.) 1989. *Biological Invasions: A Global Perspective.* SCOPE 37, John Wiley & Sons, Chichester

Easteal, S. 1981. *The history of introductions of* Bufo marinus (Amphibia: Anura); *a natural experiment in evolution.* Biological Journal of the Linnean Society 16: 93–113

Ellenberg, Heinz 1982. *Vegetation Mitteleuropas mit den Alpen.* Ulmer, Stuttgart

Elton, C. S. 1958. *The ecology of invasions by animals and plants.* London

Enquete-Kommission des Deutschen Bundestages. Catenhusen, W.-M.; Neumeister, H. (Hrsg.) 1987. *Chancen und Risiken der Gentechnologie. Dokumentation des Berichts an den Deutschen Bundestag.* Gentechnologie 12. J. Schweitzer Verlag, München

Fenner, F. & Ross, J. 1994. *Myxomatosis.* In: Thompson & King 1994

Fergusson, M. M. 1990. *The genetic impact of introduced fishes on native species.* Canadian Journal of Zoology 68: 1053–1057

Flannery, Tim 1994. *The Future Eaters.* Reed, Chatswood

Flux, John E. C. 1994. *World distribution.* In: Thompson & King 1994

Fowler, Harold; Schlindwein, Marcelo & de Medeiros, Maria Alice 1994. *Exotic Ants and Community Simplification in Brazil: A Review of the Impact of Exotic Ants on Native Ant Assemblages.* In: Williams 1994

Franz, Jost M. & Krieg, Aloysius 1982. *Biologische Schädlingsbekämpfung.* 3. Aufl., Parey, Berlin

Fritts, T. H.; McCoid, M. J. & Haddock, R. L. 1994. *Symptoms and circumstances associated with bites by the brown tree snake* (Colubridae: Boiga irregularis) *on Guam.* Journal of Herpetology 28: 27–33

Fuentes, E. R.; Jaksic, F. M. & Simonetti, J. A. 1983. *European rabbits versus native rodents in Central Chile: effects on shrub seedlings.* Oecologia 58: 411–414

Gebhardt, Harald; Kinzelbach, Ragnar & Schmidt-Fischer, Susanne (Hrsg.) 1996. *Gebietsfremde Tierarten. Auswirkungen auf einheimische Arten, Lebensgemeinschaften und Biotope. Situationsanalyse.* ecomed, Landsberg

Geiger, Arno & Waitzmann, Michael 1996. *Überlebensfähigkeit allo-*

chthoner Amphibien und Reptilien in Deutschland –Konsequenzen für den Artenschutz –. In: Gebhardt, Kinzelbach & Schmidt-Fischer 1996
Gillespie, G. D. 1985. *Hybridisation, introgression, and morphometric differentiation between mallard* (Anas platyrhynchos) *and grey duck* (Anas superciliosa) *in Otago, New Zealand.* Auk 102: 459–469
Gillespie, R. & Reimer, N. J. 1993. *The effect of alien predatory ants (Hymenoptera: Formicidae) on Hawaiian endemic spiders (Araneae: Tetragnathidae).* Pacific Science 47: 21–33
Gilpin, M. 1990. *Ecological prediction.* Science 248: 88–89
Goeden, R. D. 1983. *Critique and revision of Harris' scoring system for selection of insect agents in biological control of weed.* Protection Ecology 5: 287–301
Goeze, E. 1916. *Liste der seit dem 16. Jahrhundert bis auf die Gegenwart in die Gärten und Parks Europas eingeführten Bäume und Sträucher.* Mitt. Deutsch. Dendr. Ges. 26, 160–188
Goldschmidt, Tijs 1997. *Darwins Traumreise. Nachrichten von meiner Forschungsreise nach Afrika.* C. H. Beck, München
Gollasch, Stephan & Dammer, Mark 1996. *Nicht-heimische Organismen in Nord- und Ostsee.* In: Gebhardt, Kinzelbach & Schmidt-Fischer 1996
Gollasch, Stephan 1996. *Untersuchungen des Arteintrags durch den internationalen Schiffsverkehr unter besonderer Berücksichtigung nichteinheimischer Arten.* Dissertation, Verlag Dr. Kovac, Hamburg
Gollasch, Stephan (im Druck). *Introductions of Unwanted Non-indigenous Organisms in Marine and Brackish Waters by International Shipping and Aquaculture Activities.* In: Umweltbundesamt. Gebietsfremde Organismen in Deutschland. Ergebnisse eines Arbeitsgespräches, Berlin
Gould, Stephen J. 1991. *Unenchanted Evening. Natural History* 9: 4–14
Gritten, Rod H. 1995. *Rhododendron ponticum and some other invasive plants in the Snowdonia National Park.* In: Pysek et al. 1995
Groves, R. H. & Burdon, J. J. (Hrsg.) 1986. *Ecology of Biological Invasions.* Cambridge University Press, Cambridge
Groves, R. H. & di Castri, F. (Hrsg.) 1991. *Biogeography of Mediterranean Invasions.* Cambridge University Press, Cambridge
Haines, I. H.; Haines, J. B. & Cherrett, J. M. 1994. *The Impact and Control of the Crazy Ant,* Anaplolepis longipes (Jerd.), *in the Seychelles.* In: Williams 1994
Hanski, I. & Camberfort, Y. (Hrsg.) 1991. *Dung beetle ecology.* Princeton University Press, Princeton
Harman, H. M.; Syrett, P.; Hill, R. L. & C. T. Jessep 1996. *Arthroped introductions for biological control of weeds in New Zealand, 1929–1995.* New Zealand Entomologist 19: 71–80
Harris, Craig; Wiley, David & Wilson, Douglas 1993. *Socio-economic impacts of introduced species in Lake Victoria fisheries.* In: Pitcher & Hart 1995

Hedgpeth, Joel W. 1993. *Foreign Invaders.* Science 261: 34–35
Henle, Klaus & Kaule, Giselher 1993. *Zur Naturschutzforschung in Australien und Neuseeland: Gedanken und Anregungen für Deutschland.* In: Henle & Kaule (Hrsg.) 1993. *Arten- und Biotopschutzforschung in Deutschland.* Berichte aus der Ökologischen Forschung 4, Jülich
Heywood, V. H. 1989. *Patterns, extents and modes of invasions by terrestrial plants.* In: Drake et al. 1989
Hilbeck, Angelika; Baumgartner, Martin; Fried, Padruot & Bigler, Franz 1998. *Effects of transgenic* Bacillus thuringiensis *corn-fed prey on mortality and development time of immature* Chrysoperla carnea (Neuroptera: Chrysopidae). Environmental Entomology 27: 480–487
Hill, R. L.; Wittenberg, R. & Gourlay, A. H. 1995. *Introduction of* Phytomyza vitalbae *for control of old man's beard: An importation impact assessment.* Unveröff. Landcare Research Report, Landcare Research, Lincoln
Hobhouse, Henry 1988. *Fünf Pflanzen verändern die Welt.* Klett-Cotta, Stuttgart
Hölldobler, Bert & Wilson, Edward O. 1990. *The Ants.* Springer, Berlin
Hulme, Keri 1987. *Unter dem Tagmond.* S. Fischer, Frankfurt a. M.
IMO, International Maritime Organisation 1991. *International Guidelines for Preventing the Introduction of Unwanted Aquatic Organisms and Pathogens from Ships' Ballast Water and Sediment Discharges.* MEPC Resolution 50, 4. Juli
Innes, John 1995. *The impacts of possums on native fauna.* In: DoC, Department of Conservation 1995. *Possums as conservation pest.* Wellington
Jäger, E. J. 1988. *Möglichkeiten der Prognose synanthroper Pflanzenausbreitungen.* Flora 180: 101–131
Jaffe, Mark 1994. *And No Birds Sing. The Story of an Ecological Disaster in a Tropical Paradise.* Simon & Schuster, New York
Jungbluth, Jürgen 1996. *Einwanderer in der Molluskenfauna von Deutschland.* In: Gebhardt, Kinzelbach & Schmidt-Fischer 1996
Kakapo Management Group 1996. *Kakapo Recovery Plan 1996–2005.* Department of Conservation, Wellington
Kalish, Paul J. 1993. *Native and exotic earthworms in deciduous forest soils of eastern North America.* In: McKnight 1993
Kelton, Simon 1995. *Control technology application – what currently limits our effectiveness.* In: DoC, Department of Conservation 1995. *Possums as conservation pest.* Wellington
Kennedy, C. E. J. & Southwood, T. R. E. 1984. *The number of species of insects associated with british trees: a re-analysis.* Journal of Animal Ecology 53: 455–478
Kerr, Alexander M. 1993. *Low Frequency of Stabilimenta in orb webs of* Argiope appensa (Araneae: Araneidae) *from Guam: An indirect effect of an introduced avian predator?* Pacific Science 47: 328–337

King, Carolyn M. 1984. *Immigrant Killers. Introduced Predators and the Conservation of Birds in New Zealand.* Oxford University Press, Auckland

King, Carolyn M. (Hrsg.) 1990. *The Handbook of New Zealand Mammals.* Oxford University Press, Auckland

King, Warren B. 1985. *Island Birds: Will the Future repeat the past?* In: Moors, P. J. (Hrsg.) 1985. *Conservation of Island Birds.* ICBP Technical Publication No. 3, Cambridge

Kinzelbach, Ragnar 1995. *Neozoans in European waters – Exemplifying the worldwide process of invasion and species mixing.* Experientia 51: 526–538

Kolbe, Wolfgang 1991. *Fremdländeranbau in Wäldern und sein Einfluß auf die Arthropoden-Fauna der Bodenstreu. Ein weiterer Aspekt des Burgholz-Projektes.* Jber. naturw. Ver. Wuppertal 44

Korneck, D. & Sukopp, H. 1988. *Rote Listen der in der Bundesrepublik Deutschland ausgestorbenen, verschollenen und gefährdeten Farn- und Blütenpflanzen und ihre Auswertung für den Arten- und Biotopschutz.* Schriftenreihe für Vegetationskunde 19: 1–210

Kowarik, Ingo 1989. *Einheimisch oder nichteinheimisch. Einige Gedanken zur Gehölzverwendung zwischen Ökologie und Ökologismus.* Garten und Landschaft 99: 15–18

Kowarik, Ingo 1991. *Berücksichtigung anthropogener Standort- und Florenveränderungen bei der Aufstellung Roter Listen.* In: Auhagen, A.; Platen, R. & Sukopp, H. (Hrsg.): *Rote Listen der gefährdeten Pflanzen und Tiere in Berlin.* Landschaftsentwicklung und Umweltschutz SH 6, Berlin

Kowarik, Ingo 1992. *Einführung und Ausbreitung nichteinheimischer Gehölzarten in Berlin und Brandenburg.* Verh. Bot. Ver. Berlin Brandenburg, Beiheft 3, Berlin

Kowarik, Ingo 1995a. *Time lags in biological invasions with regard to the success and failure of alien species.* In: Pysek et al. 1995

Kowarik, Ingo 1995b. *Ausbreitung nichteinheimischer Gehölzarten als Problem des Naturschutzes?* In: Böcker et al. 1995

Kowarik, Ingo 1996. *Auswirkungen von Neophyten auf Ökosysteme und deren Bewertung.* In: Bartsch & Haag 1996

Kowarik, Ingo & Sukopp, Herbert 1986. *Unerwartete Auswirkungen neu eingeführter Pflanzenarten.* Universitas 41: 828–845

Kramer, P. 1984. *Man and other introduced organisms.* Biol. Journal of the Linnean Society 21: 253–258

Kremer, Bruno P. 1997. *Neue Tierarten im Rhein.* Spektrum der Wissenschaft 6/97: 126–128

Kudhongania, Aggrey & Chitamwebwa, Deonatus 1995. *Introduced Nile Perch in Lake Victoria: Impacts on Biodiversity and Evaluation of the Fishery.* In: Pitcher & Hart 1995

Kübler, R. *Versuche zur Regulierung des Riesenbärenklaus* (Heracleum mantegazzianum). In: Böcker et al. 1995

Küster, Hansjörg 1995. *Geschichte der Landschaft in Mitteleuropa.* C. H. Beck, München

Kunick, W. 1974. *Veränderungen von Flora und Vegetation einer Großstadt, dargestellt am Beispiel von Berlin (West).* Dissertation, TU Berlin

Kuttler, W. 1994. *Ökologie - Zum Etikettenschwindel eines Begriffs.* Verhandlungen der Gesellschaft für Ökologie 24: 3-9

Lachenmaier, Klaus 1996. *Neubürger der Vogelwelt Baden-Württembergs - Zur Situation jagdbarer Arten.* In: Gebhardt, Kinzelbach & Schmidt-Fischer 1996

Lelek, Anton 1996. *Die allochthonen und die beheimateten Fischarten unserer großen Flüsse - Neozoen der Fischfauna.* In: Gebhardt, Kinzelbach & Schmidt-Fischer 1996

Lever, Christopher 1987. *Naturalized Birds of the World.* Longman, Harlow

Lever, Christopher 1994. *Naturalized Animals.* Poyser, London

Lever, Christopher 1996. *Naturalized Fishes of the World.* Academic Press, San Diego, London

Lewin, Roger 1987. *Ecological invasions offer opportunities.* Science 238: 752-753

Lieberburg, Ivan; Kranz, Peter M. & Seip, Anne 1975. *Bermudian ants revisited: the status and interaction of* Pheidole megacephala *and* Iridomyrmex humilis. Ecology 56: 473-478

Lodge, D. M. 1993. *Biological Invasions: Lessons for Ecology.* Trends of Ecology and Evolution 8: 133-137

Löffler, Herbert 1996. *Neozoen in der Fischfauna Baden-Württembergs - ein Überblick.* In: Gebhardt, Kinzelbach & Schmidt-Fischer 1996

Lohmeyer, Wilhelm & Sukopp, Herbert 1992. *Agriophyten in der Vegetation Mitteleuropas.* Schriftenreihe für Vegetationskunde 25, Bonn-Bad Godesberg

Long, J. L. 1981. *Introduced Birds of the World.* David and Charles, London

Lubin, Yael D. 1984. *Chances in the native fauna of the Galapagos Islands following invasion by the little red fire ant,* Wasmannia auropunctata. Biol. Journal of the Linnean Society 21: 229-242

Luther, Dieter 1995. *Die ausgestorbenen Vögel der Welt.* Die Neue Brehm-Bücherei, Bd. 424, Magdeburg

Lutz, Walburga 1996. *Erfahrungen mit ausgewählten Säugetierarten und ihr zukünftiger Status.* In: Gebhardt, Kinzelbach & Schmidt-Fischer 1996

MacArthur, R. H. & Wilson, E. O. 1967. *The Theory of Island Biogeography.* Princeton University Press, Princeton

Mack, Richard N. 1986. *Alien Plant Invasion into the Intermountain West: A Case History.* In: Mooney & Drake 1986

MacKenzie, Deborah 1991. *Where earthworms fear to tread.* New Scientist 131/10. 8. 1991: 31-34

Mahler, Ulrich 1996. *Neubürger in der Vogelwelt Baden-Württembergs – Konsequenzen für den Artenschutz?* In: Gebhardt, Kinzelbach & Schmidt-Fischer 1996

Mansfield, Bill 1996. *Moving from successful restoration of islands to ecosystem restoration on mainland New Zealand.* Vortrag, gehalten auf dem IUCN World Conservation Congress, Montreal. DoC, Department of Conservation

McDowall, Robert M. 1994. *Gamekeepers for the Nation. The Story of New Zealands acclimatisation societies 1861–1990.* Canterbury University Press, Christchurch

McKelvey, Peter 1995. *Steepland Forests. A Historical Perspective of Protection Forestry in New Zealand.* Canterbury University Press, Christchurch

McKnight, Bill N. (Hrsg.) 1993. *Biological Pollution. The Control and Impact of Invasive Exotic Species.* Indiana Academy of Science, Indianapolis

Mee, L. D. 1992. *The Black Sea in crisis: a need for concerted international action.* Ambio 21: 278–86

Meeson, J. 1885. *The plague of rats in Nelson & Marlborough.* Transactions and Proceedings of the N. Z. Institute 17: 199–207

Miller, R. R.; Williams, J. D. & Williams, J. E. 1989. *Extinctions of North American Fishes during the Past Century.* Fisheries 14: 22–38

Mooney, Harold A. & Bernardi, Giorgio (Hrsg.) 1990. *Introduction of Genetically Modified Organisms into the Environment. SCOPE 44.* Wiley & Sons, Chichester

Mooney, Harold A. & Drake, James A. (Hrsg.) 1986. *Ecology of Biological Invasions of North America and Hawaii.* Ecological Studies 58, Springer, New York

Moyle, P. B. 1986. *Fish introductions into North America.* In: Mooney & Drake 1986

Murray, J.; Murray, E.; Johnson, M. S. & Clarke, B. 1988. *The extinction of Partula in Moorea.* Pacific Science 42: 150–153

Myers, Judith H. 1987. *Population Outbreaks of Introduced Insects: Lessons from the Biological Control of Weeds.* In: Barbosa, P. & Schultz, J. C. (Hrsg.) 1987. *Insect Outbreaks.* Academic Press, San Diego

Nöh, Ingrid 1996. *Risikoabschätzung bei Freisetzungen transgener Pflanzen: Erfahrungen des UBA beim Vollzug des Gentechnikgesetzes (GenTG).* In: Bartsch & Haag 1996

Novak, Eugeniusz, Blab, Josef & Bless, Rüdiger 1994. *Rote Liste der gefährdeten Wirbeltiere in Deutschland,* Schriftenreihe für Landschaftspflege und Naturschutz 42, Bonn-Bad Godesberg

Ochumba, Peter 1995. *Limnological Changes in Lake Victoria since the Nile Perch Introduction.* In: Pitcher & Hart 1995

Ornithological Society of New Zealand 1990. *Checklist of the Birds of New Zealand.* Auckland

Passera, Luc 1994. *Characteristics of Tramp Species.* In: Williams 1994
Patterson, Richard 1994. *Biological Control of Introduced Ant Species.* In: Williams 1994
Pitcher, Tony J. & Bundy, Alida 1995. *Assessment of the Nile perch fishery in Lake Victoria.* In: Pitcher & Hart 1995
Pitcher, Tony J. & Hart, Paul J. B. (Hrsg.) 1995. *The Impact of Species Changes in the African Lakes.* Chapman & Hall, London
Platen, Ralph & Kowarik, Ingo 1995. *Dynamik von Pflanzen-, Spinnen- und Laufkäfergemeinschaften bei der Sukzession von Trockenrasen zu Gehölzstandorten auf innerstädtischen Bahnanlagen in Berlin.* Verhandlungen der Gesellschaft für Ökologie 24: 431–439
Poglayen-Neuwall, Ivo 1988. *Kleinbären.* In: *Grzimeks Enzyklopädie – Säugetiere.* Kindler, München
Pollan, Michael 1994. *Against nativism.* New York Times Magazine, 15. 5. 1994: 52–55
Pollard, D. A. (Hrsg.) 1990. *Introduced and Translocated Fishes and their Ecological Effects.* Bureau of Rural Resources, Proceedings No. 8, Canberra
Por, F. D. 1971. *One hundred years of Suez Canal: a century of Lessepsian migration retrospects and viewpoints.* Systematic Zoology 20: 128–159
Por, F. D. 1979. *Lessepsian migration – the influx of Red Sea biota into the Mediterranean by way of the Suez Canal.* Ecological Studies, Vol. 23, Springer, Berlin
Porter, Sanford D. & Savignano, Dolores A. 1990. *Invasion of polygyne fire ants decimates native ants and disrupts arthropod community.* Ecology 71: 2095–2106
Primack, Richard B. 1995. *Naturschutzbiologie.* Spektrum Akademischer Verlag, Heidelberg
Pysek, P.; Prach, K.; Reimanek, M. & Wade, M. (Hrsg.) 1995. *Plant invasions. General aspects and special problems.* SPB Academic Publishing, Amsterdam
Quammen, David 1996. *The Song of the Dodo. Island Biogeography in an age of Extinctions.* Hutchinson, London
Ramakrishnan, P. S. (Hrsg.) 1991. *Ecology of Biological Invasion in the Tropics.* International Scientific Publications, Neu Delhi
Regal, P. J. 1986. *Models of genetically engineered organisms and their ecological impact.* In: Mooney & Drake 1986
Regal, P. J. 1993. *The true meaning of ›exotic species‹ as a model for genetic engineered organisms.* Experientia 49: 225–234
Reichholf, Joseph H. 1996. *Wie problematisch sind die Neozoen wirklich?* In: Gebhardt, Kinzelbach & Schmidt-Fischer 1996
Reid, W. V. & Miller, K. R. 1989. *Keeping Options Alive: The Scientific Basis for Conserving Biodiversity.* World Resources Institute, Washington, DC

Reimer, Neil 1994. *Distribution and Impact of Alien Ants in Vulnerable Hawaiian Ecosystems.* In: Williams 1994
Remmert, Hermann 1988. *Naturschutz. Ein Lesebuch.* Springer, Berlin-Heidelberg
Reynolds, Eric; Greboval, Dominique & Mannini, Piero 1995. *Thirty years on: the development of Nile perch fishery in Lake Victoria.* In: Pitcher & Hart 1995
Ribeiro, João Ubaldo 1994. *Das Lächeln der Eidechse.* Suhrkamp, Frankfurt a. M.
Rifkin, Jeremy 1986. *Genesis zwei. Biotechnik – Schöpfung nach Maß.* Rowohlt, Reinbek
Ringenberg, Jörgen 1994. *Analyse urbaner Gehölzbestände am Beispiel der Hamburger Wohnbebauung.* Dissertation, Verlag Dr. Kovac, Hamburg
Rodda, G. H. & Fritts, T. H. 1992. *The Impact of the Introduction of* Boiga irregularis *on Guams Lizards.* Journal of Herpetology 26: 166–174
Rodda, G. H.; Fritts, T. H. & Conry, P. J. 1992. *Origin and population growth of the brown tree snake,* Boiga irregularis; *on Guam.* Pacific Science 46: 46–57
Santoianni, Francesco 1997. *Von Menschen und Mäusen.* Europäische Verlagsanstalt, Hamburg
Savidge, Julie A. 1987. *Extinction of an island forest avifauna by an introduced snake.* Ecology 68: 660–668
Schmidt, Wolfgang 1993. *Forschungsstand und -bedarf des Arten- und Biotopschutzes im Bereich »Straße« aus botanischer Sicht.* In: Henle & Kaule 1993
Sedlag, Ulrich 1995. *Urania Tierreich. Tiergeographie.* Urania, Leipzig
Simberloff, Daniel S. 1986. *Introduced insects: A biogeographic and systematic perspective.* In: Mooney & Drake 1986
Simberloff, Daniel S. 1989. *Which insect introductions succeed and which fail?* In: Drake et al. 1989
Simberloff, Daniel S. & Wilson, Edward O. 1969. *Experimental Zoogeography of Islands: The Colonization of Empty Islands.* Ecology 50: 278–296
Simberloff, Daniel S. & Wilson, Edward O. 1970. *Experimental Zoogeography of Islands: A Two-Year Record of Colonization.* Ecology 51: 934–937
Smith, B. R. & Tibbles, J. J. 1980: *Sea Lamprey* (Petromyzon marinus) *in Lakes Huron, Michigan, and Superior: History of Invasion and Control, 1936–78.* Canadian Journal of Fish. Aquat. Science 37: 1780–1801
Spencer, Craig N.; McClelland, B. Riley & Stanfort, Jack A. 1991. *Shrimp stocking, salmon collaps and eagle displacement.* BioScience 41: 14–21

Spongberg, Stephen A. 1990. *A Reunion of Trees. The Discovery of Exo-*

tic Plants and Their Introduction into North American and European Landscapes. Harvard University Press, Cambridge, London

Starfinger, Uwe 1990: *Die Einbürgerung der Spätblühenden Traubenkirsche* (Prunus serotina Ehrh.) *in Mitteleuropa.* Landschaftsentwicklung und Umweltforschung 69, Berlin

Stern, Horst 1997. *Das Gewicht einer Feder. Reden, Polemiken, Filme, Essays.* Herausgegeben von Ludwig Fischer. btb, Goldmann, München

Streit, Bruno 1991. *Verschleppung, Verfrachtung und Einwanderung von Tierarten aus der Sicht des wissenschaftlichen Naturschutzes.* In: Henle & Kaule 1991

Sukopp, Herbert 1972. *Grundzüge eines Programms für den Schutz von Pflanzenarten in der Bundesrepublik Deutschland.* Schriftenreihe für Landschaftspflege und Naturschutz 7: 67–80

Sukopp, Herbert 1976. *Dynamik und Konstanz in der Flora der Bundesrepublik Deutschland.* Schriftenreihe für Vegetationskunde 10: 9–27

Sukopp, Herbert 1995. *Neophytie und Neophytismus.* In: Böcker et al. 1995

Sukopp, Herbert 1996. *Welche Natur wollen wir schützen? Fragen der Ökologie und des Naturschutzes.* In: Bartsch & Haag 1996

Sukopp, Herbert & Sukopp, Uwe 1993. *Ecological long-term effects of cultigens becoming feral and of naturalization of non-native species.* Experientia 49: 210–218

Sutherland, O. R. W.; Cowan, P. E. & Orwin, J. 1997. *Biological Control of possums and rabbits in New Zealand.*

Temple, S. A. 1990. *The nasty necessity: Eradicating exotics.* Conservation Biology 4: 113–115

Temple, S. A. 1992. *Exotic birds: a growing problem with no easy solution.* Auk 109: 395–397

Tennant, Leeanne 1994. *The Ecology of* Wasmannia auropunctata *in Primary Tropical rainforest in Costa Rica and Panama.* In: Williams 1994

Tenner, Edward 1997. *Die Tücken der Technik. Wenn Fortschritt sich rächt.* S. Fischer, Frankfurt a. M.

Thompson, Harry & King, Carolyn (Hrsg.) 1994. *The European Rabbit. The history and biology of a successful colonizer.* Oxford University Press

Tittizer, Thomas 1996. *Vorkommen und Ausbreitung aquatischer Neozoen (Makrozoobenthos) in den Bundeswasserstraßen.* In: Gebhardt, Kinzelbach & Schmidt-Fischer 1996

Travis, J. 1993. *Invader threatens Black,* Azov Seas. Science 262: 1366–67

Trepl, Ludwig 1993. *Forschungsdefizit: Naturschutzbegründungen.* In: Henle & Kaule 1993

Tschinkel, Walter R. 1993. *The Fire Ant* (Solenopsis invicta) *still unvanquished.* In: McKnight 1993

Twongo, Timothy 1995. *Impact of fish species introductions on the Tilapias of Lakes Victoria and Kyoga.* In: Pitcher & Hart 1995
Urania-Pflanzenreich 1991–1995, Urania-Verlag, Leipzig, Jena, Berlin
US Congress OTA, Office of Technology Assessment 1993. *Harmful Non-indigenous Species in the United States.* OTA-F-565, Washington DC
Usher, M. B.; Kruger, F. J.; Macdonald, I. A. W.; Loope, L. L. & Brockie, R. E. 1988. *The ecology of biological invasions into nature reserves: an introduction.* Biological Conservation 44: 1–8
Vermeij, G. J. 1991. *When biotas meet: understanding biotic interchanges.* Science 253: 1099–104
Victoria University 1995. *When New Zealand went under.* Victoria University of Wellington Research Report 1995: 62/63
Vinson, Bradley 1994. *Impact of the Invasion of* Solenopsis invicta (Buren) *on Native Food Webs.* In: Williams 1994
Vitousek, Peter M. 1986. *Biological invasions and ecosystem properties: can species make a difference?* In: Mooney & Drake 1986
Vitousek, Peter M. 1990. *Biological invasions and ecosystem processes: towards an integration of population biology and ecosystem studies.* Oikos 57: 7–13
Vitousek, Peter M. 1992. *Die biologische Vielfalt organischer Inseln und der Einfluß eingeführter Arten.* In: Wilson, E. O. (Hrsg.) 1992. *Ende der biologischen Vielfalt?* Spektrum Akademischer Verlag, Heidelberg
Vitousek, Peter M.; Walker, L. R.; Whittaker, L. D.; Mueller-Dombois, D. & Matson, P. A. 1987. *Biological invasion by Myrica faya alters ecosystem development in Hawaii.* Science 238: 802–4
Ward, Peter Douglas 1997. *The Call of Distant Mammoths. Why the Ice Age Mammals Disappeared.* Copernicus, Springer, New York
Weiner, Jonathan 1994. *Der Schnabel des Finken* oder *Der kurze Atem der Evolution.* Droemer Knaur, München
Welcomme, R. L. 1988. *International Introduction of Inland Aquatic Species.* FAO Fisheries Technical Paper 294, Rom
Wells, S. M. 1995. *The extinction of endemic snails (genus Partula) in French Polynesia: is captive breeding the only solution.* In: Kay, E. Alison (Hrsg.) 1995. *The Conservation Biology of Molluscs.* Occasional Papers of the IUCN Species Survival Commission No. 9, IUCN, Gland
Wester, L. & Juvik, J. O. 1983. *Roadside plant communities on Mauna Loa, Hawaii.* Journal of Biogeography 10: 307–316
Williams, David F. 1994. *Control of the Introduced Pest* Solenopsis invicta *in the United States.* In: Williams 1994
Williams, David F. (Hrsg.) 1994. *Exotic Ants. Biology Impact and Control of Introduced Species.* Westview Press, Boulder, USA
Williamson, Mark 1993. *Invaders, weeds and the risk from genetically modified organisms.* Experientia 49: 219–24

Williamson, Mark 1996. *Biological Invasions.* Chapman & Hall, London

Wilson, Edward O. & Simberloff, Daniel S. 1969. *Experimental zoogeography of islands: Defaunation and monitoring techniques.* Ecology 50: 267–278

Wilson, Edward O. 1992. *Der Wert der Vielfalt.* Piper, München

Wilson J. B.; Hubbard, J. C. E. & Rapson, G. L. 1988. *A comparison of the realized niche relations of species in New Zealand and Britain.* Oecologia 76: 106–110

Wilson, J. B.; Rapson, G. L.; Sykes, M. T.; Watkins, A. J. & Williams, P. A. 1992. *Distributions and climatic correlations of some exotic species along roadsides in South Island, New Zealand.* Journal of Biogeography 19: 183–194

Winston, Mark L. 1992. *Killer Bees. The Africanized Honey Bee in The Americas.* Harvard University Press, Cambridge, London

Witte, Frans; Goldschmidt, Tijs & Wanink, Jan 1995. *Dynamics of the haploch-romatine cichlid fauna and other ecological chances in the Mwanza Gulf of Lake Victoria.* In: Pitcher & Hart 1995

Wöhrmann, Klaus 1991. *Ein Beitrag zur Diskussion über die Freilassung transgener Organismen. Teil II: Ökologische Aspekte.* Naturwissenschaften 78: 209–214

Wojcik, Daniel 1994. *Impact of the Red Imported Fire Ant on Native Ant Species in Florida.* In: Williams 1994

World Conservation Monitoring Centre 1992. *Global Biodiversity. Status of the Earth's living Resources.* Chapman & Hall, London

Zebitz, Claus 1996. *Allochthone Insekten in landwirtschaftlichen Kulturen.* In: Gebhardt, Kinzelbach & Schmidt-Fischer 1996

Wenn Sie lieber in den Seiten des WWW blättern, sollten Sie viel Zeit haben und viel freien Platz auf Ihrer Festplatte. Die Suchmaschine Yahoo! findet unter dem Stichwort *introduced species* nicht weniger als 144 572 Web-Seiten (Stand März 1998).

Register

Abbildungsnachweis

Moa und Kiwi, (C. Kass), King 1984. Mit freundlicher Genehmigung von Carolyn King und C. Cass • Harpagornis (C. Cass), King 1984. Mit freundlicher Genehmigung von Carolyn King und C. Cass • Wollhandkrabbe, Kaestner: *Lehrbuch der speziellen Zoologie.* Mit freundlicher Genehmigung des Gustav Fischer Verlages, Stuttgart • Schlickkrebs, Bernauer et al., 1996. Mit freundlicher Genehmigung der ecomed Verlagsgesellschaft und des Ministeriums für Umwelt und Verkehr in Baden-Württemberg • Ausbreitungswege des Schlickkrebs, Schöll 1993. • Fundorte des Schlickkrebs, Tittizer 1996. Mit freundlicher Genehmigung der ecomed Verlagsgesellschaft und des Ministeriums für Umwelt und Verkehr in Baden-Württemberg • Rippenqualle, Wiliamson 1996. Mit freundlicher Genehmigung von Kluwer Academic Publishers • Suezkanal, Por 1978. Mit freundlicher Genehmigung des Springer Verlages, Heidelberg • Aga-Kröte (R. Gilmar), Lever 1994. Mit freundlicher Genehmigung von Robert Gilmar • Achatschnecke, Kaestner: *Lehrbuch der speziellen Zoologie.* Mit freundlicher Genehmigung des Gustav Fischer Verlages, Stuttgart • Fuchskusu, Doc 1994. Mit freundlicher Genehmigung des Department of Conversation, Neuseeland.

Trotz intensiver Bemühungen ist es nicht gelungen, die Rechteinhaber aller Abbildungen ausfindig zu machen. Berechtigte Ansprüche können beim Verlag geltend gemacht werden.

Danksagung

Ohne die Gesprächsbereitschaft und Kooperation neuseeländischer Experten wäre dieses Buch nicht möglich gewesen. Besonders möchte ich mich bei den Mitarbeitern des Department of Conservation und von Manaaki Whenua Landcare Research NZ Ltd., Lincoln, bedanken, die mir ihre kostbare Zeit geopfert haben.

Namentlich danke ich Jenny Brash, Raewyn Empson, Liz McGraddy, Doug Mende, Susan-Jane Owen, John Parks, Ralph Powlesland, John Sawyer, Liza Sinclair, Pauline Syrett sowie Kevin Smith und Ingo Kowarik. Möge ihnen ihr Optimismus nie abhanden kommen.